Wertetraining

John Erpenbeck/Werner Sauter

Wertetraining

Praxis, Coaching, Übung und Bildung für die gezielte Werteentwicklung von Persönlichkeiten

1. Auflage

Schäffer-Poeschel Verlag Stuttgart

Bibliografische Information der Deutschen Nationalbibliothek

Die Deutsche Nationalbibliothek verzeichnet diese Publikation in der Deutschen Nationalbibliografie; detaillierte bibliografische Daten sind im Internet über http://dnb.dnb.de/ abrufbar.

Print: ISBN 978-3-7910-5361-5 Bestell-Nr. 10695-0001
ePub: ISBN 978-3-7910-5362-2 Bestell-Nr. 10695-0100
ePDF: ISBN 978-3-7910-5363-9 Bestell-Nr. 10695-0150

John Erpenbeck/Werner Sauter
Wertetraining
1. Auflage, Februar 2022

www.schaeffer-poeschel.de
service@schaeffer-poeschel.de

Produktmanagement: Frank Baumgärtner
Lektorat: Petra Bandl

Schäffer-Poeschel Verlag Stuttgart
Ein Unternehmen der Haufe Group SE

Vorwort

Kann man Werte wirklich trainieren?
Ja. Das ist in einem Wort zusammengefasst der Inhalt dieses Buches.

So kurz das Wort, so lang der Weg zu dieser wohlbegründeten Überzeugung. Werte sind die Kerne von Kompetenzen. Seit mehr als drei Jahrzehnten haben wir uns mit Kompetenzen, mit ihrer Erfassung und Entwicklung beschäftigt. Der wesentlich von Volker Heyse ausgearbeitete Band »Kompetenztraining« fasste diese Beschäftigung auf eine praktikable, nutzbare Weise zusammen.

Dabei tat sich für uns ein fundamentaler Widerspruch auf.

Kompetenzen kann man trainieren, muss man trainieren. Fehlt es beispielsweise einem Datendigitalisierer an den Kompetenzen analytische Fähigkeiten, Folgebewusstsein oder systematisch-methodisches Vorgehen, muss man sie trainieren. Hat ein Unternehmen ein eigenes Kompetenzmodell – wie inzwischen viele deutschen Unternehmen – kann es überlegen, welche Kompetenzen in welcher Ausprägung strategiegemäß in den nächsten ein, zwei Jahren für seine wichtigsten Berufsgruppen benötigt werden. Genau darauf kann es dann seine Trainingsbemühungen richten. Man kann jedoch niemals von der Fülle vorhandener, großartiger Mitarbeiterkompetenzen auf die Kompetenz des Unternehmens schließen. Sie kann trotz bester Mitarbeiterkompetenzen höchst mittelmäßig sein, weil sie sich in eigenen Prozessen entwickelt.

Das Unternehmen muss deshalb die Kompetenzen seiner Mitarbeiter[1] bündeln, ihnen eine Richtung geben. Es muss festlegen, was ihm wichtig und wertvoll ist. Es muss seine Ziele selbst organisieren. Dafür braucht es Ordner der Selbstorganisation seines Handelns. Solche Ordner sind Werte. Sie werden meist in Form von Leitlinien, Unternehmenswerten und Wertemodellen zusammengefasst. Wirksam werden sie aber nur, wenn sie zur persönlichen Leitlinie des einzelnen Mitarbeiters werden, wenn sie verinnerlicht, interiorisiert werden. Wenn beispielsweise Nachhaltigkeit ein erklärter Unternehmenswert ist, müssen ihn die Mitarbeiter für persönlich wichtig, erstrebenswert und lohnend halten. Von innen heraus, nicht weil es das Unternehmen so will.

Eine Wertepredigt nützt nichts, ein Wertetraining ist erforderlich.
Voraussetzung dafür ist, zu begreifen, wie die gezielte Werteentwicklung von Persönlichkeiten vor sich geht. Das wiederum setzt voraus, zu begreifen, was Werte wirklich sind und welche

1 Wir verwenden im gesamten folgenden Text wegen der besseren Verständlichkeit die männliche Sprachform. Er ist aber ebenso an alle Personen nicht männlichen oder diversen Geschlechts gerichtet.

Rolle sie individuell wie weltgeschichtlich wirklich spielen. Wir haben es nicht mit Werten in einer Welt von Fakten, sondern mit Fakten in einer Welt von Werten zu tun. Wir leben in einer Wissensgesellschaft, vor allem aber in einer Wertegesellschaft. Der Streit um Werte wird unsere Zukunft bestimmen.

Wir haben ziemlich umfassend dargelegt, wie sich eine gezielte Werteentwicklung von Persönlichkeiten gestaltet. Wir wollen in diesem Praxisbuch darlegen, wie wir eine solche gezielte Werteentwicklung methodisch bewusst und praktisch wirksam gestalten können.

Wertetraining ist die methodisch bewusste und praktisch wirksame Gestaltung gezielter Werteentwicklung von Persönlichkeiten.
Ja, man kann Werte trainieren. Das eingängigste, schönste Beispiel ist für uns das Wertetraining im Jugendfußball; wir kommen später ausführlicher darauf zurück. »Wertebildung heißt nicht Vermittlung, denn Werte lassen sich nicht beibringen oder lehren .... Welche Werte ihren Spielern wichtig sind, können weder Sie noch jemand anderes bestimmen. Werte bilden sich aus eigenen Erfahrungen. Ich werde zum Beispiel erst pünktlich sein, wenn ich es selbst als wichtig erfahren habe und nicht, weil mir mein Trainer nun zum zehnten Mal gesagt hat, es sei wichtig.« (Märtin, Tegeler 2020) Das ist in Kürze das Geheimnis jedes guten Wertetrainings.

Dieses Buch soll dementsprechend eine Empfehlung sein, Wertetrainings zu gestalten. Es gibt viele Reflexionen, wie wichtig, unumgänglich, entscheidend manche Werte, vor allem im politischen Bereich, seien. »Unsere Werte«. Aber wie werden sie an die Mitarbeitenden gebracht? Wie verinnerlicht? Wann wird endlich mit Seminaren Schluss gemacht, die beispielsweise Nachhaltigkeit und Klimaschutz nur predigen und nicht auf dem höchsten Level der Werteverinnerlichung trainieren? Dieses Ziel haben wir im Blick.

Das versuchen wir, in drei Stufen zu realisieren.

1. Auch der praktischste Praktiker muss, meinen wir, mit einem Minimum an Grundlagen ausgestattet werden. Was ist Wertetraining? Wie unterscheidet es sich von einem Kompetenztraining? Wie erfassen oder messen wir Werte? Das sind solche Ausgangsfragen.
2. Wir stellen kurz und bündig die unserer Ansicht nach wichtigen Methoden zusammen, die eine Werteentwicklung von Menschen bewirken können. Die Kernfrage ist dabei denkbar einfach: Wo wird der Mensch emotional so berührt, angerührt, bewegt, verunsichert, irritiert, betroffen, bestürzt, kurz emotional labilisiert, dass seine Bewertung des geistigen und physischen Handelns verinnerlicht, dass sie zum Wert wird.
3. Wir fragen dann für wichtige Werte, wir nennen sie Grundwerte und Schlüsselwerte, jeweils, welche der dargestellten Methoden sich zur Entwicklung jedes dieser Werte besonders gut eignen. Dazu charakterisieren wir diese Werte und ordnen ihnen über Checkboxen einzelne Entwicklungsmethoden zu. Hier vermuten wir für den Praktiker, den Wertetrainer, den Hauptgewinn. Er kann sich seinen Methodenkoffer selbst zusammenstellen, er kann jedes Wertetraining individualisieren und intensivieren.

Wir bezeichnen den Lernbegleiter, Werteentwickler, Wertecoach oder Werteverantwortlichen weiter meist generalisierend als **Wertetrainer**. Den oder die Trainierten nennen wir dann dementsprechend **Wertetrainee**. Schließlich fügen wir jeweils zwei Trainingsbeispiele für jeden der 16 Schlüsselwerte an. Eines illustriert eher das praktisch-methodische Vorgehen, eines mehr die Suche nach der entscheidenden emotionalen Labilisierung, die das Training erst wirksam macht.

Unsere Beispiele sind oft auf den Bereich von Unternehmen und Organisationen bezogen. Dort haben wir unsere praktischen Erfahrungen gesammelt, dort haben sich unsere Ansätze praktisch bewährt. Doch glauben wir, dass der Grundansatz des Wertetrainings im Bereich der meisten Organisationen, auch auf pädagogischem und politischem Gebiet, nicht weniger wirksam ist. Er soll dem Praktiker Nutzen bringen und von Praktikern genutzt werden. Er soll helfen, eine Zukunft zu gestalten, die eine, nachhaltige, klimaneutralisierte, digitalisierte, gleichheitsbewusste und wirklich menschliche Wertezukunft ist.

Berlin, im August 2021

John Erpenbeck, Werner Sauter

Inhaltsverzeichnis

1 Grundlagen des Wertetrainings

Werte lassen sich benennen (vgl. Sauer 2019).
Werte lassen sich erkennen (vgl. Gensicke 2015).
Werte lassen sich erklären (vgl. Piaget 2019).
Werte lassen sich erfassen (vgl. Erpenbeck 2018).
Werte lassen sich entwickeln (vgl. Erpenbeck, Sauter 2018, 2019).

Gemessen an der Fülle von Forschungen und Bemühungen, individuelle und gesellschaftliche, ethische und weltanschauliche, demokratische und freiheitliche, christliche und westliche Werte zu bewahren und zu fördern, kann es an den fünf Prämissen wohl kaum Zweifel geben. Oder doch?

Der fünfte Punkt hat es in sich. Dass sich in jeder neuen gesellschaftlichen oder individuellen Situation Werte herausbilden, wird kaum jemand bezweifeln. Aber lassen sich Werte gewollt, gezielt, »intendiert« entwickeln?

Ja. Doch! Das ist die Antwort, die wir mit diesem Band für Personalentwickler, pädagogische Praktiker und andere Menschenverantwortliche zu geben versuchen. Eine gezielte Werteentwicklung ist möglich und unumgänglich notwendig. Aber warum steht eine solche gezielte Werteentwicklung dann nicht im Mittelpunkt personalwirtschaftlicher, pädagogischer oder politischer Bemühungen, sondern ist oft nicht mehr als ein ungeliebtes Anhängsel? Darauf wollen wir hier einführend Antworten suchen.

1.1 Werteentwicklung, Werteerziehung oder Wertetraining

Mehrere Titel boten sich für diesen Band an:

Gezielte Werteentwicklung drängte sich auf. Wir haben schon früher viele Möglichkeiten einer gezielten, intendierten Werteentwicklung zusammengetragen (vgl. Erpenbeck, Sauter 2019). Werte entwickeln sich bei jedem Menschen im geistigen oder körperlichen Handeln, sogar bei Faulenzern. Leben selbst ist ebenso ein erkenntnisgewinnender wie ein wertegewinnender Prozess (vgl. Lorenz 1993). Aber wie zielt man eine solche Entwicklung an? Wie vollzieht sich eine gezielte Werteentwicklung? Es gibt sicher unendlich viele Möglichkeiten, aber wie können wir einige davon praktisch, alltagstauglich gestalten?

Werteerziehung, das wäre es doch? Wir laden so viel bei den Pädagogen ab, bürden ihnen so viel auf, warum nicht auch die Werteentwicklung in Form von Erziehung? Immer wieder haben verantwortungsvolle Pädagogen versucht, ihren Zöglingen nicht nur Fertigkeiten, Wissen und Qualifikationen zu vermitteln, sondern, wenn auch in weit geringerem Umfang, Kompetenzen, als Fähigkeiten zu selbstorganisiertem Handeln und deren Kerne, die Werte (vgl. Fischer 2019). Allerdings haben sie auch in früheren Zeiten Werte wie Zucht, Ordnung, Disziplin, Gehorsam, Pflicht und Anstand »vermittelt« und das nicht selten mit Formen einer emotionaler Labilisierung, die zu mitempfindendem Zorn berechtigt. Mit Schlägen, fein und oft sadistisch abgestuft, mit Demütigungen durch Kameraden und vor Kameraden, mit Kopfnuss und Karzer.

Wertetraining klingt eher technisch-operativ, und das ist beabsichtigt. Im Verein, im Team, im Unternehmen wollen wir uns keine Philosophien und gut gemeinten Man-Müsste-, Man-Sollte-, Man-Könnte-Ratschläge anhören, sondern klare Ansagen und Richtlinien erhalten. Werte, die wir billigen und bejahen, sollen uns so in Fleisch und Blut übergehen, dass wir ohne jedes Mal neu zu zögern handeln können. Formen von Wertetraining haben sich im Sport, in Hochleistungsunternehmen, bei Feuerwehr, Polizei und Armee, bei der Durchführung sozialer und politischer Kampagnen breit durchgesetzt. Fridays for Future ist beispielsweise nicht nur Demonstration ökologischen Denkens junger Menschen, es ist auch eine nachhaltige Form von Wertetraining.

1.2 Beispiel Wertetraining im Fußball

Wir führen hier beispielhaft ein Wertetraining an, bei dem offensichtlich ist, dass es sich wirklich um ein Training handelt, nicht um eine Form von Belehrung oder Weiterbildung. Bei dem andererseits klar ist, dass es sich wirklich um Werte handelt, die da trainiert werden, nicht um Aufmerksamkeit, Schnelligkeit oder Reaktionsvermögen. Dafür existieren andere, erprobte Trainingsverfahren. Im Bereich des Leistungssports setzen sich Werte- und Kompetenztrainings zunehmend durch (Märtin, Tegeler 2020, S. 39, 43):

»Dem Thema ›Werte‹ kommt in der Jugendarbeit generell und daher auch im Jugendfußball eine enorme Bedeutung zu. Im Alter von sechs bis zwölf Jahren entwickelt ein Kind Gewissen, Moral und eine Werteskala. Es lernt, was als richtig und falsch, gut oder weniger gut wahrgenommen wird. Mit zwölf bis 18 Jahren entwickeln junge Menschen ein Wertebewusstsein, das heißt, sie haben eigene und sehr persönliche Vorstellungen davon, was ihnen wichtig ist. Ihnen ist der so entstehende ethische Kompass sehr bewusst und sie versuchen auch, danach zu leben. Dieses Wertelernen findet im Alltag der Jugendlichen statt – somit auch im Fußballverein. Viele Jugendliche verbringen hier ihre Freizeit und machen vielfältige Erfahrungen, die auf ihre Wertebildung Einfluss haben: Sie messen sich sportlich mit anderen, siegen und verlieren, erleben Gemeinschaft und Freundschaft, gestalten das Miteinander und erfahren Selbstwirksamkeit. Im besten Fall lernen Sie, Konflikte friedlich zu regeln, Niederlagen zu akzeptieren, Rücksicht auf andere zu nehmen, im Team zusammenzuarbeiten, Verantwortung zu übernehmen, tolerant gegenüber unterschiedlichen Meinungen zu sein und sich fair und respektvoll zu verhalten. Jugendfußball ist also ein wichtiger Ort des Wertelernens in einer sehr entscheidenden Lebensphase.«

Aber zugleich gilt (Mertin, Tegeler 2020, S. 43): »Wertebildung heißt nicht Vermittlung, denn Werte lassen sich nicht beibringen oder lehren. Welche Werte ihren Spielern wichtig sind, können weder Sie noch jemand anderes bestimmen. Werte bilden sich aus eigenen Erfahrungen. Ich werde zum Beispiel erst pünktlich sein, wenn ich es selbst als wichtig erfahren habe und nicht, weil mir mein Trainer nun zum zehnten Mal gesagt hat, es sei wichtig.«

1.3 Wertetraining und Kompetenztraining

Für uns ist noch ein anderer Grund entscheidend, den Begriff Wertetraining zu bevorzugen. Seit über zwanzig Jahren durchdenken und fördern wir zusammen mit anderen Wissenschaftlern und Beratern im Umkreis des KODE® – KODE®X-Verfahrens (vgl. gebündelt Heyse, Erpenbeck, Coester, Ortmann 2019) Kompetenzerfassung, Kompetenzentwicklung und Kompetenzmanagement. Vor allem Volker Heyse hat mit dem von ihm konzipierten und maßgeblich verfassten Handbuch Kompetenztraining die methodischen Grundlagen für solche Trainingsverfahren geliefert (Heyse, Erpenbeck, 2. Aufl. 2009). Wir greifen darauf mehrfach zurück, haben aber für die gezielte Werteentwicklung unsere Entwicklungskonzeption konsequent weiterentwickelt. Andererseits wird uns der Vergleich von Kompetenztraining und Wertetraining auch wichtige, ganz praktische Unterschiede offenbaren.

Kompetenzen sind die Fähigkeiten, in offenen, problematischen Situationen selbstorganisiert und kreativ handeln zu können. Dazu reichen unsere Fertigkeiten, unser Wissen und unsere Qualifikationen in der Regel nicht aus. Werte weisen uns den Weg, dennoch handeln zu können, sie »überbrücken« gewissermaßen das fehlende, möglicherweise gar nicht existierende Wissen. Werte sind Ordner, Leitlinien unseres Handelns. Ohne sie gäbe es kein Handeln und erst recht kein kompetentes.

Werte sind die Kerne von Kompetenzen (vgl. Fischer 2019).
Nur muss man sich klar machen: Es gibt da keine direkten Zusammenhänge. Die irrsinnigsten, abergläubischsten Werte können zu einem durchaus akzeptablen Handeln beitragen. Und manche akzeptierten, wohlgesetzten Werte können geradewegs in den Abgrund führen. Unsere Kompetenzen, unsere Handlungsfähigkeiten lassen sich trainieren, indem wir mit zuvor nicht aufgetretenen, neuartigen Handlungssituationen konfrontiert werden. Die dabei im Hintergrund wirkenden, jegliches Handeln erst ermöglichenden Werte, können jedoch von Person zu Person sehr verschieden sein.

Jede Kompetenzentwicklung führt auch zur Werteentwicklung, aber nicht jede Werteentwicklung zur Kompetenzentwicklung.

1.4 Fundamentalunterschiede von Werte- und Kompetenztraining

In unseren Praxisprojekten haben sich grundlegende Unterschiede zwischen Werte- und Kompetenztraining gezeigt.

1.4.1 Individuenorientierung versus Gemeinschaftsorientierung

Der Arbeitsberater möchte den Langzeitarbeitslosen wieder in Lohn und Brot bringen. Kann das gelingen? Das Team der Softwaretechniker braucht einen neuen Wertetrainee. Wer passt mit seinen Kompetenzen, aber auch seinen Werten zum Team? Ein neuer Callcenter-Agent wird gesucht. Welcher Bewerber ist der Richtige? Wie können die Werte und Kompetenzen einzelner Personen erfasst, entwickelt und trainiert werden?

Allerdings summieren sich die Werte und Kompetenzen aller Mitglieder eines Teams, eines Unternehmens, eines Netzwerks nicht einfach. Diese Gemeinschaften haben alle ihre eigene Historie, ihre spezifischen Werte und Kompetenzen in gemeinsam bewältigten Herausforderungen aufgebaut. Dabei braucht es sehr unterschiedliche Kompetenzen in unterschiedlichen Rollen (vgl. Isaac, Carson 2016). Deshalb hat beispielsweise das Kompetenzkapital eines Unternehmens mit der Kompetenzsumme der einzelnen Wertetrainees kaum etwas zu tun (vgl. Barthel et al. 2007).

In der Praxis stellen wir folgenden **fundamentalen Unterschied** fest:

- **Kompetenztraining ist im Regelfall individuenzentriert:** Die Erfassung und die Entwicklung der Kompetenzen beginnt in der Praxis meist bei den Individuen. Die Organisation[2] sowie ihre Netzwerke und Teams profitieren (in erhoffter Weise) davon. Kompetenztraining erfolgt meist bottom-up.
- **Wertetraining ist grundsätzlich gemeinschaftszentriert:** Die Werteerfassung und -entwicklung geht im Regelfall von den Werten der Organisation aus. Die definierten Soll-Werte bilden den Rahmen des Wertemanagements für die gesamte Organisation, in dem die teambezogenen und individuellen Prozesse der Werteentwicklung abgeleitet werden. Wertetraining erfolgt top-down.

Wird die Werte- und Kompetenzentwicklung jedoch in **integrierter Form** initiiert, wie wir empfehlen, hat es sich als sinnvoll erwiesen, das Werte- wie auch das Kompetenztraining so zu gestalten, dass ein gemeinsamer Rahmen des Werte- und Kompetenzmanagements für die gesamte Organisation gefunden wird.

Ein Netzwerk, ein Unternehmen, ein Team entwickeln Werte, die deren Haltung und das gemeinschaftliche Handeln bestimmen. Ist beispielsweise Respekt ein erklärter Unternehmenswert, hat derjenige schlechte Karten, der sich immer wieder gegenüber leitenden Personen oder Wertetrainees respektlos verhält. Werte eines Einzelnen zu bestimmen, mag psychotherapeutisch wertvoll sein, in umfassenderen Zusammenhängen fragt keiner danach. Es ist also sinnvoll, zunächst Ist und Wunsch gemeinschaftlicher Werte auf Organisations- und Teamebe-

2 Wir wählen hier sprachlich verkürzend den Ausdruck der Organisation, beziehen aber gedanklich die bereits genannten Gemeinschaften – Netzwerke und Verbände, Unternehmen, öffentlich-rechtliche Organisationen, Bildungseinrichtungen, Teams und andere – mit ein.

ne zu erfragen und erst daran einzuschätzen, wie der Einzelne darin positioniert ist. **Deshalb empfehlen wir einen gemeinschaftszentrierten Ansatz für das Wertemanagement.**

1.4.2 Handlungsorientierung versus Haltungsorientierung

Häufig müssen wir unter Zeitdruck, eventuell mit hoher emotionaler Belastung, Entscheidungen treffen und Handlungen ausführen, obwohl uns wichtige Informationen fehlen. Die Situation lässt keinen Zeitaufschub zu, wir müssen sofort reagieren. Dies erfordert Orientierungen für unsere Entscheidungen und Ordner unseres Handelns, nämlich Werte.

Kompetenzen sind handlungsorientiert.
Sie bezeichnen Handlungsfähigkeiten, also Fähigkeiten, auf eine definierte, beschreibbare Weise und mit einem bestimmten, festgelegten Erfolg zu handeln. Sie leiten auf bestimmte Handlungsziele hin.

Die **Kompetenz Akquisitionsstärke** aus dem Kompetenzmodell von Erpenbeck und Heyse (2007) beschreibt beispielsweise die **Fähigkeit, andere Menschen selbstorganisiert und kreativ für Aufgaben und Produkte zu werben.** Da diese Fähigkeiten in der Regel nicht pauschal zu beurteilen sind, werden sie in Handlungsanker, also in Teilhandlungen untersetzt:

1. Geht auf andere Personen aktiv und erfolgreich zu.
2. Erkennt wichtige Kundenbeziehungen und baut sie aus.
3. Entwickelt beim Kunden spezifische Lösungsvorschläge und vermittelt das Gefühl der vollen Einbeziehung des Kunden.
4. Beendet Gespräche mit konkreten Vereinbarungen (weiteres Vorgehen, Termine).

Ob eine Person tatsächlich so handelt, lässt sich skaliert einschätzen. Die Handlungsanker lassen sich organisations-, team- oder funktionsspezifisch festlegen. Sie spiegeln einzelne Facetten der jeweiligen Kompetenz wider.

Werte sind haltungsorientiert.
Sie kennzeichnen das, was aus verschiedenen Gründen aus der Wirklichkeit als wünschenswert und notwendig, oder auch als abzulehnen hervorgehoben wird. Sie sind Ordner des Handelns, indem sie nahelegen, welche Handlungen zu bevorzugen und welche eher zu unterlassen sind.

Werte sind handlungsführend, aber nicht zielführend.
Man kann beispielsweise auf unendlich viele verschiedene Weisen respektvoll handeln. Werte weisen aber klar darauf hin, was nicht geht, was respektlos ist.

So ist es Menschen mit einem ausgeprägten **Wert Respekt** wichtig, **dass sich Kollegen und Führungskräfte auf Augenhöhe begegnen und sich gegenseitig unterstützen.** Dieser Wert lässt sich durch folgende Wertebeispiele operationalisieren:

Diesen Menschen ist wichtig, dass
- sie ohne Rücksicht auf Hierarchien wertschätzend mit Kolleginnen und Kollegen sowie Führungskräften kommunizieren und arbeiten können,
- allen Mitarbeitenden, unabhängig von Herkunft oder Religion, mit Verständnis und ohne Vorbehalte begegnet wird,
- fremde Familien- und Lebensverhältnisse ohne Vorurteile betrachtet und andere kulturelle, religiöse und politische Überzeugungen grundsätzlich respektiert werden,
- mit allen Mitarbeitenden tolerant umgegangen wird.

Diese Wertebeispiele kann man zusammengenommen als eine **Wertewolke** bezeichnen. Sie lässt sich in dem Sinne »welchen Respekt erwarten wir von unseren Wertetrainees« organisations-, team- oder funktionsspezifisch festlegen. Sie lässt sich differenziert von »trifft nicht zu« bis »besonders« oder gar »übertrieben« einschätzen.

Damit ergibt sich ein weiterer **Fundamentalunterschied** zwischen Kompetenztraining und Wertetraining:
- **Beim Kompetenztraining** auf der Individualebene werden Kompetenzen in Form von individuellen **Handlungsfähigkeiten**, repräsentiert durch organisations- oder funktionsbezogene Handlungsanker, erfasst und gezielt entwickelt.
- **Beim Wertetraining** werden Werte mit organisationsspezifischen Wertebeispielen, sogenannten Wertewolken, erfasst, die jeweils die **Wertehaltungen** des Wertetrainees widerspiegeln, und gezielt entwickelt.

1.4.3 Detailorientierung versus Clusterorientierung

Stellen Sie sich ein Schloss in der Ferne vor, das Kompetenzschloss, und eine von herrlichen, alten Bäumen eingefasste Allee dorthin, die Werteallee. Ohne Ziel ist unser Wandern ziemlich sinnlos, ohne Weg kommen wir erst gar nicht dorthin. Der Weg ist nicht das Ziel, das Ziel legt den Weg nicht fest, aber Weg und Ziel gehören untrennbar zusammen.

Kompetenzen sind zielführend, Werte sind handlungsführend. Kompetenztraining und Wertetraining gehören untrennbar zusammen, gerade weil sie durch die genannten Fundamentalunterschiede getrennt sind. Sie bilden zwei Seiten einer Medaille ab. Dabei haben wir ein weiteres, wichtiges Merkmal noch nicht bedacht: die Bedeutung punktueller Einzelheiten.

Es gibt unzählige Kompetenzen (vgl. Hänggi 1998) und ungezählte Werte (vgl. Sauer 2019). Ein Kompetenzatlas fasst wichtige Kompetenzen, ein Werteatlas wichtige Werte zusammen. Die darin ausgewählten Kompetenzen und Werte decken viele in Rede stehenden Einzelbegriffe ab, zumal deren organisations-, team- oder funktionsspezifische Präzisierung sie noch einmal anpasst. Nicht zu übersehen ist jedoch, dass die Begriffe des Kompetenzatlas und des Werteatlas auf ganz unterschiedliche Weise untereinander zusammenhängen.

Bleiben wir bei dem Beispiel der sozial-kommunikativen Kompetenz Akquisitionsstärke. Es ist für jeden vollkommen plausibel, dass sie mit anderen sozial-kommunikativen Kompetenzen zusammenhängt, wie zum Beispiel mit Kommunikationsfähigkeit und Verständnisfähigkeit, mit den personalen Kompetenzen Offenheit für Verhandlungen und Hilfsbereitschaft, mit den Aktivitäts- und Handlungskompetenzen Tatkraft und ergebnisorientiertes Handeln oder den Fach- und Methodenkompetenzen Beurteilungsvermögen und Marktorientierung. Genau besehen hängt jede Kompetenz des Kompetenzatlas mit jeder anderen darin zusammen. Auf welche Weise und in welcher Stärke wäre natürlich aufzuklären. Aber sie sind generell gleichgeordnet, jede kann und muss für sich anhand spezifischer Handlungsanker beurteilt werden.

Auch die Werte des Werteatlas hängen, jeder mit jedem, offensichtlich zusammen. Sie sind jedoch nicht gleichgeordnet. Man kann beispielsweise seine Kreativität kaum genießen (Genusswerte), wenn man obdachlos ist und der Lebensstandard bei null liegt (Nutzenwerte), wenn notwendige Ideale fehlen (ethisch-moralische Werte) oder die individuelle Freiheit völlig beschnitten ist (sozial-weltanschauliche Werte). Das Fehlen eines Fundamentalwertes kann die Bedeutung aller oder vieler anderer für einen Menschen minimieren. Ein starker Lebensstandard, eine hohe Sicherheit, eine glückliche Familie können, wie aktuelle Beispiele zeigen, den Drang nach individueller Freiheit kaum dämpfen.

Der **Fundamentalunterschied Einzelbeurteilung – Clusterbeurteilung** lässt sich mit folgender beispielhaften Gegenüberstellung verdeutlichen:

Wir benutzen zum Beispiel im Rahmen eines Kompetenztrainings die Erfassung der Akquisitionsstärke einer Person. Dazu schätzen wir die bereits zitierten Handlungsanker (1) bis (4) einzeln ein. Bewerten zum Beispiel auf einer Skala von »trifft nicht zu« = 1 bis »trifft völlig zu« = 6:

1. das auf andere aktiv Zugehen mit 6,
2. den Ausbau der Kundenbeziehungen mit 4,
3. die Entwicklung spezifischer Lösungsvorschläge mit 6,
4. das Erzielen konkreter Vereinbarungen mit 2.

Insgesamt bewerten wir damit die Akquisitionsstärke als Mittel der Einzelbeurteilungen der Person mit (6 + 4 + 6 + 2) / 4 = 4,5 (»Trifft gut bis befriedigend zu«).

Ein solches Vorgehen wäre bei Werten völlig unsinnig.

Wir konzentrieren uns im Rahmen eines Wertetrainings beispielsweise auf den Wert Respekt. Wir schätzen übereinstimmend mit anderen ein, dass ein Wertetrainee deutliche Schwierigkeiten mit dem Respekt hat. Wir beziffern sein Respektvollsein wieder auf einer 6er-Skala.

Nehmen wir an, dass dieser Wertetrainee – mit Migrationshintergrund – eine hohe Einschätzung verdiente in Bezug auf die Wertebeispiele:

1. Er begegnet anderen auf Augenhöhe, mit 6.
2. Er ist tolerant in Bezug auf Herkunft oder Religion, mit 5.
3. Er akzeptiert fremde Familien- und Lebensverhältnisse, mit 6.
4. Aber er akzeptiert religiös-politische Überzeugungen nie und nimmer, denn er hat Schreckliches mitgemacht! Er hasst solche Überzeugungen und lässt das alle Kollegen, bei denen er sie auch nur vermutet, deutlich spüren. Damit eckt er in entscheidenden Arbeits- und Verhandlungssituationen immer wieder an, stößt auf ablehnende Bewertungen.

Deshalb würde ihn niemand als respektvolle Person bezeichnen, eher im Gegenteil. Niemand würde also seinen Respekt zu (6 + 5 + 6 + 1)/4 = 4,5 (»Trifft gut bis befriedigend zu«) berechnen dürfen! Die Gesamteinschätzung des Wertes Respekt liegt bei ihm wohl eher wenig über 1!

Noch deutlicher ist das bei dem Wert Kreativität mit den Wertebeispielen:

1. Es ist mir wichtig, dass ich meine eigenen Ideen oder gestalterischen Fähigkeiten weiter entwickeln kann und Freiräume dafür habe.
2. Meine persönlichen Ideen und Lösungen können in meine Arbeitsaufgaben und in mein Arbeitsumfeld einfließen.
3. Inspirierende Erfahrungen, z. B. mit kreativen Arbeitsmethoden oder mit künstlerischen Bausteinen führen mich weiter.
4. Ich bin in der Lage, kreative Gestaltungsmöglichkeiten auf klassischem Wege oder mit Software-Tools für beeindruckende Designs zu nutzen.

Nehmen wir an

1. Punkt 1 trifft für die Arbeitsumgebung eines betrachteten Designers kaum zu, die Bewertung ist 2.
2. Seine persönlichen Ideen sind nicht wirklich gefragt, die Bewertung ist 1.
3. Inspirierende Erfahrungen sind für ihn Mangelware, die Bewertung ist 2.
4. Aber die Nutzung moderner Gestaltungsmöglichkeiten verschafft dem Designer und damit dem Unternehmen den Ruf hoher Kreativität und genialer Produkt- und Werbegestaltung, die Bewertung ist 6.

Trotz der niedrigen Werte für die Wertebeispiele (1), (2) und (3) würde es niemand einfallen, die Kreativität des betrachteten Designers als mäßig zu bezeichnen. Das rechnerische Mittel (2 + 1 + 2 + 6) / 4 = 2,7 (»trifft befriedigend zu«) spiegelt also in keiner Weise seine, von allen neidlos anerkannte, Kreativität wieder. Seine Wertewolke Kreativität würde man insgesamt eher mit 5 bis 6 einschätzen!

Damit ergibt sich der **dritte Fundamentalunterschied** des Kompetenztrainings zum Wertetraining:

- **Bei der Kompetenzerfassung** werden jeweils die einzelnen Handlungsanker erfasst. Der Wert einer Kompetenz errechnet sich als arithmetisches Mittel der Skalenwerte für die einzelnen Handlungsanker.
- **Bei der Werteerfassung** im Wertetraining sind die Wertebeispiele zu einem Wertebegriff nicht immer gleichgewichtet. Manchmal wird die Ausprägung jeweils durch das Wertebeispiel be-

stimmt, das die niedrigste Ausprägung hat, wie zum Beispiel bei den Werten **Respekt, Verantwortung, Norm und Gesetz** oder **Gemeinwohl**. Bei anderen Werten in unserem Werteatlas bestimmt das am stärksten ausgeprägte Wertebeispiel die Einschätzung des jeweiligen Wertes. Ist beispielsweise eine Person auf einem Teilgebiet hochkreativ, schätzen wir ihre Gesamtkreativität hoch ein, fast unabhängig davon, wie ihre Kreativität auf anderen Teilgebieten ausfällt. Deshalb wird die Einschätzung eines Wertes oft durch die niedrigste oder höchste Bewertung der jeweiligen Wertebeispiele bestimmt. In der Praxis werden die Wertebeispiele teilweise nicht einzeln sondern en bloc eingeschätzt.

Zusammenfassend:

- Kompetenzen sind handlungsorientiert, Werte sind haltungsorientiert.
- Kompetenztraining und Wertetraining hängen untrennbar miteinander zusammen. Sie unterscheiden sich jedoch fundamental voneinander:
  - Wertetraining ist im Regelfall gemeinschaftszentriert und arbeitet top-down, Kompetenztraining in der Praxis meist individuenzentriert und arbeitet häufig bottom-up.
  - Werden Werte- und Kompetenztraining miteinander verknüpft, sind beide meist gemeinschaftszentriert.
  - Kompetenztraining ist durch differenzierende, einzeln beurteilbare Handlungsanker, Wertetraining durch entsprechende Wertebeispiele, manchmal durch integrierende Cluster von Wertebeispielen (Wertewolken), die oft als Ganzes beurteilt werden, geleitet.
  - Kompetenztraining geht von gleich gewichteten Handlungsankern aus, Wertetraining von situationssensiblen Wertebeispielen in Werteclustern (Wertewolken), bei denen ein Detailbeispiel, etwa einer hochkreativen Leistung, die Bedeutung aller anderen Beispiele dominieren kann.

1.5 Ebenen des Wertetrainings

Netzwerke und Verbände, Unternehmen, Organisationen, Bildungseinrichtungen, Teams und andere Gemeinschaften gehen immer von spezifischen Wertevoraussetzungen aus. Es gibt kein soziales Handeln ohne zugrunde liegende Werte. Andererseits gibt es im Gegensatz zu den Kompetenzmodellen bisher selten als solche ausgewiesene und begründete Wertemodelle. Es gibt jedoch meist in Hochglanzbroschüren oder in Webseiten eingefangene Darlegungen der Unternehmenskultur, es gibt Leitlinien der Unternehmensethik und Unternehmenspolitik, Compliance-Grundsätze, Verhaltenskodizes, Selbstdarstellungen der Unternehmen oder Werbeschriften.

Aus alldem lassen sich für das Unternehmen die in den nächsten Jahren wichtigsten Werte extrahieren. Entscheidend ist aber vor allem die Frage an die Führungsebene: Wie soll die zukünftige Strategie des Unternehmens aussehen und welche Werte werden dabei die wichtigste Rolle spielen?

1.5.1 Organisationsebene: Wertemodell – Erfassungsmodell – Trainingsmodell

Bei grundlegenden Strategiewechseln, bei Änderungen der gesellschaftlichen Arbeits- und Lebensbedingungen, bei der Übernahme neuer Aufgaben oder der Fusion mit anderen Unternehmen können sich die Werte eines Unternehmens schnell, manchmal schlagartig, ändern – viel schneller als die meisten Kompetenzen der Wertetrainees, die oft an konkrete, sich nur langsamer ändernde Arbeitsformen gebunden sind.

Wir wählen einen methodischen Dreischritt hin zu einem effektiven Wertetraining. Er umfasst
1. die Aufstellung eines organisationsspezifischen **Wertemodells,**
2. die Umsetzung dieses Modells in ein organisationsspezifisches **Erfassungsmodell,**
3. die Ermittlung der deutlichsten Differenzen zwischen der aggregierten Einschätzung der aktuellen Organisationswerte (Ist) und den entsprechenden Mitarbeitererwartungen (Wunsch), aus deren Abgleich in Abstimmung zur Organisationsstrategie und den Rahmenbedingungen ein Soll-Profil abgeleitet wird. Dies ermöglicht ein organisationsspezifisches **Trainingsmodell.**

1.5.1.1 Organisationsspezifisches Wertemodell

Im Vorfeld jedes Wertetrainings ist es also notwendig, ein organisationsspezifisches Wertemodell zu erarbeiten. Das gilt unabhängig davon, ob man den von uns entwickelten Werteatlas zugrunde legt, oder ob man ein anderes Wertemodell mit abweichenden Begriffen und Zusammenhängen benutzt. Jede Organisation wird bestimmte Werte als für sich entscheidend herausstellen und Methoden festlegen, wie sie zu erfassen sind und welche Formen gezielter Werteentwicklung zum Einsatz kommen sollen.

Deshalb ist es sinnvoll, die Software zur Erfassung der Werte so flexibel zu gestalten, dass die Zahl der Werte, die Wertebezeichnungen, die Wertedefinitionen sowie die Wertebeispiele und Übertreibungen ohne Programmierung auf die Erfordernisse der jeweiligen Organisation angepasst werden können.[3]

Um das organisationsspezifische Wertemodell zu erarbeiten, hat es sich bewährt, ein Wertemanagement-Team zu bilden, dem sowohl die Organisationsleitung als auch die Wertetrainees vertrauen können. Geht dieses Team beispielsweise von unserem Werteatlas ValCom® aus, sind zwei Fragen zu beantworten:

- Was bedeutet jeder der den vier Grundwerten[4] zugeordneten 16 Schlüsselwerte[5] für uns, für unser Netzwerk, unser Unternehmen, unsere Organisation, unser Team?

3 Vgl. beispielsweise ValCom® Werteerfassung (www.valcom.org).

4 Genusswerte, Nutzenwerte, ethisch-moralische Werte, sozial-weltanschauliche Werte.

5 Kreativität, Gesundheit, Bildung, individuelle Freiheit, Lebensstandard, Sicherheit, Anerkennung, Gemeinnutz; Privatleben, Ideale, Verantwortung, Respekt, Beziehungen; Einfluss, Norm und Gesetz, Netzwerk.

- Wie müssen die Formulierungen der Wertedefinitionen und der jeweils vier Wertebeispiele angepasst werden, damit sie zu den Wertetrainees, der Organisationskultur und den Rahmenbedingungen passen?

Das Wertemanagement-Team eines Unternehmens für elektronische Spielesoftware, Softplay, entwickelt aus den Wertedefinitionen und Wertebeispielen aus dem Werteatlas (s. Tabelle 1 Spalte 2) unternehmensspezifische Formulierungen (s. Tabelle 1 Spalte 3), die auch in stärkerem Maße von den Formulierungen des Werteatlas abweichen können. Diese bilden lediglich einen Vorschlagspool. Dies verdeutlichen wir am Beispiel des Wertes Kreativität.

Grundwerte: Genusswerte, Nutzenwerte, ethisch-moralisch Werte, sozial-weltanschauliche Werte	**Definitionen der Schlüsselwerte im allgemeinen Werteatlas:** Was bedeutet dieser Wert im Allgemeinen?	**Definitionen der organisationsspezifischen Basiswerte mit Wertewolken:** Was bedeutet dieser Basiswert im Besonderen für uns, für unsere Organisation, unser Team, am Beispiel des Spieleentwicklers Softplay?
Werte:	**Definitionen der Werte im allgemeinen Werteatlas:**	**Definitionen der organisationsspezifischen Werte am Beispiel Softplay:**
Kreativität Gesundheit Bildung Beziehungen Lebensstandard Sicherheit Anerkennung Gemeinnutz Privatleben Ideale Verantwortung Respekt Individuelle Freiheit Einfluss Norm und Gesetz Netzwerk	**Beispiel Kreativität (allgemein)** Es ist mir wichtig, den eigenen Einfallsreichtum, die Phantasie oder das künstlerische Interesse weiter entwickeln zu können und aktiv kreative Entwicklungsräume, auch im Netz, zu nutzen, z. B. • Freiräume und die Zeit zu erhalten, eigene Ideen zu entwickeln, • meine persönlichen Ideen und Lösungen in meine Aufgaben und in mein Arbeitsumfeld einfließen lassen zu können, • mir inspirierende Erfahrungen, z. B. mit kreativen Arbeitsmethoden, oder in überfachlichen Fortbildungen ermöglicht werden, • kreative Entwicklungsmöglichkeiten nutzen zu können, z. B. in Entwicklungsräumen oder mit Software-Tools.	**Beispiel Kreativität für Softplay:** Es ist mir wichtig, den eigenen Einfallsreichtum, die Phantasie oder das logisch-spielerische Interesse weiter entwickeln zu können und aktiv kreative Entwicklungsräume im Netz, insbesondere zusammen mit anderen Spieleentwicklern, zu nutzen, z. B. • Freiräume und die Zeit zu erhalten, eigene Spieleideen zu entwickeln, • meine persönlichen Spieleideen und Vorschläge in meine Aufgabenlösungen und in sein Arbeitsumfeld einfließen lassen zu können, • inspirierende Erfahrungen mit kreativen Arbeitsmethoden, etwa auf internationalen Spieleentwicklermessen, in Konsultationen mit Wettbewerbern oder in überfachlichen Fortbildungen sammeln zu können, • kreative Entwicklungsmöglichkeiten für mich und das Unternehmen, etwa in Entwicklungsräumen oder mit Software-Tools, nutzen zu können.

Tab. 1 Beispiel zur Anpassung des Wertemodells ValCom® auf die Softplay

Diese Arbeit ist beendet, wenn für alle 16 Schlüsselwerte 16 organisationsspezifische Wertewolken festgelegt und diese zu einer gesamten charakteristischen Wertewolke der Organisation zusammengefasst sind. Die Ausarbeitung des organisationsspezifischen Werteatlas und der entsprechenden Wertewolken auf diesem Wege bedarf etwa eines Workshop-Tages. Parallel werden die angepassten Formulierungen in die Software eingefügt.

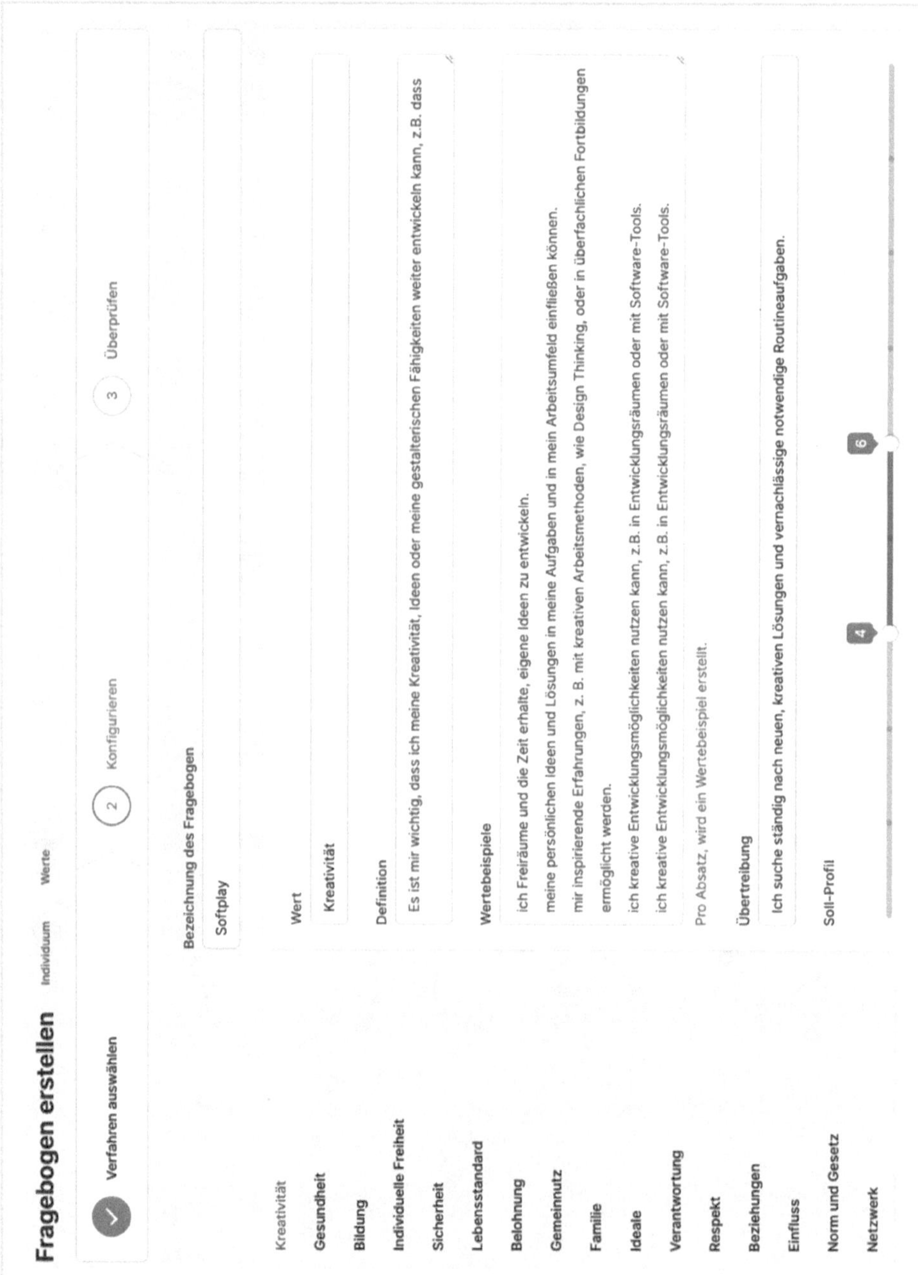

Abb. 1 Erstellung des Softplay-spezifischen Fragebogens (Quelle ValCom® Institut)

1.5.1.2 Organisationsspezifisches Erfassungssystem

Der Werteatlas bildet die Grundlage für die gezielte Entwicklung von Werten, die sich in der Praxis hervorragend bewährt hat. Dies gilt auch für die von uns entwickelte Erfassungs-Software ValCom®, die wir im Folgenden beispielhaft vorstellen.[6]

Dabei geschieht nicht mehr und nicht weniger, als dass die für jeden Wert ausgearbeiteten und in einer organisationsspezifischen Wertewolke zusammengefassten Wertebeispiele in Fragen eines Fragebogens umgewandelt werden.

Dies verdeutlichen wir am Beispiel der Werteerfassung auf Organisationsebene unsere Beispiel-Unternehmung Softplay.

6 Natürlich kann jeder Wertetrainer die ihm genehme Werteerfassung und Werteerfassungssoftware verwenden, sofern sie den beschriebenen Anforderungen gerecht wird.

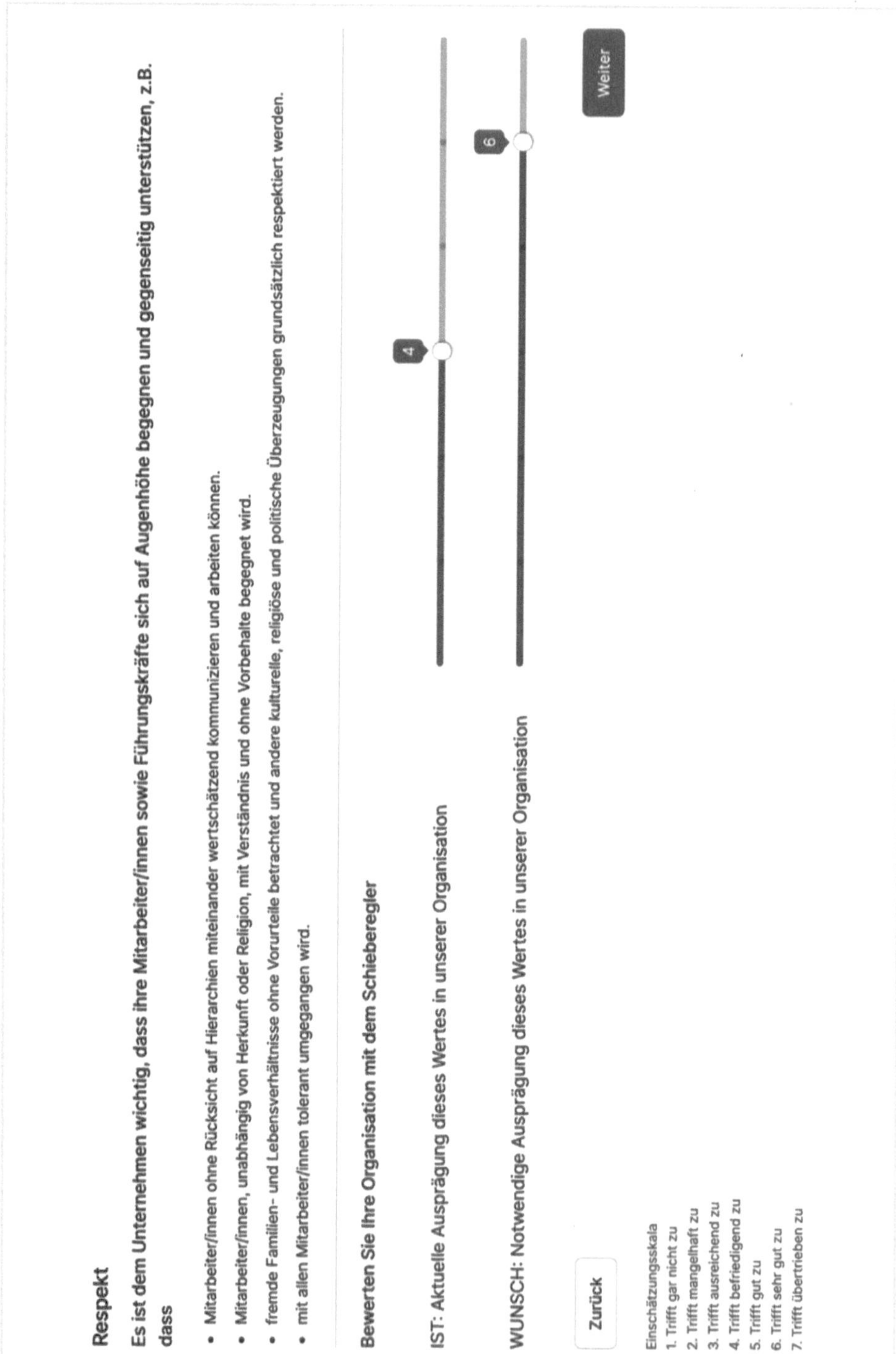

Abb. 2 Erfassung der Organisationswerte am Beispiel des Wertes Respekt (Quelle ValCom®)

Die Erfassung der Ist- und Wunsch-Werte ergab für unser Beispiel-Unternehmen folgendes Ergebnis:

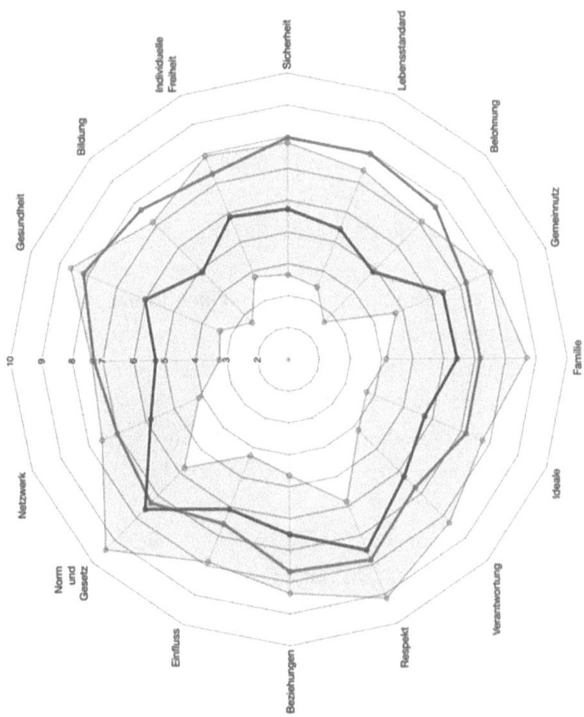

NAME	SOLL MIN	SOLL MAX	IST		WUNSCH		DIFFERENZ
Kreativität	5.00	8.00	5.29	2.07	7.29	1.85	2.00
Gesundheit	4.00	6.00	6.00	2.82	8.16	2.14	2.16
Bildung	3.00	5.00	4.90	2.26	7.70	1.72	2.80
Individuelle Freiheit	6.00	8.00	5.87	2.06	7.33	1.85	1.46
Sicherheit	5.00	7.00	5.73	2.08	7.97	1.99	2.24
Lebensstandard	5.00	7.00	5.43	1.98	7.97	1.83	2.54
Belohnung	5.00	7.00	4.87	2.23	7.73	1.69	2.86
Gemeinnutz	3.00	5.00	6.40	1.85	7.20	1.94	0.80
Familie	4.00	6.00	6.43	2.28	7.17	1.93	0.74
Ideale	3.00	6.00	5.73	2.02	7.17	1.98	1.44
Verantwortung	4.00	6.00	6.23	2.06	6.73	2.19	0.50
Respekt	5.00	7.00	7.50	1.85	7.83	1.97	0.33

Abb. 3 Erfassungsergebnis einer Werteerfassung auf Organisationsebene Ist (dunkelgrau mit Standardabweichung) und Wunsch (hellgrau) (Quelle ValCom® Institut)

Es ist sofort sichtbar: Die größten Differenzen ergeben sich bei den Werten **Bildung** und **Belohnung**, die größte Übereinstimmung zwischen Ist und Wunsch bestehen bei den Werten **Respekt** sowie **Norm und Gesetz**.

1.5.1.3 Organisationsspezifisches Trainingsmodell

Diese Erfassungsergebnisse ermöglichen die Analyse und Evaluation der Werte. Es hat sich bewährt, sich zunächst auf die größten, deutlichsten Differenzen zwischen der Ist-Einschätzung und der Wunsch-Bewertung durch die Wertetrainees zu konzentrieren. Da der aus dem unternehmensspezifischen Wertemodell hervorgegangene Fragebogen durch viele, wenn nicht alle Mitarbeiter des Unternehmens ausgefüllt wurde, sind die Differenzen in der Abbildung als relativ objektiv anzusehen.

Ausgangspunkt sind hierbei nicht primär die Werte der einzelnen Wertetrainees, sondern die Werte des Unternehmens. Das Training teambezogener und individueller Werte soll immer auch die Unternehmenswerte bekräftigen, stärken und wo möglich in neue Arbeitszusammenhänge einbringen.

Die in der Abbildung kondensierte Erkenntnis, wo im Unternehmen größere Differenzen zwischen den Ist- und Wunsch-Werten bestehen, mündet in **Soll-Werten**, die im Werteteam in einem gemeinsamen Prozess definiert werden. Dabei wird die Ausgangssituation (Ist) mit den Wünschen der Wertetrainees sowie den Rahmenbedingungen und strategischen Erfordernissen der Unternehmung in Einklang gebracht. Aus dem Soll-Wertemodell abgeleitet können dann einzelne **konkrete Werteziele** für die Organisation definiert werden, die als **Rahmen der Wertetrainings** der Teams und der Wertetrainee dienen.

Es hat sich bewährt, diese angestrebte Werteentwicklung in der gesamten Organisation mit allen Mitarbeitern darzustellen und offen zu diskutieren. Das Wertemanagement-Team kann dafür die notwendigen Voraussetzungen schaffen, beispielsweise durch die Einrichtung eines **unternehmensweiten, digitalen Kommunikationsraumes**, (**Learning-Experience-Plattform**), zu dem unter anderem ein persönlicher Blog der oberen Geschäftsführung, Themenforen sowie diverse Videos, PDF und Lernprogramme gehören können.

Vorab kann allen Mitarbeitern und Führungskräften die Gelegenheit gegeben werden, beispielsweise in einem eintägigen **Barcamp,** ihre eigenen Gedanken, Ideen und Fragen, aber auch Erwartungen und Befürchtungen, in den Prozess einzubringen und zu diskutieren. Jeder Wertetrainee kann damit als »Teilgeber« Themenvorschläge zum Wertemanagement beitragen.

Der folgende, im besten Falle organisationsweite, Kommunikationsprozess über die Bedeutung des Wertemanagements für die Organisation und den Zielrahmen des individuellen, des teambezogenen und des organisationalen Wertemanagements umfasst neben der Einstimmung und einem Kick-off-Seminar mehrere Sprints und weitere Workshops. Diese kann das Wertemanagement, z. B. in ersten Pilotprojekten, allen Mitarbeitern zur Diskussion stellen, konkrete Entwicklungsmaßnahmen anregen und schließlich umsetzen. In einem abschließenden Workshop, zu dem sich eine begrenzte Zahl von Mitarbeitern anmelden kann, werden die Ergebnisse dieses Kommunikationsprozesses zusammengeführt und dokumentiert.

Dies kann in eine **Mission des Wertemanagements** münden, die Antwort auf folgende Fragen gibt:

- Von welchem Menschenbild geht die Organisation aus?
- Was versteht die Organisation unter Lernen, wo findet dies zukünftig überwiegend statt?
- Welche Prinzipien kennzeichnen zukünftig das Wertemanagement?
- Welche Ziele verfolgt das Wertemanagement in der Zukunft?
- Welche Rolle spielt das Wertemanagement im Rahmen Ihrer zukünftigen Organisationsstrategie?
- Wie kann die zukünftige Rolle des Wertemanagement-Teams beschrieben werden?
- Welche Leistungen erbringt dieses Team zukünftig?
- Welche Rolle übernehmen Mitarbeiter, Führungskräfte, das obere Management sowie die heutigen Trainer?
- Wie arbeitet das Wertemanagement mit den Führungskräften zusammen? Wie sichert es deren Kompetenz?
- Wie bauen die heutigen Bildungsplaner und Trainer ihre Kompetenzen für die Initiierung und Begleitung des Wertemanagements auf?
- Welche Rahmenbedingungen des Wertemanagements sollen sichergestellt werden?
- Wie wird der Erfolg des Wertemanagements in der Organisation bewertet?

Damit die angestrebten Werte tatsächlich erreicht werden, ist es notwendig, einen Prozess zu initiieren, in dem Teams und einzelne Wertetrainees Werte verinnerlichen, indem sie diese in eigene Emotionen und Motivationen umwandeln.

Die Organisation benötigt deshalb einen Prozess der gezielten Werteentwicklung, der vorhandene Potenziale aufgreift und sie neu zur Entfaltung bringt. Die Entwicklung von Werten und der Kultur kann auf Basis der festgelegten Soll-Werte sowie der Mission über die Bearbeitung von **Korridorthemen** durch viele Wertetrainees und Teams einer Organisation ermöglicht werden.

Mit dem Begriff des Korridorthemas kommt zum Ausdruck, dass der gemeinsam festgelegte Werterahmen, gleichsam wie in einem Aufzug, aus dem jeweils auf allen Ebenen Korridore abgehen, von oben nach unten durchgesetzt wird (vgl. Stiefel 2019, S. 60 ff.).

Der von uns entwickelte Gesamtprozess konzentriert sich auf wenige, für die Organisation wichtige Werte-Entwicklungsprojekte, die rasch sichtbare Ergebnisse zeigen. Unsere Vorgehensweise hat dabei die Gestaltung der jeweiligen Organisationskultur sowie die Werte aller Teams und Wertetrainee nachhaltig beeinflusst, was sich wiederum positiv auf die wirtschaftlichen Ergebnisse auswirkt.

Korridorthemen für das Werte- und Kulturmanagement können nach folgenden Kriterien identifiziert und bearbeitet werden:

- Die ausgewählten Themen haben einen direkten Bezug zum Arbeitsalltag sowie zu den Herausforderungen im Wertebereich aller Teams und Mitarbeiter.
- Die behandelten Wertebereiche besitzen eine strategische Relevanz, da sie in einem direkten Zusammenhang mit der Durchsetzung der Unternehmensstrategie stehen.
- Die obere Führung startet jeweils die Bearbeitungszyklen der Korridorthemen mit einem symbolischen Akt, zum Beispiel durch ein Video mit einer klaren Botschaft.
- Der Entwicklungsprozess wird durch das Wertemanagement-Team gesteuert und begleitet.
- Alle Führungskräfte werden bei der Bearbeitung der Korridorthemen mit ihren jeweiligen Bedürfnissen und Problemstellungen einbezogen – einmal als Führungskräfte und einmal als Geführte; sie übernehmen in ihrem jeweiligen Verantwortungsbereich die zentrale Rolle als Wertemanager.
- Der Bearbeitungszeitraum umfasst im Regelfall zwischen einem und sechs Monaten.

Solche Korridorthemen können stark wertebeladene Herausforderungen, wie z. B. Social Compliance, werteorientiertes Marketing, Employer Branding, Retention Management, interkulturelle Herausforderungen oder werteorientiertes On-Boarding sein.[7]

Das Wertemanagement-Team veröffentlicht den Plan für die Bearbeitung der Korridorthemen. Die Bedeutung dieser organisationsweiten Beauftragung wird durch eine kurze Videobotschaft der Geschäftsleitung unterstrichen. Darin begründet sie auf Basis der organisationsweiten Werteerhebung und der strategischen Ziele die Notwendigkeit eines strategieorientierten Wertemanagements und verdeutlicht ihre Erwartungen an die Mitarbeiter sowie die Teams.

1.5.2 Teamebene: Werterahmen – Erfassungsmodell – Trainingsmodell

Alle Teammitglieder erfassen vorab die Teamwerte Ist und Wunsch. Die jeweilige Führungskraft bespricht etwa vier Wochen vor Beginn des Teamprozesses die Erfassungsergebnisse sowie die Vorgehensweise mit einem professionellen Prozessbegleiter, einem Wertetrainer. Dabei werden insbesondere folgende Fragen erörtert:

- **Analyse der teambezogenen Werteerfassung:** Im Abgleich zum organisationalen Werterahmen werden überprüfbare Werteentwicklungsziele des Teams aus Sicht der Führungskraft definiert.
- **Design des Teamentwicklungsprozesses:** Die Führungskraft entwickelt Vorschläge für geeignete Teamprojekte zum gezielten Aufbau dieser Werte. Die Bearbeitung dieser Aufgaben

7 **Social Compliance**: Die Mitarbeiter und Teams handeln regeltreu, halten Gesetze, Richtlinien und freiwillige Kodizes ein, erfüllen aber auch die Anforderungen der Stakeholder und nehmen gesellschaftliche Verantwortung wahr, indem sie gemeinsame Werte verinnerlichen. **Retention Management**: Managementaktivitäten, durch die die richtigen Mitarbeiter motiviert werden sollen, im Unternehmen zu verbleiben. **Onboarding**: Das »An-Bord-Nehmen«, das Einstellen und die Aufnahme neuer Mitarbeiter durch ein Unternehmen und alle Maßnahmen, die deren Integration fördern.

soll weitgehend selbstorganisiert durch das Team, die Arbeitsgruppe oder die Abteilung erfolgen. Die Führungskraft stößt diesen Prozess an, moderiert den Kick-off und begleitet die Teamprozesse, meist mit Unterstützung eines professionellen Prozessbegleiters.

Für die gezielte Werteentwicklung auf Teamebene gelten folgende **Prinzipien** (vgl. Erpenbeck, Sauter 2018, S. 140 ff.):

- Jede Führungskraft ist teambezogener Wertemanager. Damit kommt der mittleren Führungsebene eine zentrale Bedeutung als Initiator und Begleiter von Prozessen des Werteaufbaus von Teams zu. Jede Führungskraft ist dabei immer in zwei Wertemanagementteams involviert, einmal als Führungskraft ihres Teams und zudem als Mitglied eines Teams von Führungskräften.
- In einem Workshop mit allen Teammitgliedern, der im Regelfall von der jeweiligen Führungskraft moderiert wird, analysiert und bewertet das Team seine Werte und leitet innerhalb des organisationalen Werterahmens seine Team-Sollwerte ab.
- Das Team entwickelt, orientiert an der Mission des organisationsweiten Wertemanagements, seine Mission der zukünftigen Teamarbeit.
- Im Rahmen der Korridorthemen, die für die Organisation festgelegt wurden, initiiert die jeweilige Führungskraft in ihrem Team anhand konkreter Herausforderungen einen Entwicklungsprozess zum gezielten Aufbau von Teamwerten. Die Bearbeitung der Korridorthemen erfolgt weitgehend selbstorganisiert durch das Team, die Arbeitsgruppe oder die Abteilung. So bearbeitet ein Vertriebsteam beispielsweise die Frage, wie mit neuen Complicance-Regeln im Kundenbereich in der Praxis konkret umgegangen werden kann und welche Lösungsstrategien bei auftretenden Schwierigkeiten sinnvoll sind. Die Teammitglieder wenden diese Regeln in ihrer Vertriebspraxis an, reflektieren über ihre Erfahrungen und tauschen ihre Erfahrungen im Team sowie im virtuellen Kommunikationsbereich aus.
- Diese Methodik zur Entwicklung der Teamkompetenzen wenden die Teams auf weitere Teamaufgaben und -projekte an.
- Der Erfolg der Entwicklungsmaßnahmen wird anhand der Team-Performanz bewertet.

1.5.3 Mitarbeiterebene: Wertebeschreibung – Werteerfassung – Wertetraining

Im ersten Schritt wird in einem Team aus Personalentwicklern und erfahrenen Fach- und Führungskräften eine akzeptable und akzeptierte Begriffserklärung der Werte herausgearbeitet, indem in einem gemeinsamen Prozess das Begriffsumfeld gekennzeichnet wird. Dies haben wir am Beispiel des Wertes Kreativität gezeigt.

Ergänzend lässt sich feststellen, dass Kreativität (vom lat. von *creāre* – (er)schaffen, (er)zeugen, (er)wählen) im allgemeinen Sprachgebrauch vor allem die Eigenschaft eines Menschen kennzeichnet, schöpferisch oder gestalterisch tätig zu sein. Dies ist nicht auf den Bereich der Kunst beschränkt; jeder Mensch kann in Teilbereichen kreativ sein. Deshalb unterscheiden wir zwischen alltäglicher und außergewöhnlicher Kreativität.

Außergewöhnliche Kreativität ist die herausragende objektive Kreativität, alltägliche Kreativität ist die subjektive Kreativität, die sich bei den meisten Menschen beobachten lässt, wie das Umgestalten eines Gartens oder das Improvisieren beim Kochen. Dabei existieren viele Übergänge von alltäglicher zu außergewöhnlicher Kreativität. Beide entwickeln sich in einem Zusammenspiel von Begabungen, Wissen, Können, intrinsischer Motivation, Persönlichkeitseigenschaften und unterstützenden Umgebungsbedingungen.

Kreativität wird im Werteatlas zentral den Genusswerten zugeordnet, weil solche Werte zwar einerseits immensen Nutzen stiften können, ethisch-moralisch verankert sein müssen, um Formen von verbrecherischer oder inhumaner Kreativität auszuschließen und sozial-weltanschaulich in Richtung Gemeinwohl und Fortschritt orientiert sein sollten. Andererseits gibt es außerhalb des individuellen Genusses und der persönlichen Initiative keine echte Kreativität. Kreativ ist letztlich immer der Mensch, der seine Selbstwirksamkeit erfährt (Erpenbeck, unter Mitarbeit von Sauter 2018, S. 211).

Wertekategorien überlappen sich jedoch in der Regel. Darauf ist unbedingt zu achten. So bringt die eigene Kreativität nicht nur dem Kreativen, sondern auch seinem Team, seinem Unternehmen und oft darüber hinaus Nutzen. Sie stärkt ethisch-moralische Positionen und fließt in sozial-weltanschauliche Haltungen und möglicherweise auch in die der Umwelt ein. Die Beziehungen von Kreativität zu jedem der anderen 15 Werte lässt sich überlegen und darstellen.

Jeder Wert lässt sich jeweils mit vier Fragen eingrenzen:

- **Subjekte der Wertung: Wer wertet?** Das können alle Mitarbeiter sein, Teams oder wichtige Mitarbeitergruppen, wie z. B. die Ingenieure, die Frauen, die jungen oder die älteren Mitarbeiter usw. Unser Training setzt allerdings immer bei einzelnen Wertetrainees ein, nicht bei Teams oder Gruppen insgesamt. Wir finden heraus, bei welchen Mitarbeitern wir die subjektiven Werte verändern wollen.
- **Objekte der Wertung: Was genau wird bewertet?** Sind es Kollegen (z. B. bei Beziehungen oder Respekt), sind es interne Sachverhalte (z. B. bei Gesundheit) oder Unternehmenszustände (z. B. bei Gemeinnutz oder Ideale)? Diese Objekte können wir in der Regel nicht ändern, wohl aber die wertende Sicht auf sie.
- **Grundlagen der Wertung: Wovon wird beim Werten ausgegangen?** Von eigenen oder fremden, geprüften oder ungeprüften Erkenntnissen, eigenen Emotionen und Motivationen, von Vermutungen, Annahmen, Wünschen, von früher bereits verinnerlichten Werten, Regeln und Normen, von Glaubensgewissheiten und -ungewissheiten, von Phantasien, Träumen oder »Fakes«? Objektives, verifiziertes Wissen macht oft nur einen Bruchteil dessen aus, was unseren Werten zugrunde liegt.
- **Maßstäbe der Wertung: Was wird in welchem Ausmaß für wichtig angesehen?** Sind es eher organisationsinterne oder nur persönliche, private Werte, ordnen wir sie in besonders wichtig bis eher unwichtig ein oder stufen wir unsere Maßstäbe fein ab?

Diese vier Fragen, das sogenannte **Wertekleeblatt**, zu jedem der Werte werden mit dem Mitarbeiter und wenn möglich in seinem Team besprochen. Alle Werte, die trainiert werden sollen, werden auf diese Weise aufbereitet. Bei jedem fragen wir:

1. Wie lautet die allgemeine Begriffserklärung?
2. Wie wird der Wert im Werteatlas charakterisiert?
3. Wie hängt der Begriff mit den anderen Grund- und Schlüsselwerten zusammen?
4. Wie sehen die grundlegenden Fragen nach den zu trainierenden Werten im Einzelnen aus (Wertekleeblatt)?
5. Was können wir an den angestrebten Werten trainieren (Entwicklungsziele)?
6. **Persönliche Entwicklungsziele:** Was will der Mitarbeiter, der Wertetrainee gezielt trainieren, welche persönlichen Entwicklungsziele stellt er sich aufgrund der Wertebeispiele?
7. **Persönliche Entwicklungsprozesse:** Mit welchen Maßnahmen und Methoden sollen gezielte Werteveränderungen herbeigeführt werden?

Grundsätzlich können im Prozess der gezielten Werteentwicklung folgende Veränderungen vorgenommen werden:

Veränderungen
- an den Wertenden, d. h. an den Mitarbeitern, Teams oder der gesamten Organisation, den Subjekten der Wertung,
- an den Gegenständen, die sie bewerten, d. h. an den Objekten der Wertung, die wir in der Regel nicht selbst verändern können, jedoch aber die wertende Sicht auf sie,
- an den Grundlagen, d. h. den emotional aktivierenden und labilisierenden Einflüssen, von denen aus Objekte bewertet werden, und
- an den Maßstäben, nach denen sie bewertet werden.

Es hat sich bewährt, diese Fragen mithilfe einer Tabelle zu strukturieren. Dies verdeutlichen wir am Beispiel des Wertes Kreativität.

Wertestruktur	Wertestruktur konkret am Beispiel Kreativität	Persönliche Wertebeispiele für den Wert Kreativität
Subjekte der Wertung: Wer wertet?	Bei welchen Menschen soll der Wert Kreativität konkret entwickelt werden (beispielsweise Schülern, Azubis, Mitarbeitern, leitenden Angestellten)?	Mir ist wichtig, dass ich Freiräume und die Zeit erhalte, eigene Ideen zu entwickeln.
Objekte der Wertung: Was genau wird bewertet?	Welche Form von Kreativität, z. B. analytische, technische, gestalterische oder künstlerische, soll im Mittelpunkt der eigenen Entwicklung stehen, und wessen Kreativität (von Lehrkräften, Ausbildern, Mitarbeitern und Kollegen, eventuell anderer, fremder Herkunft) wird dabei als beispielhaft gesehen?	Mir ist wichtig, dass meine persönlichen Ideen und Lösungen in meine Aufgaben und in mein Arbeitsumfeld einfließen können.

Wertestruktur	Wertestruktur konkret am Beispiel Kreativität	Persönliche Wertebeispiele für den Wert Kreativität
Grundlagen der Wertung: Wovon wird beim Werten ausgegangen?	Warum (Wertegründe) soll Kreativität eingesetzt und wirksam werden, z. B. wegen Sachgründen, Hypothesen, Herkunft, Tradition, Position, Hierarchien, Gefühlen, emotionalen Abhängigkeiten, Phantasien?	Mir ist wichtig, dass mir inspirierende Erfahrungen, z. B. mit kreativen Arbeitsmethoden oder in überfachlichen Fortbildungen ermöglicht werden.
Maßstäbe der Wertung: Was wird für besonders wichtig gehalten?	Wie weit (Wertemaßstäbe) soll diese Kreativität getrieben werden und inwieweit ist sie mit anderen Formen von Kreativität vergleichbar, von enormer, unvergleichlicher genialer Kreativität bis zu etwas mehr, etwas weniger Kreativität für den »Hausgebrauch«?	Mir ist wichtig, dass ich kreative Entwicklungsmöglichkeiten nutzen kann, z. B. in Entwicklungsräumen oder mit Software-Tools.
←	→	
ENTWICKLUNGSZIELE		PERSÖNLICHE ENTWICKLUNGSZIELE

Tab. 2 Wertestruktur am Beispiel Kreativität

2 Methoden des gezielten Wertetrainings

Nun betreten wir den operativen Kernbereich unserer Ausführungen.

Wie kommen wir zu einem organisationsspezifischen Trainingsmodell?
Das operative Training beginnt nach der Konkretisierung des organisationalen und teambezogenen Werterahmens, der zeitlichen, räumlichen, personellen und finanziellen Rahmenbedingungen sowie des Ermöglichungsraumes.

Die methodisch wichtigste Einsicht unseres vorherigen Grundlagen-Kapitels ist, dass Wertetraining gemeinschaftsorientiert ist, sodass die Werteerfassung und -entwicklung im Regelfall von den Werten auf Ebene der Organisation top down ausgeht. Definierte Soll-Werte bilden den Rahmen des Wertemanagements für die gesamte Organisation, in dem die teambezogenen und individuellen Prozesse der Werteentwicklung abgeleitet werden.

Alles was dort zum Herausarbeiten eines Wertemodells, eines Erfassungsmodells und eines Trainingsmodells erarbeitet wurde, gilt zunächst auf der Organisationsebene, kann dann aber auf die Team- und Mitarbeiterebene heruntergebrochen werden. Insbesondere das organisationsspezifische Wertemodell, das auf der Organisationsebene über Wertebeispiele erstellt wurde, bildet den Rahmen für alle weiteren Schritte auf der Team- und der Mitarbeiterebene. Nur so können die vorhandenen Ist-Werte, die Wunsch-Werte und damit die erforderlichen Soll-Werte ermittelt werden. Wir gehen summarisch auf die Organisationsebene, die Teamebene und die Mitarbeiterebene ein (vgl. Erpenbeck, Sauter, 2019).

Uns interessiert im Rahmen dieses Buches zum Wertetraining vor allem, inwieweit wir durch ein Training eine gezielte Veränderung von Werten der Mitarbeiter und Führungskräfte und dadurch eine höhere Performanz der Organisation erreichen können.

Das operative Training beginnt nach der Konkretisierung des organisationalen und teambezogenen Werterahmens, der zeitlichen, räumlichen, personellen und finanziellen Rahmenbedingungen sowie des Ermöglichungsraumes.

2.1 Werteerfassung – die Grundlage gezielten Wertetrainings

Auch im Wertebereich gilt der berühmte Satz:

»Was Du nicht messen kannst, kannst Du nicht managen.« (Peter Drucker[8])

In der Praxis verflüchtigt sich allerdings oft seine Strenge. Da wird unter Messen meist auch ein einfaches Erfassen gebilligt, und unter Managen auch ein bloßes Lenken oder ein gezieltes Entwickeln.

Warum beginnen wir, am Anfang eines Abschnitts, der sich mit den Methoden der Werteerfassung beschäftigt, mit einem zunächst abstrakt wirkenden, vielleicht sogar Angst einflößendem Vergleich von Persönlichkeitsmessung, Kompetenzerfassung und Werteerfassung? Warum ein solcher Ausflug?

Wer jemals im Leben als Berater, Pädagoge oder Wissenschaftler vor der Aufgabe stand, ein personenbezogenes Erfassungs- oder Messverfahren zu entwickeln, vorzuschlagen, einzusetzen oder sogar durchzusetzen, kennt diese Situation: Da sitzen Ihnen gegenüber Chefs, Kollegen entscheidender Abteilungen und Teams sowie Mitarbeiter aus der Personalabteilung, darunter ausgebildete Psychologen. Kaum ist die letzte Folie Ihrer Präsentation ausgeblendet, der letzte erklärende Satz verklungen, kommt so sicher wie das Amen in der Kirche die Frage: »Und wie beurteilen Sie die Objektivität des Verfahrens, wie ist seine Reliabilität und Validität?«

Leider sind in solchen Runden keine Gegenfragen üblich. Wenn Sie die Entscheider fragen könnten, was sie genau unter Reliabilität und Validität verstünden, würden Sie vielleicht nicht mehr als ein hilfloses Stammeln zur Antwort erhalten. Die psychologisch Ausgebildeten würden Ihnen hingegen eine Vorlesung in Testtheorie entgegenschmettern.

Auf Ihre Einwände, dass es sich bei der Werteerfassung um etwas viel Komplexeres, als relativ stabile Persönlichkeitseigenschaften, handle, weshalb Vorstellungen von Reliabilität und Validität nicht einfach aus der Psychometrie übernommen werden dürften, dass in der Praxis Erfassungsvorgänge gewöhnlich in Form von Ratings, seltener als Rankings, und überhaupt nicht in Form von Messen und Testen stattfänden (vgl. Steyer, Eid, 2. Aufl. 2001), würden Sie nichts als ein mitleidiges Lächeln ernten. Auch ihre Argumente, dass die Sympathie für ein Unternehmen oder eine Organisation nicht quantitativ eingeschätzt werden könnte und dass fast alle in der harten Praxis eingesetzten persönlichkeitspsychologischen Verfahren, wie MBTI, Myers-Briggs-Typenindikator, BIG 5, DISG, INSIGHTS, BELBIN oder H.D.I., keiner tiefgründigen psycho-

8 https://www.zitate-online.de/sprueche/allgemein/17428/was-du-nicht-messen-kannst-kannst-du-nicht-lenken.html, abgerufen am 27.07.2021.

metrischen Kritik Stand hielten (vgl. Klimmer 2004, 2010), würden nicht akzeptiert werden. Ihr Vorschlag würde abgeschmettert.

Wenn Sie sich auf solche Diskussionen einlassen, haben Sie schon verloren.

2.1.1 Das Eigenschaftsparadigma

Eine fundamentale Erkenntnis aus den Ergebnissen der Werteforschung, aber auch aus den Erfahrungen unserer Praxisprojekte ist:

Werte sind keine Eigenschaften einer Persönlichkeit.

Diese These gilt, obgleich sie in Persönlichkeitseigenschaften, Motivationen und Haltungen von Persönlichkeiten einfließen.

Wie ist man überhaupt auf die merkwürdige Idee gekommen, Menschen wie physikalische Objekte zu vermessen und ihre Eignungen für Berufe, Funktionen oder Aufgaben zu diagnostizieren? Heinz Schuler fasst treffend zusammen: »Psychologische Berufseignungsdiagnostik besteht in dem Bemühen, Zusammenhänge zwischen menschlichen Merkmalen und beruflichem Erfolg zu entdecken sowie Methoden zu entwickeln, um beides zu messen und zueinander in Beziehung zu setzen.« (Schuler 4. Aufl. 2014, S. III). Damit ist klar, dass eine relative Merkmalsstabilität als Grundlage aller weiteren Schritte zu fordern ist: »Valide und verantwortbare Eignungsdiagnostik als Grundlage der Personalauswahl und der Berufsberatung setzt voraus, dass die erfassten Merkmale relativ stabil sind oder dass ihre Entwicklung gut prognostizierbar ist.« (Schuler 2014, S. 8). Persönliche Werte können lebenslang stabil sein, sich aber auch, abhängig von der Lebenssituation, schlagartig ändern. Sie als Eigenschaften von Persönlichkeiten zu bezeichnen, sträubt sich schon der feinere Sprachsinn.

Auf die Idee, psychische Gegebenheiten wie gegenständliche Eigenschaften zu behandeln, kamen Psychologen in der zweiten Hälfte des 19. Jahrhunderts. Was in der Physik erdenklich war, sollte auch in der Psychologie möglich sein. Dort wurden Eigenschaften von Objekten wie Maße, Farben, Temperaturen sowie beobachtbare Prozesse vermessen. Warum sollte man die fünf Sinne, warum die Eigenschaften von Persönlichkeiten nicht mit ähnlichen Methoden erforschen?

Die Physik entwickelte wunderbare statistische Methoden, um die wahren Werte physikalischer Gegebenheiten, beispielsweise von Temperaturen oder von ph-Werten zu ermitteln. Dass die Gegebenheiten real existieren, auch wenn man sie zuerst theoretisch erfassen muss, steht außer Zweifel. Aber wie ist das mit psychischen Gegebenheiten? Existiert eine psychische Eigenschaft wie Introversion real oder ist das nur ein theoretisches Konstrukt? Was ist der wahre Wert der Introversion? Hängt er nicht völlig vom theoretischen Konstrukt ab? Gibt es

Persönlichkeitseigenschaften überhaupt? Der erbitterte Streit zwischen erklärender, sich naturwissenschaftlich darstellender und verstehender Psychologie, die Bedeutungen und Wertungen mit einbezieht, hält bis heute unvermindert an (vgl. Schmidt 1995).

Persönlichkeitseigenschaften sind scheinbar vielfältig erfassbar und messbar. Der Hogrefe Verlag bietet etwa 40 seriöse und erprobte Persönlichkeitstests an, die vorgeben, Persönlichkeitseigenschaften zu messen.[9] Doch eine ganz Reihe dieser Tests ist umstritten. Auf amüsante Weise hat Simon gezeigt, dass er, gemessen an den seinerzeit bekanntesten Persönlichkeitstests, in ebenso viele, einander teilweise entgegengesetzte, Persönlichkeiten zerfallen würde (vgl. Simon 2015).

»Wer bin ich und wenn ja, wie viele«, trifft da vollkommen zu (vgl. Precht 2012). Die Güte solcher Tests mit Objektivität als Unabhängigkeit vom Erfassenden, Reliabilität als Zuverlässigkeit und Validität als inhaltliche Gültigkeit, wird verständlicherweise von den Testentwicklern, den Testnutzern und den Testkritikern sehr unterschiedlich beurteilt. Nichtsdestoweniger lassen sie sich in Hinblick auf ihre Tauglichkeit im Personalbereich oder für Unternehmen insgesamt tiefgründig miteinander vergleichen (vgl. Schuler, 4. Aufl. 2014).

Es wurde schon früh darauf hingewiesen, dass Kompetenzen als Fähigkeiten, selbstorganisiert und kreativ zu handeln, nicht wie Persönlichkeitseigenschaften behandelt werden können und dass die genannten psychometrischen Gütekriterien nur mit äußerster Vorsicht und unter starken methodologischen Einschränkungen zu ermitteln sind (vgl. Schuler 2014, S. 52–58). Ob sie überhaupt auf Werte angewendet werden können, ist stark umstritten.

So schreibt Volker Heyse zum Kompetenzmessverfahren KODE® (Heyse, Erpenbeck 2009 S. 5): »Das KODE®-System ist nicht als psychometrischer Test konzipiert. Es baut auf einem differenzierten selbstorganisationstheoretisch untermauerten Kompetenzmodell auf, das sich in der Praxis vielfach als tragend erwiesen hat. Es weist aber keine kontextfreien Persönlichkeitsaspekte nach, sondern schließt aus der Performanz der Handlungsergebnisse auf implizite Dispositionen (Verhaltensvoraussetzungen) oder Fähigkeiten, auf Kompetenzen, die zu jenen Handlungsergebnissen führten. Solche Dispositionen, die implizite Erfahrungen in bestimmten Kontextsituationen einschließen, sind messmethodisch schwer zugänglich. Es werden also keine wie immer konstruierten psychischen Eigenschaften gemessen, sondern Dispositionen, welche die Güte von kreativem Handeln charakterisieren. Insofern haben Aussagen zu Re-Test Reliabilität und Validität stets eine eingeschränkte Gültigkeit. Sie sind nur zutreffend, wenn das Verfahren, entgegen seinen Intentionen, d. h. der Anregung von Entwicklungs- oder Veränderungsprozessen, gerade nicht in Kompetenzentwicklungsprozessen benutzt wird. Viel wichtiger allerdings ist, ob KODE® wirklich sinnvoll als Instrument der Unterstützung und Entwicklung von Kompetenzen eingesetzt werden kann, dabei akzeptiert wird und sich bewährt. Diese Akzeptanz wird im Sinne einer sozialen Validität fast ausnahmslos bestätigt.«

9 https://www.testzentrale.de/shop/tests/persoenlichkeitstests.html?p=1

Auch das von uns entwickelte Werteerfassungsinstrument ValCom® ist nicht als psychometrischer Test konzipiert und darf nicht als solcher missverstanden werden. Rüdiger Hossiep, der Entwickler eines der wenigen, neben dem BIG 5 allgemein akzeptierten Persönlichkeitstests, des Bochumer Inventars zur berufsbezogenen Persönlichkeitsbeschreibung (BIP), hat vielleicht bisher am deutlichsten den Unterschied von Persönlichkeitstests und Kompetenzmessungen hervorgehoben, was sich 1:1 auf Werteerfassungsverfahren verallgemeinern lässt.

2.1.2 Persönlichkeitstests, Kompetenzerfassung, Werterfassungsverfahren

Persönlichkeitstests gehen nach Hossiep generell vom **Paradigma der Persönlichkeitseigenschaften** aus (Hossiep, Mühlhaus, 2. Aufl. 2015 S. 26). Danach »sollen die individuellen Besonderheiten von Menschen durch ihre Eigenschaften beschrieben werden. Die Persönlichkeit wird als geordnete Gesamtheit all dieser Eigenschaften verstanden. Von einer stabilen Eigenschaft wird alltagspsychologisch dann gesprochen, wenn von einer bestimmten Person auf ähnliche Situationen häufig in bestimmter, vergleichbarer Weise reagiert wurde. Aus wissenschaftlicher Perspektive spricht man erst dann von einer stabilen Eigenschaft, wenn mehrere Reaktionsformen, zum Beispiel Gestik oder Mimik, über verschiedene Situationen hinweg vergleichbar gezeigt wurden. Eigenschaften werden als zumindest mittelfristig relativ stabil verstanden. Langfristige Veränderungen werden als durchaus möglich angesehen, unter anderem bedingt durch kritische Lebensereignisse, wie zum Beispiel Krankheit, Tod eines Angehörigen, Arbeitsplatzverlust und Ähnliches.«

Werteerfassungsverfahren können nicht vom Eigenschaftsparadigma ausgehen.

Dies hat folgende Gründe:

- Werte werden als Resultat eines komplexen Zusammenwirkens von Wertungssubjekt (Persönlichkeit), Wertungsobjekt, Wertungsgrundlagen und Wertungsmaßstäben (Werteklee-blatt) angesehen, das nicht als mechanisches Zusammenspiel abgebildet werden kann.
- Werte sind aus dem Verhalten und Handeln der Persönlichkeit nicht mittelbar zu erschließen, weil der Zusammenhang zwischen beiden nichtdeterministisch selbstorganisativ ist und unüberschaubare Freiheitsgrade einschließt.
- Werte zu verstehen, bedarf beträchtlicher Empathie und der Kenntnis vorangegangener emotionaler Interiorisationsprozesse, deren Wirkung – wenn überhaupt – eher tiefenpsychologisch zu erschließen sind.
- Werte sind keine Eigenschaften von Persönlichkeiten, da sie aufgrund der zuvor genannten Einschränkungen kaum gestatten, Zusammenhänge zwischen Werten und beruflichem Erfolg zu entdecken sowie Methoden zu entwickeln, um beides zu erfassen und zueinander in Beziehung zu setzen.

Wozu taugen Werte dann überhaupt? Tiefer durchdacht dienen eigentlich nur Kompetenzen dazu, persönlichkeitsbezogene Daten und eine Einschätzung von erwartbaren Handlungserfolgen in Beziehung zu setzen. Nur Kompetenzen verstehen sich definitionsgemäß als Fähigkeiten, auf eine bestimmte Weise zu handeln. Je ausgeprägter diese Fähigkeiten, desto größer werden die Handlungserfolge sein.

Dass diese Fähigkeiten auch von Persönlichkeitseigenschaften abhängen – keine Frage. Wie diese Eigenschaften jedoch genau die Fähigkeiten beeinflussen, ist nicht so leicht zu sagen und noch viel schwerer wissenschaftlich zu erfassen. In ihr bekanntes Buch zur »Personalauswahl und -entwicklung mit Persönlichkeitstests« haben Jürgen Hossiep und Oliver Mühlhaus in einer neuen Auflage einen »Exkurs: Kompetenzmanagement und der Einsatz von persönlichkeitsorientierten Verfahren« eingefügt, der sich unter anderem auf das KODE®-Verfahren bezieht (Hossiep, Mühlhaus S. 23 f.). Dort wird resümierend festgestellt: Mithilfe sogenannter Handlungs- oder Verhaltensanker »kann der Vorgesetzte der Führungskraft eine Rückmeldung geben. Soweit der Vorgesetzte die in den Persönlichkeitsmerkmalen begründeten Ursachen allerdings nicht klar erkennen kann, fehlen ihm unter Umständen auch Anhaltspunkte für die individuelle Weiterentwicklung des Mitarbeiters. Denkbar sind völlig unterschiedliche persönlichkeitsbasierte Ursachen ... An dieser Stelle kann das persönlichkeitsorientierte Verfahren eine Klärungshilfe sein, die den Beteiligten vom Personalmanagement zur Verfügung gestellt wird.« Auf dieser Grundlage kann eine gezielte Weiterentwicklung diskutiert und geplant werden. »Hier ergänzt der Fragebogen das Kompetenzmodell im Bedarfsfall.«

Im gleichen Sinne kann ein werteorientiertes Verfahren Klärungshilfe und Entwicklungsanstoß sein. Kompetenzen, Handlungsfähigkeiten und -defizite können von den Werten eine Persönlichkeit her durchleuchtet und tiefer verstanden werden. Insofern haben werteorientierte Verfahren auf der Persönlichkeitsebene eine wichtige, vertiefende Funktion. Wir verstehen mit ihrer Hilfe die Kerne von Kompetenzen einfach besser. Aber das ist nicht alles.

Eine besondere Dimension, die hier nur kurz angerissen werden soll, ist die motivierende, treibende, manchmal aufpeitschende Form der Erfassung und vor allem der Entwicklung individueller Werte. Man konnte das in besonders heftiger Form in den berühmten, aber auch fraglichen, Tsjakkaa-Motivationsevents[10] erleben (vgl. Ratelband 1998). Weder Verfahren der Persönlichkeits- noch der Kompetenzentwicklung haben derartige in großem Maßstab aktivierende Möglichkeiten.

Gelingt es, möglichst viele Menschen von diesen Werten zu überzeugen, ja sie für diese Gemeinschaftswerte zu begeistern, etwa für Elektroautos oder Umweltziele, hat das Training individueller Werte einen enormen ethisch-moralischen oder sozial-weltanschaulichen und letztlich auch ökonomischen Effekt. Vielleicht begrüßen gerade deshalb so viele Unternehmen und Organisationen das Wertemanagement so emphatisch?

10 Vgl. https://www.focus.de/panorama/boulevard/tsjakkaa-schaffst-dus-wirklich-gesellschaft_id_1939794.html, abgerufen am 26.08.2021.

2.1.3 Werte und Persönlichkeit

Der Versuch, Werteerfassung auf die Erfassung von Persönlichkeitseigenschaften zu reduzieren, führt in die Irre, wie man leicht aus gut etablierten Erfassungsverfahren ableiten kann. Nehmen wir als Beispiel die berühmte Taxonomie persönlicher Werte von Shalom Schwartz. Es beginnt schon damit, dass er »persönliche Werte als leitende Prinzipien im Leben eines Menschen« versteht (Krumm, Mertin, Dries 2012, S. 42 ff.). Leitende Prinzipien haben aber, wie man es auch dreht und wendet, nichts mit Persönlichkeitseigenschaften zu tun. Sie nutzen, ordnen, lenken bestenfalls solche Eigenschaften im Handeln dieser Persönlichkeit, sind also in der Tat Ordner ihres geistigen und physischen Handelns.

Zwei globale Ordner bzw. Wertedimensionen sind für Schwartz maßgeblich: Wahrung des Bestehenden versus Offenheit für Neues[11] und Selbsterhöhung versus Selbsttranszendenz.[12] Diesen sehr abstrakten Dimensionen lassen sich nun einzelne Wertedimensionen zuordnen. Er benutzt folgende Wertedimensionen, die ohne großen gedanklichen und sprachlichen Aufwand den Werten aus unserem Wertemodell gegenübergestellt werden können.

Wertedimensionen nach Schwartz	**Schlüsselwerte nach Erpenbeck, Sauter, Sauter**
Macht	Einfluss, Netzwerk
Leistung	Bildung, Lebensstandard
Hedonismus	Gesundheit
Stimulation	Anerkennung
Selbstbestimmung	individuelle Freiheit, Kreativität
Universalismus	Beziehungen, Gemeinnutz
Wohlwollen	Respekt, Verantwortung
Tradition	Privatleben, Ideale
Konformität	Norm und Gesetz
Sicherheit	Sicherheit

Tab. 3 Vergleich der Werte nach Schwartz und Erpenbeck, Sauter, Sauter

Ähnlich kann man bei den meisten der nachfolgend zusammengestellten Erfassungsmethoden vorgehen.

11 Diese Dimension kontrastiert Werte, die auf Unabhängigkeit des Denkens und Handelns abzielen, mit Werten, die Selbsteinschränkung, Traditionalität und Stabilität betonen. Vgl. Krumm, Mertin, Dries 2012 S. 44.

12 Diese Dimension kontrastiert Akzeptanz von anderen und Beachtung des Wohles aller auf der einen Seite mit dem Verfolgen der eigenen Ziele und des eigenen Erfolgs auf der anderen Seite. Vgl. Krumm, Mertin, Dries 2012 S. 44.

Die individuelle Ausprägung dieser zehn persönlichen Werte nach Schwartz wird durch die Rating-Frage zu dem Wert ermittelt: »Wie wichtig ist dieser Wert als leitendes Prinzip« (neunstufig ankreuzbar: steht im Gegensatz zu meinen Prinzipien ... von herausragender Bedeutung für mich).

»Viele Unternehmen geben sich selbst Werte, die ihre grundlegende Haltung gegenüber Mitarbeitern, Kunden oder dem eigenen unternehmerischen Tun ausdrücken sollen. Solche Werte orientieren sich in der Regel nicht an der hier dargestellten Taxonomie, sind aber meist in diese integrierbar [...] Die Relevanz von Werten wurde im beruflichen Bereich vor allem in Hinblick auf die Übereinstimmung von Werten erforscht. Übereinstimmung kann dabei auf die Passung zwischen Person und Organisation abzielen, aber auch auf die Passung der persönlichen Werte und der Personen untereinander. Häufig halten Unternehmen die für sie wichtigen Werte [...] in einem separaten Modell fest (meist in Form eines Unternehmens – Leitbildes)« (Krumm, Mertin, Dries 2012 S. 44).

Weder die Frage »Wie wichtig ist dieser Wert als leitendes Prinzip« noch die »grundlegende Haltung gegenüber Mitarbeitern, Kunden oder dem eigenen unternehmerischen Tun« deuten auf Persönlichkeitseigenschaften, sehr wohl aber auf Prinzipien, auf Ordner des Handelns hin.

2.1.4 Verfahren der Werteerfassung

Wir halten einen anderen Erklärungszugang zur Erfassung von Werten für theoretisch eher begründbar und praktisch besser realisierbar. Es ist die Auffassung von Werten als komplexen Merkmalen[13] und der entsprechende Zugang über Ratingverfahren (Stemmler et al. 2016, S. 51 f.). Wir schließen uns dabei eng an die richtungsweisende Arbeit von Inghard Langer und Friedemann Schulz von Thun (2007) zur Messung komplexer Merkmale in Psychologie und Pädagogik an.

Ausgangspunkt ist eine simple, aber Werteerfassung ganz direkt betreffende, Beobachtung.

»Vieles auf der Welt hinterlässt seine Spuren in der Wahrnehmung und im Erleben von Menschen. Ein **strenger** Vater, ein **schwer verständlicher** Text, ein **lautes** Hotelzimmer im Urlaub, ein **freundlicher** Beamter am Schalter, ein **selbstständiges** Kind. Bei den fett gedruckten Begriffen handelt es sich um Merkmale. Sie können mehr oder weniger stark ausgeprägt sein, und sie können ein Hinweis auf weiter reichende Zusammenhänge sein. Man kann die Ausprägung der Merkmale durch Einschätzungen, Einstufungen oder Beurteilungen festhalten« (Langer, Schulz von Thun 2007, S. 9).

13 »Der Begriff des Merkmals wird im Rahmen der Differentiellen Psychologie bzw. Psychologischen Diagnostik auch als Oberbegriff für alle psychischen »Attribute« einer Person, die sie von anderen unterscheidet, verwendet. Eine Ursache ist, dass der Eigenschaftsbegriff im engeren Sinne für überdauernde Persönlichkeitseigenschaften (engl. trait) verwendet wird, von denen die Zustände (engl. state) oder Verhaltensgewohnheiten (engl. habit) zu unterscheiden sind.« (Vgl. Stemmler et al. S. 51 f.)

Wir sprechen allgemein von Ratingverfahren (vgl. Oelrich 2005).

Die Problematik wird einem sofort klar, wenn man das »mehr oder weniger ausgeprägt sein« tiefer hinterfragt. Ein **freundlicher** Beamter - seine Freundlichkeit kann ich sofort »raten«, beispielsweise auf einer Skala von 1 - **abweisend** bis 6 - **herzlich** beurteilen. Will man jedoch als Psychologe verstehen, was nun genau diese Freundlichkeit ausmacht, muss man sie in ein Bündel von messbaren Eigenschaften zerlegen, konkretisieren, z. B. **Blickkontakte mit dem Kunden, messbare Zurücknahme der Stimmintensität, Anzahl von bejahendem Nicken, Häufigkeit lächelnder Zuwendung und ähnliche**. Gelingt es diese Eigenschaften in einem »Freundlichkeitstest« zusammenzuführen, könnte man sie durchaus als Persönlichkeitseigenschaften messen - aber mit welchem Aufwand? Wir kommen um Ratingverfahren nicht herum.

Zudem nutzen Ratingverfahren die Fähigkeit des menschlichen Gehirns zur **Indikatorenverschmelzung**, »zur automatischen Integration einer Vielzahl von Einzelindikatoren, die sich in ihrer Wirkung in einer fast unentwirrbaren Weise verstärken, aufheben oder sonst wie in Wechselwirkung treten« (Oelrich 2005 S. 20).

Wir geben Hunderte Male am Tag wertende Urteile ab: Wir beurteilen einen Beamten als freundlich, eine Arbeitssituation als schwierig, aber lösbar, einen Forschungsvorschlag als kaum realisierbar. Sollten wir die Indikatoren angeben, die uns dergleichen Wertungen nahelegten, kämen wir schnell ins Schleudern. Es wären zu viele, überdies komplex zusammenhängende; ein großer Teil wäre uns gar nicht bewusst. Dennoch »raten« wir uns durchs Leben, und darin spielen meist keine einzelnen Indikatoren eine Rolle, sondern werden zu einer Wertung, zu einer Erfahrung verschmolzen.

Noch deutlicher wird das bei komplexen Merkmalen in Psychologie und Pädagogik, zum Beispiel bei Verantwortung, Respekt, Beziehungen oder Kreativität. Sie können alle als Werte aufgefasst und »gerated« werden. Es fällt uns in der Regel nicht allzu schwer, diese Werte einer Person als recht niedrig oder sehr hoch einzuschätzen. Werden, meist mit enorm hohem Aufwand, Tests für diese und andere komplexen Merkmale entwickelt, so erscheinen sie zunächst genauer als jedes Rating. Sie sind im psychometrischen Sinne, objektiv, reliabel und valide. Praktisch berücksichtigen sie aber viele, oft entscheidende Seiten der Person nach Einschätzung ihrer Führungskräfte und Kollegen überhaupt nicht.

Für die **Ersterfassung von Werten** bei Individuen, mit denen bisher keine gemeinsamen Praxiserfahrungen geteilt wurden oder die vor einem grundlegenden Neuanfang stehen, nutzen wir zuweilen ein **Rankingsystem**, bei dem jeweils vier Antworten zu den Werten in 24 Herausforderungen unter normalen und schwierigen Bedingungen in eine Reihenfolge gebracht werden müssen. Diese Erfassung der Basiswerte ermöglicht die grundlegende Einschätzung von Werten über ein Ranking von Ausprägungen in unterschiedlichen Herausforderungen, weil jeweils eine Antwort aus den vier Basiswerten gewählt wurde.[14] Das Rankingverfahren verhindert dabei weitgehend, dass »sozial gewünschte« Antworten eingegeben werden.

2.1.5 Gütekriterien für Ratingverfahren

Auch für Ratingverfahren lassen sich Gütekriterien, insbesondere Reliabilität und – interne und externe – Validität, festlegen. Sie sind allerdings mit einer speziellen Auffassung von Diagnostik verbunden, die in wesentlichen Punkten von dem Test-Verständnis der klassischen Persönlichkeitsfragebogen abweicht (vgl. Langer, Schulz von Thun a. a. O. S. 180 ff.). Klassische Persönlichkeitsfragebogen lassen sich nicht nur im Detail, sondern auch generell kritisieren.

Ratingverfahren wurden anfangs und werden immer noch und immer wieder als unwissenschaftlich abgetan. »Die ›weitverbreitete Skepsis und Ablehnung‹ gegen diese Art zu messen gründet sich im Wesentlichen auf die Subjektivität und Undifferenziertheit des Verfahrens und der damit verbundenen angeblichen geringen Zuverlässigkeit (Reliabilität) und Gültigkeit (Validität). Wir wollen uns jetzt mit diesen Einwänden auseinandersetzen.« (vgl. Langer, Schulz von Thun a. a. O. S. 16). Diese Auseinandersetzung erweist, dass kein anderes psychologisch-soziologisch-pädagogisches Messverfahren der Erlebnisrealität von Menschen so nahekommt wie das Ratingverfahren (ebenda. S. 62 – 101).

Ratingverfahren liegen fast allen Kompetenzmodellen und Wertemodellen von Unternehmen und Organisationen zugrunde. Auch das klassische Methodenbuch von Jürgen Bortz und Nicola Döring stellt fest: »Ratingskalen zählen zu den in den Sozialwissenschaften am häufigsten verwendeten, aber auch umstrittensten Erhebungsinstrumenten ... Die Industrie verwendet Ratings zur Bewertung von Arbeitsplätzen oder zur Personalauslese, Lehrer bewerten und benoten die Leistungen ihrer Schüler, Ärzte und Psychologen stufen das Verhalten psychisch Erkrankter ein; die Liste der Beispiele ließe sich mühelos verlängern« (Bortz, Döring, 4. Aufl. 2006, S. 179; vgl. z. B. auch Praetorius 2014; Strauß, Schumacher, (Hrsg.) 2005).

Ohne in Details der messtechnischen Güte von Ratings einzugehen, entwickeln wir hier ein argumentatives Grundgerüst.

Es gibt eine **Vielzahl von Ratingskalen**, unipolare und bipolare (ja-nein), über wenige verbale Kennzeichen von Häufigkeit, Intensität, Wahrscheinlichkeit und Bewertung (völlig falsch, ziemlich falsch, unentschieden, ziemlich richtig, völlig richtig) bis zu feinen numerischen Skalen (1 – 100 oder ähnlich) reichende, grafische Mittel (Smileys, Strecken) oder Beispiele verwendende. Insofern ist die **Variationsmöglichkeit** wesentlich größer als bei klassischen psychometrischen Tests.

Messtheoretische Interpretationsprobleme müssen sorgfältig von **mathematisch-statistischen** Voraussetzungen unterschieden werden. Solange Ratingskalen zu inhaltlich sinnvollen

14 Vgl. www.valcom.org

Ergebnissen führen, sollte man an den impliziten messtheoretischen Voraussetzungen **nicht zweifeln** und sie benutzen.

Es gibt **charakteristische Urteilsfehler** beim Einsatz von Ratingskalen, wie Ceiling-Floor-Effekte,[15] Haloeffekte,[16] Milde-Härte-Fehler,[17] Tendenzen zur Mitte hin, Selbstbeurteilungsverzerrungen, falsche Nullpunkteinschätzungen, konträre Urteile verschiedener Beobachter oder Verzerrungen semantischer Differenziale wie starr-beweglich, leise-laut u. ä. durch massiv eigene Wertungen, die es zu beachten und die bei der grundsätzlichen Neukonstruktion solcher Skalen **einzubeziehen** sind (vgl. Bortz, Döring S. 183 – 188).

Die drei **Hauptgütekriterien** von Beobachtungs- und Erfassungsvorgängen sind **Objektivität**, **Reliabilität** als Beobachtungs- und Erfassungsgenauigkeit und **Validität** als Gültigkeit. Dass diese drei Kriterien nicht psychometrisch-testtheoretisch verstanden werden dürfen, sondern einer tiefgreifenden **inhaltlichen Interpretation** bedürfen, wird sofort aus ihrer Uminterpretation bei qualitativen Forschungen klar. Dort wird betont »dass man nicht einfach die Maßstäbe quantitativer Forschung übernehmen kann.« Die klassischen Gütekriterien seien oft wenig tragfähig (Mayring 2016 S. 141). Das gilt auch für ihr Verständnis hinsichtlich Werten.

Objektivität ist als **Beobachterübereinstimmung** zu interpretieren. Darunter versteht man, wie hoch die Übereinstimmung verschiedener Werter bei einem infrage stehenden Wert ist. Dabei sollte es sich um das gleiche Objekt der Wertung, ähnliche Grundlagen und Maßstäbe der Wertung und vergleichbare Subjekte der Wertung (Werter) handeln. Die Wertung soll unabhängig von anderen Beobachtern erfolgen, das heißt ohne Kenntnis der Wertung anderer. Die Beobachterübereinstimmung kann auf gleichem Erfahrungsschatz oder auf bloßem Zufall beruhen. Sie hängt ab von der empfundenen Bedeutsamkeit des infrage stehenden Wertes, von der Konzentration des Wertenden auf ihn und von der »Definition« dieses Wertes, also der angepassten Wertewolken. Die Beobachterübereinstimmung kann erhöht werden, wenn die Wertenden eine Ausbildung absolvieren, in der das Werten geübt und reflektiert wird.

Reliabilität als Erfassungsgenauigkeit von Werten und ihren Ausprägungen hängt eng mit der Objektivität zusammen. Je objektiver sie erfasst werden können, desto höher ist die Erfassungsgenauigkeit. Entscheidend sind dabei die Konsistenz und die Stabilität der Erfassung. Die Konsistenz einer Erfassung manifestiert sich darin, dass in gleichen Erfassungsintervallen gleiche oder ähnliche Werteausprägungen von verschiedenen Beobachtern gesehen werden. Die Stabilität erweist sich darin, dass ein Erfassungsprozess unter möglichst »identischen« Bedingungen wiederholt wird. Das kann beispielsweise mithilfe einer Videoaufzeichnung von zu

15 Der Ceiling-Effekt (Deckeneffekt) bezeichnet einen Messfehler, der bei der Überschreitung des Messbereichs auftritt. Der Floor-Effekt (Bodeneffekt) ist ein Messfehler, der durch Unterschreitung des Messbereichs entsteht.

16 Haloeffekte führen zu einer Verzerrung der Bewertungen, weil die Menschen von bekannten Eigenschaften eines Menschen auf unbekannte Merkmale schließen.

17 Milde-Härte-Fehler bezeichnet die Tendenz von Einschätzenden, eine Person systematisch entweder zu negativ oder zu positiv beurteilen.

wertenden Äußerungen und Handlungsweisen geschehen. Die Tatsache, dass Beobachter mit Vorerfahrung zu der Erfassungssituation und des zu Wertenden niemals ganz objektiv im umrissenen Sinne sein können, setzt der Reliabilität deutliche Grenzen.

Validität, die Gültigkeit einer Werteerfassung, das zu erfassen, was sie zu erfassen vorgibt, kann in vier Richtungen analysiert werden.

- **Inhaltsvalidität** liegt vor, wenn das Erfasste repräsentativ für den Wert ist, der in den Mittelpunkt des Wertens gerückt wurde. Werte sind »offene Gegenstandsbereiche«, sodass für sie immer unendlich viele Erfassungsmöglichkeiten existieren. Dafür ist es dann besonders wichtig, repräsentative Werteerfassungen herauszufinden. Das kann durch die Expertise von Werteentwicklern und Wertecoaches unterstützt werden.
- **Konstruktvalidität** prüft, ob die gegebenen Wertebeispiele, durch die Wertewolken konkretisiert, geeignet sind, die inhaltliche Erfassung eines Wertes zu ermöglichen. Diese kann mit den Ergebnissen anderer Erfassungsmethoden verglichen werden, die den gleichen Wert (konvergente Validität) oder die andere Werte des gleichen Umfeldes untersuchen (diskriminante Validität).
- **Kriteriumsvalidität** bestimmt den Zusammenhang eines erfassten Wertes – als Kriterium – mit einem gewünschten oder unerwünschten Ergebnis. Was sich leicht liest, bedarf vieler Überlegungen im Vorfeld, ob man überhaupt von einem solchen Zusammenhang ausgehen kann. Zu klären ist, ob der Wertende unter nicht alltäglichen Fragebedingungen zum gleichen Ergebnis gelangen würde, und ob die Erfassungsmethoden nicht auf die Validierung zurückwirken.
- **Soziale Validität** ist ein von Heinz Schuler und anderen eingeführter Begriff, der im Bereich der Werte vielleicht wichtiger ist als alle anderen Validitätsbegriffe. Unter sozialer Validität wird die Akzeptanz einer Erfassungsmethode durch die Erfassten verstanden. Grundintention der sozialen Validität ist das Bemühen, Erfassungsprozesse als faire, partnerschaftliche Situationen im Sinne einer gemeinsamen Problemlösung zu gestalten, die den Erfassten eine fundierte Selbstbewertung ermöglichen. Genau dies ist im Wertetraining immer die Ausgangssituation. Die Werteerfassung ist kein geheimnisvoller, dem Wertetrainee undurchsichtiger Vorgang, sondern Ausgangspunkt eines gemeinsamen, Ziele der Werteentwicklung herausarbeitenden Prozesses. Ohne soziale Validität wäre das nicht möglich (vgl. Schuler, Stehle S. 33–44).

Die drei Hauptgütekriterien von Erfassungsprozessen, Objektivität, Reliabilität und Validität, lassen sich auch in Bezug auf die Werteerfassung in Ratingprozessen formulieren.

Sie haben dann jedoch eine andere Bedeutung als in psychometrischen Tests.

Unser ermutigendes **Fazit:**

Werteerfassungsverfahren

- können nicht vom Eigenschaftsparadigma ausgehen,
- bedürfen der Empathie, um zurückliegende Interiorisationsprozesse des Wertenden zu verstehen und Einsichten in seine Lebenswelten zu gewinnen,

- können meist nicht wie Persönlichkeitstests mithilfe bewährter psychometrischer Methoden gestaltet werden,
- können nur mit den klassischen Gütekriterien – Objektivität, Reliabilität, Validität – bewertet werden, wenn man ihnen eine neue Bedeutung gibt,
- in Form von Tests sind darauf zu prüfen, ob ein Kategorienfehler vorliegt, ob sie in ein Schema gepresst wurden, oder ob es sich um verdeckte Ratingverfahren handelt,
- haben im Regelfall die Form von Ratingverfahren, unabhängig davon, wie sie im Einzelnen aufgebaut sind und mit welchem Vokabular sie arbeiten,
- ermöglichen als Ratingverfahren eine einfache und wirkungsvolle Kommunikation über Werteentwicklungsziele auf kollektiver wie auf individueller Ebene,
- werden bei Individuen, mit denen bisher keine gemeinsamen Praxiserfahrungen geteilt wurden oder die vor einem grundlegenden Neuanfang stehen (z.B. im Recruiting) zuweilen als Rankingsystem gestaltet.

Davon wollen wir uns im Folgenden überzeugen.

2.2 Verfahren der Werteerfassung

Welches Bild ist schöner: die Sixtinische Madonna oder die Mona Lisa? Welcher Wein schmeckt besser: ein grüner Veltliner oder ein weißer Burgunder? Was ist nützlicher: ein erstklassiger Computer oder ein flottes Auto? Wer ist der ethisch bessere Mensch: der Arzt, der Sterbehilfe leistet, oder der sie unterlässt? Welche politische Haltung ist zeitgemäßer: die konservative oder die revolutionäre?

Es gibt keine allgemeingültigen Maßstäbe für Werte. Jeder Mensch, verschiedene Menschengruppen und Milieus haben eigene Antworten auf solche Fragen. Auch Teams, Unternehmen, Organisationen haben jeweils eigene Werte. In jedem Team, in jedem Unternehmen, in jeder Organisation gelten eigene Genuss- und Nutzenwerte, eigene ethische und soziale Präferenzen. Die Gesamtheit solcher Vorlieben wird oft als Team- oder Organisationskultur zusammengefasst. Doch individuelle Werte sind viel öfter erfasst worden als Team- oder Organisationswerte. Angesichts der rasch zunehmenden Bedeutung der Organisationskulturen vielleicht eine Fehlentwicklung?

Wir können hier nicht alle Erfassungsverfahren von Werten einbeziehen. Allerdings ist von vornherein festzustellen, dass gemessen an der erwähnten Vielzahl von Persönlichkeitstests und von Kompetenzerfassungsverfahren die Anzahl der auf individuelle Werte gerichteten Erfassungsverfahren bedeutend geringer ist. Das eröffnet für die Wissenschaft ein weites Forschungsfeld.

Unsere eigenen Ansätze, Werte zu erfassen und zu managen haben sich etwa in den letzten fünfzehn Jahren zur Reife entwickelt. Wir haben sie vorwegnehmend bereits im vorigen Abschnitt zu den Grundlagen des Wertemanagements erwähnt und benutzt. Nämlich überall da, wo es sich um die vier Grundwerte und die 16 Schlüsselwerte handelte. Diese Ansätze haben sich erst allmählich ausgeformt. Wir glauben, dass ihr Entwicklungsweg prototypisch für viele Werteerfassungsmethoden ist und zu einer hohen Vergleichbarkeit der Methoden führt. Das macht es dem Praktiker leichter, sich in diese Methoden hineinzudenken und entweder das vorgeschlagene Verfahren direkt zu benutzen oder ein anderes für ihn passendes Instrument auszuwählen.

2.2.1 Ausgangspunkte

Ausgangspunkt war für uns und die an der Entwicklung beteiligten Wissenschaftler die Erfahrung mit dem zehntausendfach bewährten KODE®- und KODE®X-Kompetenzfragebogen, der ausgehend von den vier Grundkompetenzen – der personalen, der aktivitäts- und handlungsbezogenen, der fachlich-methodischen und der sozial-kommunikativen Kompetenz – den Wertetrainee fragte, welche Werte ihm für die Stabilität und Stärkung dieser Kompetenz wichtig sind.

Für die Werteerfassung ergab sich nach der Jahrtausendwende zunächst ein Fragebogen vergleichbarer Art, den wir mit WERDE© [18] bezeichnet haben:

Auf meine **Person** bezogen ist mir wichtig:
- mich an Vielem mit meinen Sinnen zu erfreuen (Genuss),
- meine Fähigkeiten nutzbringend einzusetzen (Nutzen),
- eigenverantwortlich zu leben und zu handeln (Ethisch-Moralisches),
- mich anderen gegenüber als ebenbürtig oder überlegen zu erweisen (Sozial-Weltanschauliches).[19]

Analog:

- Auf meine **Personalität** bezogen ist mir wichtig...
- Auf meine **Aktivität** bezogen ist mir wichtig...
- Auf mein **Wissen** bezogen ist mir wichtig...
- Auf mein Verhältnis zu **Anderen** bezogen ist mir wichtig...

jeweils mit weiteren vier Wertungssätzen zu Genuss, Nutzen, Ethisch-Moralischem und Sozial-Weltanschaulichem unterlegt.

Dies ergab 16 Fragen pro Blatt. Der gesamte Fragebogen umfasste sechs solcher Blätter, also 16 x 6 = 96 Einzelfragen. Die Auswertung erfolgte digitalisiert. Dieser Fragebogen wurde für die Ebenen Individuum, Team und Organisation entwickelt (vgl. Erpenbeck, Sauter 2018, S. 67 – 69) und in der Praxis für die Werterfassung bei Individuen erfolgreich genutzt (vgl. Erpenbeck, Brenninkmeijer 2007 S. 251 – 292).

18 **WERDE©**: **WE**rte-**D**iagnostik und **E**ntwicklung

19 Ursprünglich verwendeten wir als Bezeichnung für diesen Grundwert »politisch-weltanschaulich«. Es stellte sich aber in der praktischen Arbeit heraus, dass schon der Begriff des Politischen auf starke emotionale Ablehnung stieß und Ausfüllung wie Auswertung des Fragebogens massiv erschwerte.

Es stellte sich heraus, dass besonders jene Fragen des WERDE© benannten Fragebogens informative Antworten bereithielten, die sich mit lebensweltlich wichtigen Bereichen befassten. Sie wurden in Quartetten zusammengefasst:

Grundwerte	**Schlüsselwerte (Wertedomänen)**	**Fragen des WERDE© Es ist mir wichtig ...**
Genuss	Körper	das Leben in vollen Zügen zu genießen
	Geist	Erlebnisse zu haben, die meinen Wissenshorizont erweitern
	Ästhetik	meine eigene Phantasie und Kreativität zu entwickeln
	Freunde	echte Freunde zu gewinnen
Nutzen	Ökonomie	meine Fähigkeiten nutzbringend einzusetzen
	Sicherheit	nach Sicherheit zu streben
	Lebensstandard	einen hohen Lebensstandard zu erreichen
	Gemeinnutz	etwas zu tun, was für andere von Nutzen ist
Ethik	Eigenverantwortung	eigenverantwortlich zu leben und zu handeln
	Ideale	getreu meinen Idealen zu handeln
	Familie	ein gutes Familienleben zu führen
	Andere	Hilfe geben und Hilfe annehmen zu können
Politik (Sozial-Weltanschauliches)	individuelle Freiheit	von anderen Menschen unabhängig zu sein
	Macht	Macht und Einfluss zu haben
	Norm und Gesetz	Gesetz und Ordnung zu kennen und zu respektieren
	Verbündete	verlässliche Verbündete zu finden

Tab. 4 Struktur des WERDE®-Fragebogen

Schon bald vermuteten wir, dass es sich gerade um solche Bereiche handelte, die auch von Helmut Klages und Thomas Gensicke in den bekannten Shell-Jugendstudien adressiert und viele Tausend Male verifiziert wurden (vgl. Klages, Gensicke 2015 S. 414). Deshalb haben wir die 16 Items des Klages-Gensicke-Fragebogens in den WERDE©-Fragebogen implementiert.

Diese Items waren:

> Gesetz und Ordnung respektieren/einen hohen Lebensstandard haben/Macht und Einfluss haben/seine eigene Phantasie und Kreativität entwickeln/nach Sicherheit streben/sozial Benachteiligten und gesellschaftlichen Randgruppen helfen/sich und seine Bedürfnisse gegen andere durchsetzen/fleißig und ehrgeizig sein/auch solche Meinungen tolerieren, denen man eigentlich nicht zustimmen kann/sich politisch engagieren/das Leben in vollen Zügen genießen/eigenverantwortlich leben und handeln/

das tun, was die anderen auch tun/am Althergebrachten festhalten/ein gutes Familienleben führen/stolz sein auf die deutsche Geschichte/einen Partner haben, dem man vertrauen kann/gute Freunde haben, die einen anerkennen und akzeptieren/viele Kontakte zu anderen Menschen haben/gesundheitsbewusst leben/sich bei seinen Entscheidungen auch von seinen Gefühlen leiten lassen/von anderen Menschen unabhängig sein/sich unter allen Umständen umweltbewusst verhalten/an Gott glauben/die Vielfalt des Menschen anerkennen und respektieren

Um die Übereinstimmung der Wertebegriffe zu überprüfen, machten wir die Klages-Gensicke-Fragen zeitweise zu Items des **WERDE**©-Fragebogens und konnten tatsächlich eine hohe Übereinstimmung feststellen.

»Wertedomänen« = Schlüsselwerte des WERDE©	Klages-Gensicke-Items = Kurzform
Norm und Gesetz	Gesetz und Ordnung respektieren
Lebensstandard	hohen Lebensstandard anstreben
Macht	Macht und Einfluss haben
Ästhetik	Phantasie und Kreativität entwickeln
Sicherheit	nach Sicherheit streben
Gemeinnutz	Benachteiligten helfen
Macht	sich durchsetzen
Geist	fleißig und ehrgeizig sein
Respekt	Fremdmeinungen akzeptieren
Gemeinnutz	sich politisch engagieren
Körper	das Leben in vollen Zügen genießen
Eigenverantwortung	eigenverantwortlich sein
Andere	tun, was andere auch tun
Ambivalent[20]	am Althergebrachten festhalten
Familie	gutes Familienleben führen
Ambivalent	stolz auf die deutsche Geschichte sein
Familie	gute Partnerschaft leben
Freunde	gute Freunde haben
Andere	viele Kontakte pflegen
Körper	gesundheitsbewusst leben

20 Es besteht ein Konflikt zwischen widersprüchlichen Handlungsweisen

»Wertedomänen« = Schlüsselwerte des WERDE©	Klages-Gensicke-Items = Kurzform
Ambivalent	sich von Gefühlen leiten lassen
Individuelle Freiheit	Unabhängigkeit von anderen anstreben
Integral	sich umweltbewusst verhalten
Ambivalent	an Gott glauben
Respekt	die Vielfalt des Menschen anerkennen, respektieren

Tab. 5 Vergleich Werde® und Klages-Gensicke-Survey

Wir entschlossen uns, unseren Fragebogen radikal zu vereinfachen:

- **4 Grundwerte** bilden das Grundgerüst. Sie tauchen bei nahezu allen Erfassungsansätzen anderer Autoren ähnlich auf.
- **16 Schlüsselwerte**, die sich, in hoher Übereinstimmung mit den Klages-Gensicke-Items, auf die genannten, lebensweltlich wichtigen Bereiche beziehen, untersetzen die Grundwerte.
- **64 Wertebeispiele**, von denen je vier einen Einzelwert konkretisieren, illustrieren oder erklären, machen das eigentliche Material des neuen Fragebogens aus.

2.2.2 Die vier Grundwerte

Die **vier Grundwerte** werden in jedem Werteerfassungsverfahren direkt oder übergreifend auftauchen. Wir halten sie für alternativlos gesetzt, unabhängig davon, wie man sie im Einzelnen beschreibt und erklärt. Unsere Sicht entstammt der evolutionären Wertetheorie, die analog der evolutionären Erkenntnistheorie von einem evolutionären Nacheinander von Genusswerten, Nutzenwerten und sozial organisierenden Werten – ethisch-moralischen und sozial-weltanschaulichen – ausgeht (vgl. die Ausführungen zu evolutionärer Ethik bei Vollmer 1995).

Die vier Grundwerte bilden das Rückgrat jedes Wertetrainings. Sie gehen von psychologischen und evolutionssoziologischen Überlegungen aus, die alle auf den gleichen Wertebestand hinauslaufen.

Der Psychologe Seymor Epstein geht in seiner Cognitive-Experiential Self-Theory (vgl. Epstein 2016) von einem **intuitiven Erlebnissystem** mit dem Mittelpunkt emotionaler Werte aus, das insbesondere **Genuss** und elementaren **Nutzen** mit umfasst und von einem **analytisch rationalen System** bewussten Denkens, das insbesondere **ethische** und **sozial-weltanschauliche**, also **sozial-organisierende Wertungen** einschließt.

Timo Meynhard (2004) differenziert, das aufnehmend

1. **hedonistisch-ästhetische Werte**, die das Bedürfnis nach positiven Erfahrungen widerspiegeln,
2. **utilitaristisch-instrumentelle Werte**, die das Bedürfnis nach Orientierung und Kontrolle und nützlichen Mitteln, um die Ziele zu erreichen, reflektieren,

3. **moralisch-ethische Werte**, die das Bedürfnis nach Selbsterhalt und -steigerung ansprechen und
4. **politisch-soziale Werte**, die Ausdruck des Bedürfnisses nach Bindung und Zugehörigkeit sind.

Diese Systeme sind durch neue biologische Strukturen und gesellschaftliche Entwicklungen, nacheinander, aber zusammenwirkend, entstanden.

Wir selbst haben sehr früh diese vier Grundwerte unterschieden und kommentiert (Erpenbeck 1984, S. 389 ff). Sie wurden später auf folgende Weise bestimmt.

1. **Genusswerte**: Sie werden in der Literatur oft als hedonistische Wertungen bezeichnet. Sie rücken leibliche und geistige Genüsse in den Mittelpunkt. Letztlich kann fast alles zum Genuss werden, sinnliche Genüsse ebenso wie ästhetisch-intellektuelle.
   Genusswerte sind handlungsleitende Ordner, die den Wertenden dazu bringen, Handlungen zu bevorzugen, die ihm – physischen oder geistigen – Genuss verschaffen. Dabei kann es sich um das Genießen von Essen oder Kunst, aber auch von physischer Anspannung und Herausforderung handeln oder es kann sich auf den Genuss am Denken aber auch den Genuss freundschaftlicher oder anerkennender sozialer Kontakte beziehen.
2. **Nutzenwerte**: Sie werden in der Literatur oft als utilitaristische Wertungen bezeichnet. Sie beziehen sich auf alles, was nützlich ist. Obwohl der Ausdruck utilitaristisch aus der Ökonomie stammt und wirtschaftliche Überlegungen am meisten zum Verständnis beigesteuert haben, greift er doch wesentlich weiter. Nützliches bekommt seinen Wert oft erst als Mittel zum Zweck, Genuss zu erlangen, wenn gleichsam eine Ziel-Mittel-Vertauschung stattfindet. Heute ist die Kategorie Nutzen Kern jeder modernen Kosten-Nutzen-Analyse beispielsweise in der Betriebswirtschaftslehre. Der Nutzen stellt den Kern vieler ökonomischer Theorien und somit des wirtschaftlichen Handelns dar und ist deshalb eines der zentralen ökonomischen Konstrukte.
   Nutzenwerte sind handlungsleitende Ordner, die den Wertenden Handlungen bevorzugen lassen, die Nutzen im weitesten Sinne versprechen. Dabei kann es sich um den Nutzen aus genialen Entdeckungen und Entwicklungen handeln oder um ökonomischen Nutzen, um den Nutzen, den ein Erfinder aus seinem fachlichen und methodischen Wissen zieht oder um den Nutzen, der aus einer Organisation oder einem Beziehungsgeflecht zu ziehen ist.
3. **Ethisch-moralische Werte**: Sie sind stets **auf konkrete Individuen**, auf einzelne Menschen gerichtet. Ethisch-moralische Werte gehen vorwiegend von objektiven und subjektiven Bedürfnissen und Interessen konkreter Individuen nach gesellschaftlicher Organisation aus und folgen, welchen sozialen Stufen sie ansonsten auch zugehörig sind, ob Kaiser oder Bettler, im Idealfall dem Aspekt der **Gleichheit**. Sie weisen eine **Verewigungstendenz** auf: Sie gelten scheinbar über viele Stadien sozialer Veränderungen und politischer Umbrüche hinweg, werden von diesen eher modifiziert als außer Kraft gesetzt. Diese Werte bauen auf ein eigenes Arsenal von hoch und manchmal unzulässig verallgemeinerten Begriffen auf, wie z. B. Gutes, Pflicht, Gewissen, Ehre oder Glück.
   Ethisch-moralische Werte sind handlungsleitende Ordner, die dem einzelnen Wertenden Handlungen nahelegen, die das Wohl vieler oder aller Menschen ohne Ansehen der Per-

son zum Handlungsanliegen machen. Dabei kann es sich um ethisch hochstehende und als solche akzeptierte Personen handeln oder um ihr Wirken, ethisch-moralische Grundsätze auch aktiv und praktisch durchzusetzen. Es kann um die Fähigkeit gehen, ethisch-moralisches Verhalten wissenschaftlich zu begründen und methodisch weiterzugeben, oder aber um die Fähigkeit, sich ethisch-moralischen Maßstäben folgend um viele Menschen zu kümmern, zu helfen, Gutes zu tun.

4. **Sozial-weltanschauliche Werte**: Sie können sowohl **auf einzelne Menschen wie auf kollektive Subjekte** gerichtet sein. Sie sind **bidirektional**: Einzelne Menschen sowie kollektive Subjekte können das Denken und Handeln einzelner Menschen sowie das anderer kollektiver Subjekte sozial-weltanschaulich werten. Sie gehen vorwiegend von objektiven und subjektiven Bedürfnissen und Interessen kollektiver Subjekte, etwa von Teams, Organisationen, Unternehmen, Parteien, Ländern, Nationen usw. nach gesellschaftlicher Organisation aus. Sie weisen eine **Enthomogenisierungstendenz** auf: Sie beziehen sich auf vielfältig strukturierte, nichthomogene soziale Strukturen und gelten für diese ganz unterschiedlich, meist unter Aspekten der Macht. Sie weisen zudem eine Tendenz zur **zeitlichen Begrenztheit** auf: soziohistorische Veränderungen, Umwälzungen, Revolutionen erzeugen immer neue Formen von Gruppen-, Klassen-, Nationen- und Völkerwertungen. Diese Werte bauen ein eigenes Arsenal von hoch und manchmal unzulässig verallgemeinerten Begriffen auf: Freiheit, Fortschritt, Demokratie, Gerechtigkeit, Sicherheit, Solidarität, Patriotismus usw.
   Sozial-weltanschauliche Werte sind handlungsleitende Ordner, die Einzelne oder Gruppen, wie Vereine, Gemeinschaften, Parteien, Bündnisse, Unternehmen oder Organisationen, zu einem sozial akzeptierten, optimalen oder auch zu einem innovativen, sogar revolutionären Handeln bewegen. Dabei kann es sich, auf Einzelne bezogen, um Menschen handeln, die durch ein großes »Charisma« andere zu einem solchen Verhalten bewegen, die freundschaftliche und anerkennende soziale Kontakte genießen, oder um Menschen, die durch große Aktivität solche Werte Wirklichkeit werden lassen. Sie können inhaltlich und systematisch durchdacht in Beratungsprozesse einfließen oder aber durch dazu fähige Menschen in unterschiedlichen sozialen, politischen Bezügen und Gremien kommuniziert werden.

In unserem Fragebogen werden entsprechende Begriffsbestimmungen für die Grundwerte in kurzen Zusammenfassungen benutzt. Sie können organisationsspezifisch angepasst werden. Doch können Werteentwickler und Trainer auch weitere Werte hinzunehmen, wenn sie ihnen die gleiche Bedeutsamkeit zumessen.

2.2.3 16 Schlüsselwerte

Jedem der vier Grundwerte können vier Schlüsselwerte zugeordnet werden, die lebensweltlich wichtige Werte umfassen. In der praktischen Arbeit sind vier Schlüsselwerte gerade noch überschaubar und handhabbar. Weniger würden die Breite der Grundkompetenz stark eindämmen, mehr würden schnell unübersichtlich und wären schwer durch Wertebeispiele zu fixieren.

Im Gegensatz zu den Grundwerten gibt es hier kein alternativloses Auswahlkriterium. Die Abbildung zeigt die gewählte Zuordnung. Warum gerade diese Zuordnung gewählt wurde, machen die jedem Einzelwert zugeordneten Wertebeispiele, die Wertewolken, deutlich.

Genusswerte		Nutzenwerte	
Kreativität Diesen Menschen ist es wichtig, ihre Kreativität, Ideen oder gestalterischen Fähigkeiten weiter entwickeln zu können.	**Gesundheit** Diesen Menschen ist es wichtig, durch körperlichen und geistigen Ausgleich gesund und fit zu bleiben.	**Lebensstandard** Diesen Menschen ist es wichtig, dass ihr Lebensstandard gut ist und bleibt.	**Sicherheit** Diesen Menschen ist es wichtig, dass ihren materiellen und beruflichen Sicherheitsbedürfnissen Rechnung getragen wird.
Bildung Diesen Menschen ist es wichtig, aktiv ihr Wissen und ihre Kompetenzen zu erweitern.	**Beziehungen** Diesen Menschen ist es wichtig, dass freundliche bis freundschaftliche Beziehungen das Klima bestimmen.	**Belohnung** Diesen Menschen ist es wichtig, dass sich Leistung für sie lohnt.	**Gemeinnutz** Diesen Menschen ist es wichtig, dass der Wert, den sie schaffen, auch dem Team und der Organisation zugute kommt.
Familie Diesen Menschen ist es wichtig, dass ihre familiären Belange berücksichtigt werden.	**Ideale** Diesen Menschen ist es wichtig, dass gemeinsamen Idealen gefolgt wird.	**Individuelle Freiheit** Diesen Menschen ist es wichtig, dass sie persönliche Freiräume haben.	**Einfluss** Diesen Menschen ist es wichtig, dass sie zu einem positiven Image und Einfluss ihres Teams und der Organisation beitragen.
Verantwortung Diesen Menschen ist es wichtig, verantwortlich zu handeln.	**Respekt** Diesen Menschen ist es wichtig, dass sich Kollegen und Führungskräfte auf Augenhöhe begegnen und sich gegenseitig unterstützen.	**Norm und Gesetz** Diesen Menschen ist es wichtig, dass sie intern und extern Recht und Ordnung kennen und danach handeln.	**Netzwerk** Diesen Menschen ist es wichtig, dass sie Netzwerke aufbauen.
Ethisch-moralische Werte		Sozial-weltanschauliche Werte	

Abb. 4 Wertemodell nach Erpenbeck, Sauter und Sauter (ValCom® Institut)

Diese 16 Schlüsselwerte spielen in nahezu jedem Werteerfassungsverfahren eine wichtige Rolle. Sie haben sich in unseren eigenen Praxisprojekten wie auch in den Klages-Gensicke-Untersuchungen als lebensweltlich besonders belangreich herausgestellt.

Natürlich können auch sie durch weitere Werte ersetzt, ergänzt oder erweitert werden. Unsere Software ermöglicht es, die Zahl der Werte und alle Formulierungen zu variieren, so dass auch bereits vorhandene Wertemodelle einfach integriert bzw. angepasst werden können. Wir geben aber zu bedenken, dass Vielzahl nicht Vielfalt bedeutet. Die Werte müssen sorgfältig gegeneinander abgegrenzt werden. Jeder muss mit einer eigenen Wertewolke, einem Cluster von Wertebeispielen versehen werden. Die Erweiterung der Schlüsselwerte erfordert also eine noch tiefergehende Werteanalyse als sie bei der Ausarbeitung und Anpassung der Wertebeispiele ohnehin notwendig ist.

2.2.4 64 Wertebeispiele – die Wertewolken

Wir greifen beispielhaft einen Einzelwert mit seinen Wertebeispielen als Wertewolke heraus:

Respekt
Es ist mir wichtig, dass ich Kolleginnen und Kollegen sowie Führungskräften auf Augenhöhe begegne und wir uns gegenseitig unterstützen, z. B. dass

- ich ohne Rücksicht auf Hierarchien wertschätzend mit Kolleginnen und Kollegen sowie Führungskräften kommunizieren und arbeiten kann,
- allen Mitarbeitenden, unabhängig von Herkunft oder Religion, mit Verständnis und ohne Vorbehalte begegnet wird,
- fremde Familien- und Lebensverhältnisse ohne Vorurteile betrachtet und andere kulturelle, religiöse und politische Überzeugungen grundsätzlich respektiert werden,
- mit allen Mitarbeitenden tolerant umgegangen wird.

Übertreibung
Ich spreche Probleme und Herausforderungen nicht an, um andere nicht in Bedrängnis zu bringen.

Die 64 Wertebeispiele in unserem Wertemodell operationalisieren die einzelnen Werte, jeweils bezogen auf die zu erfassende Zielgruppe. Deshalb passen wir die Wertebeispiele, teilweise auch die Wertebegriffe, die Wertedefinitionen und die Übertreibungen, in einem Workshop mit erfahrenen Fach- und Führungskräften aus der Zielgruppe, jeweils auf die Rahmenbedingungen, die Kultur und die Sprache der Zielgruppe an. Damit wird sichergestellt, dass die befragten Wertetrainees die Fragen auf Anhieb verstehen und treffende Einschätzungen abgeben können.

Wir plädieren dafür, die vier Grundwerte sowie die 16 Schlüsselwerte grundsätzlich verbal beizubehalten, aber inhaltlich – organisations-, team- oder funktionsspezifisch – mit möglichst plastischen Wertebeispielen anzupassen.

Wenn in einer Organisation beispielsweise der Wert **Nachhaltigkeit** einen herausragenden Stellenwert hat, gibt es diese Möglichkeiten:[21]

Entweder wird Nachhaltigkeit im Wert Ideal erfasst, z. B. mit der Formulierung »**diesen Menschen ist es wichtig, dass gemeinsamen Idealen gefolgt wird**«. Dann müssen die grundlegenden Wertebeispiele für Ideale nach gemeinsamer Diskussion mit den jeweiligen Organisationsvertretern auf Nachhaltigkeit bezogen umgeformt werden:

Ideale
Es ist mir wichtig, dass dem gemeinsamen Ideal Nachhaltigkeit gefolgt wird, z. B. dass
- die zielführende Zusammenarbeit im Team und in der Organisation sich auf Nachhaltigkeit fokussiert,
- gemeinsame Nachhaltigkeitswerte die Leitschnur des Handelns bilden,
- Diskussionen zum Thema wertschätzend und offen geführt werden,
- alle gleich, aber ohne Gleichmacherei, vor Aufgaben gestellt werden, um Nachhaltigkeit zu erreichen.

Übertreibung
Mein Handeln orientiert sich immer an dem Ideal Nachhaltigkeit, auch wenn das manchmal im deutlichen Widerspruch zu betrieblichen Belangen steht.

Eine weitere Möglichkeit besteht darin, Nachhaltigkeit als einen zusätzlichen Einzelwert mit eigenen Wertebeispielen zu den 16 anderen hinzuzufügen, ähnlich wie die eben formulierten, ausgestattet. Das erfordert allerdings die Durchsicht aller anderen Wertebeispiele auf Doppelungen und Überschneidungen. Voraussetzung dafür ist, dass die Erfassungssoftware, wie in unserer Lösung, diese Möglichkeit bietet.

Schließlich kann ein eigener Fragebogen Nachhaltigkeit erstellt werden, bei dem alle Grund- und Schlüsselwerte auf die Nachhaltigkeitsthematik bezogen sind:

- **Genusswerte:** Welchen Lebensgenuss und -gewinn bringt nachhaltiges Wirtschaften?
- **Nutzenwerte:** Wie nutzt nachhaltiges Wirtschaften der Gesellschaft und unserem Unternehmen?
- **Ethisch-moralische Werte:** Wie können wir durch nachhaltiges Wirtschaften unseren Kindern und Kindeskindern gerecht werden?
- **Sozial-weltanschauliche Werte:** Wie stellen wir durch nachhaltiges Wirtschaften sicher, dass es auch in hundert Jahren noch Menschen gibt?

In diesem Rahmen werden alle **Schlüsselwerte** und alle **Wertebeispiele** an diesem übergeordneten Wert Nachhaltigkeit orientiert. Einen solchen Fragebogen Nachhaltigkeit haben wir im Rahmen des Werteprojektes Nachhaltigkeit mit mittelständischen Unternehmen entwickelt.[22]

21 Angeregt durch die »Arbeitsgruppe Nachhaltigkeit« am Institut für Nachhaltigkeit an der HWR Berlin mit Prof. Dr. A. Grothe, C. Ackermann, Prof. Dr. J. Erpenbeck, Prof. Dr. W. Sauter, Dr. M. Teller.

22 Ebenda mit fischerwerke Gmbh & Co. KG Waldachtal und SODASAN GmbH Uplengen.

Die damit gewonnene Variationsbreite ist beträchtlich. Gerade in dieser nahezu uneingeschränkten Flexibilität sehen wir den größten Vorteil des hier vorgeschlagenen Vorgehens.

2.2.5 Bewährte klassische und weitere Verfahren der Werteerfassung

Wir betrachten jetzt einige klassischen Verfahren der Werteerfassung unter folgenden Gesichtspunkten:

- Welche **Verfahren** werden eingesetzt?
- Welche **Grundwerte** zieht das Verfahren heran?
- Welche **Schlüsselwerte** werden darin benutzt und wie werden sie den Grundwerten zugeordnet?
- Durch welche **Wertebeispiele** (Wertewolken) werden die Schlüsselwerte beschrieben, definiert und illustriert?

Dabei werden wir weder eigene Einschätzungen der herangezogenen Werteerfassungsverfahren vornehmen, die zu einem großen Teil ihre Feuerprobe in breiter Praxis längst bestanden haben, noch werden wir eine künstliche Gruppierung vornehmen. Wir werden sie vielmehr nach dem Zeitpunkt ihrer Erschaffung anordnen und die vier Gesichtspunkte herausarbeiten.

Alle im Folgenden aufgeführten Verfahren sind im Internet zu finden, oft mit ausführlichen Erklärungen versehen. Sie sind auch größtenteils durch Personen und Institutionen verkörpert, welche die Rechte an den Verfahren besitzen und sie in Beratungen, Projekten und Organisationsvorhaben wirtschaftlich nutzen. Keines der Verfahren ist völlig frei nutzbar.

2.2.5.1 Grundlegende Ratingprozesse

Um Werte qualitativ oder quantitativ mit der Ratingmethode zu erfassen, gibt es im Grundsatz vier Verfahrensarten:

- Es werden polar einander gegenüberstehende Wertebegriffe, meist Adjektive, gesucht. Der Abstand von beiden kann skaliert gerated werden, beispielsweise in der Gegenüberstellung von bescheiden – überheblich, selbstbewusst – unsicher, humorvoll – humorlos und so weiter.
- Wertefragen nach Tatsachen, Personen, Prozessen werden in einem Fragebogen zusammengestellt und skaliert beurteilt, beispielsweise in Sätzen wie »Es ist mir wichtig, ehrlich zu sein, gepflegt zu sein, frei zu sein« usw., z. B.

1. Trifft gar nicht zu.
2. Trifft mangelhaft zu.
3. Trifft ausreichend zu.
4. Trifft befriedigend zu.

5. Trifft gut zu.
6. Trifft sehr gut zu.
7. Trifft übertrieben zu.

- Werte eines Menschen werden durch wertende Satzergänzungen abgefragt, etwa: Kommen Sie gewöhnlich mit Menschen besser aus, die phantasievoll oder die realistisch sind; achten Sie eher auf die Gefühle anderer Menschen, oder auf deren Rechte, wenn Sie mit mehreren Leuten zusammenkommen; beteiligen Sie sich am allgemeinen Gespräch, oder unterhalten Sie sich mit jemandem, den Sie gut kennen ... usw.
- Wertungen werden anhand von Wertebeispielen erfasst, wobei ein Wert gewöhnlich durch eine festgelegte oder variable Anzahl von Wertebeispielen illustriert wird, die vom Wertenden gedanklich-gefühlsmäßig im Sinne einer **Indikatorenverschmelzung** zu einer Einheit verschmolzen werden und nachfolgend anhand einer definierten Skala gerated werden.

Von den am Markt angebotenen Werteerfassungsverfahren, die als Ratingverfahren gestaltet sind, stellen wir jetzt einige vor. Wir können, schon aus rechtlichen Gründen, nicht vollständige Fragebögen wiedergeben, aber einen Eindruck von ihnen vermitteln.

Die folgenden Gliederungspunkte geben einen Überblick über weitere in der Praxis eingesetzte Verfahren.

2.2.5.2 Praktisch bewährte klassische Verfahren der Werteerfassung

Die hier vorgestellten Verfahren enthalten alle in unterschiedlichen Ausprägungsformen Grundwerte, Schlüsselwerte und Wertebeispiele in spezifischer Ausprägung. Eine kurze Rundumsicht auf weitere Verfahren der Werteerfassung vervollständigt das Bild.

Eduard Spranger, 1921
ist wahrscheinlich der Erste, der Wertebegriffe in eine einleuchtende und bis heute nutzbare Struktur brachte (vgl. Spranger 1923), sodass daraus ein Verfahren der Werteerfassung zu gewinnen war (vgl. Waschulewski 2002; Allport, Vernon 1931).

Gegründet auf ein solides philosophisch-psychologisches Wissen wie auf eine umfassende pädagogische Erfahrung postulierte er als Einzelwerte »ideale Grundtypen der Individualität« (Spranger 1921, S. 283). Den religiösen Menschen, den ästhetischen Menschen, den Machtmenschen, den theoretischen Menschen, den ökonomischen Menschen, den sozialen Menschen. Der ästhetische Mensch unter anderem im Bereich der Genusswerte, der theoretische und der ökonomische Mensch im Bereich der Nutzenwerte, der religiöse Mensch im Bereich des Ethisch-Moralischen, der soziale Mensch und der Machtmensch im Bereich des Sozial-Weltanschaulichen.

Die wichtigste, bleibende Erkenntnis Sprangers ist die Feststellung, dass die Grundwerte, bei ihm in Form der idealen Grundtypen, »inkommensurabel«, also im Sinne einer vergleichenden Messung nicht vergleichbar sind. »Es hat etwas für sich, wenn man sagt, dass das wirtschaftliche Erlebnis und das ästhetische Erlebnis, das heißt eine Bedürfnisbefriedigung und eine schauende Lust von so verschiedener innerer Qualität sind, dass sie nicht gegeneinander abgewogen werden können. Wer will in Geldeinheiten ausdrücken, wie viel mir eine Liebe wert ist, und wer will in Liebeseinheiten ausdrücken, was mein neuer Rock gekostet hat? Wir haben aber schon früher darauf erwidert, dass alle Werte sich auf dem Boden derselben Seele treffen, dass sie für Sein und Lebensgestaltung gemäß ihrem Gehalt maßgebend sein sollen. Wir können daher diesem Standpunkt der Inkommensurabilität nur zugeben, dass die verschiedenen Wertqualitäten nicht durcheinander in quantitativen Einheiten ausgedrückt werden können.« (Spranger 1921, S. 283)

Die Feststellung der **Inkommensurabilität**, das heißt der Unvergleichbarkeit ihrer Wertequalitäten, besagt dann zum Beispiel, dass man die ethischen Werte eines religiösen oder eines ästhetischen Menschen unter keinen Umständen mit den Nutzenwerten eines ökonomischen oder den politischen Werten eines sozialen Menschen vergleichen kann. Diese Einsicht ist bleibend, auch wenn man andere Grund- und andere Einzelwerte benutzt.

Isabel Myers und Katharine Briggs, 1944
unterschieden, ausgehend von Carl Gustav Jungs Typenlehre (vgl. Jung 2018) vier Persönlichkeitstypen und deren Weltbezug. Erfasst wird, ob eine Person

- ihre Aufmerksamkeit eher nach außen – **Extraversion** – oder nach innen richtet – **Introversion** –,
- ob sie sich eher auf ihre **Sinne**, ihr sensorisches Empfinden, oder auf ihre **Intuition** verlässt,
- ob sie Entscheidungen eher auf Basis ihres **Nachdenkens** oder ihres **Fühlens** fällt,
- und wie sie mit der Welt umgeht, ob sie das eher durch **Urteilen** oder durch **Wahrnehmen** bewältigt

Der Myer Briggs Type Indicator (MBTI), der in den USA vor allem im Bereich der Personalentwicklung am meisten eingesetzte Persönlichkeitsfragebogen, ordnet auf dieser Basis jeder Person, entsprechend ihrem Weltbezug, ein Quartett der vier genannten Charakteristika zu. Das kann jeder für sich persönlich ausprobieren.[23] Ob es der »schlechteste existierende Persönlichkeitstest« ist, wie ihn Chen (2018) einschätzt, muss jeder Wertetrainer für sich beurteilen. Die Fülle der kritischen Einschätzungen des MBTI konnte jedenfalls seiner Verbreitung keinerlei Abbruch tun.

Für uns ist er nicht nur aufgrund der enormen Verbreitung interessant, sondern vor allem, weil er in großen Teilen gar kein Persönlichkeitstest ist, sondern Werte erfasst und dokumentiert. Das beginnt bei den Indikatoren selbst: Intuition, Fühlen, Urteilen sind wertende Verhaltensweisen und keine psychischen Eigenschaften. Das Eigenschaftsparadigma trifft auf sie von vornherein nicht zu. Es sind komplexe Ordner des Handelns.

23 https://eu.themyersbriggs.com/de-DE/tools/MBTI/MBTI-personality-Types

Nahezu alle im Test geforderten Beurteilungen sind Ratings. So benutzt der MBTI als Wertebeispiele wertende Gegenüberstellungen von Wortpaaren in dieser Art:

Welches Wort in folgenden Wortpaaren sagt Ihnen mehr zu?

1. fest entschlossen oder offenherzig
2. phantasievoll oder sachlich
3. systematisch oder spontan
4. Theorie oder Bestimmtheit
5. Party oder Theater
6. bauen oder erfinden
7. analysieren oder empfinden
8. Gewinne oder Segen
9. geplant oder ungeplant
10. überzeugend oder ergreifend
11. zurückhaltend oder gesprächig
12. weich oder hart
13. Herstellung oder Entwurf
14. munter oder ruhig
15. Impuls oder Entscheidung
16. sprechen oder schreiben
17. pünktlich oder gemächlich
18. vernünftig oder faszinierend
19. veränderlich oder dauerhaft
20. Entschiedenheit oder Neigung
21. Fakten oder Ideen
22. Mitleid oder Vorsorge
23. konkret oder abstrakt
24. Gerechtigkeit oder Gnade
25. ruhig oder lebendig
26. herstellen oder schaffen
27. vorsichtig oder vertrauensvoll
28. ordentlich oder lässig
29. sanft oder fest
30. schnell oder sorgfältig
31. denken oder fühlen
32. gesellig oder zurückhaltend
33. Zeichen oder Symbol
34. systematisch oder zufällig
35. wörtlich oder bildhaft
36. Wettkampf oder Zusammenarbeit
37. ungewöhnlich oder gebräuchlich
38. analysieren oder zustimmen

Jede Entscheidung für einen dieser Begriffe setzt ein komplexes, geratetes Abwägen dieser Begriffe voraus und sagt viel mehr über die Werte des Erfassten, als über seine Persönlichkeit. Auch seine typenmäßige Zuordnung, wie zutreffend oder unzutreffend sie auch sei, charakterisiert einen Wertetyp.

Der MBTI benutzt auch den Ratingansatz, Werte eines Menschen durch wertende Satzergänzungen abzufragen. Dabei geht es um persönliche Präferenzen.

Welche Antwort beschreibt eher, was Sie normalerweise empfinden, oder wie Sie gewöhnlich handeln?

1. Wenn Sie einem genauen Plan folgen müssen,
   - sagt Ihnen das zu,
   - oder schränkt Sie das ein?
2. Kommen Sie gewöhnlich mit Menschen besser aus,
   - die phantasievoll, oder
   - die realistisch sind?
3. Achten Sie eher
   - auf die Gefühle anderer Menschen, oder
   - auf deren Rechte?

4. Wenn Sie mit mehreren Leuten zusammenkommen, was machen Sie gewöhnlich?
   - beteiligen Sich am allgemeinen Gespräch, oder
   - unterhalten Sie sich mit jemandem, den Sie gut kennen?
5. Wenn Sie am Samstagmorgen gefragt würden, was Sie heute tun werden,
   - könnten Sie das ganz genau sagen, oder
   - würden Sie lieber abwarten, was sich ergibt?
6. Zeigen Sie gewöhnlich
   - Ihre Gefühle offen, oder
   - behalten Sie Ihre Gefühle für sich?
7. Bevorzugen Sie als Freizeitlektüre solche Autoren,
   - die originell und eigensinnig formulieren, oder
   - solche, die genau das sagen, was sie meinen?
8. Wenn Sie auf einer Party sind,
   - langweilen Sie sich manchmal, oder
   - macht es Ihnen meistens Spaß?
9. Wenn Sie fremden Menschen begegnen, finden Sie das
   - anregend oder zumindest unproblematisch, oder
   - ziemlich anstrengend?
10. Bewerten Sie
   - Gefühlsregungen höher als Logik, oder
   - Logik höher als Gefühlsregungen?

usw. in 52 Items.

Manche der Fragen benützen sogar in der Formulierung explizit den Begriff des Wertens; alle möglichen Antworten sind Wertungen.

Auch andere ursprünglich als Persönlichkeitsfragebögen gestartete erfolgreiche Erfassungsverfahren lassen sich als Werteerfassung deuten oder spitzen sogar ihre Items auf Wertefragen zu. **Persolog** bietet beispielsweise eigene Fragebögen als Methodenschritte zur Werteanalyse an. Ausgehend von dem Gedanken »dass unser Wertesystem unser persönliches Betriebssystem ist«, wird deutlich gemacht, »wie wichtig Werte für uns Menschen sind: sie leiten unser Handeln, unsere Kommunikation und die Beurteilung unser Produkte und Dienstleistungen. Es sind diese Wertevorstellungen der Mitarbeiter, die auch helfen, Stärken und Schwächen im Unternehmen selbst zu erkennen, zu analysieren und zu verbessern. Zu diesem Zweck hat persolog eine sogenannte VAS-Studie, Values and Attitudes Study international in Unternehmen, ins Leben gerufen. Sie ist auf eine gemeinsam gelebte Unternehmenskultur gerichtet und soll Wertekonflikte, die unter der Oberfläche gären und nicht wirklich sichtbar sind, beseitigen helfen. Denn organisationale Werte sollten von möglichst vielen Mitarbeitern getragen werden. Nehmen Sie das Thema Werte jetzt in Angriff … ich bin mir sicher, dass das Thema Werte Sie genauso begeistert wie mich« erklärte Friedbert Gay, der Geschäftsführer der persolog zurecht.[24]

24 http://www.persolog.de/seminars/mit-werten-fuehren-werte-gemeinsam-leben/.

Auch das **Insights**-Akkreditierungshandbuch beinhaltetet einen eigenen Fragebogen zu persönlichen Interessen und Wertevorstellungen und bezieht Wertediagnosen kontinuierlich in seine Persönlichkeits- und Kompetenzanalysen ein (vgl. Scheelen® Institut 2002, S. 29 – 37).

Die Feststellung, dass gut etablierte Persönlichkeitsfragebögen wie MBTI, persolog oder Insights bei genauerem Hinsehen eher Werteratings sind oder Werteaspekte bewusst einbeziehen, ist für den Wertetrainer äußerst wichtig, trifft er doch in einer Vielzahl von Organisationen und Unternehmen auf solche Fragebögen und kann damit an schon Vorhandenes und Akzeptiertes anknüpfen.

Helmut Klages und Thomas Gensicke, 1985
haben einen Werte-Survey entwickelt, der weit über die Einzelanwendungen, wie etwa die Shell-Jugendstudien hinaus, bedeutsam ist. Ihre Grundwerte sind sogenannte Pflicht- und Akzeptanzwerte sowie Selbstentfaltungswerte. Diese werden durch Einzelwerte untersetzt:

Pflicht- und Akzeptanzwerte – auf die Gesellschaft bezogen:
Disziplin, Gehorsam, Pflicht Erfüllung, Treue, unter Ordnung, Fleiß, Bescheidenheit
Pflicht- und Akzeptanzwerte – auf das individuelle Selbst bezogen:
Selbstbeherrschung, Selbstlosigkeit, Hinnahmebereitschaft, Fügsamkeit, Bedürfnislosigkeit, Enthaltsamkeit
Selbstentfaltungswerte – auf die Gesellschaft bezogen:
Emanzipation von Autoritäten, Gleichbehandlung, Gleichheit, Demokratie, Partizipation, Autonomie des Einzelnen
Selbstentfaltungswerte – auf das individuelle Selbst bezogen
Genuss, Abenteuer, Spannung, Abwechslung, ausleben emotionaler Bedürfnisse sowie
Kreativität, Spontanität, Selbstverwirklichung, Ungebundenheit, Eigenständigkeit

Daraus werden im Sinne eines Ratings die bereits angeführten Items als Wertebeispiele herausgefiltert:

- Gesetz und Ordnung respektieren,
- hohen Lebensstandard anstreben,
- Macht und Einfluss haben usw.

Dieses Werteraster hat für uns eine besondere Bedeutung, weil wir wichtige Items daraus entlehnt haben und weil Thomas Gensicke uns bei den eigenen Bemühungen stark unterstützte. Der Survey ist aber auch deshalb von besonderer Bedeutung, weil er über eine lange Befragungsperiode, über die deutsche Wende hinweg, immer wieder und bis heute eingesetzt und so durch Zehntausende von Erfassungen validiert wurde. Er diente in den periodisch wiederholten Shell-Jugendstudien dazu, Wertestatus und Werteveränderungen der Jugendlichen in Deutschland zu erfassen (wir beziehen uns auf Hurrelmann, Albert TNS Infratest Sozialforschung 2006, S. 475; die Studie Albert, Hurrelmann, Quenzel, Gensicke u. a. 2015).

In ihren empirischen Studien konnten Klages und Gensicke eine nach den Anteilen von Pflicht- und Entfaltungswerten differenzierende Wertetypologie mit Konventionalisten, Resignierte, Realisten, Hedo-Materialisten und Idealisten plausibel entwickeln. Die Theorie der ›Wertesynthese‹, der Kombination von teilweise auch konfliktreichen Werteorientierungen »scheint [...] das einzige ausgearbeitete Konzept zu sein, das sich seit Längerem mit der Idee der Kombination von Wertorientierungen beschäftigt.« (Klages, Gensicke 2006, S. 332)

Für Wertetrainer ist der Klages-Gensicke-Wertesurvey nicht nur ein ergiebiger »Steinbruch« von Wertefragen, sondern auch ein wertvolles Beispiel, wie man Wertekonstellationen und Werteentwicklungen empirisch hinterfragen kann.

Milton Rokeach, 1973
veröffentlichte sein breit rezipiertes Buch »The Nature of Human Values« in jenem Jahr. Darin definiert er Werte als »eine relativ konstante Überzeugung, dass eine spezielle Art des Verhaltens oder ein existentieller Zielzustand dessen Gegenteil oder Umkehrung persönlich oder sozial vorzuziehen ist.« (Rokeach 1973, S. 15). Das Buch verspricht, die Natur der menschlichen Werte aufzuklären. Nach der Analyse einer Reihe von Wertedefinitionen stellt er fest: »Wie bereits ausgeführt ist die Anzahl von Werten, die ein menschliches Wesen besitzt, relativ gering, gering genug, sodass es möglich sein müsste, sie zu identifizieren und zu messen.« (Rokeach 1973 S. 17).

Rokeach unterscheidet zunächst instrumentelle (instrumental) und existenzielle Werte (terminal values). Teil seines Buches war ein »Testhandbuch«, der »Rokeach Value Survey« RVS. Darin postulierte er, dass einige wenige existenzielle Werte interne Bezugspunkte sind, die alle Menschen verwenden, wenn sie Einstellungen und Meinungen formulieren. Instrumentelle Werte sind für ihn beispielsweise meist als Eigenschaftswörter formulierte Handlungsweisen, die ein Individuum einsetzen kann, um seine Lebensziele zu erreichen, z. B. **ehrlich, phantasievoll, unabhängig, strebsam, fröhlich, mutig, versöhnlich, liebevoll oder selbstbeherrscht**. Existenzielle Werte verkörpern wünschenswerte Ideal- oder Grundwerte, die eher bewussten und ›zugelassenen‹ Bedürfnisse, beispielsweise **innere Harmonie, Weisheit, Freiheit, Gerechtigkeit, Menschlichkeit, Leistungsfähigkeit, Wohlstand, ein aufregendes Leben führen, Leistung, Gleichheit, friedliche Welt**.

Der von Rokeach entwickelte Fragebogen des Value Survey enthält 18 instrumentelle und 18 existenzielle Werte. Er ist mit seinen 36 Items leicht auszufüllen und lieferte überzeugende Ergebnisse. Eine reale Situation aktiviert mehrere Werte. Internalisierte, das alltägliche Leben unbewusst anleitende und als selbstverständlich angesehene Werte tragen entscheidend zur Stabilisierung einer Gesellschaft bei, gleichzeitig behindern sie aber auch den sozialen Wandel. Ein Wertewandel setzt mit den sich verändernden materiellen Bedingungen wie etwa der Technikentwicklung in einer Gesellschaft ein.

Rokeach subsumiert unter die existenziellen Werte, die erreicht werden müssen, und die instrumentellen Werte, um die Ziele zu erreichen, jeweils 18 Werte:

Instrumentelle Werte	**Existenzielle Werte (Anschlusswerte)**
Ehrgeizig	Komfortables Leben
Großzügig	Spannendes Leben
Fähig	Eine Welt in Frieden
Fröhlich	Gleichberechtigung
Sauber	Freiheit
Mutig	Glück
Verzeihend	Nationale Sicherheit
Hilfreich	Vergnügen
Ehrlich	Erlösung
Einfallsreich	Soziale Anerkennung
Unabhängig	Wahre Freundschaft
Intellektuell	Weisheit
Logisch	Eine Welt der Schönheit
Liebevoll	Geborgenheit in der Familie
Gehorsam	Reife Liebe
Höflich	Selbstrespekt
Verantwortungsbewusst	Ein Gefühl der Vollendung
Selbstbeherrscht	Innere Harmonie

Tab. 6 Instrumentelle und Existenzielle Werte nach Rokeach

Die Sozialforschung zeigt, dass »Glück« und »Ehrlichkeit« relativ wichtige Werte auf der ganzen Welt sind. Rokeach beschreibt auch, dass sich Menschen in ihrer Werteorientierung unterscheiden.

Dieser Value Survey ist hundertfach aufgenommen, vertieft, verändert und angepasst worden. Das ändert nichts daran, dass es ein gelungener Versuch ist, Schneisen in den Wertedschungel zu schlagen und plausible, einem Rating zugängliche Begriffe und Begriffszusammenhänge herauszufinden. Vor allem in den Arbeiten von Schwartz und Bilsky findet das seine Fortsetzung.

Wir versagen uns hier, diejenigen existenziellen Werte herauszusuchen, die direkt unseren vier Grundwerten entsprechen und auf die Verbindung weiterer existenzieller Werte zu unseren Schlüsselwerten hinzuweisen. Unsere vorformulierten Wertebeispiele enthalten viele der Rokeach'schen instrumentellen Werte, nicht in adjektivischer, aber in Beispielsatz-Form. Der Rokeach-Ansatz weist, wie der bereits erwähnte Ansatz von Schwartz, auf den sinnvollen Ansatz zur Werterfassung.

Der Königsweg zur Werteerfassung ist die Konstruktion eines Erfassungssystems aus Grundwerten, Schlüsselwerten und Wertebeispielen.

Zudem findet ein Wertetrainer, selbst wenn er nur die im Laufe der historischen Entwicklung entstandenen und mit sehr verschiedenen Begriffen arbeitenden Rokeach Value Survey's nebeneinanderlegt, eine Fülle an begrifflichem Material, das er für den Aufbau benötigter Wertebeispiele hervorragend gebrauchen kann.[25]

Shalom H. Schwartz und Wolfgang Bilsky, 1987

Schwartz und Bilsky knüpfen mit ihren empirischen, hoch signifikanten Messungen direkt an Rokeach an. Sie postulieren entscheidende Wertedomänen, die sich wiederum zu unseren Grundwerten und unseren Schlüsselwerten zuordnen lassen (vgl. Schwartz, Bilsky 1987):

- Reife
- Selbstbestimmung
- Genussfähigkeit
- Leistung
- Sicherheit
- Einschränkende Anpassung
- Prosozialität

Erich Witte stellt in seinem Band »Sozialpsychologie und Werte« einen Beitrag von Bilsky in den Mittelpunkt (vgl. Witte [Hrsg.] 2008). Darin zeigt Bilsky, »dass die von Schwartz entwickelte Strukturtheorie individueller und sozialer Werte einen geeigneten Rahmen bietet, unterschiedliche Forschungsansätze aufeinander zu beziehen und deren Ergebnisse zu integrieren. Nach einem Überblick über Anfänge und Verlauf psychologischer Werteforschung und über den theoretischen Ansatz von Schwartz wird dies anhand verschiedener Studien und Analysen zu zeigen versucht.« (Bilsky 1987, S. 73).

Zwischen den sechs Idealtypen von Spranger und den zehn von Schwartz unterschiedenen Wertebereichen lassen sich auf der Ebene ihrer jeweiligen inhaltlichen Spezifikation verschiedene Querverbindungen aufzeigen. So weisen die im Schwartz Value Survey SVS erfassten politischen Werte inhaltliche Gemeinsamkeiten mit dem Machttyp auf; soziale Werte entsprechen weitgehend den mit Wohlwollen und Universalismus bezeichneten Wertetypen; ökonomische Werte lassen Querverbindungen zu Leistung, aber darüber hinaus auch zu Macht vermuten; theoretische Werte ähneln dem von Schwartz als Selbstbestimmung und religiöse dem als Tradition bezeichneten Typ; ästhetische Werte schließlich weisen einige inhaltliche Parallelen zu Universalismus auf.«

Im SVS sind neben Traditionswerten und Selbstbestimmungswerten vor allem Selbsterhöhung (egozentrische Werte) und Selbsttranszendenz (universalistische Werte) benannt, die

25 Geben Sie »Rokeach Value Survey« in die Google Suche ein und vergleichen Sie die unendlich vielen Zusammenstellungen von existenziellen und instrumentellen Werten.

man sehr wohl mit den Dimensionen des ethisch-moralischen (unidirektional auf konkrete Individuen, auf einzelne Menschen gerichtet) und des sozial-weltanschaulichen (bidirektional einzelne Menschen »transzendierend«, überschreitend, auf kollektive Subjekte gerichtet), zur Deckung bringen kann. Die grundlegenden, »darunter« liegenden Einzelwerte, sind dominanz- und statusbezogene Macht, erfolgsbezogene Leistung, vergnügungsbezogener Hedonismus, neuheitsbezogene Stimulation, selbstorganisierte Selbstorientierung, auf das Weltganze bezogener Universalismus, anderen Menschen gegenüber gelebtes Wohlwollen, kultur- und sittenbezogene Tradition, gegen Normverletzungen sensible Konformität, harmonie- und stabilitätssuchende Sicherheit. Diesen zehn Dimensionen lassen sich dann empirisch ermittelte Werte, beispielsweise bei Macht Werte wie soziale Macht, Reichtum, Autorität und soziale Anerkennung zuordnen. Ein differenzierter Wertekreis entsteht, der empirisch zu verifizieren ist. Das Ergebnis ist eine universelle psychologische Struktur menschlicher Werte.

Robert Schirokauer Hartman, 1967

Nicht vergessen darf man die Überlegungen des mathematisch-logisch vorgehenden Robert Schirokauer Hartman, der 1967 sein Hauptwerk »Die Struktur des Wertes. Grundlegung einer wissenschaftlichen Axiologie« publizierte und dessen Wirken bis heute vom Robert S. Hartman Institut fortgesetzt wird (vgl. Hartman 1967). Hartman entwickelte eine Anwendung seiner Forschungen, die heute als das Hartman Value Profile (HVP) bekannt ist. Dieses Verfahren erfasst das persönliche Wertesystem eines Menschen und lässt valide Rückschlüsse auf Einstellungen und individuelles Handeln zu. Das HVP wird in der Personalauswahl, Personalentwicklung und im Coaching eingesetzt und ist durch viele internationale Validierungsstudien bestätigt. Im europäischen Raum werden Applikationen des HVP noch nicht sehr lange angeboten.

Weitere Ansätze

Werteanalysen sind auch in Fragebögen integriert, die sich umfassenderen Aufgaben widmen, so bei den bereits erwähnten **Persolog** oder **Insights**. Auch das Stärkenmanagement gemäß den **LIFO**®-Stilen von Stuart Atkins und Allan Katcher (1989) oder der Fragebogen zu Lebenszielen und Lebenszufriedenheit **FLL** von Bernhard Kraak und Dietlinde Nord-Rüdiger (1989) erfragen Werte.

Die bekannten **Reiss-Motive** Macht, Unabhängigkeit, Neugier, Anerkennung, Ordnung, Sparen/Sammeln, Ehre, Idealismus, Beziehungen, Familie, Status, Rache/Kampf, Eros, Essen, körperliche Aktivität und emotionale Ruhe (vgl. Reiss, Reiss 4. Aufl. 2009) beziehen sich erklärtermaßen auf Werte und lassen sich übrigens weitgehend mit unseren Schlüsselwerten parallelisieren.

Hinzuweisen ist auf die Arbeit des **Stanford Research Institute**, das in den achtziger Jahren des vorigen Jahrhunderts den VALS-Ansatz der Lifestyle-Forschung (Values and LifeStyles) entwickelte, wonach Lebensstile in erster Linie Ausdruck individueller Wertevorstellungen sind (vgl. Mitchell 1984).

Erwähnt sei ferner der vom **Balfour Beatty Assessment Centre** und anderen entwickelte Balfour Beatty Online Aptitude Tests, der eine Liste von neun wichtigen Werten (LOV) benutzt, die an Rokeach orientiert ist, und die daran anschließende deutsche Version (GLOV) die vor allem versucht, Kulturabhängigkeiten der Wertelisten herauszufinden (vgl. Wiedmann, Fritz, Abel [Hrsg.] 2004, S. 191 f.).

Als einen eigenen originellen Ansatz, in kritischer Aufnahme von Ideen von George Kelly (vgl. Kelly 1986) und von Peter Orlik[26] (vgl. Orlik 2006), entwickelte Timo Meynhardt einen sogenannten **Wertwissens-Grid** (vgl. Meynhardt 2004). Im Jahr 1997 hat **Richard Barrett** das nach ihm genannte Werte-Zentrum gegründet, das der Erfassung individueller Werte, insbesondere von Einzelpersonen und Organisationen nachkommt.[27] Hinzuweisen ist weiterhin auf die ausgedehnte Arbeit der **World Values Survey Association.**[28]

2.3 Wertetraining

Es ist vollbracht: Wir wissen, was wir wollen.

Wir haben in einer Organisation oder einem Team herausbekommen, welche Werte die Wertetrainees für erwünscht halten, welche Ist-Werte tatsächlich vorhanden sind und gelebt werden. Schon auf den ersten Blick sehen wir, wo sich Ist- und Wunsch-Werte deutlich oder gar überdeutlich unterscheiden.

Aber nicht alle Ist-Werte lassen sich den Wunsch-Werten annähern. In einem großen Halbleiterwerk beispielsweise, weltweit produzierend und exportierend, drängen die Wertetrainees darauf, dass die betriebliche Weiterbildung einen höheren Stellenwert bekommt und es stärker gefördert wird, dass möglichst alle Wertetrainees Sprachkurse in englischsprachigen Ländern absolvieren können. Das ist aufgrund der Kosten, der Arbeitszeitausfälle und des Organisationsaufwandes für solche Auslandskurse schlicht nicht drin. Die Differenz von Ist-Wert und Wunsch-Wert ist kaum zu verändern. Da, wo Organisationsführung, Wertemanagement und Wertetrainees übereinkommen, Wunsch-Werte in Abstimmung zu den Rahmenbedingungen und den strategischen Zielen vollständig oder mit Abstrichen zu akzeptieren oder sogar noch mehr fordern zu können, werden die Soll-Werte künftigen Wertemanagements festgelegt.

Nehmen wir die Beispiele Gesundheit und Kreativität heraus. Der Wertetrainer stellt fest, dass die Organisation sicher auch noch mehr für die Gesundheit der Wertetrainees tun könnte, indem sie sportliche Betätigungen fördert und sponsert. Aber der Ist-Wert liegt beträchtlich unter den Möglichkeiten. Das Angebot wird viel zu wenig genutzt. Wie erreichen wir es, dass die

26 Darin eine Software zum deutlich wertorientierten Auswertungsprogramm-System für Selbstkonzept-Grids (SSELF).

27 https://www.valuescentre.com/mapping-values.

28 http://www.worldvaluessurvey.org/wvs.jsp.

sportliche Aktivität eine viel höhere persönliche Akzeptanz erlangt? Dass sie insbesondere den Wertetrainees zum Bedürfnis wird?

Außerdem ist nicht nur die Organisation, sondern auch der Wertetrainee mit der eigenen Kreativität unzufrieden. Er hat schon mit dem Kreativitätstraining eines bekannten Weiterbildungsanbieters liebäugelt, aber alle Kollegen und auch der Weiterbildungstrainer sind skeptisch und meinen, eine ausgewählte und vereinbarte Position in einem Kreativunternehmen oder eine Mentoring-Beziehung mit einem anerkannt kreativen Gestalter brächten wesentlich mehr. Jedenfalls entschließen sich Organisation, Werteteam und Wertetrainer, ein Training für die beiden Schlüsselwerte Gesundheit und Kreativität anzusetzen.

Das ist der Augenblick, wo im Prinzip alle Methoden der gezielten Werteentwicklung von Persönlichkeiten ins Spiel kommen, wie es die Tabelle 2 am Beispiel Kreativität andeutete: Nachdem eine Werteerfassung durchgeführt wurde, die auf zu trainierende Zielwerte hinweist und dem gemeinsam mit dem Wertetrainee gefassten Entschluss, etwa zwei bis drei Werte zu trainieren, versuchen der Wertetrainee und sein Wertetrainer einzugrenzen, wer in Bezug worauf, anhand welcher Grundlagen und nach welchen Maßstäben (Wertekleeblatt) Kreativität beurteilt.

Ausgehend von dieser allgemeinen Wertestruktur konkretisiert der Wertetrainee die Wertestruktur in Bezug auf seine Arbeit und seine Vorhaben. Dann wird schließlich festgelegt, was ein Wertetraining bringen soll, auch was es nicht bringen kann, aus persönlichen oder strukturellen Gründen. Erst wenn das geklärt ist, können gezielt einige, wenige Methoden aus den umfangreichen Körben Praxis, Coaching und Mentoring, Übung und Weiterbildung herausgefischt werden, die sich für die angestrebten Ziele eignen.

Erst wenn wir wissen, ob und in welchem Maße Ist- und Soll-Werte auseinanderklaffen, können die angedeuteten Schritte hin zum Wertetraining festgelegt werden. Dafür ist es notwendig, die Ausprägung der persönlichen Schlüsselwerte eines Wertetrainees zu erfassen. Das gelingt mit den zuvor zusammengetragenen klassischen und vielen weiteren Werteerfassungsverfahren vorzüglich. Auch besteht dabei zu unserem eigenen Vorgehen eine große Anschlussfähigkeit. Schwierigkeiten bestehen oftmals bei der Ermittlung der Schlüsselwerte von Organisationen und Teams. Die meisten der benannten Verfahren messen keine kollektiven, sondern nur individuelle Werte.

Wir halten es jedoch für unbedingt erforderlich, auf allen Ebenen – Organisation, Team und Individuum – Werte top-down zu erfassen.

Nur dann wird sichergestellt, dass alle Beteiligten innerhalb eines gemeinsamen Werterahmens agieren.

Wir halten es für nützlich, künftige Wertetrainer mit einer Übersicht der Möglichkeiten gezielter Werteentwicklung auszustatten. Die Übersicht mag für sie aber auch die eine oder andere Anregung bereithalten, an die sie zuvor noch nicht dachten.

2.3.1 Wertetraining in der Praxis

Erfolge wie Misserfolge in der Arbeit, aber auch im außerberuflichen Handeln formen uns. Den Triumph unserer herausragenden Leistung, die Zufriedenheit mit unserer persönlichen Tat bleiben uns noch jahrelang, mitunter lebenslang im Gedächtnis. Nicht das Handlungsergebnis selbst, die große emotionale Bewegung, die emotionale »Labilisierung«, die uns bei Triumph und Zufriedenheit überkommt, prägt unsere Sicht auf Sachverhalte und Ereignisse, mit denen wir es zu tun hatten, prägt unsere Werte, aufgrund derer wir handeln.

Werte können nicht deklariert oder gar vermittelt werden; sie werden nicht zu tragenden Bestandteilen von Persönlichkeiten, wenn man über Werte bloß informiert, diese gar lehrt. Die nachhaltige Aneignung bleibt der durchspürten Lebenspraxis der Akteure vorbehalten (vgl. Arnold 2021, S. 15.).

Insofern ist die Aufgabe des Wertetrainers ganz einfach: Suche möglichst stark emotional »labilisierende« Situationen in der Arbeitswelt, sei es im eigenen Unternehmen oder in anderen oder im außerberuflichen Umfeld, welche die erwünschten Werte erfordern und fördern.

Insofern ist die Aufgabe des Wertetrainers aber auch äußerst schwierig: Die moderne, digitalisierte Arbeitswelt, aber auch die Welt außerberuflichen Handelns hält unzählige solche labilisierenden Situationen bereit, in Praxisprojekten, in agilen Konstellationen, bei werteorientierten Job-Rotationen, bei der Werteentwicklung im Netz, in Communities of Practice bis hin zu Serious Games, außerberuflich in Sport und Hobby oder in ehrenamtlicher Tätigkeit. Jeder konfliktäre, emotional labilisierende Handlungsprozess in der Praxis kann, gezielt und bedacht eingesetzt, zur Werteentwicklung genutzt werden.

Wir werden, unseren eigenen Forschungen folgend, ausgewählte Situationen skizzieren. Dabei halten wir uns mehr oder weniger streng an die Abfolge:
- **Voraussetzungen,**
- **Vorgehen,**
- **Folgen und Nutzen.**

2.3.1.1 Erlebnislernen

Voraussetzungen
Erlebnislernen ist immer Erfahrungslernen. Bei der dabei im Mittelpunkt stehenden Werteentwicklung handelt es sich immer um ein Handlungslernen in der Praxis, im Arbeitsprozess wie auch im sozialen Umfeld. Werte werden stets erlebt und erfahren, nicht »bloß gelernt«. Erfahrungen, gewonnen aus Erlebnissen, werden stets bewertet, sind nicht bloße Erweiterungen von Sachwissen.

Einer der größten Vorwürfe von Pädagogen an Erlebnis- und Erfahrungs»lernen« ist, dass die Effekte nicht, wie bei schulischem Lernen »nachgewiesen« werden können. Das Wissen in Mathematik, Informatik, Naturwissenschaft und Technik kann gepaukt, geprüft, zensiert werden. Erlebnisse und Erfahrungen, wer will sie prüfen, beurteilen, zensieren? Ein lebenslang weiterwirkendes, einschneidendes Erlebnis, eine grundlegende Erfahrung, die künftige Arbeitseinstellungen, die Berufswahl, die Partnerwahl, die die ganze Lebenswelt eines Menschen nachdrücklich zu prägen vermögen, entziehen sich oft dem Blickfeld der Normalpädagogik (vgl. Zuffelato und Kreszmeier 2012).

Was sich in Erlebens- und Erfahrungsprozessen entwickelt ist nicht primär Wissen, obgleich dieses nicht fehlen darf, sondern es sind vor allem Wertungen, Werte, Werteorientierungen, Wertehaltungen, Überzeugungen, Mitgefühl (vgl. Paffrath 2017). Erleben ist als Grundlage für den eigenen Erfahrungsgewinn unverzichtbar.

Emotionale Labilisierung wird durch die Erlebnispädagogik mit dem Terminus der Grenzsituationen belegt. Grenzsituationen verunsichern danach gewohnte Handlungsmuster und lösen Krisen auf mehreren Ebenen aus: auf der geistigen Ebene Irritationen, Konfusionen, Desorientierungen und Chaos; auf der emotional-psychischen Beunruhigung, Verstörung, Ärger und Angst; auf der physiologischen die Ausschüttung von Adrenalin und eine erhöhte Anspannung; auf der direkten Handlungsebene Erschrecken, Flucht und Aggression. Neuorientierungen sind notwendig (vgl.ebenda , S. 59). Das gilt besonders für die Herausforderungen der digitalen Transformation, für den Umgang mit den immer neuen technischen und kommunikativen Möglichkeiten elektronischer Datennetze und ihrer kreativen Weiterentwicklung. Erlebnis und Erfahrung in der Arbeits- und Lebenspraxis ist der wichtigste, unersetzbare Aspekt für die gezielte Werteentwicklung von Persönlichkeiten überhaupt (vgl. Heckmair 1995).

Vorgehen

Erlebnispädagogik umfasst zahlreiche Methoden. Alle führen zu mehr oder weniger starken Konfliktsituationen, emotionalen Irritationen oder zu Labilisierungen. Bei einigen halten sich die Labilisierungen in Grenzen, etwa beim Hochseilgarten oder beim Outdoor-Training.

Ein **Hochseilgarten** besteht aus mehreren Masten, die durch verschiedene Kletterelemente verbunden sind. Durch die Höhe ist eine gegenseitige Sicherung der Teilnehmer nötig. Dies erfordert soziale Kompetenzen und ethisch-moralische Werte, weil die Bewältigung dieser Herausforderungen nur gemeinsam und mit gegenseitigem Vertrauen möglich ist (vgl. Etter, Loss 2006).

Outdoor-Training umfasst Handlungen wie Klettern, Gruppenaktivitäten oder Spiele, meist in der freien Natur, entfernt vom Arbeitsumfeld. Das Ziel ist, Erfahrungslernen in Bereichen wie interpersoneller Kommunikation, Entscheidungsfindung und Teamarbeit zur Förderung sozialer Wertehaltungen (vgl. Kramer 2017).

Bei einigen entstehen oft unerwartet heftige, emotional hoch labilisierende Situationen, etwa bei einer echten Expedition in ein unbekanntes Land oder bei gezielten Einsätzen im Ausland. Der zielorientierte Einsatz von Erlebnissen ist dann sinnvoll, wenn die Werteentwicklung im Rahmen des eigentlichen Arbeitsprozesses nicht möglich ist. Alle Werteentwicklungen im Rahmen beruflicher Praxis beruhen auf Erlebnissen und Erfahrungen. Der Wertetrainer »klopft« berufliche und außerberufliche Tätigkeiten, die dem Wertetrainee und ihm zugänglich sind, auf ihr Labilisierungspotenzial hin ab und legt fest, welche dieser Tätigkeiten bei der angestrebten Werteentwicklung des Wertetrainees wirken könnten.

Die grundlegende Vorgehensweise ist stets ähnlich: Am Anfang stehen eine Erfassung der individuellen Werte und aus der Analyse und Bewertung der Ergebnisse abgeleitet die Definition von zwei bis drei individuellen Wertezielen. Auf dieser Grundlage wird der Rahmen für Erlebnisse gesucht und festgelegt, der geeignet ist, die gewünschte Werteentwicklung zu ermöglichen. Nach dieser gemeinsamen Planung der Werteentwicklung des Wertetrainees werden Sprints und wöchentlichen Reviews (Jour fixe) mit Entwicklungspartnern und begleitenden Wertetrainern festgelegt. Regelmäßige Reflexionen der Erlebnisse von Wertetrainer und Wertetrainee führen zur Planung weiterer Entwicklungsschritte. Eine Dokumentation der Erfahrungen bildet einen meist vorläufigen Abschluss. Diese Vorgehensweise kann bei Bedarf wiederholt werden.

Folgen und Nutzen

Werden Schlüsselwerte gezielt entwickelt, müssen die Konsequenzen der geplanten Maßnahmen im Einzelnen bedacht werden. Nehmen wir an, der Wertetrainee arbeitet im bereits erwähnten Spieleentwicklungsunternehmen Softplay und hat sich zum Ziel gesetzt, seinen Wert Kreativität zu entwickeln. Sein Geschäftsführer ist mit einem hochkreativen, charismatischen Graphic-Novel-Entwickler befreundet. Der erklärt sich bereit, den Wertetrainee für zwei Wochen unter seine Fittiche zu nehmen und »mitlaufen« zu lassen.

Was dieser dort begeistert aufnimmt und erlebt, prägt ihn, ohne zu übertreiben, für sein Leben. Nicht nur einzelne Techniken und Problemlösungen, sondern die Art des Herangehens, die neuartigen, überzeugenden Wertehaltungen.

Nehmen wir an, der zweite zu trainierende Schlüsselwert sei Respekt, unabdingbar im Multikulti-Unternehmen Softplay. Eine Entwicklung dieses Wertes wird mit Sicherheit nicht möglich sein, wenn man die Wertetrainees lediglich in Seminaren über die Bedeutung des Respekts »aufklärt«. Eine nachhaltige Entwicklung des Wertes Respekt erfordert es, die reale Zusammenarbeit in multikulturellen Wertetraineegruppen zu erleben und einen Erfahrungsgewinn durch gemeinsame Herausforderungen in der Arbeitspraxis zu erhalten. Auch andere Formen gemeinsamen Erlebens, gemeinsame Feiern, gemeinsame sportliche oder kulturelle Aktivitäten oder gemeinsames Kochen können der Entwicklung des Wertes Respekt beim Wertetrainee nützen.

Auch Entwicklungspatenschaften, die Wertetrainees für ausländische Kollegen übernehmen, können den Wert Respekt fördern. Erzielter Erfahrungsgewinn und persönliche Werteentwicklungen sollten durch regelmäßige Reflexion nach jedem Sprint gemeinsam mit der Führungskraft, dem Arbeitsteam und dem Wertetrainer, eventuell auch mit einem Tandempartner, ausgewertet und festgehalten werden.

2.3.1.2 Subjektivierendes Handeln

Voraussetzungen

Subjektivierendes Handeln baut auf den Erfahrungen und Erlebnissen einzelner Menschen auf und spielt in realen beruflichen Tätigkeiten für den Werteaufbau eine stark zunehmende Rolle (Sauter et al. 2018, S. 159). Von subjektivierendem Handeln sprechen wir immer dann, wenn wertende menschliche Fähigkeiten wie subjektives Empfinden und Gespür, assoziativ-bildhaftes Denken und situatives Vorgehen notwendig sind, um Ziele zu erreichen und Probleme zu lösen. Gerade der Umgang mit moderner Technik, mit Computern und Software, mit komplexen Prozessen und Anlagen erfordert nicht nur ein logisch-kategorisierendes Wissen, sondern Momente komplexen, emotional-motivational basierten Handelns sowie assoziativ wertenden und erlebnisbezogenen Denkens unter Betonung sozial-kommunikativer Nähe zu anderen (vgl. Böhle 2017).

Nicht nur Hightech-Wissen, auch labilisierendes Hightech-Gespür ist zunehmend gefragt (vgl. Bauer et al. 2006) – ein ideales Feld für Werteentwicklung. Auch informelle Kommunikationsprozesse in sozialen Medien, z. B. E-Mail, Chatten oder Bloggen, und Kollaborationsprozesse am Arbeitsplatz und im Netz (Workplace Learning), wie auch der praktische Erfahrungsgewinn in Communities of Practice durch soziales Lernen (Social Collaboration) sind dabei werteentwickelnd.

Vorgehen

Der Wertetrainer prüft gemeinsam mit dem Wertetrainee, ob die festgelegte und angestrebte Werteentwicklung im Rahmen subjektivierenden Handelns zu erreichen ist. Dabei kommen unter anderem auch die Mitarbeit in virtuellen Teams und kollaboratives wertefördernes Arbeiten im Netz infrage. Zugespitzt, je unsicherer das Handlungsziel, desto wahrscheinlicher ist es, dass Werteentwicklung stattfindet. Durch Daily Stand-up und synchronisierende Reflexionen, etwa in Communities of Practice und im stets Werte durchwobenen kollegialen Austausch wird überprüft, ob die Arbeitsergebnisse und Werteergebnisse erreicht wurden.

Folgen und Nutzen

Subjektivierendes Handeln kann gefördert werden, indem Erfahrungen im Arbeitsprozess sowie Erlebnisse in weiteren herausfordernden Situationen miteinander verknüpft werden. Wertetrainer und Wertetrainee suchen Arbeitsprozesse im eigenen Umfeld oder auch außerhalb, wo das Arbeitsergebnis nicht vollständig festliegt und Bauchgefühl echt gefragt ist. Durch das soziale Lernen im Arbeitsprozess ist es möglich, kreative, neuartige Lösungen zu entwickeln. Die Erfahrungen, Erlebnisse und Ergebnisse des subjektivierenden Handelns werden dokumentiert.

2.3.1.3 Expertiseaufbau

Voraussetzungen

Expertise ist das, was Könner zu Könnern macht (vgl. Neuweg 2015). Expertiseaufbau ist immer mit Werteentwicklung verbunden. Indikator für die Könnerschaft ist die Leistung beim Ausüben einer Tätigkeit. Untersucht man Könnerschaft genauer, wird schnell deutlich, dass Könner oft von anderen wertend-motivationalen Grundlagen als die meisten Handelnden ausgehen. Sie verfügen über tiefergreifende Emotionen, vor allem erfassen sie tiefer die Bedeutsamkeit von Problemen und Handlungszielen. Das gilt auch und besonders für das Handeln an Computern und im Netz. Der Computerexperte hat gelernt, problematischen und scheinbar hoffnungslosen Situationen hochmotiviert und sehr emotional zu begegnen. Erst Werte ermöglichen ihm das Handeln unter Unsicherheit, schließen die Lücke zwischen seinem Wissen einerseits und dem Handeln andererseits. Werte wirken nur, wenn ihre Sinnhaftigkeit im eigenen Handeln erlebt und emotional positiv gespeichert wird.

Vorgehen

Der Wertetrainee kann nur dann eigene Werte entwickeln, wenn er seine Expertise erhöht. Könner und damit Expertise sind in allen Tätigkeiten gefordert. Der Wertetrainee muss seine eigene berufliche Tätigkeit auch als Expertise fordernde Hochleistungstätigkeit begreifen oder definieren. Insbesondere muss er die Wissens- und die Werteanteile seines Tuns möglichst deutlich identifizieren, wenn auch nicht trennen. Um Expertise gezielt aufzubauen, ist es deshalb zu empfehlen, besonders herausfordernde Situationen im Arbeitsprozess zu wählen, bei denen die angestrebte Expertise zwingend erforderlich ist. Der anfängliche Mangel an Wissen und Erfahrungen ist durch ein entsprechendes Lernarrangement aufzufangen, insbesondere durch einen Ermöglichungsraum mit dem notwendigen formellen Wissen und Erfahrungswissen, aber auch durch soziales Lernen und eine professionelle Lernbegleitung.

Am Anfang jedes Wertetrainings, das den Expertiseaufbau methodisch zum Ziel hat, steht der gemeinsame Blick von Wertetrainer und Wertetrainee auf die jeweiligen Herausforderungen. Dies ist besonders bei sogenannten Hochleistungsberufen wie Feuerwehr, Polizei, Militär, Notfallmedizin oder bei Sportprofis notwendig (vgl. Pawlowsky, Mistele [Hrsg.] 2008). Aber nicht nur dort, wie unsere Praxis zeigt.

Dabei begreift der Wertetrainee meist sofort, dass die Expertise in diesen Berufen nicht allein im Fachwissen der Experten besteht, so groß dieses auch ist und sein muss. Der Feuerwehrmann, der in Sekunden die Gefahr eines Brandherdes einzuschätzen vermag, der Notarzt, der kaum nachdenken muss, um die ersten entscheidenden Schritte anzuordnen – sie verfügen über trainierte Wertungen solcher Situationen, über hochentwickelte Expertise. Aber auch in weniger dramatischen Berufen, dem Börsenhändler, dem Juristen, dem Verantwortlichen für den Sommerschlussverkauf ist leicht zu verstehen, was Expertise heißt und warum sie sich fundamental vom Sachwissen unterscheidet. Das muss der Wertetrainee deutlich im Gefühl und vor Augen haben.

Folgen und Nutzen

Im Rahmen von Hochleistungstätigkeiten begreift der Wertetrainee schnell, dass ihm ein Fachseminar oder ein Bildungsurlaub wenig, eine emotionale Identifikation mit seinen Arbeitsaufgaben sehr viel bringt. Weiterbildung ist oft eine Form von Kapitalvernichtung, Expertiseaufbau immer eine Form von Unternehmensnutzen.

2.3.1.4 Krisenmanagement

Voraussetzungen

Jede Teilnahme an Krisenmanagement ist eine Form von potenziertem Expertiseaufbau. Das demonstrieren die Bilder von Terroranschlägen, Flugzeugabstürzen oder Hochwasserkatastrophen, die uns allen präsent sind. In allen Fällen wird ein professionelles, werteorientiertes Krisenmanagement gefordert (Pawlowsky, Mistele [Hrsg.] 2008). Hervorzuheben ist bei Hochleistungsmanagern besonders (vgl. ebenda, Adler et al. 2015), dass von ihnen komplexe Herausforderungen selbstorganisiert und kreativ zu bewältigen sind, dass sie oft völlig unklare Situationen, meist verbunden mit chaotischen Verhältnissen, Zeitdruck, Hektik sowie physischem und psychischem Stress gegenüberstehen. Schnelle Entscheidungen mit teilweise gravierenden Konsequenzen, häufig auf Leben und Tod, sind zu fällen, obwohl wesentliche Informationen oder Erfahrungen fehlen.

Vergleichbare Herausforderungen haben aber auch Manager regelmäßig zu bewältigen, auch wenn es bei ihnen nicht um Leben oder Tod geht. Ein prozessrelevanter Lieferant fällt aus, ein bedeutender Kunde ist mit der Leistung nicht zufrieden und droht abzuspringen oder ein besonders wichtiger Mitarbeiter will die Organisation verlassen.

Gefragt sind im Krisenmanagement vor allem Einsatzbereitschaft und Motivation, Zielklarheit und -orientierung, Aufbau von Achtsamkeit, Flexibilität und Handlungssicherheit. Gegenseitige Wertschätzung spielt eine wichtige Rolle.

Vorgehen

Der Wertetrainer muss klar unterscheiden, ob es seine Aufgabe ist, Werte von Krisenmanagern und Menschen, die es werden wollen, zu entwickeln, oder ob ein Wertetrainee in Aufgaben des Krisenmanagements eingeschlossen werden soll, etwa bei der freiwilligen Feuerwehr, um seine Werte zu entwickeln. Bei geringem Handlungsdruck und ohne den Zwang, unverzüglich reagieren zu müssen, kann der Mensch wie ein rationaler Problemlöser vorgehen, bei hohem Handlungsdruck, beispielsweise bei einem Brand, aber auch beim Schlussverkauf eines großen Handelshauses, reduziert sich die Zeit, die Situation einzuschätzen und eine Lösung auszuwählen oft auf wenige Minuten bis Sekunden. Der Handelnde kann deshalb nicht alle Informationen aufnehmen und auswerten, und nur tätig werden, wenn er ein stabiles Wertegerüst aufgebaut hat.

Die Situationsauffassung ist die Einschätzung einer Herausforderung in extrem kurzer Zeit, die Handlungsauffassung ist die blitzschnelle Auswahl wirksamer Handlungsweisen. Die Situationsauffassung und die Handlungsauffassung sind eng miteinander verzahnt (vgl. Wahl 2013). Der Wertetrainer muss, zusammen mit dem Wertetrainee, einen Ermöglichungsrahmen schaffen, um werteorientiertes Handeln in Krisensituationen zu fördern (vgl. Wahl 2006). Jede bewältigte Krisensituation wird mit dem Wertetrainer und Kollegen, eventuell unter Einsatz sozialer Medien wie Blogs, Wikis oder Workpads ausgewertet. Krisen sind Chancen der Werteentwicklung! Um den Lernerfolg zu verstärken, baut der Wertetrainer auf gängige Unterstützungsschritte wie Entwicklungsflankierung durch Co-Coaching in Tandems, kollegiale Beratungen, Orientierungsworkshops oder regelmäßige Rückmeldungen für weiteres Handeln in problematischen Situationen.

Sowohl für den zu trainierenden Krisenmanager wie für den das Krisenmanagement zur eigenen Entwicklung nutzenden Wertetrainee muss im Einzelnen ein Ermöglichungsrahmen gezielter Werteentwicklung aufgebaut werden. Innerhalb dieses Rahmens muss in offener Kommunikation über wertebeladene Erlebnisse und Erfahrungen nach einem Einsatz gesprochen werden können. Auch der Erfahrungsaustausch im Netz und über Projekttagebücher hat sich dabei bewährt. Erfahrungsberichte der Krisenmanager, in denen sie ihre Eindrücke, Emotionen und Vorgehensweisen authentisch dokumentieren, sind wichtig. Der Wertetrainer erhält dadurch wichtige Informationen für seine Trainingsarbeit. Krisenmanagement braucht individuelle Werteziele im Rahmen strategischer Vorgaben.

Folgen und Nutzen

Über den Austausch und die Diskussion mit dem Wertetrainer, mit Führungskräften und Kollegen entwickelt sich ein gemeinsames Grundverständnis von Krisenmanagement und Führung. Entwicklungserfolge und Nutzen des Krisenmanagements zeigen sich anhand der Ergebnisse in der Praxis. Die sich dabei entwickelnden Werte sind auch in ganz alltäglichen Problem- und Konfliktsituationen von großem Nutzen. Der künftige Krisenmanager baut in hochemotionalen Entscheidungssituationen eine sehr persönliche Struktur von Werten auf, der einbezogene Wertetrainee ist in der Lage, krisenhafte Situationen vorweg zu erahnen und künftiges Handeln durch individuelle Wertehaltungen zu bewältigen.

2.3.1.5 Erweiterte oder neue Herausforderungen

Für die Erweiterung oder Neuausrichtung von Aufgaben in der Praxis stehen grundsätzlich Job Rotation, Job Enlargement und Job Enrichment zur Verfügung.

Voraussetzungen

Unter **Job Rotation** versteht man einen systematischen Arbeitsplatzwechsel mit dem Ziel, Fachwissen und Erfahrungen geeigneter Wertetrainees zu entfalten und zu vertiefen sowie Arbeitsmonotonie und einseitige Belastung zu vermeiden (vgl. Nissen 2021). An dieser Definition sind zwei Hinweise besonders wichtig: Es muss sich um ein systematisches, geplantes Vorgehen handeln, und es geht um geeignete Wertetrainees, deren Erfahrungen und damit, in unserem Fall, auch deren Werte beeinflusst werden sollen.

Nach unserer Zielstellung geht es dabei weniger um Job Enlargement oder Job Enrichment, obwohl beide von positiv veränderten Wertehaltungen profitieren, sondern um die Anreicherung der Werte selbst.

Beim **Job Enlargement** übernimmt der Wertetrainee zusätzliche Aufgaben, die seinen aktuellen Arbeitsbereich erweitern. Diese Aufgaben sind so zu wählen, dass sie eine neue, besondere Herausforderung für den Wertetrainee bilden, die den gezielten Aufbau seiner Werte und Kompetenzen ermöglichen.

Beim **Job Enrichment** übernimmt der Wertetrainee im Rahmen seiner aktuellen Aufgaben herausfordernde Aufgaben mit mehr Verantwortung, z. B. die Teamleitung.

Der Wertetrainer sucht, gemeinsam mit dem Wertetrainee, also weniger nach fachlicher Reichhaltigkeit als nach Herausforderungen, in denen besondere emotionale Anspannungen und motivationale Anforderungen notwendig sind, die Werteentwicklungen erwarten lassen.

Vorgehen

Job Rotation ist eine der naheliegendsten Methoden, eine Werteentwicklung zu initiieren und zu fördern. Sie findet in der modernen Arbeitswelt mit ihrer Brüchigkeit von Berufen und Berufsbiografien ohnehin oft statt, nur dass sie hier systematisch für ein meist nicht im Vordergrund stehendes Ziel genutzt wird. Das Vorgehen ist ähnlich wie bei den meisten im Arbeitsprozess angesiedelten Methoden. Es werden die gravierendsten Differenzen von Ist- und Soll-Werten eines Wertetrainees oder von Teams herausgearbeitet, bei denen in gemeinsamem Einverständnis Trainingsbedarf besteht.

Dies erfordert meist eine intensive Zusammenarbeit mit den HR-Verantwortlichen, die auf eben solche emotional wirksamen Tätigkeiten hinweisen und den Übergang organisatorisch gestalten können. Zum systematisch geplanten Vorgehen gehört auch, dass der Wertetrainee bei den zeitweiligen oder dauerhaften Schritten im neuen Job nicht allein gelassen wird, sondern stetige Absprachen mit dem Wertetrainer, mit Kollegen und mit Tandempartnern erfolgen. Zumindest die Eingewöhnung in dem neuen Job sollte unter dem spezifischen Blickwinkel der Werteentwicklung dokumentiert und gemeinsam reflektiert werden.

Folgen, Nutzen

Die naheliegende Folge ist, dass ohnehin notwendige berufliche Entwicklungsmaßnahmen durch die besondere Dimension Werteentwicklung bereichert werden. Dies hat in der Regel nicht nur für den Wertetrainee, sondern auch für die HR-Verantwortlichen, ja möglicherweise für das ganze Unternehmen, die ganze Organisation, Bedeutung, begreifen sie doch am praktischen Beispiel die Bedeutung und Förderungsnotwendigkeit von Werten. Damit ergibt sich ein Nutzen nicht nur durch die gezielte Werteentwicklung des Wertetrainees selbst, sondern auch durch das gesteigerte und systematisch einbezogene Wertemanagement mit seinen Auswirkungen in der Organisation.

2.3.1.6 Agile Arbeitsprinzipien

Voraussetzungen

Das kollaborative Arbeiten in Teams und Organisationen wird heute oft mittels agiler Methoden, insbesondere Design Thinking, Scrum oder Kanban, aber auch Pulse, Hackathon oder Working Out Loud, gestaltet. Dass Erfahrungen, Erlebnisse, Expertiseentwicklungen, Beratungsrunden eine Entwicklung der Werte zur Folge haben ist unbestreitbar, wird aber oft nicht thematisiert und noch weniger bewusst für diese Entwicklungen eingesetzt. Das ist anders, wenn man die neuen Methoden schon mit dem Ziel einführt, sie für eine gezielte Werteentwicklung mit einzusetzen. Allen agilen Arbeitsmethoden ist gemeinsam, dass sie Antworten auf immer schnellere, dissonante, oft disruptive Entwicklungen in heutigen Arbeitsprozessen sind. Schon aus diesem Grund bieten sie große Möglichkeiten für Werteentwicklungen.

Vorgehen

Wir werden im Folgenden einzelne der agilen Methoden jeweils benennen, ihren Einbau in Werteentwicklungsprozesse skizzieren und damit ihr Potenzial für ein Wertetraining umreißen. Übergreifend hat sich für die Nutzung agiler Arbeitsmethoden bei der gezielten Werteentwicklung von Persönlichkeiten eine Vorgehensweise herausgebildet, die durch folgende Forderungen geprägt ist:

- gemeinsame **Entwicklungsvision** im Team und eine kontinuierliche Entwicklung der Werte bei der Bewältigung realer Herausforderungen,
- **Sprint-Iteration**, bei der durch Zyklisierung die Entwicklungsprozesse regelmäßig verinnerlicht werden,
- **Visualisierung** aller relevanten Informationen,
- **Frontloading**, d. h. gemeinsame, verbindliche Planung der nächsten Sprints,
- **Timeboxing**, das über enge Zeitvorgaben die Zielfokussierung fördert,

- **Daily Stand-up**, in dem das Team sich synchronisiert und relevante Informationen austauscht,
- **Review**, d. h. nach den einzelnen Sprints stellen die Wertetrainees im Team ihre Lösungen zur Diskussion,
- **Retrospektive**, d. h. die Wertetrainees reflektieren regelmäßig ihre Entwicklungsschritte und ihre Zusammenarbeit im Team,
- **Priorisierung** durch regelmäßige Überprüfung der Entwicklungsprozesse im Team,
- **Backlog**, indem das Team die Entwicklungspakete konsequent abarbeitet,
- **Kompetenzorientiertes Wissensmanagement** über die Weitergabe und gemeinsame Weiterentwicklung des eigenen Erfahrungswissens.

Bis auf den Begriff des Sprints, der die Dynamik der Entwicklungen bildlich schön erfasst und sich als Motor des ganzen Vorgehens herausstellt, entstammen alle anderen Begriffe dem klassischen Verständnis des Managements schneller, dynamischer Prozesse. Gerade unter den Bedingungen einer Sprintiteration, also immer wieder, nacheinander vollzogener Sprints, ist die Notwendigkeit von Wertungen in den gehäuft auftretenden Entscheidungs- und Handlungssituationen besonders augenfällig. Alle agilen Methoden bedürfen deshalb der Entwicklung organisationaler, teambezogener und vor allem persönlicher Werte in besonderem Maße.

Folgen, Nutzen

Vorwegnehmend kann man feststellen, dass alle agilen Methoden ein großes Potenzial für Werteentwicklungen darstellen. Das hängt damit zusammen, dass ihr schneller, dissonanter, disruptiver Charakter eine ideale Basis emotionaler Labilisierung und damit tiefgreifender Werteentwicklung darstellt. Agile Arbeitsmethoden eignen sich deshalb hervorragend, um sie mit Werteentwicklungsprozessen zu koppeln. Voraussetzung ist eine vorhergehende Reflexion und Formulierung persönlicher Werteziele, wie sie sich als Ergebnisse der Werteerfassung und der Besprechung mit Kollegen des Vertrauens und dem Wertetrainer ergeben.

Für alle hier vorgestellten agilen, selbstorganisierten Werteentwicklungsprozesse sind die erforderlichen Softwaresysteme vorhanden und erprobt. Die Umsetzung dieser Prozesse erfordert aber eine grundlegende Veränderung der Konzeptionen, der Entwicklungskultur sowie der Rollen aller Beteiligten, und kostet damit Zeit. Deshalb ist es notwendig, die darauf beruhenden Werteentwicklungen zielgerichtet, gemeinsam mit den Kollegen, dem Team, und der Führungskraft zu gestalten.

Der Einsatz agiler Arbeitsmethoden hat damit einen doppelten Nutzen: Er erhöht die Effektivität der Arbeitsprozesse in einer durchdachten und modellhaft vorgelebten Weise (vgl. Grote, Goyk 2017), zugleich beeinflusst er die Werte der Arbeitenden positiv und entwickelt damit die Teamkultur. Gerade um der wachsenden »Gewissheit der Ungewissheit« entgegenzutreten (vgl. Böhle, Pfeiffer, Sevsay-Tegethoff [Hrsg.] 2004), die moderne Arbeitsprozesse im Zeichen von Beschleunigung und Disruption beherrscht, sind Werte, so ungewiss und unverlässlich sie sind, das Gewisse und Verlässliche im Handeln.

Der Nutzen aus solchen agilen, selbstorganisierten Entwicklungsprozessen ist deutlich höher als heute in zentral vorgegebenen Qualifizierungssystemen. Jede Persönlichkeit entwickelt die erforderlichen Werte zur Bewältigung der Herausforderungen in einer zunehmend agilen Arbeitswelt selbst. Dabei wachsen Arbeiten und Lernen zusammen, der eigene Arbeitsplatz wird nach und nach zum wichtigsten Entwicklungsort für den Werteaufbau.

In der Praxis haben sich einige agile Entwicklungsmethoden besonders bewährt. Wir skizzieren sie jeweils im Überblick, um sogleich unsere Gretchenfrage anzuschließen: Wie können wir im **praktischen Vorgehen** diese Methode einsetzen, um sie als »Instrument« für eine gezielte Werteentwicklung zu nutzen?

2.3.1.7 Scrum

Voraussetzungen

Scrum ist eine Projektmanagement-Methode für Produktentwicklungsteams (Schwaber, Sutherland 1997). Sie ist die am häufigsten angewandte agile Methode. Sie baut auf klar definierte, leicht umsetzbare Regeln. Scrum ist ein Rahmenwerk, mit dessen Hilfe Menschen komplexe adaptive Aufgabenstellungen angehen können, und durch das sie in die Lage versetzt werden, produktiv und kreativ Produkte mit dem höchstmöglichen Wert auszuliefern. Die Rollenverteilung im Scrum-Prozess ist klar definiert (vgl. Schwaber, Sutherland 1995): Das Scrum-Team besteht aus dem **Product Owner**, meist die Führungskraft, die Aufgaben setzt, dem **Scrum Master**, der als Prozessbegleiter Störungen beseitigt und dem **Umsetzungsteam**, das selbstorganisiert Ziele erreicht.

Vorgehen

Es wird ein Prozess der schrittweisen Annäherung initiiert, in dem laufend Zwischenergebnisse ermittelt werden, die eine Anpassung der Vorgehensweise ermöglichen (vgl. Gloger S. 198 ff., 2016). Das gilt auch für die parallel laufenden Schritte des Wertemanagements und des Wertetrainings. Dieser Prozess wird durch eine weitgehend hierarchiefreie Entwicklung von Teillösungen, Planung von Störungsbeseitigungen, Präsentation der Teillösungen, Rückmeldung der Product Owner und interne Feedback- und Optimierungsrunden des Scrum-Teams charakterisiert. Die Länge eines Sprints beträgt meist zwischen einer bis vier Wochen (vgl.ebenda S. 200).

Die Prozesse sowie die Werteentwicklung werden durch die interdisziplinäre Selbstorganisation bestimmt. Das zu Leistende (Pull), ein mehrfaches Wiederholen gleicher oder ähnlicher Handlungen (Iteration/Sprint), die Definition des zeitlichen Rahmens (Timebox), das tägliche 15-Minutenmeeting (Daily Scrum) und nach jedem Sprint eine maximal einstündige rasche Rückmeldung des Erreichten (Sprint Review) kennzeichnen den Prozess. Retrospektiv (Sprint Retrospektive) wird nicht nur eingeschätzt, ob das Arbeitsziel erreicht wurde, sondern auch, ob die beabsichtigten Werteentwicklungen erreicht wurden.

Folgen, Nutzen

Mit Scrum wird der Arbeits- und Lernprozess mittels kleiner, aber kontinuierlicher, Verbesserungsschritte immer weiter angepasst und optimiert. Dies reduziert eine mögliche Verschwendung von Ressourcen und steigert die Effizienz, so dass die Umsetzungsgeschwindigkeit des Teams und dessen Motivation im Laufe der Zeit zunimmt. Da weder Product Owner noch Scrum Master eine formale Führungsrolle haben, liegt die Umsetzungsverantwortung ausschließlich bei den Teammitgliedern und ihrer wertenden Selbstverpflichtung, dem Commitment. Der Scrum-Prozess ist deshalb ein hervorragendes Instrument der Werteentwicklung.

2.3.1.8 Design Thinking

Voraussetzungen

Design Thinking[29] ist ein Modell für die Orientierung und grobe Strukturierung von kreativen Prozessen (vgl. Uebernickel et al. 2016). Kreativität ist ein Schlüsselwert, der mit dieser Methode gezielt entwickelt werden kann. Es geht beim Design Thinking um Verstehen und Testen neuer Produktideen oder -funktionen auf ihren praktischen Nutzen und Mehrwert für Kunden. Das entsprechende interdisziplinäre Team wirkt nicht nur als Ideen-, sondern auch als Wertentwickler. Es wird durch einen Prozessbegleiter moderiert, der auch als Wertetrainer fungieren kann.

Vorgehen

Design Thinking ist durch sechs iterative Schritte geprägt (nach Kelley, Littmann 2001): Verstehen, Beobachten, Synthese, Ideen entwickeln, Prototyp erstellen, Testen. Jedes echte Verstehen umfasst Werteaspekte und -orientierungen in Fülle. Jedes tief lotende Beobachten stellt eine wertend-empathische Beziehung zum Beobachteten her. In der Synthese werden sowohl Sach- wie Werteanforderungen zusammengetragen und verdichtet. Auf dieser Grundlage werden möglichst viele Ideen entwickelt und bewertet. Sie fließen in einem hoch bewerteten physischen wie gedanklichen Prototyp zusammen. Dieser wird vom Kunden getestet, bewertet, akzeptiert oder verworfen. Das Ziel von Design Thinking ist, anders als bei anderen agilen Methoden, die Menschen und ihre Erwartungen, Bedürfnisse, Werte und Hoffnungen in den Mittelpunkt zu stellen und mittels Entwicklungsschleifen schnell praktikable Lösungen zu generieren.

Folgen, Nutzen

Voraussetzung für eine erfolgreiche Umsetzung von Design Thinking ist ein Mindset, das unter anderem eine breite Palette von Werten aufweist (vgl. Gerstbach 2018). Es umfasst Offenheit und Sensibilität gegenüber neuen, unerwarteten Ideen, Empathie als Mitgefühl, Gefühle, Gedanken und Bedürfnisse anderer Menschen zu verstehen und eine werteoffene konfliktvermeidende Kommunikation.

29 https://dschool.stanford.edu/resources/getting-started-with-design-thinking.

2.3.1.9 Kanban

Voraussetzungen
Kanban ist eine Methode, die das Ziel hat, Arbeitsprozesse kontinuierlich zu optimieren und die Kommunikation zu fördern (Anderson 2010). Sie lässt sich auch auf Prozesse gezielter Werteentwicklung von Persönlichkeiten übertragen. Der kontinuierliche Entwicklungsprozess wird klar gegliedert in die Visualisierung der Planung durch Veröffentlichung im Team, ressourcengerechte Planung mit regelmäßigem Feedback, Reflexion und Optimierung, Festlegung der Regeln und verbindlichen Vereinbarungen, selbstorganisierte Planung der Entwicklungsprozesse, kollaborativem Arbeiten und Lernen in herausfordernden Problemstellungen der Praxis und in Projekten und schließlich einer laufenden Evaluation.

Vorgehen
Im ersten Schritt wird der Arbeitsprozess, wie er im Moment durch den Mitarbeiter gelebt wird, visualisiert und in einzelne Arbeitsschritte unterteilt abgebildet (vgl. Anderson 2010). Auch die einzelnen Schritte des Werteentwicklungsprozesses kann man so darstellen. Im zweiten Schritt wird ein Board mit einer Spalte für jeden Arbeitsschritt – und analog jeden Schritt der Werteentwicklung – aufgebaut. Die erste Spalte sammelt alle Anforderungen und Aufgaben. Die zweite priorisiert die augenblicklich wichtigsten Aufgaben, an denen als Nächstes gearbeitet werden soll.

Weitere halten die Entwicklungsschritte selbst fest. Die Letzte beinhaltet die abgeschlossenen Arbeitspakete. Darunter können auch Pakete der Arbeit an einer gezielten Werteentwicklung fallen. Das Board kann sowohl in physischer als auch in digitaler Form aufgebaut werden. Im dritten Schritt werden die Arbeitspakete mit den relevanten Informationen wie auch den zugeordneten Werteorientierungen auf Karten oder elektronisch visualisiert. Verzeichnet werden insbesondere Werteorientierungen, die für Blockierungen im Arbeitsablauf eine Rolle spielen und eine gezielte Werteentwicklung erfordern.

Ein vierter Schritt ähnelt der Scrum-Methode. Er priorisiert die Arbeitspakete, an denen als Nächstes gearbeitet werden soll, darunter auch Werteentwicklungsaufgaben. Die Festlegung von Arbeitspaketen wird den Wertetrainees selbst überlassen, sie priorisieren auch ihre Werteentwicklungsabsichten selbst. Kanban lässt sich gut mit Scrum kombinieren, aber während Scrum durch seine Regeln sehr rigide ist, weist Kanban eine hohe Flexibilität auf. Das Ziel ist, auf pragmatische Weise die Werte kontinuierlich weiterzuentwickeln.

Folgen, Nutzen
Kanban ist eine sehr einfache und flexible Methode, um die Arbeit auf allen Ebenen der Organisation mithilfe einer visuellen Darstellung zu gestalten. Sie erlaubt es insbesondere auch, Werteentwicklungsprozesse gleichberechtigt einzubeziehen. In der gesamten Organisation ausgerollt hilft es, über alle Ebenen hinweg Entwicklungsprozesse, Programme, Projekte, Arbeitspakete und deren Status durchgängig zu verfolgen. Dies kann auch direkt Prozesse ge-

zielter Werteentwicklung von Persönlichkeiten in der Organisation betreffen. Es gibt nur wenige Möglichkeiten, Arbeitsprozesse und Werteentwicklungsprozesse gleichzeitig zu verfolgen und zu dokumentieren. Kanban ist eine solche Möglichkeit, wenn Management und Wertetrainer auf dieser Ebene zusammenarbeiten.

2.3.1.10 Pulse

Voraussetzungen
Pulse ist eine Methode auf der obersten Ebene der Organisation, die ähnlich wie Kanban, die visuelle Darstellung eines Projektportfolios ermöglicht.[30] Das Ziel ist dabei, einen Überblick über alle Projekte einer Organisation oder einer Abteilung zu erhalten, Werteentwicklungsprozesse der Mitarbeiter eingeschlossen. Pulse basiert auf bestimmten Werten und Regeln, wie:

> »Wir sind offen und ehrlich zueinander; wir suchen Lösungen, keine Schuldigen; wir wollen alle das Beste für unsere Projekte; wir wollen ganzheitlich beste Entscheidungen; wir begegnen uns auf Augenhöhe und jede Meinung zählt; Abweichungen helfen uns, zu lernen und unsere Probleme zu lösen«.

Damit wird auch eine gezielte Werteentwicklung deutlich vorangetrieben.

Vorgehen
Pulse setzt solche Werte verinnerlicht voraus. Dies zeigt sich insbesondere in Workshops, bei denen die jeweiligen Führungskräfte mit anwesend sind. Die Präsentation der Projektergebnisse durch die Wertetrainees wird auf jeweils 60 Sekunden begrenzt. Bei Pulse Meetings wird nur auf Abweichungen eingegangen, weil sie eine Möglichkeit des Lernens und der Werteentwicklung bieten. Anschließende Diskussionen in kleiner Runde legen Entwicklungsmaßnahmen, auch für die Werteentwicklung fest.

Folgen, Nutzen
Der Vorteil von Pulse ist, dass viele Themen in kurzer Zeit besprochen werden und es sofort zu einer lösungsorientierten Diskussion kommt, bei der auch die entsprechenden Entscheidungen getroffen werden, um die Projekte zu unterstützen. Der Fokus liegt dabei darauf, die Unterstützung durch das Management für persönliche Werteentwicklungsprozesse zu bekommen.

30 Vgl. https://parmatur.com/agile-pulse-model/.

2.3.1.11 Peer Working and Learning

Voraussetzungen

Die Vereinbarung von Tandems mit gemeinsamen Sprints, wöchentlichen Jours fixes (Reviews) und Entwicklungsgruppen mit gemeinsamen Aufgaben spielt in den Konzepten zur gezielten Werteentwicklung eine zentrale Rolle. Alles läuft dabei auf kollaboratives Arbeiten und Entwicklungsprozesse mit Co-Coaching hinaus. Eine gegenseitige, überwiegend gleichberechtigte und für die effektive Werteentwicklung der Coaching-Partner förderliche Kommunikations- und Kollaborationsbeziehung wird, beispielsweise in Social Blended Learning Arrangements, gezielt aufgebaut.

Vorgehen

Peer Working und Learning ist eng verknüpft mit Social Learning, bei dem die Werte- und Kompetenzentwicklung im Netz in der Vernetzung mit Lernpartnern sowie in Communities of Practice stattfindet (vgl. Sauter, Sauter, Wolfig [2018] S. 196 ff.). Dies kann durch Erfahrungsberichte, gemeinsame Bearbeitung von Erfahrungsberichten, beispielsweise aus Projekten, gemeinsamem Aufbau und Weiterentwicklung von Wissenspools und Erarbeitung von Arbeitshilfen wie Checklisten gefördert werden. Es entsteht eine informelle soziale Struktur, die von den Teilnehmern geprägt wird. Häufig wird dabei Social Software genutzt, um in der Kommunikation mit Anderen neue Werte und neues Wissen zu entwickeln.

Folgen, Nutzen

Mit Peer Working und Learning werden Praxis- und Entwicklungsprobleme gemeinsam schnell und kompetent gelöst, die Werteentwicklung der Persönlichkeiten wird gezielt gefördert, es entwickeln sich gemeinsam geteilte und getragene Werte aus einem »user generated Content« heraus. Es entstehen innovative, wertegestützte Lösungsansätze (»best practices«). Das Netzwerk der Werteentwickler wächst dynamisch weiter.

2.3.1.12 Working Out Loud

Voraussetzungen

John Stepper entwickelte 2015 die Work-Out-Loud-Methode (WOL) als ein initiierendes Zwölf-Wochen-Programm auf Basis von Collaboration Tools oder Enterprise Social Networks (ESN) für den offenen Austausch in Tandems und Gruppen (Stepper 2015). WOL wird durch eine Kultur des Gebens und Nehmens mit den Zielen geprägt, die eigene Arbeit sichtbar zu machen und zu verbessern, großzügige Beiträge zu leisten, ein soziales Netzwerk aufzubauen und zielgerichtet das volle Potenzial der Gemeinschaft ausschöpfen.

Vorgehen

Working-Out-Loud bietet Wertetrainees, unabhängig von der Hierarchieebene, die Möglichkeit, vernetztes Arbeiten zu erleben und die eigenen Fähigkeiten darin auszubauen. Wertetrainees treffen sich real oder digital und unterstützen sich gegenseitig dabei, persönliche Ziele, aber auch unternehmensbezogene Ziele zu erreichen. Die Menschen, die bei WOL zusammenkommen, weisen im Regelfall eine heterogene Struktur auf und kennen sich oftmals nicht. Das vernetzte Arbeiten und Lernen innerhalb des Circles ermöglicht es, Erfahrungen mit Collaboration Tools zu machen. Die Einführung von WOL beinhaltet Erfahrungen sammeln, Mitstreiter finden, ein internes Social Media Network WOL etablieren, WOL in die Organisation einbinden, in WOL-Gruppen als Mentor wirken und die WOL-Gruppe über die Organisation hinaus erweitern.

Folge, Nutzen

Working Out Loud kann, wenn es breit umgesetzt wird, zu einem Werte- und Kulturwandel in der Organisation führen. Es etabliert in erster Linie Prinzipien des Umgangs mit Erfahrungswissen, eignet sich aber auch zur direkten Werteentwicklung durch Erfahrungslernen. Deshalb kann es sinnvoll sein, WOL als Grundprinzip von Erfahrungslernen zu betrachten und zu integrieren.

2.3.1.13 Kollegiale Beratung

Voraussetzungen

Es gibt keinen Arbeitsprozess und keine Verständigung in einer Organisation, die nicht immer wieder auf kollegiale Beratungen zurückgreifen. Insofern sind sie noch mehr als andere Formen der Kommunikation direkt mit der Arbeitswelt verwoben und werden hier und nicht im Abschnitt Coaching und Mentoring behandelt. Allerdings lassen sie sich von jenen im nächsten Abschnitt behandelten Trainingsformen nicht exakt abgrenzen. Die Methode der kollegialen Beratung hat sich in der Praxis bewährt, weil sie besser als jede andere ermöglicht, Problemlösungen gemeinsam mit Kollegen zu entwickeln (vgl. Tietze 5. Aufl. 2012). Sie hat zum Ziel, das gesamte Erfahrungswissen und die kollektive Dynamik in Lösungsprozessen zu nutzen. Am Ende steht im Regelfall ein gemeinsamer Lösungsvorschlag.

Vorgehen

Kollegiale Beratung ist eine Beratungsform in Gruppen, bei der sich Partner wechselseitig nach einem feststehenden Ablauf mit verteilten Rollen zu Herausforderungen in der Praxis oder in Projekten beraten, um kollaborativ Lösungen zu entwerfen. Es handelt sich um ein strukturiertes Beratungsgespräch in einer Gruppe, in dem ein Teilnehmer von den übrigen Gruppenmitgliedern nach einem feststehenden Ablauf mit verteilten Rollen beraten wird. Die Beratung bezieht sich nicht allein auf Sachfragen, sie integriert vielmehr Wertefragen und Vorschläge für Werteveränderungen. Damit wird jeder Teilnehmer zum Prozess- und Werteberater seiner Kollegen. Die Gruppe mit fünf bis zehn Mitgliedern findet Lösungen für konkrete Herausforderungen. Professionelle Berater werden dabei nicht benötigt, die Teilnehmer eignen sich notwendiges Wissen und Methoden selbst an.

Die Beratung folgt einem festen Ablauf: In fünf Minuten wird der »Fall« vom Fallgeber vorgestellt, die Berater fragen vertieft nach Einflussfaktoren, Nutzen und Konsequenzen des Falls, tauschen 15 Minuten lang ihre Wahrnehmungen und Werte ohne Beteiligung des Fallgebers aus, der diesen Austausch auf sich wirken lässt. Dann äußert er sich zu den Resultaten. In den folgenden 5 Minuten werden vom Fallgeber die Angemessenheit und Relevanz der Beratungsergebnisse eingeschätzt. Die Berater entwickeln davon ausgehend beispielsweise mittels Brainstorming Lösungsansätze. Der Fallgeber formuliert, was er davon mitnehmen und nutzen will und schlägt konkrete Maßnahmen vor.

Folgen, Nutzen

Die gezielte Aktivierung aller Mitglieder der Gruppe prägt das Wesen der kollegialen Beratung. Dadurch werden das breite Potenzial, die vielfältigen Erfahrungen und die Lebendigkeit einer Gruppe genutzt. In unserem Zusammenhang ist der entscheidende (Neben-)Effekt dieser Form der Beratung, dass die Teilnehmer neue Werte aufbauen. Das erlaubt es ihnen auch künftig, schwierige Situationen strukturiert zu reflektieren und in der Folge ähnlich gelagerte Probleme auch ohne vollständiges Wissen eigenständig zu lösen.

2.3.1.14 Communities of Practice

Voraussetzungen

Betont die kollegiale Beratung vor allem die systematische, kommunikative Aktivierung der Teammitglieder zur Entwicklung von Lösungen, liegt das Schwergewicht der Communities of Practice vor allem im Erfahrungsaustausch und in der Bearbeitung gemeinsamer Themen. Entsprechend der Vielfalt der Zwecke ist ein breit gefächertes Spektrum an Literatur zum Thema entstanden (vgl. Erpenbeck, Sauter 2019, 2021; Robes 2021b).

Man kann grob unterscheiden:

- **Hilfecommunities** für die gegenseitige Hilfe bei Alltagsproblemen in und außerhalb der Arbeit,
- **Best Practice Communities**, die herausragende Arbeitsergebnisse und Lösungen bekanntmachen und verbreiten,
- **administrierende, betreuende Communities** und **Innovationscommunities für Wissen und Werte**, die die Entwicklung von Innovationen systematisch fördern.[31]

Communities of Practice sind stets in kulturelle und führungsdynamische Selbstorganisationsprozesse eingebunden (vgl. Schulte 2020). Deshalb benötigen sie unverzichtbar Ordner der Selbstorganisation, also Werte. Umgekehrt werden durch den Aufbau einer Community of Practice immer persönliche Werte aller Teilnehmer entwickelt und trainiert.

Vorgehen

In Communities of Practice (CoP) wählen die Teilnehmer selbst die Ziele, Inhalte, Strategien, Methoden und Kontrollmechanismen ihrer Entwicklungsprozesse und kommunizieren überwiegend über

31 http://www.communityofpractice.ca/background/what-is-a-community-of-practice/ (aufgenommen 10.6.2021)

soziale Medien miteinander. Dabei entstehen informelle soziale Strukturen, die von den Teilnehmern geprägt werden. Sie entwickeln ihr individuelles Netzwerk, das sich laufend um neue Kontakte erweitert. Anhand der eingebrachten Problemstellungen entwickeln die Beratungen eine selbstorganisierte Eigendynamik, der sich die Teilnehmer anvertrauen. Dabei wird die Werteentwicklung der Teilnehmer gezielt gefördert. Es entwickeln sich gemeinsam geteilte und getragene Werte aus einem »User Generated Content« heraus und es entstehen innovative, wertegestützte Lösungsansätze.

Folgen, Nutzen
Werteentwicklung im Prozess der Arbeit, in der Praxis, entsteht fast immer auf Teamebene. Man arbeitet, leidet, kämpft und siegt in Teams, dabei entwickeln sich Teamwerte, aber auch individuelle, persönliche Werte. Werte auf Teamebene können in einer Organisation sehr unterschiedlich sein und sich deutlich von den individuellen Werten der Teammitglieder unterscheiden. Die Werteentwicklung in einem Team kann nicht durch die Bündelung der individuellen Werte der Teammitglieder erfolgen. Jeder muss sich in die kollektiven Werteentwicklungsprozesse als Persönlichkeit einbringen, ohne die Arbeitsfähigkeit und Werteentwicklung des Teams zu gefährden, aber auch ohne eigene Werte aufzugeben.

Die Mitglieder der Community sollen sich selbst entdecken, ihre Entwicklungsprozesse selbst gestalten. Sie legen fest, welchen emotionalen Feedback, Spannungen und Konflikten sie sich auszusetzen bereit sind. Da es nicht primär um Wissensaufbau und Qualifizierung, sondern um Werteentwicklung geht, müssen Kommunikationsmedien konfliktreich und dissonant, problem- und praxisorientiert und zu aktuellen Quellen, Communities oder Experten im Netz verlinkt sein. In der Möglichkeit, mit Experten wie mit Vorbildpersonen zu kommunizieren und zu kollaborieren und von ihren Erfahrungen zu profitieren sehen wir den eigentlichen Nutzen der Communities of Practice für ein Wertetraining.

2.3.2 Begleitendes Wertetraining durch Coaching und Mentoring

Ein wirkungsvolles Coaching, auch ein Werte entwickelndes Coaching, kann nur vor dem Hintergrund von Selbstorganisationstheorien verstanden werden. Das legt nahe, besonders die sogenannten systemischen Ansätze zu betrachten, wobei in den meisten Fällen der Begriff »systemisch« auf einen Selbstorganisationshintergrund verweist. Wichtig ist zudem, das Niveau der »Involvierung« der emotionalen Beteiligung, in unserem Verständnis der emotionalen Labilisierung. Es ist von großer Bedeutung für die Klassifizierung der Coachinganätze und für das Verständnis ihrer Wirksamkeit.

»Coaching ist eine aus der Praxis heraus entstandene Beratungsform, die zu einem globalen Phänomen geworden ist, weltweit wächst und sich immer weiter ausdifferenziert ... Hierzulande steht das Einzelcoaching durch externe Berater im Mittelpunkt, wobei der gemeinsame Nenner der berufliche Handlungserfolg ist. Dieser steht meist unabhängig vom Kontext im Vordergrund, denn für den Klienten geht es im Kern darum, ›etwas zu verbessern, zu erleichtern, zu erreichen oder auch zu ermöglichen‹ … Eine wichtige Rolle spielt dabei die Entwicklung von Fähigkeiten, Leistungen und der Person als Ganzes … International setzt sich langsam eine Unterscheidung der Coaching-Agenden nach dem Level der ›Involvierung‹ durch« (Roth, Ryba (2016) S. 36).

Der Begriff Coaching hat ebenso viele Spielarten wie der Kompetenzbegriff (vgl. Migge 2005; Radatz 2006; Braun, Gawlas, Schmalz 2004).

Coaching ist die Beratung und Begleitung eines Wertetrainees oder eines Teams, um diese zu befähigen, bei der Ausübung von komplexen Handlungen in der Gegenwart optimale Ergebnisse selbstorganisiert hervorzubringen.

Damit greifen wir den Ansatz des **Peer Working** auf. Das heißt nichts anderes, als zu ermöglichen, Selbstorganisationsfähigkeiten des Handelns zu entwickeln. Folgerichtig stärkt Coaching in beruflichen Entwicklungsprozessen die Fähigkeit des Coachees zur Selbstorganisation im Sinne einer »Hilfe zur Selbsthilfe«. Es handelt sich überwiegend um arbeitsbezogene Selbstreflexion. Sie kann von Person zu Person, aber auch im Netz erfolgen.

Die Begleitung von Werteentwicklungsprozessen durch Coaches erfolgt in mehreren Schritten, die teilweise oder ganz im Netz erfolgen können:
1. Werteentwicklungsziele klären und den individuellen Entwicklungsbedarf festlegen,
2. mögliche Wege der Werteentwicklung bewerten und auswählen,
3. Entwicklungsgespräch mit der jeweiligen Führungskraft initiieren und evtl. unterstützen,
4. Herausforderungen im Arbeitsprozess oder in Praxisprojekten, in denen die angestrebten Werte aufgebaut werden können, identifizieren,
5. die personalisierte Werteentwicklung planen und umsetzen,
6. den Prozess der Werteentwicklung beobachten und unterstützen,
7. über Entwicklungsklippen helfen,
8. Auswertungsgespräche führen,
9. den Werteentwicklungsprozess und seine Ergebnisse dokumentieren,
10. gemachte Erfahrungen weitergeben.

Geht man von den neurobiologischen Grundlagen wirksamer Veränderungs- und Entwicklungskonzepte aus (vgl. Roth, Ryba 2016), lässt sich die große Fülle von Coachingansätzen unter dem Blickwinkel grundlegender Coachingprinzipien systematisieren. Wir heben nun einzelne Formen des Coachings voneinander ab, auch wenn sie in der Praxis oft miteinander verwoben auftreten.

2.3.2.1 Begleitcoaching

Voraussetzungen

Begleitcoaching erfolgt auf freiwilliger Basis, als zielgerichtetes, gemeinsam abgestimmtes Vorgehen zwischen Coach und Gecoachten und ist gekennzeichnet durch Akzeptanz, Vertrauen und

Kooperation auf beiden Seiten. Es erfolgt in mehreren Sitzungen, meist in begrenzter und zuvor festgelegter Anzahl und ist deutlich von therapeutischen Interaktionen zu unterscheiden, selbst da, wo gelegentlich Methoden und Denkweisen aus dem therapeutischen Bereich als Anregungen übernommen werden. Häufig geht es nämlich auch um schwierige und emotionsbeladene Situationen des Gecoachten. Die Sonderform des Coachings im Netz vereint Vor- und Nachteile. Als Fernberatung ist es oft schwerer, emotionsgeladene Situationen aufzuspüren und die notwendige Unterstützung für die Selbstorganisation zu leisten. Andererseits ist die Möglichkeit intimer Anonymität des Netzes oft hilfreich, um emotionale Verwundungen und Konflikte anzugehen.

Vorgehen

Coaching erfolgt in miteinander verknüpften Phasen. Sie lassen sich kennzeichnen (Claushues 2002, S. 1–2) als:

1. Kontraktphase,
2. Diagnosephase,
3. Phase der Gewinnung von Handlungsalternativen,
4. Reflexions- und Auswertungsphase.

Diese Phasen ähneln deutlich denen des Interiorisationsprozesses, was die Nähe zum Werteaufbau unterstreicht. Der Coach wird mehr und mehr zum Wertecoach und wächst über die Rolle des traditionellen Lehrers oder Ausbilders hinaus (vgl. Bauer et al. 2006).

Der Coachingbegriff des Begleitcoachings wird ebenso wie andere vielfältig nutzbaren Begriffe heute fast inflationär verwendet und entwickelt sich zu einem allgegenwärtigen Begriff, der manchmal zum Deckmantel für altbewährte Konzepte wie Schulung oder Beratung gebraucht wird. Zur konkreten Ausgestaltung des Vorgehens im Coaching gibt es eine Fülle von Literatur. Es würde den Rahmen dieses Textes sprengen, darauf im Einzelnen einzugehen. Ihre rasche Zunahme deutet weniger auf große Innovationen hin als darauf, dass Coaching eine schnell zunehmende Rolle im Rahmen der Kompetenzentwicklung und damit der Werteentwicklung spielt. Jenseits der – ohnehin aus konstruktivistischer Sicht stark zu problematisierenden – »Wissensvermittlung« nutzt es vor allem dem vorbildhaften, emotionsgeladenen Übertragen von Wertehaltungen (zusammenfassend z. B. Rauen 2021, Migge 2018).

Folgen, Nutzen

»Handeln kann man nur handelnd erlernen!« (Wahl[32])
»Arbeiten ist Lernen und Lernen ist Arbeiten.« (Meier, Seufert 2012, S. 20)

Das sind die Kernvoraussetzungen des Begleitcoachings. Werteentwicklung findet nur da statt, wo Herausforderungen zu lösen sind. Eben deshalb kommt der gezielten Begleitung der Wer-

32 http://www.prof-diethelm-wahl.de

teentwicklung von Persönlichkeiten, dem Coaching und Mentoring, eine zunehmende Bedeutung zu. Dabei zeigt es sich in der Praxis, dass die Grenzen zwischen Mentoring und Coaching fließend sind.

2.3.2.2 Neurobiologisch intendiertes Coaching

Voraussetzungen

Der Prozess der Verinnerlichung, der Interiorisation, von Werten ist immer ein neurobiologischer. Ohne ein Verständnis der Neurobiologie ist Werteaneignung nicht zu verstehen. Dennoch kann man sie eher als Voraussetzungsfolie betrachten, oder aber den Coachingprozess selbst danach und daran ausrichten, wie das Gerhard Richter und Alexandra Ryba (2016) demonstrierten.

Das neurobiologische Vier-Ebenen-Modell der Persönlichkeit von Gerhard Roth (vgl. 2015) kennzeichnet die Ebenen: Vegetativ – affektives Verhalten und emotionale Konditionierung, Belohnung, Motivation zusammengefasst als unbewusstes Selbst, rechter assoziativer Neocortex als individuell-soziales Ich und linker assoziativer Neocortex als kognitiv-kommunikatives Ich. Dieses Modell macht in hohem Maße sinnfällig, welche zentrale Rolle Werte in den neurobiologischen Prozessen des Gehirns und damit für die Persönlichkeit spielen. Die wirklichen neurobiologischen Prozesse, die diesem Modell zugrunde liegen, sind allerdings viel komplizierter und komplexer (vgl. Roth, Ryba 2016).

Besonders wichtig erscheint uns die Feststellung, dass das wertende limbische System bei der Verhaltensentscheidung »das erste und das letzte Wort« hat: »Das erste Wort beim Entstehen der Wünsche und Pläne, und das letzte bei der Entscheidung darüber, ob das was an Handlungsabsichten gereift ist, jetzt und so und nicht anders getan werden soll. Natürlich redet das limbische System auch zwischendurch mit, aber hier kommt ebenfalls der rationale Verstand zu Wort, der vorher und nachher schweigt und dann erst wieder bei der Bewertung der Konsequenzen des Handelns mitspricht ... Die wichtigste Botschaft dieses Kapitels lautet, dass es entgegen der traditionellen Sicht nicht wesentlich Rationalität und Verstand sind, die letztendlich unser Verhalten bestimmen, sondern dass dies das limbische System als umfassendes Erfahrungsgedächtnis macht, das sich in der ständigen unbewussten beziehungsweise bewussten Bewertung dessen, was wir erleben und was wir tun, ein Leben lang anreichert. Dies garantiert, dass wir alles, was wir tun, im Lichte unserer gesamten Erfahrung tun. Ist diese Erfahrung mehr oder weniger positiv, so resultiert daraus ein positives Handeln. Wurde sie von vorgeburtlichen, früh-nachgeburtlichen und späteren negativen Ereignissen geprägt, so ergibt sich entsprechend ein eingeschränktes bis schwer gestörtes Verhalten ... diese Tatsache gibt vor, auf welchen Ebenen unseres Gehirns Beratung, Coaching und Psychotherapie ansetzen müssen, nämlich dort, wo unsere gesamte Lebenserfahrung verhaltenswirksam wird.« (vgl. Roth 2015, S. 222 – 224)

Vorgehen

Diese Erfahrung wird auf keinen Fall dort verhaltens- und handlungswirksam, wo unsere Lebensereignisse nur kühl, gleichsam protokollarisch abgespeichert sind. Sie umfasst immer und nie vernachlässigbar das erste und das letzte Wort, das unser wertendes limbisches System gesprochen hat. Sie umfasst alle Werte, die wir früher oder aktuell aufgrund von Dissonanzen, Irritationen, Labilisierungen emotional tief verinnerlicht haben, unabhängig davon, wie weit wir diese Interiorisationsprozesse schon verstehen und beschreiben können.

Eine Fülle von Coaching-Publikationen ist Ratgeber-Literatur, aber »wir können die Probleme anderer weder verstehen noch lösen« (Raddatz, 3. Aufl. 2003 S. 49). Etliche Handbücher stellen die Schlüsselkonzepte im Coaching zusammen (vgl. Braun, Gawlas, Schmalz 2004; Rauen 2005; Migge 2007; 2018; Rückerl 2018). Andere gehen wie Kochbücher vor, und summieren Coaching-Tools oder Coaching-Fragen (vgl. Gabal 2012).

Ein Ratschlag ist keine Beratung. Wo das Coaching nicht ins Unbewusste und Vorbewusste hineinwirkt, sondern auf der Ebene des Bewusstseins verbleibt, kann es sehr wohl fachliche und persönliche Unterstützung liefern, aber es kann nicht Einfluss auf Wertungen und Entscheidungen der gecoachten Persönlichkeit nehmen.

Folgen, Nutzen

Der berühmte Satz von Maria Montessori »Hilf mir, es selbst zu tun. Zeige mir, wie es geht« (Montessori 1987, S. 5) bringt das unnachahmlich auf den Punkt. Er sollte zum Credo jedes Wertetrainers werden. Der komplexen, selbstorganisierten Persönlichkeit helfen Ratschläge nur in sehr begrenztem Maße. Es geht um die Organisation der Selbstorganisation, um einen Ermöglichungsansatz im tiefsten Wortsinn. Gezielte Werteentwicklung im Rahmen des Coachings ist nur auf diesem Wege möglich. Wenn das aber akzeptiert und umgesetzt wird, erweist sich Coaching als eines der wirkungsvollsten Instrumente dieser Entwicklung.

2.3.2.3 Systemisches Coaching

Voraussetzungen

Von den unterschiedlichen Interventionsverfahren und -techniken im Coaching nimmt die systemische Therapie bzw. Kommunikationstherapie einen Spitzenplatz ein (vgl. Gabal 2012). Systemisch ist immer ein Synonym für selbstorganisiert. Es rückt damit von vornherein in die Nähe unseres Verständnisses von Werten.

Wir sind mit einer großen Anzahl von Werken über systemisches Coaching konfrontiert (vgl. Schmidt 2004; Müller, Hoffmann 2008; König, Volmer 2009; Janßen 2013; Vaterlaus 2016; von Schlippe, Schweitzer 2016; König, Volmer-König 2016; Janßen, Schödlbauer 2017; Schubert-Golinski, Wandhoff 2018; König, Volmer 2018).

»Systemisches Denken verwendet Erklärungen, die sich aus der Systemtheorie ableiten lassen, und das heißt konkret: Anstelle geradlinig-kausaler Erklärungen und statt isolierter Objekte werden die Relationen zwischen ihnen betrachtet« (Simon 2015, S. 12). Fritz B. Simon führt unterschiedliche Systemtheorien an, von der klassischen Kybernetik bis hin zur Kybernetik 2, die Ansätze wie die Theorie dissipativer Strukturen (selbstorganisierte, dynamische und geordnete Strukturen im nichtlinearen System), Chaos- und Komplexitätstheorie, das Modell der Autopoiese und die Synergetik von Hermann Haken umfasst.

Vorgehen

Unabhängig davon, wie weit man als Wertetrainer den einzelnen Ansätzen folgen mag, gibt es Erkenntnisse, die kein bloßes Produkt der Beschreibung sind, sondern einen faktischen Wahrheitsgehalt bergen. Dazu gehören Einsichten, die Simon in der Form von Geboten fasst. Drei davon lauten:

- »Mache Dir klar, dass alles was gesagt wird, von einem Beobachter gesagt wird« – dass es also »Objektivität« im besten Fall als Ergebnis der Einigung unterschiedlicher Beobachter über die anzuwendenden Beobachtungsmethoden und deren Ergebnisse gibt.
- Trenne in Deiner inneren Buchhaltung die Beschreibung beobachteter Phänomene von ihrer Erklärung und Bewertung«. Aus der Beschreibung von Phänomenen ergibt sich noch keine direkte Handlungskonsequenz; erst die Bewertung eines so beschriebenen Zustandes als erwünscht oder unerwünscht führt zu der Frage, wie er erhalten oder verändert werden kann. Die Maßnahmen, die dann ergriffen werden, um dieses Ziel zu erreichen, richten sich nach den jeweils konstruierten Erklärungen und Wertungen.
- Betrachte Paradoxien und Ambivalenzen als normal und erwartbar! – das Ideal der zweiwertigen Logik, wonach Aussagen entweder ›wahr‹ oder ›falsch‹ zu sein haben, ist ein Artefakt, das durch den Beobachter produziert wird. Die tatsächlich existierende Welt ist immer voller Widersprüche, Gegensätze, Unklarheiten, Vieldeutigkeiten und Schwankungen, daher ist Ambivalenz eigentlich die für jeden Beobachter angemessene Normalverfassung« (Simon 2015, S. 113 – 116).

Diese drei Gebote sind auch solche für den Wertetrainer: Verstehe Werteentwicklung immer als Selbstorganisationsprozess, verstehe Werteentwicklung immer vor dem Hintergrund von Grundlagen und Maßstäben der Wertung, verstehe Widersprüche oder Schwankungen als Quellen emotionaler Labilisierung, also als Interiorisationsmotoren.

Folgen, Nutzen

Systemische Ansätze haben für den Wertetrainer zwei Problemzonen. Zum einen werden die intrapsychischen Prozesse, die den Interiorisationsprozessen zugrunde liegen, nicht ausreichend einbezogen (vgl. Roth, Ryba 2016, S. 39). Zum anderen wird die Synergetik bei manchen Autoren erwähnt, aber der fundamentale Gedanke von den Ordnern der Selbstorganisation, wie ihn Hermann Haken entwickelte, wird nicht einbezogen. Damit können auch Werte als Ordner der Selbstorganisation nicht adäquat adressiert werden.

Der Wertetrainer kann das umfangreiche Material systemischen Coachings wirkungsvoll nutzen, vor allem wenn er den neurobiologischen und den selbstorganisatorischen Aspekt gedanklich und praktisch ergänzt. Jedes professionell durchgeführte systemische Coaching ist immer auch ein Wertecoaching. Wird es in ein Wertetraining systematisch eingebaut, kann es durchaus zum Mittelpunkt dieses Trainings werden.

2.3.2.4 Involvierendes Coaching

Voraussetzungen

Involvierung ist durch das individuelle Beteiligtsein, Einbezogensein, Mitfühlen bei emotionaler Irritation und daraus resultierender emotionaler Labilisierung gekennzeichnet. Sie ist die wichtigste Voraussetzung der Interiorisation von Werten. Sie spielt bei allen Coachingprozessen eine Rolle, soll und muss aber als eigenständiges Element betont und eingesetzt werden. Roth und Ryba stellen fest: »International setzt sich langsam eine Unterscheidung der Coaching-Agenden nach dem Level der ›Involvierung‹ durch«. (vgl. Roth, Ryba 2016, S. 55). Das heißt nichts anderes, als dass Coachingansätze umso wirksamer sind, je höher der Grad der emotionalen Labilisierung ist – und das wiederum bedeutet vor allem, dass die Entstehung und emotionale Verankerung von Werten den eigentlichen Kern des Coachings bildet, sieht man von Bestandteilen traditioneller Wissensweitergabe einmal ab.

Vorgehen

So ist es kein Wunder, dass erfolgreiche Coaches fordern: »Coach Limbic!« und versuchen, gezielt auf jenes Areal des Gehirns einzuwirken, das die Quelle der Emotionen bildet, die zum Erfolg führen, aber auch Erfolge verhindern können: auf das limbische System (vgl. Besser-Siegmund, Siegmund [Hrsg.] 2008; Häusel 4. Aufl. 2009). Sie setzen auf Methoden, die Labilisierung forciert bewirken und damit eine gezielte Werteentwicklung beschleunigen (vgl. Wartenweiler 2003). Das limbische Coaching ist für den Wertetrainer besonders interessant, weil es einfach zu handhaben ist und einen Zugang zu Emotionen und Werteentwicklungsprozessen verschafft, der mit anderen Methoden kaum zu erreichen ist. Die Nähe zum sogenannten Neurolinguistischen Programmieren sollte der Wertecoach zumindest beachten, besser noch mit nutzen (vgl. Long, Schweppe 2020).

Folgen, Nutzen

Besonders deutlich sieht man den folgenreichen Unterschied von bloßer Wissensweitergabe und Involvierung im Bereich des Politischen. Das politische Wissen der Bürger ist der aussagekräftigste Indikator für die politische Informiertheit. Das lässt sich in objektives politisches Wissen als Faktenwissen und in subjektives politisches Wissen unterteilen, also das Wissen, das der einzelne Bürger glaubt, über die Politik zu besitzen. Politische Informiertheit wird als unverzichtbare und wichtigste Eigenschaft eines »zuverlässigen Demokraten« eingestuft.

Eine andere Sicht eröffnet der Begriff der – politischen – Involvierung. Er beschreibt die »Aufmerksamkeit«, die Interessen, die ein Individuum den politischen Geschehnissen entgegenbringt. Sie sind notwendige Voraussetzung funktionsfähiger Demokratien. Ohne Involviertheit keine Mitbestimmung. Die Interiorisation politischer Werte in Form von Interessen wird zu einem deutlichen Politikum, die Involviertheit zu einem Zukunftsschlüssel (Gally 2004, S. 4). Das gilt auch für andere Bereiche. So ist die Involviertheit von Mitarbeitern und Führungskräften eines Unternehmens ein Zukunftsschlüssel für seine Stabilität und sein Wachstum. Wertetraining bedeutet in diesem Fall einen Nutzen weit über das Schicksal des einzelnen Coachees hinaus.

2.3.2.5 Persönlichkeitscoaching

Voraussetzungen

Coaching verfügt auch über Methoden und Möglichkeiten, integrale Werte von Persönlichkeiten zu entwickeln, sei es im Bereich von Organisationen und oder von Schulen und Bildungseinrichtungen, die sich aber oft diesen Möglichkeiten entziehen. Nicht jedes Coaching ist auf die Entwicklung von Persönlichkeiten gerichtet, gleichwohl verändert jedes wirkungsvolle Coaching die Persönlichkeiten der Coachees. Es haben sich eigene Coachingbereiche herausgebildet, die nicht weniger und nicht mehr als ein echtes Wertecoaching anstreben (vgl. Dyckhoff, Kensok 2004; Schlieper-Damrich, Kipfelsberger 2008; Schlieper-Damrich 2010; Grün 2011; Kensok 2012; Ohnesorge, Engelbert Fitz 2014; Gössl 2016; Migge 2016; Migge, Fränkle 2016; Schlegel 2017; Bänziger-Plocher 2018; Besser-Siegmund, Siegmund 2018; Burmeister 2018).

Darunter findet man vor allem solche, die sich an dem religiösen oder anderen spirituellen Umgang mit Werten orientieren und solche, die auf die Logopädie des Psychotherapeuten Viktor Frankl bauen (Frankl 2015; Schechner, Zürner 2013). Diese bietet sich an, da die Logotherapie eine Kategorie in den Mittelpunkt stellt, die enge Beziehungen zu Werten besitzt, den Sinn.

Sinn ist immer eine Wertezuschreibung. Nach Leontjew und Jantzen (Jantzen 1994, 1987 S. 132 ff.) hat man zu unterscheiden zwischen einem biologischen Sinn, der die lebensgeschichtliche Gesamtheit der Bewertungen des emotionalen Apparates, wie Unlust, Angst, Furcht, Zorn oder Behagen, umfasst, einem individuellen Sinn, der diese Bewertungen durch individuell-differentielle Emotionen individualisiert, wie Angst, Zorn, Unbehagen, Ekel, Schmerz, Furcht, Überraschung oder Freude und schließlich einem persönlichen Sinn, der die Form der Herausbildung von ethisch-moralischen und politisch-weltanschaulichen Werten des Handelns annimmt.

Sinn kann, wie bei Frankl, als Wertung der Existenz selbst fungieren, sich auf den Sinn des Lebens beziehen. Alle diese Sinnbegriffe sind auf Wertebegriffe gegründet. Man kann von Werten sprechen, ohne die Sinnkategorie zu bemühen. Man kann nicht von Sinn sprechen, ohne auf die Kategorie Wert Bezug zu nehmen. Insofern stellt das an Logopädie und Existenzanalyse anknüpfende Wertecoaching einen wichtigen und fruchtbaren Zugang zur gezielten Werteentwicklung von Persönlichkeiten dar.

Vorgehen

Will man als Wertetrainer Persönlichkeitscoaching für die Werteentwicklung einsetzen, empfiehlt es sich, den Ansatz des Peer Working aufzunehmen, das heißt, Werte und Kompetenzen kollaborativ zu entwickeln. Das kann von Person zu Person, aber auch im Netz erfolgen. Der Wertetrainer vereinbart mit dem Mitarbeiter, auf welche Basiswerte das Coaching bezogen sein soll: auf die Wertearten Genuss, Nutzen, ethisch-moralische oder sozial-weltanschauliche Aspekte oder auf Kombinationen davon. Das Coaching muss auf freiwilliger Basis, als zielgerichtetes, gemeinsam abgestimmtes Vorgehen zwischen dem Coach und dem Coachee erfolgen. Es sollte durch Akzeptanz, Vertrauen und Kooperation auf beiden Seiten gekennzeichnet sein. Es werden mehrere Sitzungen in begrenzter und zuvor festgelegter Anzahl anberaumt. Der Wertetrainer muss selbst entscheiden, wo er gelegentlich Methoden und Denkweisen aus dem therapeutischen Bereich als Anregungen übernehmen will, besonders wenn es um schwierige und emotionsbeladene Situationen des Coachees geht. Er muss auch entscheiden, ob er Methoden des E-Coachings einsetzen will.

Folgen, Nutzen

Persönlichkeitscoaching kann als Einzelcoaching (vgl. Gössl 2016) oder Gruppencoaching, als Teamcoaching oder Projektcoaching, als internes oder externes Coaching, als Fremdcoaching oder kollegiales Coaching durchgeführt werden. Zum Beispiel unter Nutzung des Doppeldeckerprinzips, bei dem der Wertetrainer seine eigenen Werte mit genau den Methoden entwickelt, die er später selbst einsetzt. Hier gibt es Parallelen zur Lehranalyse bei Sigmund Freud.

Unabhängig davon, welche Methoden des Persönlichkeitscoachings ausgewählt werden, wird dann die klassische Folge von Entwicklungsschritten ausgewählt: Bestimmung des Werteentwicklungsbedarfs durch den Coachee, Vereinbarung geeigneter Arbeitsprozesse oder Praxisprojekte für die gezielte Werteentwicklung, Begleitung der selbstgesteuerten Planung notwendiger Werteentwicklungsschritte durch den Coach, Beobachtung des Werteentwicklungsprozesses und Hilfe über Entwicklungsklippen hinweg sowie schließlich regelmäßige Reflexionsgespräche.

Der Coach soll den Gecoachten bei der Ausübung von komplexen Handlungen befähigen, optimale Ergebnisse selbstorganisiert hervorzubringen. Das heißt nichts anderes, als Kompetenzen und Werte zu entwickeln. In jedem Coachingprozess entwickeln sich Werte des Coachees. Nicht jedes Coaching taugt für ein Wertetraining. Aber das Persönlichkeitscoaching erweist sich dafür als besonders wirkungsvoll.

2.3.2.6 Co-Coaching

Voraussetzungen

Nicht jeder Wertetrainee hat die Möglichkeit, von Coachings durch Experten zu profitieren. Deshalb bietet es sich an, die Möglichkeiten der gegenseitigen Unterstützung in Werteentwicklungsprozessen – im Sinne einer Peer-to-Peer-Entwicklung – zu nutzen. Unter Co-Coaching versteht man eine wechselseitige, überwiegend gleichberechtigte und für die effektive Werteentwicklung der Coaching-Partner förderliche Kollaborations- und Kommunikationsbeziehung. Diese Form des gegenseitigen Coachings hat sich als besonders wirksam erwiesen, wenn die Entwicklungspartner nicht allzu starke Wertedifferenzen aufweisen (vgl. Erpenbeck, Sauter 2020).

Vorgehen

Co-Coaching wird unter folgenden Voraussetzungen optimiert:

- Gegenseitige Sympathie der Partner verringert die mögliche Inkompatibilität, insbesondere im Vergleich mit einem bezahlten Coach-Client-Verhältnis.
- Der Co-Coach kennt den Partner meist von Anbeginn, Anlaufschwierigkeiten des Kennenlernens entfallen.
- Keiner geht aus den Begegnungen geschwächt, in der Regel aber beide gestärkt, hervor.
- Aufgrund der intimeren Kenntnis der Umstände und der Lernpartner kann man schnell emotional wirksame Handlungsvorschläge machen.

In der Praxis des Co-Coachings haben sich folgende Vorgehensweisen bewährt:

- Die Entwicklungspartner kommunizieren mit Wertschätzung; die Ziele und Wünsche des Partners, der gecoacht wird, stehen immer im Vordergrund.
- Die Lernpartner beginnen mit der Definition und Bewertung zentraler Herausforderungen.
- Phasen des Zuhörens, der gemeinsamen Klärung oder der Entwicklung von Lösungen wechseln ab.
- Bereits vollzogene Lösungsversuche und eventuelle Optionen werden analysiert und weiterentwickelt.
- Die Argumente dafür und dagegen werden sorgfältig personenbezogen abgewogen.
- Die Auswirkungen der vereinbarten Maßnahmen werden regelmäßig überprüft und analysiert.
- Alles Gesprochene ist und bleibt streng vertraulich.
- Die Entwicklungspartner wechseln laufend ihre Rollen.

Folgen, Nutzen

In der Praxis des Co-Coachings haben sich bestimmte Vorgehensweisen bewährt. Die Entwicklungspartner kommunizieren stets mit Wertschätzung; die Ziele und Wünsche des Partners, der gecoacht wird, stehen immer im Vordergrund. Die Partner beginnen mit der Benennung und Bewertung zentraler Herausforderungen. Dabei wechseln Phasen des Zuhörens, der gemeinsamen Klärung oder der Entwicklung von Lösungen einander ab. Die Entwicklungspartner wechseln laufend ihre Rollen. Bereits vollzogene Werteentwicklungen und eventuell andere Optionen werden analysiert und weiterentwickelt, die Argumente dafür und dagegen sorgfältig personenbezogen abgewogen. Die Auswirkungen und der Nutzen vereinbarter Entwicklungsmaßnahmen werden regelmäßig überprüft und analysiert. Alles Gesprochene ist und bleibt streng vertraulich.

2.3.2.7 Kollegiales Coaching

Voraussetzungen
Um eine kollegiale Coachingsituation zu realisieren, sucht der Coachee für die Umsetzung eines Projektes erfahrene Kollegen, die ihn in seinem selbstorganisierten Entwicklungsprojekt begleiten. Er achtet dabei darauf, dass die Verantwortung für sein Handeln immer bei ihm selbst bleibt und sich das Coaching auf ein Impulsgeben beschränkt.

Vorgehen
Um systematisch vorzugehen, kann der an einem Co-Coaching Teilnehmende folgende Schritte wählen.

- Gemeinsam mit den Kollegen wird überlegt, welche strategischen Ziele den Rahmen des Handelns bilden.
- Auf Basis der Werteerfassung werden im Gespräch mit dem Werteberater individuelle Werteziele definiert. Dabei sollte sich der am Co-Coaching Teilnehmende auf zwei bis drei Werteziele konzentrieren.

Folgen, Nutzen
Durch dieses Vorgehen kann der Teilnehmende in Abstimmung mit der Führungskraft die Praxisaufgaben oder -projekte bestimmen, in denen er seine Werteziele erreichen will. Durch die laufenden Rückmeldungen und Hinweise von Kollegen, Partnern oder Kunden können die neu gewonnenen, wertegestützten Fähigkeiten fruchtbar eingebracht werden. Die Zwischenstände der eigenen Entwicklung werden in einem Entwicklungstagebuch (Blog) zusammengefasst, die gemachten Erfahrungen mit den Co-Coaches reflektiert.

2.3.2.8 Mentoring

Voraussetzungen
Beim Mentoring gibt die Führungskraft als Entwicklungspartner bzw. Mentor des Wertetrainees Erfahrungen und Eindrücke mit dem Ziel weiter, ihn in seiner persönlichen oder beruflichen Werte- und Kompetenzentwicklung zu fördern (vgl. Graf, Edelkraut 2. Aufl. 2017). Das Ziel des Mentorings ist es, den Entwicklungsprozess des Wertetrainees mithilfe des Netzwerkes seiner Führungskraft zu intensivieren und seine Entwicklungsprozesse beratend zu begleiten. In diesen Mentoringprozessen liegt der Effekt immer mehr auf dem Transfer von implizitem Wissen und Werten des Mentors, der dafür einen entsprechenden Erfahrungshintergrund mitbringen sollte. Diese Erfahrungen und Werte stellt eine wertvolle Ergänzung zu dem expliziten Wissen dar, das beim Mentoring genutzt werden kann (vgl. Sauter 1994).

Vorgehen
Zusätzlich zu den genannten Vorteilen fördert ein Mentoring die Vernetzung der Wertetrainees in der Organisation, insbesondere mit Entscheidern. Umgekehrt erhalten die Mentoren ein ein-

deutiges Feedback von der Basis und lernen selbst einen anderen Blickwinkel auf die eigenen und anderen Werte in der Organisation kennen. Erfahrungsgemäß wirkt sich Mentoring auch bei den Mentoren günstig auf ihr Führungshandeln aus. So wird ein positiver Nebeneffekt für die Organisation realisiert und eine soziale Interaktion über die Bereiche und Hierarchieebenen hinweg erreicht. Für das Mentoring werden bei Bedarf geschützte Kommunikationsbereiche im Netz angelegt, die einen vertraulichen Austausch auch außerhalb der persönlichen Treffen erlauben. Für die Vernetzung der Mentoren beziehungsweise der Wertetrainees untereinander sind ebenfalls geschlossene Bereiche vorgesehen.

Folgen, Nutzen

Mentoring trägt dazu bei, Werteentwicklungsziele zu klären und den individuellen Entwicklungsbedarf festzulegen. Gemeinsam mit dem Mentor werden mögliche Wege der Werteentwicklung bewertet und ausgewählt. Er beobachtet und unterstützt den Werteentwicklungsprozess seines »Schützlings«, hilft ihm über Entwicklungsklippen hinweg und führt informelle Auswertungsgespräche. Der Nutzen des Mentorings liegt vor allem darin, dass der Mentor sich aller Lehrerhaftigkeit enthalten kann und eigene Erfahrungen und Wertehaltungen auf den Mitarbeiter informell, durch überzeugende Lebensleistungen, sympathische Einstellungen, durch Vorbildhaftigkeit und, nicht zu vergessen, durch Humor emotional tiefgreifend übertragen kann.

2.3.2.9 Koping – Ermöglichung der selbstorganisierten Werteentwicklung

Voraussetzungen

Koping ist ein Kunstwort, das an das englische Wort »coping« (bewältigen, mit etwas fertig werden) angelehnt ist. Gleichzeitig wird der Begriff als Akronym für »Kommunikative Praxisbewältigung in Gruppen« benutzt (vgl. Wahl 2013, S. 37 ff.). In der Stressforschung werden mit dem Begriff Coping die Bemühungen einer Person zur Bewältigung von Belastungen oder Konflikten gekennzeichnet. Genau in solchen emotional stark labilisierenden Situationen finden Werteentwicklungsprozesse statt. Sie vollziehen sich in der Regel in einem Netzwerk aus sozialen Beziehungen mit starkem emotionalem Austausch (vgl. Schmidt 2005, S. 176 ff.). Die Netzwerkmitglieder unterstützen sich in ihren Werteentwicklungsprozessen gegenseitig.

Vorgehen

Um wirksame Netzwerke zur gezielten Werteentwicklung von Persönlichkeiten aufzubauen, bedarf es eines überschaubaren Systems in Form von meist mehreren Entwicklungspartnerschaften (Tandems). Die Tandem-Entwicklungspartner wählen sich nach dem **Prinzip der Sympathie**, der **Offenheit** und nach dem **Grundsatz der Symmetrie** von Fähigkeiten und Erfahrung aus.

Einfache Kommunikationsmöglichkeiten schaffen die Verbindungen in Form von verpflichtend-regelmäßigen, persönlichen oder virtuellen Treffen. Das Vorgehen ist im Einzelnen ausgearbeitet (vgl. Sauter, Sauter, Wolfig, 2018, S. 204 ff.) und wird durch zwei Dimensionen geprägt (vgl. Schmidt 2004 S. 177 ff.) – durch eine deutliche gegenseitige sozio-emotionale Unterstützung in stark labilisierenden Situationen (vgl. Miyashiro 2013) und durch eine konkrete gegenseitige Hilfe beim Austausch von stets wertebeladenem Erfahrungswissen und bei konkreten Aufgaben, wie beispielsweise Recherchen. Damit besitzen Koping-Gruppen eine deutlich höhere Qualität als beispielsweise Communities im Netz – es handelt sich bei ihnen um echte, enge Partnerschaften für einen bestimmten oder unbegrenzten Zeitraum.

Folgen, Nutzen

Im Einzelnen kann man, nachdem die beschriebenen Tandems und Entwicklungsgruppen gebildet, die zeitlichen und medialen Vorgehensweisen festgelegt und die Entwicklungsziele herausgearbeitet sind, für die gezielte Werteentwicklung vor allem Prozesse des Co-Coachings und der kollektiven Beratung nutzen.

Der Nutzen des Co-Coachings ergibt sich aus der gegenseitigen Sympathie der Partner, die oft zu einer besseren Kompatibilität als bei einem bezahlten Coach-Client-Verhältnis führt. Aufgrund der intimen Kenntnis der Umstände der Entwicklungspartner lassen sich schnell emotional wirksame Handlungsvorschläge machen (vgl. Nemko 2012). Die Entwicklungspartner kommunizieren mit Wertschätzung; die Ziele und Wünsche des gecoachten Partners stehen im Vordergrund. Die Auswirkungen vereinbarter Maßnahmen werden regelmäßig überprüft, wobei alles Gesprochene streng vertraulich bleibt.

2.3.3 Ergänzendes Wertetraining durch Übung

»Der Begriff Training oder das Trainieren steht allgemein für alle Prozesse, die eine verändernde Entwicklung hervorrufen.«[33] Genau in diesem Sinne haben wir den Titel unseres Buches eingeführt. Wir betrachten darin allgemein Prozesse, die eine werteverändernde Entwicklung hervorrufen. Das kann die Teilnahme am Krisenmanagement ebenso sein wie die Führung durch einen Coach oder Mentor. Im Bereich der Wirtschaft wurden viele Trainings in diesem allgemeinen Sinne entwickelt, etwa Arbeitstraining, Kommunikationstraining, Konflikttraining, Managementtraining, Teamtraining, Telefontraining, Verhandlungstraining oder Verkaufstraining.[34]

Trainings beinhalten planmäßige, systematische, nachhaltige Maßnahmen, um Trainingsziele zu erreichen. Ist einer der drei Faktoren Regelmäßigkeit, Systematik und Nachhaltigkeit nicht gegeben, so spricht man eher von Üben und nicht von Training. Nehmen wir das Outdoor-Training, so findet es meist nicht regelmäßig statt, lässt sich aufgrund wechselnder Rahmenbedingungen, z. B. des Wetters, auch schlecht systematisieren. Seine Nachhaltigkeit wird deshalb oft bezweifelt. Wir werden bei diesem wie auch den folgenden Beispielen deshalb von Übungen

33 https://de.wikipedia.org/wiki/Training; aufgenommen am 15.6.2021.
34 Ebenda.

oder von übenden Werteentwicklungsformen sprechen. Das heißt aber nicht, dass man einige von ihnen nicht regelmäßig durchführen könnte, dass sie zwangsläufig unsystematisch sein müssten oder gar, dass sie wenig nachhaltig und wirkungsvoll seien. Der »Seitenwechsel« kann beispielsweise die Wertestruktur von Beteiligten nachhaltig verändern und das lebenslang.

Übungsmethoden gezielter Werteentwicklung von Persönlichkeiten lassen sich unter verschiedenen Blickwinkeln ordnen:

- praktische Methoden, die in realen Handlungsumgebungen verankert sind und bei denen eine bestimmte Umgebung die Werteentwicklung ermöglicht, beispielsweise im Outdoor-Training;
- Kommunikationsmittel, die Werte nachvollziehbar ausdrücken, und Methoden, um diese zu reflektieren und zu optimieren;
- Methoden, die auf reale oder symbolische Mittel der Wertekommunikation selbst bezogen sind;
- Konzepte für Individual- oder Gruppentrainings, beispielsweise für Führungskräfte oder Teams;
- Vorgehensweisen für unterschiedliche Einsatzgebiete, etwa für arbeitsbezogene oder psychotherapeutische Gebiete;
- auf Grundwerte bezogene Methoden, etwa auf Genuss- und Nutzenwerte, wie z. B. Kochtrainings oder praktische Ratschläge, auf ethisch-moralische Werte, um moralische Dilemmata anstatt Predigen zu erfahren, oder auf sozial-weltanschauliche Werte, wie beispielsweise Gruppentrainings für soziale Kompetenzen.

Vor jedem übenden Training müssen grundlegende Fragen geklärt werden:

- In welchem Bereich soll das Training stattfinden, z. B. in der Organisation, im Management, in Teams oder mit sozialen Problemgruppen?
- Mit welchem Ziel wird die Maßnahme geplant, z. B. um die Effektivität zu steigern, Krisen zu bewältigen oder persönliche Probleme zu klären?
- Wer sind die Teilnehmer, z. B. Individuen beim Einzeltrainings, Gruppen, Teams oder die gesamte Organisation?
- Auf welche Werte zielt das Training, Grundwerte oder bestimmte Einzelwerte?
- Soll die Werteentwicklung in übendem Training durch Praxis, Coaching und Mentoring oder sogar Weiterbildungsbemühungen ergänzt werden?

Vor jedem übenden Training muss schließlich abgeklärt werden, wie realistisch die Herausforderungen sind.

- **Realitätsgleich** sind beispielsweise Trainingsunternehmen in realen Märkten, die geschaffen werden, um die gezielte Werte- und Kompetenzentwicklung der Teilnehmer zu ermöglichen.
- **Realitätsnah** sind beispielsweise Bewerbungstrainings, die außerhalb tatsächlicher Bewerbungssituationen stattfinden, aber ähnliche Handlungsweisen und vergleichbar hohe emotionale Labilisierungen hervorrufen.

- **Realitätsähnlich** sind Situationen wie das Klettern im Hochseilgarten, die zunächst mit realen Arbeitssituationen gar nichts zu tun haben, aber jede Menge an ähnlichen sozialen Dissonanzen, Spannungen und Konflikten, aber auch an erleichternden, befreienden, erfreulichen Ereignissen hervorbringen. Die Anlässe der Werteentwicklung sind unterschiedlich, die Werteentwicklungen ähnlich.

Zu jeder dieser Übungssituationen ließen sich viele Beispiele finden. Wir konzentrieren uns auf einige, die dem Wertetrainer zur Anschauung, als Modell und als Baukasten dienen mögen.

2.3.3.1 Trainingsunternehmen und Übungsfirmen

Voraussetzungen

Solche Unternehmen und Firmen sind von anderen Wettbewerbern kaum zu unterscheiden, anders ist nur die durchgehende Zielsetzung der Kompetenz- und Werteentwicklung. Unter Trainingsunternehmen versteht man didaktische Simulationsmodelle, in denen eine Organisation in ihrer Struktur und Dynamik realitätsgleich nachgebildet wird. Häufig sind der Geldverkehr sowie die angebotenen Waren und Dienstleistungen fiktiv, jedoch die übrigen Geschäftsprozesse und Außenkontakte real. Werte werden sich aber erst dann entwickeln, wenn Erfahrungen aus vielen realen, stark emotional beladenen Herausforderungen gewonnen werden können.

Für eine zielorientierte Werteentwicklung sind deshalb fast nur Trainingsunternehmen geeignet, die reale Produkte, z. B. Apps, in realen Märkten vermarkten.[35] Will der Wertetrainer für einen Wertetrainee oder eine Gruppe von Wertetrainees ein Trainingsunternehmen oder eine Übungsfirma nutzen, sollte er deshalb darauf achten, dass diese mit realen Produkten in echten Märkten präsent sind.

Vorgehen

Der Wertetrainer achtet darauf, dass durch die Arbeit des Wertetrainees in dem Unternehmen echte emotional labilisierende Schwierigkeiten, Probleme und Konflikte entstehen und überwunden werden müssen, sodass Werte wirklich verinnerlicht, interiorisiert werden können. Ist er selbst am Aufbau eines Trainingsunternehmens mit dem Ziel der Werteentwicklung beteiligt, sollte er darauf drängen, beispielsweise Unternehmen der digitalen Arbeitswelt auszuwählen, mit Möglichkeiten, elektronische Datennetze selbstorganisiert und kreativ zu nutzen. Der Wertetrainee soll lernen, selbstsicher Verantwortung zu übernehmen, auch wenn Fehlentscheidungen bis hin zur Insolvenz möglich sind. Er soll spüren, wie es sich anfühlt, Fehler zu machen und sich schrittweise an Lösungen »heranzutasten«. Eine agile Arbeitsstruktur und -kultur ist dabei sehr von Vorteil.

35 http://www.die-zentralstelle.de/uebungsfirmen-und-co/files/zuef_willing-26.jpg; vgl. beispielsweise übungsfirma 4.0 http://www.die-zentralstelle.de/uebungsfirma-40/die-uebungsfirma-40.html.

Folgen, Nutzen

Der Wertetrainer arbeitet sowohl mit den Verantwortlichen des Trainingsunternehmens wie mit denen der eigenen Organisation und ihren Werteverantwortlichen eng zusammen. Er achtet darauf, dass das Trainingsunternehmen einem Spiegelbild der realen Arbeitswelt in der eigenen Organisation möglichst nahekommt. Gemeinsam mit den Verantwortlichen der Trainingsorganisation werden die notwendigen Rahmenbedingungen an Budget, Infrastruktur oder Zeit festgelegt. Der Wertetrainer sorgt dafür, dass regelmäßige Werteerfassungen des Wertetrainees sowie Reflexionen über dessen Entwicklungswerte stattfinden. Durch die Realitätsgleichheit wirkt ein Trainingsunternehmen nahezu so wie ein Wertetraining in der realen Arbeitswelt. Es weist fast genauso starke Werteentwicklungen auf, darin liegt der unübersehbare Nutzen.

2.3.3.2 Bewerbungs-, Präsentations- und Konflikttraining

Voraussetzungen

Bewerbungstrainings gehören zu den realitätsnahen Übungssituationen, außerhalb tatsächlicher Bewerbungssituationen, aber mit vergleichbar hohen emotionalen Labilisierungen. Fast jeder hat sich in seinem Arbeitsleben bewerben müssen, meistens mehrfach. Manchmal bestand das Bewerben aus einem freundlichen Gespräch, teilweise hatte es die Form ausgetüftelter Bewerbungsrituale mit vorgegebenen Fragelisten, Eignungstests, Kompetenzerfassungen, Assessments und Probezeiten.

Manche Bewerbungstrainings versuchen, den Bewerber auf möglichst viele Fragen und Fragesituationen vorzubereiten, mit ihm zu »pauken«. Dies ist für eine gezielte Werteentwicklung weitgehend uninteressant. Werteorientierungen kann man auf diese Weise nicht erwerben (vgl. Clesle, Emrich 2014; Püttjer, Schnierda 2014; Guth, Mery 2018; Blindert 2018; Püttjer 2018). Deshalb sollten Bewerbungssituationen möglichst wirklichkeitsnah gestaltet werden. Die daraus resultierende Belastung des Bewerbers ist dabei hoch, weil er sich Situationen hoher emotionaler Irritation und Labilisierung voller Schweiß und manchmal sogar Tränen gegenübersieht und oft nach kurzer Zeit vergisst, dass es »nur« ein Training ist. Dafür nimmt er viel für künftige Bewerbungssituationen, aber auch für Lebensprüfungen mit. Selbst wenn er abgelehnt wird, entwickelt er oft das Gefühl, vom Training profitiert zu haben (vgl. Hesse, Schrader 2014; Rösler 2015; Lorenz, Rohrschneider 2015; Hanko 2017; Vogel 2018).

Ähnlich geht es ihm bei **Präsentationstrainings** und **Konflikttrainings** (vgl. Danz 2014; Bingel, Berndt 2018). Den Effekt wertebezogener Selbstwirksamkeitssteigerung kann man noch erhöhen, wenn man die Bewerbung oder die Präsentation mit einer Videokamera aufnimmt und gemeinsam analysiert. Der Aufgenommene ortet, meist unterstützt von Lernpartnern, selbst genau Schwachpunkte und Werteerfordernisse.

Auch bei Konflikttrainings geht es meist nicht um Sachkonflikte, sondern um Wertungsdifferenzen zwischen den Konfliktparteien sowie um die Wertung des Konflikts selbst. Gerade bei sozial-weltanschaulichen, bei religiösen Konflikten, bei der Deeskalation von Gewalt und Aggressivität wird der Wertetrainer solche »Als-Ob«-Methoden nutzen (vgl. Robertz, Robertz 2001; Stockmayer 2002; Berkel 2008; Crisand, Raab 2017).

Vorgehen

Es gibt eine breit gefächerte Beratungsliteratur zum Bewerbungstraining. Für die gezielte Werteentwicklung ist vor allem die Frage wichtig, wo im Bewerbungstraining emotionale Irritationen und Labilisierungen auftreten, die zu Werteentwicklungen der Wertetrainees führen können. Soll ein Bewerbungstraining für eine gezielte Werteentwicklung mit genutzt werden, empfiehlt es sich, bisherige emotional tief verankerte Werte zu ermitteln, zu verstehen und im schmerzlichen Konfliktfalle vorsichtig zu verändern. Analog sollte der Wertetrainer vorgehen, wenn er ein Präsentationstraining oder ein Konflikttraining für die gezielte Werteentwicklung trainierter Personen nutzen will.

Folgen, Nutzen

Bewerbungstrainings, Präsentationstrainings oder Konflikttrainings bieten gute Gelegenheiten, gezielte Werteentwicklungen anzugehen. Dazu kann das ohnehin drohende Verunsicherungspotenzial genutzt werden, das betont, vielleicht auch in Maßen zugespitzt wird. Im Verlauf des Trainings werden auftretendes Missbehagen und Spannungen nicht abgemildert, sondern bewusst aufrechterhalten. Zusammen mit dem Wertetrainee versucht der Wertetrainer, unbewusste, verborgene Werte bewusst zu machen und die Situation neu zu bewerten. Das Ziel ist, dass der Wertetrainee nicht nur eine Bewerbungs-, Präsentations- oder Konfliktsituation besser bewältigen kann, sondern seine Werte gezielt weiterentwickelt.

2.3.3.3 Outdoor-Training, Hochseilgarten, Führen mit Pferden...

Voraussetzungen

Outdoor-Trainings hatten einige Zeit lang Hochkonjunktur. Vor allem Werteentwicklungen im ethischen oder sozialen Bereich, z. B. in Richtung Fairness, Zusammenhalt oder offensive Vertretung der Unternehmenskultur, hoffte man mit solchen Trainings zu erreichen. Zu den klassischen Outdooraktivitäten zählen, geordnet nach abnehmendem Schwierigkeits- und Labilisierungsgrad:

Reale Expeditionen, Bergwandern, Bergsteigen, Segeln, Kanufahren, Rafting, Survival und Ähnliches; schließlich Hochseilgarten, Kletterwand, Spinnennetz, Vertrauensfall, Blind Trust Walk und weitere.

Es gibt viele starke und teilweise sicher zutreffende Kritiken an so gut wie jeder Form von Outdoortrainings und anderen erlebnis- und erfahrungsgrundierten Trainingsansätzen, wie beispielsweise Hochseilgarten oder Führen mit Pferden, sobald sie pauschal angewendet werden (vgl. Kanning 2013). Anders ist es, wenn zuvor die Wertebasis der Teammitglieder ermittelt wurde und dann für sie ganz unterschiedliche Trainings gezielter Werteentwicklung angestoßen werden. Uwe Peter Kanning stellt resümierend fest: »Der starke Erlebnisbezug geht zuweilen zulasten des Intellekts. Während man in klassischen Seminaren Modelle und Forschungsbefunde präsentiert, Erfahrungen austauscht, Sachverhalte diskutiert, Schlussfolgerungen zieht und so weiter, stehen beim Outdoor-Training vor allem körperliche Erfahrungen im Zentrum des Geschehens. Dabei wird rein assoziativ ein Bezug zum Arbeitsplatz hergestellt beziehungsweise durch die Verwendung von Metaphern ein solcher Zusammenhang unterstellt; in dem Maße, in dem die Teilnehmer jedoch kritisch denken, müssen sie feststellen, dass es sich eben nur um Metaphern handelt, die bestenfalls auf einem sehr abstrakten Betrachtungsniveau stimmig sein könnten. Da die Berufsrealität aber nicht abstrakt ist, lässt sich aus Metaphern leider nicht allzu große Erkenntnis für die Bewältigung konkreter Berufssituationen ziehen« (Kanning 2013, S. 89).

Vorgehen

Uwe Peter Kanning fokussiert auf den durchgehenden Methodenvorwurf, Outdoor-Training gehe zulasten des Intellekts. Darunter versteht er vor allem analytisches Denken. Outdoor-Training sieht er eher auf Erlebnisse ausgerichtet, assoziativ auf den Arbeitsplatz bezogen, eher durch Verwendung von Metaphern angetrieben. Metaphern stünden jedoch kritischem Denken im Wege, aus ihnen ließen sich keine großen Erkenntnisse für die Bewältigung konkreter Berufssituationen ziehen (vgl. Schmitt et al. 2018). Klassische Seminare seien besser als windige Trainings. Wie wenig solche Seminare für die Handlungsfähigkeit der Teilnehmer in konkreten Berufssituationen erbringen, ist bekannt und deutlich nachgewiesen (vgl. Kirkpatrick, Kirkpatrick 2012). Haben Metaphern tatsächlich kaum Einfluss auf den konkreten Berufsalltag? Wissen umfasst nicht nur Sach- und Fachwissen, Faktenwissen, geprüfte Daten und Informationen.

Wissen im weiteren Sinne umfasst auch Werte und wertebehaftete Denkresultate wie Empfindungen, Gefühle, Wünsche, Vermutungen, Zweifel, Befürchtungen, Hoffnungen, Bedürfnisse, Interessen, Einstellungen, Meinungen, Haltungen, Ansichten, Überzeugungen, Vorurteile, Ablehnungen – ohne die eine Bewältigung konkreter Berufssituationen schlicht unmöglich wäre (vgl. Arnold, Erpenbeck 2014, S. 42). Beim Einsatz von Metaphern wäre es mehr als verwunderlich, wenn etwas, dem man im sozialen Leben eine große Macht zugesteht, nicht auch in konkreten Berufssituationen Macht entfalten würde (vgl. Buchholz 2015). Realitätsähnliche Trainings »ersetzen« also keine klassischen Seminare, sie erzeugen, festigen und sichern jedoch Werte als Ordner selbstorganisierten Handelns und haben zuweilen einen geringen, zumeist aber einen großen, manchmal lebenslang weiterwirkenden Einfluss auf den Teilnehmer. Dies muss im Blickfeld bleiben.

Folgen, Nutzen

Wir machen wirklichkeitsähnliche Trainings, um Menschen persönlich weiterzubringen. Gezielte Werteentwicklung hat keine Erfolgsgarantie. Aber wenn sie Erfolge hat, wenn sie neue Kreativpotenziale öffnet, ist sie um ein Vielfaches wirksamer als jedes seminaristische Schritt-für Schritt-Vorgehen. »Der Begriff Outdoor-Training ist salopp gesagt die Übersetzung des Begriffs Erlebnispädagogik in die Sprache des betrieblichen Personalwesens. Das Outdoor-Training versucht, Erlebnisse beispielsweise mit Blick auf die Teamentwicklung in Unternehmen zu nutzen ... Erlebnisse haben einen hohen emotionalen Anteil und sind von hoher Eindrucksstärke« (Lakemann 2005, S. 10). Das fasst zusammen, worum es hier geht. Erlebnis- und Erfahrungsprozesse sind wichtige Motoren gezielter Werteentwicklung. Genau deshalb sind diese Trainings in den Mittelpunkt von Personal- und Organisationsentwicklung gerückt (vgl. Schad et al. 2004).

Im Vorfeld eines solchen Trainings müssen allerdings Ziel und angestrebte Wirkung festgelegt werden. Auf Basis einer Werteerfassung auf Individual- und Teamebene sollte geprüft werden, ob die Trainingsaufgaben physisch und psychisch von allen Teilnehmern durchgeführt werden können, sie psychisch nicht belasten und überfordern oder sie gar in unbeherrschbare Angst oder verzweifelte Konflikte treiben. Annäherungen an die Wertetrainees dürfen nicht übergriffig sein, weder in der Nachfrage nach sehr persönlichen, intimen Dingen noch gar in Form unangemessener Berührung. Besonders in Bereichen, in denen Wissen, emotionales Werten und extrem schnelles Handeln eine unzerstörbare Einheit bilden, wie z. B. im Militär, in der Feuerwehr, bei der Polizei, in der Rettungsmedizin und Katastrophenhilfe oder im Sport ist eine nicht erlebnisbezogene, nur instruierende Form des Lernens völlig unangebracht. In solchen Bereichen ist Erlebnistraining unverzichtbar.

2.3.3.4 Seitenwechsel

Voraussetzungen

> *»Für mich war der Seitenwechsel in das Hospiz eine der prägendsten Erfahrungen meines Lebens und eine Zeit, die ich nicht missen möchte. Gerade als junge Führungskraft lernt man, sich die Prioritäten im Leben bewusst zu machen. Ohne Zweifel gehört der Seitenwechsel zu den sinnvollsten Personalentwicklungsmaßnahmen von Führungskräften.«*
> *Florian Klages, Leiter Corporate HR, Axel Springer SE*

So euphorisch wird der Prozess gezielter Werteentwicklung durch den sogenannten Seitenwechsel oft beschrieben. Führungskräfte arbeiten in vereinbarter Form in Flüchtlings- und Obdachlosenunterkünften, in Gefängnissen, in Einrichtungen der Drogenhilfe und in besonderen Wohnbereichen für Kinder und Jugendliche oder Behinderte, in Hospizen und Palliativstationen. Sie werden von erfahrenen Programmleitern begleitet, die nicht selten Funktionen von Wertetrainern wahrnehmen. Ziel ist ein hoher Erfahrungsgewinn außerhalb der eigenen Komfortzone und eine Führungsrolle in wirklichen Grenzsituationen, ein sich Einlassen auf und Ablegen von Berührungsängsten und ein Gewinn an emotionaler Sicherheit.[36] Es geht um die Verinnerlichung von Werten wie Mut, Verantwortungsgefühl, Offenheit, Durchsetzungsstärke

36 https://seitenwechsel.com/ (aufgenommen 1.10.2021).

und Einfühlung in irritierenden, eine hohe emotionale Labilisierung geradezu zwangsläufig erzeugenden Erfahrungssituationen.

Vorgehen

Das Grundprinzip des Seitenwechsels ist übertragbar: vom Schüleraustausch bis zum Praktikum in fremden Ländern. Seitenwechsel ist ein Programm, das von und für Wertetrainees aus den Bereichen Personalentwicklung, Wirtschaft, Bildung und Humankapital entwickelt wurde. Immer mehr Unternehmen fördern ethische Überlegungen und soziale Zielstellungen (vgl. Ettlin, Meier-Dallach 2003, S. 28). Wenn man ein solches Programm für die Werteentwicklung von Wertetrainees und Führungskräften einsetzen will, ist zu berücksichtigen, dass sich viele Wertetrainees in einem sehr eng geknüpften, kaum über Ober- und Mittelschicht hinausreichenden sozialen Netz bewegen, und kaum je in Kontakt mit Menschen der gesellschaftlichen Ränder kommen. Die dadurch fehlenden ethisch-moralischen und sozial-weltanschaulichen Werte sind aber nicht durch herkömmliche Bildungsprogramme zu erwerben. Allerdings stellt die Methode an den Wertetrainer wie an die Teilnehmer hohe Anforderungen. Sie müssen beträchtliche Frustrationen aushalten. Sie lernen Charaktere, Probleme und Zustände kennen, die Sie sich vorher nicht hätten vorstellen können. Der vielleicht wichtigste dabei entfaltete Wert ist, Mitgefühl nicht nur zu demonstrieren, sondern tief innen zu erleben. Menschenrechte erfordern auch Menschenpflichten. Diese Pflichten beruhen auf von Werten untermauerten Normen.

Folgen, Nutzen

Die Methode stärkt vor allem den Wert Gemeinnutz und reicht weit über den eigenen engen Arbeits- und Lebenskreis hinaus. Gerade in Zeiten von Nachhaltigkeit und Digitalisierung ist soziale Verantwortung von Organisationen und Unternehmen, ist »Corporate Social Responsibility« (CSR) besonders notwendig. (vgl. Spieß, Fabisch 2017). Der Wertetrainer wird zum Förderer eines Perspektivenwechsel hin zu sozialer Verantwortung. Das geht nicht ohne die unabdingbare emotionale Labilisierung, wie sie bei dieser Methode initiiert wird.

2.3.3.5 Zürcher Ressourcen Modell (ZRM)

Voraussetzungen

Eine besonders wirkungsvolle realitätsähnliche Methode stellt das Zürcher Ressourcen Modell (ZRM) dar. Die Realitätsähnlichkeit liegt dabei weniger in den modellhaft einbezogenen Entscheidungs- und Entwicklungssituationen als in den Erfordernissen einer emotional-motivational verankerten Veränderung und Entwicklung von Werten. Das Zürcher Ressourcen Modell verwendet einen neurobiologisch fundierten Ressourcenbegriff: »Demnach gilt als Ressource alles, was gesundheitsfördernde neuronale Netze aktiviert und entsprechende Ziele fördern hilft« (Krause, Storch 2006, S. 33).

»Emotionen, als wesentliche Träger von Motivation, stellen ein ... tragendes Element im ZRM dar. Die Neurowissenschaften bieten hierfür eine hilfreiche Konzeption an, die es ermöglicht, emotionale Befindlichkeiten und (häufig unbewusste) Bewertungen und Wertehaltungen eines Menschen in die Veränderungsarbeit mit einzubeziehen« (Damasio 2002, S. 12).

Gemeint ist seine Theorie der somatischen Marker. Als somatische Marker bezeichnet Damasio ein biologisches Bewertungssystem, das durch Erfahrung entsteht. Die Entstehung und Veränderung dieser Marker beschreibt er wie den Prozess eines Neuerwerbs oder des Umlernens von Werten. Damit beschreibt er neurobiologisch gestützte Wertetrainingsprozesse[37] und gibt viele praktische Hinweise für ihre Gestaltung (vgl. Damasio, Vogel 2017).

Vorgehen
Was beim ZRM hinzukommt, ist der geistreiche Zugriff auf das Unbewusste mit einer projektiven Methode, der sogenannten Bildkartei (vgl. Krause und Storch 2018). Sie besteht aus etwa 30 – 80 Bildern und sollte möglichst vielfältig gestaltet sein. Diese Bilder werden zunächst ohne System auf dem Boden ausgelegt. Die Teilnehmer werden dann aufgefordert, herumzuwandern, die Bilder auf sich wirken zu lassen und das Bild zu bestimmen, das auf sie am positivsten wirkt. Jeder muss dann erklären, warum gerade dieses Bild ihn anspricht, warum es ihm gefällt.

Der Rückgriff auf solche Bilder dient dazu, implizite Gedächtnisinhalte zu ermitteln, die mit einer direkten Abfrage nicht herauszubekommen sind. Solche projektiven Verfahren werden benutzt, um innerpsychischen Konflikten auf die Spur zu kommen. Die Bilder können konfliktthematisierende Projektionen auslösen. Indem Bilder mit positivem Bildinhalt verwendet werden, kann der Fokus auf zu erreichende Lebens- und Werteziele gerichtet werden. Dadurch, dass sehr allgemeine Emotionen angesprochen werden, wird die Zielstellung des Trainings nicht schon am Beginn eingeengt. Da es sich um emotionale Inhalte handelt, werden Entscheidungssituationen, auch Werteentscheidungen, auf die unbewussten Emotionen zurückgeführt und nicht auf rationale Entscheidungen verkürzt.

Ausgehend von den so gewonnenen und sprachlich formulierten Assoziationen der einzelnen Teilnehmer werden in Gruppenarbeit allgemeine Vorsätze erarbeitet. Beim Einsatz des Zürcher Ressourcen Modells handelt es sich fraglos auch um eine Methode gezielter Werteentwicklung von Persönlichkeiten.

Folgen, Nutzen
Die Bildkartei ist nur ein Aspekt, der Fragen der Werteentwicklung unmittelbar betrifft. Ein anderer, leicht anzuwendender und von großer Suggestivkraft, ist die Veranschaulichung des unbewusst-emotionalen Wertungssystems durch das sogenannte »Würmli«: »Wir haben zwei Bewertungssysteme, den Verstand und das, was die meisten Menschen Bauchgefühl nennen, in der Wissenschaftssprache somatische Marker genannt. Ich nenne dieses Bauchgefühl ›das Würmli‹. Dieses Würmli ist unser emotionales Erfahrungsgedächtnis ...Wir leben in einer Gesell-

37 https://www.youtube.com/watch?v=mGBG5sr8m2U (aufgenommen 18.6.2021).

schaft, in der immer noch als König gilt, wer seine Entscheidung allein mit dem Verstand trifft. So beraubt man sich aber eines ganz wichtigen Werkzeugs. Sie müssen sich wirklich bewusst machen, was Hirnforscher in den vergangenen Jahren herausgefunden haben: Wir besitzen ein Bewertungssystem, in dem all unsere Erfahrungen gespeichert sind. Und dieses Bewertungssystem sendet Signale aus, manchmal unterschiedliche ... aber immer Signale, die uns etwas sagen wollen.«[38]

Der Verstand hat ein langsames Arbeitstempo, benutzt als Kommunikationsmittel die Sprache, präzise Argumente und die Bewertungskategorie richtig oder falsch. Das Bewertungssystem des Würmlis hat ein schnelles Arbeitstempo, benutzt als Kommunikationsmittel somatische Marker, diffuse Gefühle und die Bewertungskategorien mag ich – mag ich nicht (vgl. Storch 2012). Die Autorin empfiehlt nun im Vorfeld von – stets wertenden! –Entscheidungen eine Würmli-Bilanz anzusetzen. Die Gefühlsbilanz, nicht das rationale Abwägen, bestimmt schließlich die Entscheidungen. Die Würmli-Bilanz lässt sich in jedes Wertetraining integrieren und kann helfen, die Entwicklung mit den durch Erlebnisse und Erfahrungen emotional tief verankerten Werten abzustimmen.[39] Die Bilderdatei und die Würmli-Bilanz ermöglichen, frühere Erfahrungen mitsamt ihren emotionalen Wertungen zu berücksichtigen (vgl. Storch, Riedener 2011, S. 270 – 315). Damit kann ein großer Realitätsgewinn erzielt werden.

2.3.3.6 Serious Games

Voraussetzungen

Mit der flächendeckenden Verbreitung von Smartphones und Tablets nimmt die Nutzung von Computerspielen, insbesondere in Form von Browser- und Social-Games, immer mehr zu. Der Markt der Computerspiele boomt.[40] Aufgrund der Faszination, die diese Spiele auf Millionen von Spielern ausüben, stellt sich die Frage, ob es nicht möglich ist, mit solchen Systemen Handlungsszenarien zu gestalten, die ein im weitesten Sinne realitätsähnliches Wertetraining ermöglichen.

Der Begriff Serious Games wird nicht einheitlich verwendet. Wir definieren Serious Games als Lernkonzeption, die den Spielmechanismus in einem virtuellen, interaktiven Rahmen vor allem für die Werteentwicklung der Lerner nutzt, indem sie diese emotional bindet (Son, Weber 2011, S. 2). Serious Games sind hoch komplexe Formen kollaborativer Spielformen in virtuellen Welten. Die Lerner tauchen in virtuelle Welten und Geschichten ein, teilweise vermischen sich Spielfiktion und Realität (vgl. Kaufmann 2011).

38 https://www.brigitte.de/liebe/persoenlichkeit/dr--maja-storch---sie-koennen-sich-nicht-falsch-entscheiden-10201820.html (aufgenommen 20.01.2019).

39 Vgl. https://appcrawlr.com/ios/wurm-bilanz-von-maja-storch.

40 https://www.handelsblatt.com/unternehmen/it-medien/games-branche-geschaeft-mit-computer-und-videospielen-boomt/22915568.html?ticket=ST-953992-TDo3XQj1zJkrbtrlPUWC-ap3, abgerufen am 20.01.2019.

Man kann verschiedene Varianten unterscheiden (vgl. Son Le, Weber 2011, S. 6):
- **Actionspiele**, in denen die Reaktionsgeschwindigkeit entscheidend ist,
- **Adventurespiele**, in denen das Lösen von Rätselaufgaben die Rahmengeschichte fortführt,
- **Casual Games**, deren Spielrahmung weniger komplex und deren Spielregeln schnell erlernbar sind, sodass sich die Spiele gut für eine »gelegentliche« und beiläufige Nutzung eignen,
- **Rollenspiele**, in denen sich die Spielfiguren durch Aktionen in ihrer Handlungskompetenz weiterentwickeln,
- **Simulationsspiele**, in denen die Spielenden realitätsnahe Erfahrungen sammeln,
- **Sportspiele**, die in ihren Regeln echten Sportarten nachempfunden sind,
- **Strategiespiele**, die hohen Anforderungen an das Management von Ressourcen und Einheiten stellen.

Wir haben diese Varianten aufgeführt, weil sie alle starke kognitive Dissonanzen erzeugen, die als Basis gezielter Werteentwicklung genutzt werden können.

Vorgehen
Für den Einsatz von Serious Games im Wertetraining ist die zentrale Frage, welche von ihnen zu wirkungsvollen Formen emotionaler Labilisierung und damit zur Werteentwicklungen führen. Dafür ist wichtig, das Spielszenario so zu gestalten, dass die Wertetrainees gleichsam vergessen, dass sie sich in einem Spielszenario bewegen (vgl. Klimmt 2008). Es werden deshalb Spielumgebungen benötigt, in denen die gezielte Werteentwicklung beim Bewältigen von als real wahrgenommenen Herausforderungen stattfindet. Bearbeitet werden offene Entscheidungsprobleme in sozial widersprüchlichen, Dissonanzen und Labilisierungen setzenden Kommunikationsformen. Hinzu kommt eine hoch emotionalisierende Selbstwirksamkeitserfahrung, bei der ein Nutzer auf seine Aktivität hin eine unmittelbare Reaktion erhält. Das Spiel kann Stolz und gesteigerte Selbstwertgefühle, aber auch Frust und Enttäuschungen bewirken. Es führt oft zu vergrößerter Entwicklungsfähigkeit (vgl. Kerres, Bormann, Vervenne et al. 2009).

Folgen, Nutzen
Mit realitätsnahen Serious Games können im Organisationskontext mehrere Ziele erreicht werden (vgl. Meier, Seufert 2003):
- kontinuierliches Handeln der Teilnehmer zur gezielten Werteentwicklung,
- Erfahrungen mit Handlungsalternativen durch konstruktives Herangehen,
- selbstorganisierte, wertebeladene Interaktion,
- soziale Werteentwicklung durch ein kollaboratives und zugleich wettbewerbsorientiertes Zusammenwirken,
- rollenangepasste Werteentwicklung durch variierende Spielsettings,
- echte emotionale Entwicklung durch immer stärkeres Identifizieren mit der Spielsituation.

Unter der Bezeichnung **Gamification** wird versucht, Spielelemente und Spielmechanismen in nicht-spielerische Lernkontexte zu übertragen, um dort die Spielfreude zu nutzen und den Entwicklungserfolg zu erhöhen, beispielsweise durch Punktevergaben, Ratings oder Badges.

Badges sind digitale Abzeichen, die als Nachweis für Wissen oder Fähigkeiten, die Lernende erworben haben, stehen und diese motivieren sollen, sich für eine Sache oder ein Projekt zu engagieren. Sie basieren auf einem definierten technischen Standard und beinhalten weitere Informationen (Metadaten), z. B. über den Aussteller oder die Lernaktivität. Sie können zwischen verschiedenen Partnern, Zielgruppen oder Plattformen kommuniziert werden (nach Robes 2021a).

Häufig dienen Badges als digitale Zertifikate. Die angestrebte Erhöhung der Motivation und des Werteengagements ist aber nur gering, eine sinnvolle Verknüpfung zwischen Wissen und Verstehen erfolgt kaum (vgl. Wahl, D. 2013).

Gamification ist deshalb für Werteentwicklungsprozesse und Wertetrainings wenig nützlich. Die gezielte Entwicklung von Werten kann mit den heutigen uns bekannten Serious Games noch nicht erreicht werden. Im Vordergrund steht bei ihnen zumeist der wertefreie Transfer von Wissen im engeren Sinne. Mit der Entwicklung semantischer Systeme werden sich die Spiele zukünftig immer mehr der Realität angleichen, sodass in einigen Jahren auch gezielte Werteentwicklungsprozesse mit Serious Games möglich sein werden, weil sie dann emotional-motivationale Labilisierungsprozesse in »fiktiver Realität« ermöglichen.

2.3.4 Unterstützendes Werteentwicklung durch Bildung und Weiterbildung

> *»Eine wirkliche Wertebildung kann nicht im Kontext steriler Seminare gelingen, in denen philosophisches Wissen und ethische Begründungen dargestellt und reflektiert werden.«*
>
> *Rolf Arnold 2021, S. 15*

Werte sind unmittelbar mit der emotionalen Grundorientierung der Menschen verwoben und halten diese im Spektrum der Sicht- und Handlungsweisen, mit denen sie gelernt haben, ihre Welt auszuhalten und zu verstehen. Werteentwicklung geht deshalb mit einer emotionalen Transformation der Person einher, um eine angestrebte Haltung zu erreichen (vgl. Arnold 2021, S. 16).

Die gezielte Entwicklung von Werten ist in Weiterbildungsmaßnahmen, beispielsweise in Seminaren, kaum möglich.

Die Anwendung von Planungstechniken und Entscheidungsmethoden im Rahmen von Weiterbildungsmaßnahmen kann jedoch das notwendige Wissen sowie die Qualifizierung als Voraussetzung der Werteentwicklung in der Praxis sichern. Die übliche Methode, diese Lernphase vor die Phase der Werteentwicklung zu legen, ist dabei wenig effektiv, da nach den vorliegenden Studien (z. B. Kirkpatrick, Kirkpatrick 2012) weniger als zehn Prozent von den Inhalten, die man in solchen Maßnahmen hört, in der Praxis angewandt werden.

Schulische oder seminaristische »Werteerziehung« arbeitet in der Regel mit Unterrichtsdialogen und gemeinsamen Diskussionen über Werte. Sie stehen vor dem Grundwiderspruch zwischen der bloßen Weitergabe von Wertewissen und echter Werteverinnerlichung. Lehrer und Weiterbildner sind zu sozial-weltanschaulicher Werteneutralität verpflichtet und dürfen kaum emotionsbeeinflussende Maßnahmen durchführen, die ihnen als Manipulation angekreidet würden. Margit Stein zieht das ernüchternde Resümee zu immerhin elf bekannten Modellen direkter Werteerziehung, dass schulische Werteerziehungsansätze zumeist nur Änderungen in Bezug auf das Wertewissen, aber kaum von Haltungen und Verhalten hervorrufen (vgl. Stein 2008, S. 163). Ähnlich fiele das Urteil in Bezug auf berufliche Bildung und Erwachsenenbildung aus. Allerdings gibt es auch im Bereich des Wertetrainings durch Bildung und Weiterbildung inzwischen einige Methoden, die von der Wissensvermittlungsillusion abgehen und auf eine echte Werteverinnerlichung aus sind. Sie lassen sich, sinnvoll angepasst, auch auf den schulischen Bereich übertragen.

Nur selten wird Pädagogen und Weiterbildnern die Frage gestellt: Was verstehst Du eigentlich unter Werten? Meist wird über Werte konkret-inhaltlich heftig gestritten – wie wichtig sind Pünktlichkeit, Pflichterfüllung, Respekt, Disziplin, Menschlichkeit, Interkulturalität in unserem Leben – aber der besondere Charakter von Wertungen, von Werten als Ordner der Selbstorganisation wird kaum zum Thema gemacht.

Ermöglichungsdidaktisch besteht jegliches Lehren darin, Bedingungen des Lernens zu gestalten, Lernen zu ermöglichen (vgl. Arnold, Siebert 2003). Bei »normalem« Sach- und Fachwissen trifft diese Ermöglichung, von Langeweile und Verständnisschwierigkeiten abgesehen, auf keine großen Barrieren. Bei Werten ist das anders. Jeder an Bildungsmaßnahmen Teilnehmende hat eigene Genusswerte, Nutzenwerte, ethisch-moralische und sozial-weltanschauliche Werte, oft in normativ verdichtete Glaubensvorstellungen, Kulturzusammenhänge, Gebräuche und Traditionen eingebettet und emotional tief verankert. Außer durch kritische Lebensereignisse lassen sich die bis zur Volljährigkeit stabilisierten Weltanschauungen kaum noch grundlegend verändern. Andererseits werden im Rahmen von Bildungsmaßnahmen zunehmend stabile, handlungsermöglichende Wertekerne und Wertehaltungen erwartet.

Der Widerspruch von erwünschter Werteentwicklung und vorgefundener Wertestabilität lässt sich in traditionellen Bildungs- und Weiterbildungsprozessen nur schwer angehen. Der bisherige »Machbarkeitswahn« (Heid 1995, S. 29–38) glaubte, Bildungsprozesse seien gleichsam von außen technisch zu bewältigen. Mit derlei Illusionen haben die Selbstorganisationstheorien in ihren verschiedenen Facetten durchgreifend aufgeräumt (vgl. Luhmann 1984; Maturana, Varela 1987; Weidlich 2006). Der pädagogische Konstruktivismus, die konsequente Anwendung des Selbstorganisationsgedankens auf verschiedenartigste pädagogische Aufgaben, hat die Fruchtbarkeit einer solchen Anwendung voll bestätigt. Das lernend handelnde Individuum – ob Kind, Heranwachsender oder Erwachsener, ob in beruflichen oder anderen Lebenszusammenhängen – entwickelt sich selbst, aus sich selbst heraus, in Wechselwirkung mit mannigfaltigen Zusammenhängen, aber kaum in behavioristischen Ursache-Wirkungs-Beziehungen (vgl. Arnold 2012).

Menschen verhalten sich nicht (Behaviour = Verhalten), sie handeln selbstorganisiert. Problematisch ist allerdings, dass die meisten der Selbstorganisationstheorien keine Theorie der

Ordner der Selbstorganisation, wie sie die Synergetik von Hermann Haken formuliert, kennen (vgl. Haken, Wunderlin 2014; Haken, Plath 2016). Die Entstehung sogenannter Ordner (Ordnungsparameter) in komplexen, sich selbst organisierenden Systemen ist die wichtigste, für die Wertethematik entscheidende Tatsache (Haken, Wunderlin 2014, S. 30), die Entdeckung solcher Ordner der Selbstorganisation durch die Synergetik der eigentliche Schlüssel zur Werteproblematik (Haken 1996, S. 588).

Es gibt im Bereich von Bildung und Weiterbildung inzwischen eine Reihe moderner handlungs- und verhaltenspsychologischer Erkenntnisse und Methoden, die von der Wissensvermittlungsillusion abgehen und auf eine echte Werteverinnerlichung hinweisen. Unter dem Hinweis auf die modernen Verhaltenswissenschaften im Arbeitsprozess und Beruf richten neuere Untersuchungen den Blick auf die neue Erwartungstheorie – die Prospect Theory (vgl. Kahnemann 2016; Kahnemann, Tversky 2000), auf die Verzerrungsvermeidung – das Debiasing und Anti-Biasing und auf das »Anstupsen« – das Nudging (vgl. Thaler, Sunstein 2017).

»Durch den Einsatz von Techniken wie ›Nudging‹ und verschiedenen ›Debiasing‹-Methoden können Führungskräfte das Verhalten von Menschen verändern, was sich positiv auf das Geschäft auswirkt, ohne das zu beschränken, was Menschen alles tun können ...« (vgl. McKinsey, 2019). Es geht hier nicht darum, diese Techniken detailliert darzulegen (dazu vgl. Wakker 2010). Für den Wertetrainer entscheidend ist vielmehr, dass er die Irrationalität des Menschen versteht und dieses Verstehen für seine Arbeit nutzen kann. Wie die heutigen Verhaltensforscher sagen, »sind wir vorhersehbar irrational. Was vorhersehbar ist, kann zumindest bis zu einem gewissen Grad gesteuert werden« (vgl. Javetsky, Koller 2018). Dabei geht es nicht um eine Theorie des Irrationalen, sondern eine Rationalität von Selbstorganisation, die zuweilen mathematisch-logischer Rationalität entgegensteht. In Bezug auf das Verständnis von Wertungen, von Werten sind die wertedurchdrungenen verhaltenswissenschaftlichen Ansätze oft die Methoden der Wahl.

2.3.4.1 Weiterbildungsmaßnahmen als Anstoß für Werteentwicklung

Voraussetzung
Wir empfehlen, Weiterbildungsangebote zu nutzen, bei denen Wertetrainees Wissen und Qualifizierung nicht vorab im Sinne eines Vorratslernens, sondern Prozess begleitend bei der Bearbeitung von Praxisaufgaben bzw. Praxisprojekten bei Bedarf gewinn. Da sie dabei das neue Wissen sofort in der Praxis anwenden, werden sie einen erheblich größeren und nachhaltigeren Lernerfolg erzielen.

Vorgehen
Insbesondere folgende Weiterbildungsmaßnahmen haben sich in der Praxis bewährt (vgl. Erpenbeck, Sauter 2019, S. 245 ff.):

- **Brainstorming,** wörtlich übersetzt »Gedankenstürmen«, ist ein zentrales Instrument schöpferischen Handelns. Diese Methode zur Ideenfindung soll die Erzeugung von neu-

en, ungewöhnlichen Ideen in einer Gruppe von Menschen fördern. Kerngedanke ist es, zunächst ohne jedes System, völlig »aus dem Bauch heraus«, Ideen zu sammeln. Diese Ideensammlung erfolgt ohne jede Beurteilung oder Bewertung. Ziel ist es, möglichst viele Lösungsansätze anzudenken, und seien sie auch noch so verrückt. Erst in einem zweiten Schritt erfolgen die Bewertung und Diskussion der Ideen und ihre Umsetzung in die Praxis.
- **Mind Mapping** ist ein intuitives Verfahren, um komplexe Sachverhalte zu strukturieren. Die Struktur eines Mind Maps ähnelt einem Baum. Der Stamm ist der Mittelpunkt, von dem aus die Haupt- und die Nebenäste in alle Richtungen abzweigen und Blätter treiben. Einige Softwarehersteller bieten Mindmapping-Programme an, die eine anschließende Projektstrukturierung auf Basis der Mind Map ermöglichen.
- **Design Thinking** für die Orientierung und grobe Strukturierung von kreativen, agilen Prozessen.

Folgende Weiterbildungsmaßnahmen bieten sich weiterhin an, sofern diese Maßnahmen zumindest realitätsähnlich gestaltet werden.
- **Angebote zur Entwicklung des »Folgebewusstseins«**: Folgebewusstsein erfordert das fachliche und methodische Wissen, aber auch Erfahrungswissen, um Prozessabläufe und deren Folgen zu verstehen. Dazu gehört das Wissen über bestimmte Sachverhalte, Bedingungen oder Ursachenkonstellationen, die zu kausal oder statistisch determinierten Folgeerscheinungen führen. Folgebewusstsein umfasst andererseits auch das Sich-Verantwortlich-Fühlen für Folgen eigener Maßnahmen und Entscheidungen für den eigenen Arbeitsbereich, die gesamte Organisation oder auch darüber hinaus (z. B. Umwelt, Gesellschaft, Medien).
- **Projektmanagement**: Ziel dieser Weiterbildung zum Projektmanagement ist es, auf Basis einer agilen Projektorganisation klare Zuständigkeiten zu schaffen und einen Prozessverlauf gemeinsam zu definieren, der bei Projekten aller Größenordnungen eine qualifizierte Projektentwicklung zu vorgegebenen Terminen, mit festem Budget und hoher Qualität garantiert. Dafür wird ein Projektstrukturplan benötigt. Diese Weiterbildung sollte möglichst mit einem konkreten Praxisprojekt verknüpft werden, um den Werte- und Kompetenzaufbau zu ermöglichen.
- **Selbstmarketing**
  Der sich Entwickelnde soll
  - über das eigene Handeln und die eigenen Leistungen reflektieren,
  - persönliche Ziele definieren,
  - offen über eigene Leistungen sprechen: »Tu Gutes und rede darüber!«,
  - sinnvolle Lösungen entwickeln, um auf sich und die eigenen Vorhaben aufmerksam zu machen,
  - eigene Lösungen in der Unternehmenspraxis umsetzen.
- **Gesundheit**
  Im Weiterbildungsmarkt werden eine Vielzahl von Seminaren und Workshops zu gesundheitlichen Themen, wie **Ernährungskurse, Rückenkurse, Walking, Entspannung, Stressbewältigung, Burn-out-Prävention oder Raucherentwöhnung** angeboten. Entscheidend für die Entwicklung der Gesundheit ist dabei, dass sich aus den Weiterbildungsmaßnahmen konkrete Maßnahmen in der täglichen Arbeitspraxis ableiten. Diese Angebote können da-

mit Anstöße geben, die eigentlichen Werteentwicklungsprozesse finden aber in der Praxisstufe statt.

- Ergänzend wird eine Vielzahl von Seminaren und Workshops zur **Work-Life-Balance** angeboten. Entscheidend für die Entwicklung des Wertes Privatleben ist dabei, dass sich aus den Weiterbildungsmaßnahmen konkrete Maßnahmen in der täglichen Arbeitspraxis ableiten. Diese Angebote können damit Anstöße geben, der eigentliche Werteentwicklungsprozess findet aber wiederum in der Praxisstufe statt.

Folgen, Nutzen

Die Wertetrainees können durch Weiterbildungsmaßnahmen für ihre Werteentwicklung sensibilisiert werden und ihr Netzwerk erweitern. Die Erfolgschancen der Werteentwicklung in der Praxis werden damit gefördert.

2.3.4.2 Selbstorganisation

Voraussetzungen

Der Wertetrainer sollte, will er Elemente von Bildung und Weiterbildung für sein Training verwenden, die elementaren Grundlagen der Synergetik und des pädagogischen Konstruktivismus kennen. Wir betrachten das als eine methodisch unbedingt notwendige Voraussetzung. Nur so kann er aus den traditionellen pädagogischen Angeboten, aber auch aus dem pädagogischen Konstruktivismus herausfiltern, was für sein Training nützlich ist. Er weiß, dass der Übergang von einer alten zu einer neuen Handlungsstruktur stets über Instabilitäten erfolgt, die aber manchmal von außen zu provozieren sind.

Sich selbst organisierende Systeme können prinzipiell nicht vollständig von außen gelenkt und gesteuert werden. Sie unterliegen innerer Bedingtheit und Bestimmtheit, ihre Strukturen sind vor allem durch innere Faktoren bedingt. Ihre Zukunft lässt sich nicht langfristig, manchmal nicht einmal kurzfristig vorhersagen; immer muss die konkrete historische Entstehungsgeschichte berücksichtigt werden. Werte lassen sich nur im konkreten Entstehungs- und Wirkungszusammenhang verstehen. Das gilt für Bedingungen in der Organisation der Wertetrainees, es gilt auch für jeden einzelnen Wertetrainee, seine Entwicklungsgeschichte und Biografie. Eine gewollte Werteentwicklung ist nicht zu verordnen. Ebenso wie bei der ganzen Organisation sind auch die Werte des einzelnen Wertetrainees nicht mechanisch an die Umwelt angepasst, sondern entwickeln sich gemeinsam mit dieser unter wechselseitiger Beeinflussung.

Vorgehen

Die Wichtigkeit von Werten als Ordnern selbstorganisierten Handelns ergibt sich aus der beschränkten Vorhersagbarkeit aller Handlungsergebnisse, der Historizität der Handlungsprozesse, ihrer Redundanz, Selbstbezüglichkeit und Autonomie sowie ihrer Werte-, Willens- und Sinnsteuerung (vgl. Ebeling, Feistel 1982). Der Wertetrainer muss in diese laufenden Entwicklungsprozesse gleichsam »hineinspringen«, er muss die Geschichte der Organisation ebenso kennen wie die

Werte- und Kompetenzbiografien der Wertetrainees (vgl. Erpenbeck, Heyse 3. Aufl. 2021). Werteentwicklung lässt sich nur aus dem Inneren der Selbstorganisationsprozesse gestalten.

Folgen, Nutzen

Die Selbstorganisationstheorie verpflichtet den Wertetrainer zunächst aufzuklären, wie sozialkommunikativ entstandene Ordner, wie Normen, Werte, Anschauungen, Orientierungen, so zum Antrieb des Einzelnen werden, dass er in gesellschaftlichen Entwicklungs- und Konfliktsituationen mit seiner ganzen Persönlichkeit oder manchmal auch mit seinem Leben, wie bei der Feuerwehr oder im Katastrophendienst, für diese Ordner einsteht. Gerade dies ist ein Kernproblem jedes Werteverständnisses: Wie werden sozial erarbeitete oder auch neu aufkommende, gewünschte oder erhoffte Werte so von vielen Einzelnen zu individuell handlungsleitenden Emotionen und Motivationen verinnerlicht, dass sie im Mittel sozial – dem Staat, der Organisation, den Bezugsgruppen, der Familie usw. – dienlich sind? Was sind die sozial-psychologischen Prozesse, die eine solche »Verinnerlichung« von Werten ermöglichen?

Der Wertetrainer muss einerseits zum professionellen Fachmann für Interiorisationsprozesse von Werten werden. Andererseits muss vom Wertetrainer immer wieder betont und bearbeitet werden, dass es sich bei den zu trainierenden Werten keineswegs nur um solche von Ethik und Moral handelt. Verspürt beispielsweise ein Wertetrainee nichts vom Genuss, den gute Arbeit bereiten kann, werden ihm später entscheidende Voraussetzungen des Arbeitslebens fehlen. Dass normativ-ethische Einstellungen wie etwa Pflichterfüllung, Disziplin, Fürsorge wichtig sind, wird er verstehen. Jedoch dass sein Handeln stets auch in sozial-weltanschauliche Werte eingebettet ist, wird er viel weniger beachten.

Tatsächlich spielen aber alle Grundwerte, alle Schlüsselwerte und viele weitere Teilwerte in seiner Bildung und in seinem Beruf eine tragende und oft konfliktäre Rolle. Wichtig ist für den Wertetrainer schließlich die Tatsache, dass Werte als Ordner von Selbstorganisation nicht wahr oder falsch sind. Sie bilden sich sozial heraus, bleiben länger oder kürzer bestehen und verschwinden schließlich. Sie sind manchmal wichtig und nützlich, aber nicht richtig oder unrichtig. Mit keinem Argument der Welt lassen sie sich beweisen oder widerlegen. Wahr oder falsch können die Grundlagen von Werten wie Algorithmen, Informationen, Fakten, Wissen sein. Ob Werte akzeptiert oder verworfen werden, hängt davon oft nicht ursächlich ab. Werte, die auf klar ersichtlichen Falschinformationen und Fehlannahmen beruhen, können gleichwohl Jahrzehnte akzeptiert und tief verinnerlicht werden. Der Wertetrainer sollte so viel wie möglich darüber wissen, daraus aber niemals durchzusetzende Gewissheiten ableiten.

2.3.4.3 Social Blended Learning

Voraussetzungen

Die Wertetrainees kommen im Regelfall aus einer Lernwelt, die fremdorganisiert ist. Deshalb kann nicht erwartet werden, dass sie ohne Unterstützung ihre Werteentwicklungsprozesse selbstorganisiert gestalten. Wir haben sehr gute Erfahrungen damit gemacht, die gezielte Werteentwicklung in dieser Übergangsphase zum selbstorganisierten Lernen im Arbeitsprozess im Rahmen von Social Blended Learning Arrangements einzuführen. Dabei verknüpfen wir die formelle Konzeption des Blended Learning mit sozialem Lernen bei der Bearbeitung eines realen Praxisprojektes (vgl. Erpenbeck, Sauter 2021).

Social Blended Learning ist werte- und kompetenzorientiertes Blended Learning, die Verknüpfung von selbstorganisierten Lernphasen mit Workshops, in Verbindung mit einem herausfordernden Praxisprojekt oder schwierigen Praxisaufgaben unter Einbindung von Social Software, um selbstorganisiertes und vernetztes Lernen zu ermöglichen.

Da wir jeweils mit einem Kick-off beginnen, starten wir den Entwicklungsprozess mit der gewohnten Eröffnung in einem Seminarraum, manchmal auch in einem virtuellen Raum. Dort geht es aber nicht um Wissensvermittlung, sondern um die konsequente, verbindliche Planung der selbstorganisierten Lernprozesse. Wir fördern gemeinsam mit den Teilnehmern eine Lernkultur, die durch hohe Verbindlichkeit geprägt ist, sowie die gegenseitige Unterstützung durch Lernpartnerschaften, Lerngruppen und über Projekttagebücher. Damit bauen die Teilnehmer nach und nach ihre Fähigkeiten zum selbstorganisierten Lernen und Arbeiten auf.

Die moderne Informationstechnologie stellt die Lerntechnologien zur Verfügung, die werteorientiertes Lernen am Arbeitsplatz in Verbindung mit E-Learning, Blended Learning und Social Learning überhaupt erst möglich machen. Social Blended Learning ermöglicht einen Paradigmenwechsel im Corporate Learning von fremdgesteuerten Lehrkonzepten zu selbstorganisierten Lernprozessen.

Vorgehen

Zu Beginn des Werteentwicklungskreislaufes sind die strategischen Anforderungen an die Wertetrainees zu definieren. Diese münden in einem Workshop mit erfahrenen Fach- und Führungskräften aus dem jeweiligen Handlungsbereich in Soll-Profilen für die Werte. Auf Basis der Werterfassung bestimmt jeder Wertetrainee im Rahmen eines Beratungsgespräches mit dem Wertetrainer seine individuellen Werteziele, sodass er mit seiner Führungskraft geeignete Entwicklungsmaßnahmen vereinbaren kann.

Es ist ein entsprechender Veränderungsprozess erforderlich, der vorab folgende Stufen erfordert:

- **Vorphase:** organisationsweite Werteerfassung, um Soll-Profile und die Mission der gezielten Werteentwicklung abzuleiten
- Aufbau der Werte und Kompetenzen eines **Wertemanagementteams als** Gestalter des Ermöglichungsraumes, als Coach der Führungskräfte und als Lernbegleiter.
- Aufbau der Werte und Kompetenzen der **Führungskräfte** als Wertetrainer ihrer Wertetrainees

Die Lerner organisieren ihren personalisierten Werteentwicklungsprozess im Rahmen des mit der Führungskraft vereinbarten Praxisprojektes bzw. einer Praxisaufgabe selbst, von der Zieldefinition über die Lernplanung bis zur Erfolgskontrolle. Dabei werden sie von ihren Lernpartnern (Co-Coaching), der Lerngruppe (Kollegiale Beratung), einem Lernbegleiter (Coaching) und der jeweiligen Führungskraft (Mentoring) unterstützt. In Communities of Practice können die Teilnehmer selbstorganisiert ihre Erfahrungen aus den Projekten austauschen und gemeinsam weiterentwickeln (vgl. de Laat, Simons 2007). Sie nutzen dabei Ermöglichungsräume zur Entwicklungsplanung, zur Kommunikation und Kollaboration im Netz sowie zur Einholung von Feedback.

Folgen, Nutzen
Mit dieser Lernarchitektur werden Entwicklungsprozesse möglich, die durch Werteorientierung sowie Selbstorganisation geprägt sind und deren »Roter Faden« Praxisprojekte und Herausforderungen im Arbeitsprozess bilden (vgl. Erpenbeck, Sauter & Sauter 2016). Haben die Wertetrainees mehrere Social-Blended-Learning-Maßnahmen erfolgreich durchlaufen, werden sie nach und nach dazu übergehen, den Ermöglichungsraum auch dann zu nutzen, wenn akute Herausforderungen am Arbeitsplatz zu bearbeiten sind. Sie lernen deshalb nicht mehr dann, wenn zufällig eine Entwicklungsmaßnahme angeboten wird, sondern im Prozess der Arbeit. Arbeiten und Lernen wachsen damit zusammen.

Social Workplace Learning ist selbstorganisierte Werte- und Kompetenzentwicklung unter Nutzung einer Learning-Experience-Plattform im Prozess der Arbeit, wenn herausfordernde Problemstellungen zu bearbeiten sind (vgl. Erpenbeck, Sauter 2021).

Die Wertetrainees organisieren nunmehr ihre Werteentwicklung selbst und in eigener Verantwortung mit Unterstützung ihres Netzwerkes (Community of Practice). Dabei nutzen sie alle Lernformate und Informationsquellen, aber auch Kommunikations- und Kollaborationsformen im Ermöglichungsraum. Ihre Lernprozesse werden bei Bedarf von Lernbegleitern und der jeweiligen Führungskraft unterstützt. Regelmäßige Workshops bieten die Möglichkeit, den Lernprozess zu reflektieren und aktuelle Fragestellungen mit Kollegen zu diskutieren.

2.3.4.4 Wertelisten

Voraussetzungen
Begonnen werden Prozesse der gezielten Werteentwicklung in Bildung und Weiterbildung meist mit Überlegungen, welche Werte man überhaupt in den Mittelpunkt stellen will. Dabei zeigt sich eine grundlegende Schwierigkeit. Es gibt riesige Listen von Wertebegriffen, Hunderte von Ausdrücken, die menschliche Wertungen von allem und jedem umfassen (vgl. Sauer 2019, Franz 2015). Auch wenn man sie von den unwichtigsten Begriffen befreit und ähnliche Ausdrücke zusammenfasst, bleibt noch eine stattliche Anzahl von sicher mehr als etwa 100 Werten. Man kann sie durch eine Person, ein Team oder eine Organisation beispielsweise als

»unwichtig«, »manchmal wichtig«, »wichtig«, »sehr wichtig« und »außerordentlich wichtig« abschätzen lassen. Wenn man einen Wertefragebogen aufbaut, ist es also nicht damit getan, vier oder sechzehn oder vierundsechzig Wertebegriffe ins Spiel zu bringen, sie alltagssprachlich zu beschreiben und ihre Wichtigkeit gegeneinander abzuwägen.

Es empfiehlt sich vielmehr, jeden der Begriffe mit einer »Wertewolke« zu umgeben, die ihn zwar nicht im strengen Sinne definiert, aber doch das Bedeutungsfeld absteckt, in dem man ihn verortet. Darauf sind wir unter den Erfassungsmethoden von Werten bereits eingegangen. Wichtigste Aufgabe des Wertetrainers ist es dabei, nach vorangegangenen Strategieüberlegungen und Bezügen auf die eigene Organisationskultur einen Diskussionsprozess in Gang zu setzen, was man unter den als wichtig herausgefundenen Begriffen verstehen mag.

Vorgehen

Es gibt verschiedene Sammlungen von Wertebegriffen, so im Onlinelexikon Wertesysteme (vgl. Sauer 2. Aufl. 2018) oder auch als Spruchkärtchen-Werte (vgl. Franz 2015). Eine psychologisch reflektierte Sammlung solcher Begriffe enthält das von Dieter Frey herausgegebene Buch zur Psychologie der Werte, das in alphabetischer Reihenfolge 25 Wertebegriffe auflistet, auf die wir später noch teilweise zurückgreifen (vgl. Frey 2015). Eine weitere Möglichkeit ist die Orientierung an den berühmten Reiß-Motiven, sie sind entweder Werte oder beruhen auf Werten.[41]

Die meisten Wertelisten, denen man in der Literatur begegnet, überstreichen allerdings nicht alle Lebensbereiche, sondern sind auf spezifische Aufgaben konzentriert. So gibt es Wertelisten im kirchlichen (vgl. Dziri, Dziri 2018), im politischen (vgl. Detjen 2007, S. 414 – 423; Reinhardt 2010, S. 157 – 165) oder im ethischen, speziell im unternehmensethischen Bereich (vgl. Göbel 2017; Dietzfelbinger 2015). Fast alle sogenannten Bindestrichethiken, beispielsweise Medizinethik, Wissenschaftsethik, Medienethik, Technikethik, Ökoethik, Arbeitsethik, Unternehmensethik haben eigene Listen hervorgebracht. Aus nahezu allen für die Werteerfassung eingesetzten Verfahren (vgl. Erpenbeck, Sauter 2018, S. 48 – 62) kann der Wertetrainer, falls Bedarf besteht, Begriffe extrahieren. Das kann auch mit elaborierten Verfahren wie dem sogenannten Wertehandel durchgeführt werden.

Folgen und Nutzen

Die Fülle existierender Wertebegriffe verbietet es, sie einfach willkürlich aneinanderzureihen. Der Wertetrainer wird sich einem der existierenden grundlegenden Werterasters anschließen. Dann müssen vom Wertetrainer zusammen mit einem Team aus kompetenten Fach- und Führungskräften diejenigen Wertebegriffe herausgefunden werden, die für die eigene Organisation »passen«. Dabei stehen am Anfang stets strategische Überlegungen (Heyse 2007, S. 101): Woher kommen wir als Team, als Schule, als Universität oder als Organisation, was sind unsere

41 Macht, Unabhängigkeit, Neugier, Anerkennung, Ordnung, Sparen/Sammeln, Ehre, Idealismus, Beziehungen, Familie, Status, Rache/Kampf, Eros, Essen, körperliche Aktivität, emotionale Ruhe (Reiss, Reiss 4. Aufl. 2009).

Wurzeln, unsere bisherigen Leitwerte, wo stehen wir heute, verglichen mit anderen, wohin wollen wir, was sollen in ein, zwei Jahren unsere Leitwerte sein? Kann das eine sinnvolle, ermöglichungsdidaktische Bildungs- und Weiterbildungsarbeit unterstützen? Durch die zusätzliche Konstruktion von sogenannten Wertequadraten, auf die wir nachfolgend eingehen, wird die Werteauswahl weiter unterstützt.

Die Festlegung geeigneter Wertebegriffe ermöglicht es, das Wertetraining optimal an die vorgefundenen organisationalen und individuellen Werte anzuschließen und ist schon deshalb von hohem Nutzen. Sie ist unumgänglich, um die nachfolgend zu behandelnden Methoden Prospect Theory, Debiasing, Anti-Biasing und Nudging für das Wertetraining durch Bildung und Weiterbildung nutzbar zu machen (vgl. Arnold, Lipsmeier u. a. 2019).

2.3.4.5 Wertequadrat

Voraussetzungen

Jedes Wertetraining, das auf Bildung und Weiterbildung zurückgreift, setzt das Auffinden der benötigten Wertebegriffe und die näheren Bestimmungen dieser Begriffe voraus. Je besser, schlüssiger, nachvollziehbarer diese Begriffsbestimmungen sind, desto gezielter können sie ausgewählt werden, desto tiefer greifen Wertetrainings. Eine der überzeugendsten Methoden, sich der Bestimmung von Wertebegriffen zu nähern, ist das berühmte Wertequadrat, von dem Philosophen Nicolai Hartmann erstmals ins Gespräch gebracht, von Paul Helwig methodisch ausgebaut, von Friedemann Schulz von Thun zum grundlegenden Ansatz der Wertekommunikation weiterentwickelt (vgl. Schulz von Thun, Sundmacher 2008).

»Die Prämisse des Werte- und Entwicklungsquadrats lautet: Jeder Wert, d. h. jede Tugend, jedes Leitprinzip oder jede menschliche Qualität, kann nur dann seine volle konstruktive Wirkung entfalten, wenn er sich in ausgehaltener Spannung zu einem positiven Gegenwert, einer ›Schwesterntugend‹, befindet. Ohne diese Balance verkommt ein Wert zu seiner entwerteten Übertreibung. So braucht es neben der Sparsamkeit auch Großzügigkeit, um nicht zum Geizhals zu verkommen und umgekehrt bewahrt die Balance mit der Sparsamkeit den Großzügigen vor der Verschwendung. Die Entwicklungsrichtung findet sich in den Diagonalen. Wer die Sparsamkeit übertreibt und zum Geizigen wird, dessen Entwicklungspfeil zeigt zur Großzügigkeit und komplementär empfiehlt es sich für den Verschwenderischen, die Sparsamkeit zu entwickeln.

Mithilfe des Werte- und Entwicklungsquadrates kann es uns gelingen, Werte und persönliche Maßstäbe in dynamischer Balance zu halten und in konstruktiver Weise wirksam werden zu lassen. Insbesondere können wir damit für uns selbst und für andere die anstehende Entwicklungsrichtung entdecken. In dieser Funktion wird das Werte- und Entwicklungsquadrat für Zielvereinbarungsgespräche genutzt.« (Schulz von Thun, Sundmacher 2008)

Das Sparsamkeitsbeispiel kann man grafisch zum Quadrat umsetzen (vgl. Abb. 5):

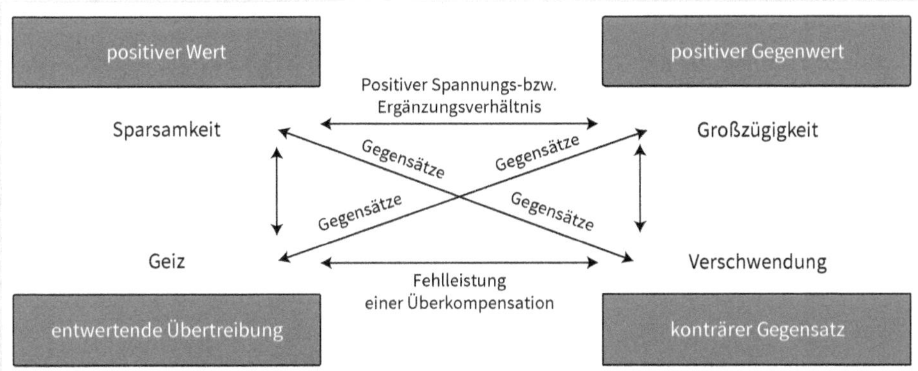

Abb. 5 Wertequadrat am Beispiel Sparsamkeit nach Schulz von Thun, Sundmacher 2008

»Bei diesem Quadrat entstehen nun vier Arten von Beziehungen, durch die das Verhältnis der Begriffe zueinander charakterisiert ist:

1. Die obere Linie zwischen den positiven Werten bezeichnet ein positives Spannungs- bzw. Ergänzungsverhältnis, wir können auch von einem dialektischen Gegensatz sprechen.
2. Die Diagonalen bezeichnen konträre Gegensätze zwischen einem Wert und einem Unwert.
3. Die senkrechten Linien bezeichnen die entwertende Übertreibung.

Die untere Verbindung zwischen beiden Unwerten stellt gleichsam den Weg dar, den wir beschreiten, wenn wir dem einen Unwert entfliehen wollen, aber nicht die Kraft haben, uns in die geforderte Spannung der oberen Plus Werte hinaufzuarbeiten. Also wenn wir uns aus einem Unwert in den entgegengesetzten anderen Unwert verlieren. Die Verbindung zwischen den unteren Begriffen stellt also die Fehlleistung einer Überkompensation des zu vermeidenden Unwerts durch den gegenteiligen Unwert dar.« (Schulz von Thun 2008, S. 39 f.)

Vorgehen

Wir halten das Wertequadrat für eine der hilfreichsten Methoden für den Wertetrainer, wenn immer er »Ordnung« in die ihn überflutenden Wertelisten und Wertebegriffe bringen will und er zu jedem Begriff einer Werteliste gleichsam eine Werte-Tiefendimension sucht. Schulz von Thun hat selbst eine Anleitung gegeben, wie man ein Wertequadrat »konstruiert«. Ausgangspunkt ist zunächst meist ein positiver Wert in der linken oberen Position. Beispielsweise Respekt. Von da aus kann man nach den drei anderen Ecken des Quadrats suchen. Der konträre Gegensatz wäre Respektlosigkeit? Die entwertende Übertreibung Unterwürfigkeit. Ein positiver Gegenwert – Toleranz?[42] So sähe eine Tiefendimension des bereits mehrfach erwähnten wichtigen Wertebegriffs aus.

42 Schulz von Thun (2008) konstruiert beispielhafte Wertequadrate zu den Begriffen: Toleranz, Wahrhaftigkeit, Liebe, Vorsicht, Durchsetzungsvermögen, Spontaneität, Pragmatismus.

Folgen, Nutzen

Hat sich der Wertetrainer einmal auf für die Organisation und die Wertetrainees wichtige Werte festgelegt, die er in sein Training einbeziehen will, ist es sinnvoll, nicht nur ihren Bedeutungskontext zu ermitteln (Wertewolke) sondern auch die Mit- und Gegenwerte mithilfe eines Wertequadrats zu konstruieren. Eine solche Konstruktion – positiver Wert, positiver Gegenwert, entwertende Übertreibung, konträrer Gegensatz – kann er für jeden der im Mittelpunkt des Trainings stehenden Begriffe ausführen. Auch jeder andere Ansatz von Bildung und Weiterbildung kann diesen Zugang nutzen.

2.3.4.6 Prospect Theory

Voraussetzungen

Daniel Kahnemann und Amos Tversky, die Begründer der Prospect Theory, gehen von verhaltenspsychologisch bekannten wertedurchdrungenen Effekten aus (vgl. Kahneman, Tversky 1979, S. 263 – 291; Beck 2008, S. 145 – 197), beispielsweise: der Verankerung von wertenden Einschätzungen an den Ausgangswerten (Anchoring), der Abhängigkeit einer Entscheidung von der wertenden Formulierung des Problems (Framing), dem Wertewunsch, dass alles so bleibt, wie es ist (Status-quo-Bias), der Einschätzung des Wertes von Gegenständen danach, ob man sie selbst besitzt (Besitztumeffekt) und der relativ willkürlichen Zuordnung von Sachverhalten zu als wichtig erachteten »Konten« (mentale Kontenführung). Dem Wertetrainer genügt ein Blick auf diese Effekte, um zu sehen, dass sie vor allem von Wertungen hervorgebracht werden. Beherrscht er sie, beherrscht er viele irrationale Werteeffekte. Sie gehören zu seinem unverzichtbaren Handwerkszeug.

Vorgehen

Die Prospect Theory wurde im Jahre 1975 erstmals unter dem Namen »Value Theory« vorgestellt. Sie wurde von Amos Tversky und Daniel Kahneman als Kritik an bisherigen Theorien formuliert, die Risikoentscheidungen modellierten, aber wertende Entscheidungsgründe vernachlässigten.[43] Da alle realen Entscheidungen risikobehaftet sind, gilt die Theorie generell für Wertungen in Entscheidungssituationen. Sie ist eine »Theorie unkorrekter Einschätzung von Wahrscheinlichkeiten« unter dem Einfluss von Wertungen (vgl. Rama 2018). »Die Prospect-Theorie – auch neue Erwartungstheorie – ist eine psychologische Theorie. Daniel Kahneman und Amos Tversky räumten darin mit dem Mythos vom homo oeconomicus auf, denn auch bei finanziellen Transaktionen agieren Menschen nicht als nüchterne Nutzenmaximierer.« Sie sind vielmehr von wertenden Emotionen wie Fairness, Risikoscheuheit, Verlustangst geleitet (vgl. Stangl 2018).

Damit ist der Hauptpunkt dessen formuliert, was die Prospect Theory für den Wertetrainer so wichtig macht. In der Realität sind die Menschen mit emotional oft hoch labilisierenden Situa-

43 http://www.uvk-lucius.de/behavioralfinance/gl/erwartungsnutzentheorie.htm (aufgenommen am 23.07.2019)

tionen konfrontiert. Das führt unvermeidbar zu massiven Prozessen der Werteentwicklung. Der Wertetrainer kann jedoch andere emotional labilisierende Situationen entgegensetzen. Traditionelle Settings von Schule, Bildungs- und Weiterbildungsmaßnahmen berücksichtigen das kaum.

Folgen, Nutzen

Will der Werteentwickler nicht auf die Praxis mit Trainingsunternehmen, Praxisdelegierung oder Job Rotation, auf Coaching und Mentoring außerhalb der Weiterbildung oder auf Trainings, die sehr schwer und aufwendig wirklichkeitsnah zu gestalten sind, zurückgreifen, muss er emotional deutlich labilisierende Entscheidungssituationen in den Bildungsraum holen. Das kann ihm durch emotional ergreifende Falldarstellungen durchaus gelingen. Das kann auch das Resultat von Diskussionen der berühmten Kohlberg-Dilemmata[44] sein. Diese sind jedoch mehrheitlich sehr abstrakt und greifen emotional nur, wenn sie als Projektionsfläche für eigene Entscheidungssituationen der Teilnehmer dienen können.

Will der Werteentwickler die modernen handlungs- bzw. verhaltenspsychologischen Methoden direkt nutzen, muss er sie vor allem dazu verwenden, Werteverzerrungen zurückzudrängen (ein anderes »framing« finden), die Abhängigkeit von Ausgangswerten zu thematisieren (also vom »anchoring«), den Wunsch, dass alles so bleibt, wie es ist, infrage zu stellen (den Status-quo-Bias anzuzweifeln), die bequeme Nutzung bereits vorhandener Werte zu konterkarieren (also den Besitztumeffekt), oder die Aufmerksamkeit von dem, was uns immer schon wichtig erschien, auch auf andere Gegebenheiten zu lenken (die mentale Kontoführung zu verändern).

Zusammen mit den Wertetrainees sucht der Wertetrainer emotional wichtige Entscheidungssituationen heraus, sie werden vorgestellt, schließlich werden maximal drei solcher Situationen herausgefiltert. Für diese werden passende verhaltenspsychologische Methoden herausgesucht und angewendet, von denen Alternativenfindung, Post-mortem- und Advocatus-Diaboli-Diskussion die vielleicht wichtigsten sind. Die Prospect Theory von Kahnemann und Tversky wird als Instrument genutzt, um den Wertegehalt von Entscheidungen zu verstehen und unwägbare Risiken abzuschätzen. Dabei wird stets ein subjektiver Bezugspunkt festgelegt, von dem aus Wertungen vorgenommen werden. Es handelt sich niemals um objektive Messwerte und ihren Vergleich.

2.3.4.7 Post-mortem-Diskussion

Voraussetzungen

Wir gehen kursorisch auf zwei wichtige verhaltenspsychologische Methoden ein, die vom Wertetrainer hervorragend nutzbar sind: Post-mortem-Diskussion und Advocatus-Diaboli-Dis-

44 Die Probanden werden mit hypothetischen moralischen Problemstellungen konfrontiert, bei denen innere Konflikte entstehen. (nach Wikipedia https://de.wikipedia.org/wiki/Kohlbergs_Theorie_der_Moralentwicklung, abgerufen am 20. 10. 2021)

kussion. Zu Ersterem: Wertetrainer und Wertetrainees stellen sich vor, sie seien gemeinsam Mitarbeiter in einem hoch wichtigen, schicksalhaften, möglichst realen Projekt, das keinen gleichgültig lässt. Natürlich kann man sich alle positiven Projektergebnisse ausmalen. Eine andere, Emotionen viel stärker aufrührende und damit künftige Werteeinstellungen gezielter entwickelnde Methode ist jedoch, sich noch vor dem realen – positiven oder negativen – Ende des Projekts vorzustellen, es sei mortal, tödlich gescheitert. Schluss, aus.[45]

Vorgehen

Gefragt wird nach den Todesursachen des Projekts. Wenn es sich um reale Projekte handelt, die auf solch eine Weise durchleuchtet werden, bekommen derartige Fragen natürlich sofort einen emotional stark labilisierenden Charakter und können damit gut für ein Wertetraining eingesetzt werden. Die Trainingsteilnehmer fragen gemeinsam nach den Todesursachen: Eigenes Versagen? Versagen anderer? Mangelhaftes Wissen? Fragwürdige Werteorientierungen? Problematische Überzeugungen? Bremsende Motivationen? Zweifelhafte Haltungen? Dabei sind die ersten fünf Diskussionsminuten die kritischsten. Der Wertetrainer versucht, bei aller emotionalen Anspannung eine entspannte, produktive Auseinandersetzung zu führen. Er wendet seine Aufmerksamkeit auch kleinen, aber wichtigen Problemen zu; es gibt immer etwas Wertvolles zu lernen. Er fördert konstruktive und vermeidet defensive, überkritische Einschätzungen und ermutigt alle Wertetrainees zur Teilnahme.

Folgen, Nutzen

Kern der Post-mortem-Diskussionen in Bildung und Weiterbildung ist der Trick, eine Problemsituation, eine Entscheidung, eine Projektentwicklung oder dergleichen als gründlich gescheitert anzusehen und im hypothetischen Nachhinein die Gründe für dieses Scheitern zu ermitteln – insbesondere fragwürdige Werteorientierungen, problematische Überzeugungen und bremsende Motivationen. Das lässt sich besonders gut in ein Wertetraining einbauen.

2.3.4.8 Advocatus-Diaboli-Diskussion

Voraussetzungen

Ein Wertetrainee oder eine Trainingsgruppe übernimmt zu einem vorgegebenen wertebestimmten Thema oder einer wertegegründeten Idee die Rolle des Advocatus Diaboli[46] und versucht, die anderen durch kontroverse Argumentationen zu einer veränderten Sichtweise zu bringen. Dabei lernen die Teilnehmer und Teams ihre Ideen intensiver und kontroverser zu diskutieren als sie es zuvor für möglich gehalten haben. Kurze, heftige und anreichernde Diskussionen sind effizienter als stundenlange, zähe und lähmende Diskussionen. Durch die labilisierende Intensität eignet

45 https://www.portent.com/blog/10-tips-for-a-successful-post-mortem.htm

46 Advokat des Teufels, ursprünglich Gegenstimme in kirchlichen Heiligsprechungsprozessen. Eine Entscheidungshilfetechnik, die Entscheidungsautismus und Gruppendenken verhindern soll. In: Autorenteam (2000) S. 248.

sich das Format besonders gut für ein Wertetraining in Bildung und Weiterbildung. Auch andere aktivierende Methoden der Erwachsenenbildung könnten einbezogen werden, wir sind allerdings überzeugt, dass die Advocatus-Diaboli-Methode für ein Wertetraining die tiefgreifendste Methode ist (Macke, Hanke, Viehmann 2016, S. 153 ff. und zugehöriges Material).

Vorgehen

Einzelne Wertetrainees oder Trainingsgruppen nehmen in der Rolle des Advocatus Diaboli eine bewusste Gegenposition zu einer bekannten Werteorientierung, einer Idee oder Meinung ein. Sie sehen sich dadurch mehrheitlich emotional stark labilisierenden Angriffen und Kritiken ausgesetzt. Sie versuchen durch Argumente, aber auch durch emotional vorgetragene Positionen die anderen Teilnehmer zu überzeugen. Dadurch können Werteorientierungen und Ideen intensiv und kontrovers diskutiert werden. Oftmals wird das Aussprechen von Wertehaltungen und -überlegungen erleichtert, die man sich selbst gar nicht zu vertreten getrauen würde.

Folgen, Nutzen

Vor einem Advocatus-Diaboli-Zusammentreffen sollte der Wertetrainer gemeinsam mit den Wertetrainees emotionsbeladene Entscheidungs- und Problemsituationen aussuchen, die eine solche Methode geeignet erscheinen lassen. Er sollte sich zündende Stichwörter überlegen. Andere aktivierende Settings wie Brainstorming, selbstgesteuertes Interview, Theseninterview, Graffiti, Mind-Map, Hearing, Vernissage, Stimmungsabfrage, Blitzlicht u.ä. sollten auf ihre Wertetrainingspotenziale mit abgeklopft werden.[47] In der Veranstaltung werden zunächst die kontroversen Entscheidungsvarianten umrissen und, wo notwendig, die Teilnehmer vorgestellt. Dann wird von der Gruppe eine Person als Advocatus Diaboli bestimmt. Ihr wird Zeit gelassen, ihren Widerspruch möglichst gut begründet und wertemäßig gesichert vorzutragen. Erst danach können alle anderen ihre Meinungen und Gegenmeinungen, ihre Werteorientierungen und Handlungsvarianten ins Spiel bringen. Daran kann sich eine Diskussion anschließen, es dürfen aber niemals Werte als wahr oder falsch darstellt werden. Nutzen eines Wertetrainings mithilfe von Advocatus-Diaboli-Auseinandersetzungen ist es, noch nicht erörterte Werteorientierungen aufzudecken, zu entwickeln und infrage zu stellen und die Konsequenzen unterschiedlicher Werteorientierungen zu durchdenken und zu durchfühlen.

2.3.4.9 Nudging

Voraussetzungen

Nudging ist ein Ansatz, Menschen, die selbstverständlich oft irrational handeln, durch kleine Anstöße zu einem vermutlich rationaleren Handeln zu bewegen. Nudging sind Maßnahmen, die das Verhalten beeinflussen, aber nicht einschränken: »Wie muss ich in Kantinen das Essen anordnen, damit Kunden zum Nachtisch einen Apfel essen statt des Schokopuddings?« (Kübler 2017, S. 12)

47 https://www.uni-koblenz-landau.de/de/landau/hda/angl/vortraege/imaktmini Aufgenommen 1.10.2021

Richard Thaler und Cass Sunstein liefern in ihrem Buch »Nudge. Wie man kluge Entscheidungen anstößt« dutzende Nudges aus unterschiedlichsten wirtschaftlichen und politischen Bereichen (vgl. Thaler, Sunstein 2017).

Aus Sicht des Wertetrainers bietet das Nudging aus dem Inneren von sozialen Selbstorganisationsprozessen heraus Möglichkeiten, Wertungen zu beeinflussen und in einer von Schule, Universität, oder Organisation gewollten Richtung zu entwickeln, ohne pädagogische Einschränkungen, Verbote oder starke Anreize zu setzen. Natürlich ist für den Wertetrainer wichtig, die schmale Trennlinie zwischen Überzeugung, Motivation und Manipulation zu beachten (Kübler 2017, S. 10 – 11). Wir sind allerdings der Überzeugung, dass oft das, was zu einem historischen Zeitpunkt als brachiale Manipulation und bewusst herbeigeführte Fehlmotivation gesehen wird, im Nachhinein als mutige Überzeugungsarbeit uminterpretiert wird.

Vorgehen
Das Nudging ist einer der wichtigsten Zugänge, Werte als Ordner sozialer Selbstorganisation wirkungsvoll zu entwickeln und einzusetzen. Thaler und Sunstein gehen in ihrem bereits zum Klassiker gewordenen Buch »Nudging« (2017) von winzigen wichtigen Entscheidungssituationen aus. Den auf Entscheidungen – durch das Nudging – Einwirkenden bezeichnen die Autoren als Entscheidungsarchitekten. In diesem Sinne sind alle Wertetrainer Entscheidungsarchitekten. Sie sind erklärtermaßen keine Econs (abgeleitet von »homo oeconomicus«). Sie sind vielmehr Humans (abgeleitet von »homo sapiens«), die oft das Richtige wissen, aber emotionsgetrieben Falsches tun. »Nach unserer Definition ist jeder Faktor, der das Verhalten von Humans signifikant verändert, während er von Econs ignoriert würde, ein Nudge« (Thaler, Sunstein 2017, S. 18, 19).

Damit sind Werte immer Nudges. Man kann den Unterschied des Denkens von Humans und Econs als schnelles und langsames Denken (vgl. Kahnemann 2016) kennzeichnen. Die Grundorientierung bei allen Entscheidungsfindungen ist für die Autoren ein sogenannter »libertärer Paternalismus«, der versucht, »Entscheidungen der Menschen so zu lenken, dass sie hinterher besser dastehen – und zwar gemessen an ihren eigenen Maßstäben« (Thaler, Sunstein 2017, S. 15). Solch ein libertärer Paternalismus ist unseres Erachtens die Grundhaltung jedes Wertetrainers. Bei den von ihm ausgewählten stark labilisierenden Entscheidungssituationen kommt es ihm nicht primär auf die Entscheidung selbst an. Ist eine Entscheidung gefunden und bewährt sie sich im engeren oder weiteren Lebensumkreis, werden die zu dieser Entscheidung beitragenden Werte tief verinnerlicht. Sind es Wertungen, die aus dem Nudging hervorgegangen sind, werden eben diese verinnerlicht. Damit trägt das Nudging direkt zur Werteentwicklung bei.

Folgen, Nutzen
Nicht alle Nudges sind Werte. Aber alle Werte sind Nudges. Alle Techniken und Methoden des Nudging müssen auf den Bereich des Wertetrainings übertragbar sein. Will man das Nudging im Rahmen eines Wertetrainings einsetzen, muss man vorab emotional stark labilisierende Ent-

scheidungs- und Problemsituationen finden, die nur unter Zuhilfenahme von Werten zu lösen sind. Nudging sucht dabei nicht nach völlig anderen, sondern nach modifizierten Werten. Um günstige Nudges zu finden, geben Thaler und Sunstein Faustregeln und Mininudges an. Zahlreiche Beispiele von Anwendungen in Wirtschaft und Gesellschaft sind mit ethisch-moralischen und sozial-weltanschaulichen Werten auf das Engste verbunden. Alle Techniken und Methoden des Nudging sind auf den Bereich des Wertetrainings übertragbar, deshalb ist der Nutzen des Nudging für das Wertetraining besonders hoch.

2.3.4.10 Debiasing

Voraussetzungen

Biases (*»bias«:* Befangenheit, Vorurteil) kann man als vorurteilshafte Abkürzungen im Entscheiden und Handeln, als »blinde Flecken« identifizieren, oft durch problematische Wertehaltungen verursacht. Das Debiasing versucht, solche meist unbewussten Werteeinstellungen aufzufinden, selektive Wahrnehmungen, eingefahrene Muster, übertriebenen Optimismus oder Selbstüberschätzung und fragwürdigen Gruppendruck zu vermeiden (vgl. Metz 2015). Techniken wie die bereits behandelten, Advocatus-Diaboli- oder Post-mortem-Sitzungen, sind geeignet, in Bildungsprozessen Biases bewusst zu machen und ihnen entgegenzusteuern. Der Wertetrainer kann das Bias-Thema in speziellen Sitzungen behandeln und zu einer »Speak-up-Mentalität« ausbauen. Er kann spielerisch das für jedermann ausführbare Kartenspiel, »The Bias Tournament« mitbenutzen (vgl. Decision Lab, 2018, Denner 2018), eine großartige Unterstützung für die gezielte Bildung und Weiterbildung im Werte- und Normenbereich.

Vorgehen

Die Aufdeckung von Biasingfehlern ist für Trainer, Berater, Lehrpersonen und Coaches wichtig. Unbewusste kognitive Verzerrungen (cognitive bias) gefährden die Qualität von Entscheidungen in Organisationen in hohem Maße. Schaut man sich im Einzelnen an, um was für »kognitive Verzerrungen« es sich handelt, so wird sofort klar, dass es in nahezu allen Beispielen weniger um Denkfehler als um Verzerrungen durch Wertungen, durch unbewusste Werte geht. Damit ist das Bias-Thema für Wertetrainer doppelt interessant. Zum einen wirkt es der Illusion entgegen, alle Entscheidungen könnten rein rational getroffen werden. Zum anderen kann der Wertetrainer die meist hoch emotionalen Bias-Situationen benutzen, um gezielt adäquate Werte zu entwickeln.

Folgen, Nutzen

Eine – nicht vollständige – Liste von Gefährdungen durch »kognitive Verzerrungen« umreißt das entsprechende, großflächige Arbeitsfeld des Wertetrainers[48]: Charakterfehler statt Merkmale der Entscheidungssituation für maßgeblich zu halten (Attributionsfehler, auch »corresponden-

48 Liste der Gefährdungen: https://de.wikipedia.org/wiki/Liste_kognitiver_Verzerrungen, aufgenommen am 6.4.2021

ce bias«), Beeinflussung durch momentane Umgebungsinformationen (Ankerheuristik, auch »anchoring bias«), Informationsauswahl gemäß eigenen Erwartungen und Werten (Bestätigungsfehler, auch »confirmation bias«), Bevorzugung ohnehin eintretender Verläufe (Default-Effekt), Methoden und Wertungen unzulässig auf andere Entscheidungsbereiche zu erweitern (deformation professionelle), Tendenz inkompetenter Menschen, die eigenen Kompetenzen zu über- die anderer zu unterschätzen (Dunning-Kruger-Effekt), Schluss von bekannten Eigenschaften einer Person auf andere ihrer Eigenschaften (Halo-Effekt), intensivere Wahrnehmung einer Information, welche zusammen mit einer im Kontrast dazu stehenden Information präsentiert wird (Kontrasteffekt), Annahme, Unkontrollierbares doch kontrollieren zu können (»illusion of control«), verfälschte Erinnerungen an eigene Vorhersagen (»hindsight bias«), falsche Wahrnehmungen von Kausalzusammenhängen (Illusorische Korrelation), zu starke Folgeerwartungen bei sehr negativen Ereignissen wie etwa Arbeitsplatzverlust (Impact Bias), Selbstwertorientierte Verzerrungen (Recall Bias), nicht vorhandene Musterbildung in Informationen zu erkennen glauben (Clustering-Illusion), Emotionen für Beweise zu halten (Emotionale Beweisführung), glückliche Zufälle für wiederholbar anzusehen (Hot-Hand-Phänomen) und viele weitere.

Solche Verzerrungen wirken oft negativ, ermöglichen manchmal aber auch eine Entscheidung. Das Debiasing klärt auf, inwieweit Entscheidungen und Handlungen von bewussten oder unbewussten Werteeinstellungen beeinflusst sind. Am Beginn eines zur gezielten Werteentwicklung durchgeführten Debiasing-Prozesses steht die Auswahl einer emotional sehr wichtigen Entscheidungssituation aus dem Arbeits- oder aus dem persönlichen Umfeld. Bei einigen für den Wertetrainee besonders wichtigen Entscheidungen wird, so gut es geht, versucht, die rein rationalen Fakten von den Werteannahmen zu trennen. Dann werden die bekannten, eben benannten Verzerrungen durchgesehen und aufgeklärt, ob es sich um eine Bias-Situation handelt. Ist diese wertegetrieben, wird gemeinsam nach Werteänderungen oder nach adäquateren Werten gesucht. Auf diese Weise können auch Entscheidungen von hohem ökonomischen Gewicht überdacht werden, was einen bedeutsamen Nutzen haben kann.

2.3.4.11 Anti-Biasing

Voraussetzungen

Der Anti-Bias-Ansatz spielt in Bildung und Weiterbildung eine geringere Rolle, obwohl er einen ganz anderen, in der multikulturellen Arbeitsgesellschaft immer wichtiger werdenden Bereich betrifft, bei dem es sich klar um einen Wertebereich handelt. Eine ganze Reihe von Problemen, wie sie in der Bildung und Weiterbildung von Geflüchteten, Immigranten und anderen ausländischen Bürgern auftreten, können durch die systematische Einbeziehung des Anti-Bias-Ansatzes pädagogisch angegangen werden (vgl. Trisch 2013).

Vorgehen

»Die Mitbegründerin des Ansatzes versteht unter Bias eine Haltung, ein Glaube oder Gefühl, das daraus resultiert oder hilft eine unfaire Behandlung eines Individuums aufgrund seiner Identität zu rechtfertigen. Der Ansatz wendet sich gegen alle Formen von Ausgrenzung, Diskriminierung und Unterdrückung« (vgl. Trisch 2013, S. 39). Das Anti-Biasing richtet sich gegen Werte, die eben zu den umrissenen Formen von Ausgrenzung, Diskriminierung und Unterdrückung führen. Den Wertetrainer interessiert die Stärkung des Selbstbewusstseins durch Ich-Identität und Gruppenidentitäten, die Entwicklung von Empathie und ein aktives Vorgehen gegen Ungerechtigkeiten (vgl. Derman-Sparks 2008, S. 11 ff.).

Folgen, Nutzen

Jeder Mensch macht Erfahrungen mit Diskriminierung. Jeder Mensch hat Vorurteile. Für die Anwendung des Anti-Bias sollten verschiedene Diskriminierungsebenen einbezogen werden: die interpersonelle, die institutionelle, die diskursive (Schmidt et al. 2009, S. 163). Der Wertetrainer klärt zusammen mit den Wertetrainees zunächst, ob und wo es sich bei emotional labilisierenden Problem- und Entscheidungssituationen, die sie erleben, um solche handelt, die durch Voreingenommenheit, Befangenheit, soziale Vorurteile oder durch soziale Schieflagen verursacht wurden. Der Wertetrainer legt fest, ob das Training auf die Stärkung des Selbstbewusstseins, auf die Entwicklung von Empathie oder auf die Unterstützung von kritischem Denken und aktivem Vorgehen gegen Ungerechtigkeiten gerichtet sein soll. Aber: Wer sein Leben lang antisemitische Vorurteile mit sich herumgetragen hat, ist nicht mit Argumenten zu »überzeugen«.

Emotionale Wertebrecher können nur einschneidende persönliche Erlebnisse sein, etwa eine Reise nach Jerusalem, künstlerische Erlebnisse, oder aber – und das wird in diesem Falle am meisten greifen – massive, hochemotionale Auseinandersetzungen mit den Gruppenmitgliedern bis zu zeitweisem Gruppenausschluss des Diskriminierenden. Einige Autoren sehen Trainingstransfers als »Übertragung von Wissen von einer Lern- auf eine Anwendungssituation« (Ipsen 2008, S. 27). Das ist aber nahezu nutzlos (Trisch 2013, S. 79). Der Wertetrainer muss selbstverständlich die sachlichen und faktischen Hintergründe in Bezug nehmen, dennoch achtet er in erster Linie auf Möglichkeiten, emotionale Labilisierungssituationen herbeizuführen und von ihnen aus Orientierungsänderungen vorzunehmen. Dass jeder Mensch bereits solche Erfahrungen gemacht hat, ist nicht angenehm, gibt aber dem Werteentwickler wirksame Instrumente an die Hand, zusammen mit den Wertetrainees zu echten, tiefgreifenden emotionalen Labilisierungen und damit zu echten Änderungen früherer Werteorientierungen zu gelangen.

2.3.4.12 Werteorientierte Vernetzung – Kongresse, Barcamps und Webcamps, World Café

Voraussetzungen

Um Anregungen für kreative Ansätze zu bekommen, bietet sich die Teilnahme an **Kongressen** zu werteorientierten Themen an. **Insbesondere Barcamps und World Cafés** ermöglichen den intensiven Austausch über kreative Ansätze und Erfahrungen (vgl. Erpenbeck, Sauter 2021). Dies ergibt sich, wenn es möglich ist, in der Organisation Veranstaltungen durchzuführen, in denen sich die Wertetrainees und Führungskräfte auf Augenhöhe begegnen. Weiterhin müssen die Themen, die in diesen Formaten bearbeitet werden, für die Teilnehmer von hoher Relevanz sein.

Vorgehen

In **Barcamps** wird es jedem Teilnehmer ermöglicht, »Teilgeber« zu werden. Jeder kann einen Themenvorschlag einbringen, z. B. zum Erfahrungsaustausch über das Veränderungsprojekt oder zur Klärung offener Fragen in Hinblick auf die Organisationskultur, Vorschläge für ein Projektvorhaben oder Kritik an geplanten Maßnahmen. Das Barcamp beginnt mit einer kurzen Einführung in die Methode. Anschließend erfolgt die gemeinsame Programmplanung. Alle Sessions werden vorab in drei Sätzen mit einem DIN-A4-Papier mit dem Ankerbegriff von dem jeweils Vorschlagenden persönlich vorgestellt, damit man weiß, worum es geht und wer das Thema einbringt. So füllt sich die Agenda mit mehreren parallelen Sessions in den diversen Zeitfenstern. Alle »Teilgeber« können jederzeit das für sie selbst interessanteste Thema wählen. Das gilt auch innerhalb einer Session.

Die Planung der Sessions kann an Pinnwänden und/oder im Netz, z. B. vorab über die **Learning-Experience-Plattform**, erfolgen. Die Sessions können zwischen 20 und 45 Minuten dauern, dazwischen wird jeweils eine Pause von 10 – 15 Minuten eingeplant, in der man sich austauschen kann. Barcamps beruhen auf dem Prinzip der Selbstorganisation. Es gibt keine hierarchischen inhaltlichen Planungen und Festlegungen eines Veranstalters. Die »Teilgeber« entscheiden vollkommen autark, was für sie gerade wichtig ist, ob sie sich einbringen oder lieber zuhören wollen. Die Begegnungen finden auf Augenhöhe statt. Damit wird es allen Wertetrainees und Führungskräften möglich, die Vision des Veränderungs- und Kulturprozesses nicht nur zu erfahren und zu diskutieren, sondern sich selbst aktiv als »Teilgeber« mit eigenen Ideen, Anregungen, aber auch Kritik einzubringen.

Damit kann eine hohe Akzeptanz für den Veränderungs- und Kulturprozess geschaffen werden. Meist werden mehrere »Sessions« nacheinander angeboten, sodass im Verlauf eines Tages eine große Breite an Themen behandelt werden kann. In den Workshops übernimmt ein weiterer Teilnehmer die Dokumentation der wesentlichen Diskussionspunkte, z. B. in einem Wiki, sodass jeder Wertetrainee auch im Nachhinein die Diskussionen gezielt verfolgen kann. Wir haben mit diesen Methoden, auch unternehmensübergreifend, sehr gute Erfahrungen gesammelt. Bei Bedarf können im Verlauf des Veränderungsprojektes weitere Barcamps, auch virtuell als **Webcamps**, durchgeführt werden (vgl. dazu Corporate Learning Community, www.colearn.de).

Die Methode des **World Cafés** ist sehr gut dafür geeignet z. B. den aktuellen Stand der Bearbeitung von Korridorthemen zur Diskussion zu stellen, Führungskräfte und Wertetrainees miteinander ins Gespräch zu bringen sowie Problem- oder Fragestellungen in Kleingruppen intensiv diskutieren und reflektieren zu können. Die Fragestellungen ergeben sich dabei aus den Handlungsfeldern der Korridorthemen. Die Gespräche ähneln der Kommunikation in einem Straßen-Café. In einem großen Raum werden mehrere Thementische aufgestellt, idealerweise mit vier bis sechs Stühlen und einem Flipchart bzw. ein großer Bogen, der als »Tischdecke« dient, die man beschreiben kann. Falls der Gastgeber einen kurzen Input geben will, wird evtl. ein Bildschirm benötigt.

Das World Café beginnt mit einer Begrüßung und Erläuterungen zum Ablauf und zur Rolle der Gastgeber. Gastgeber sind die Gesprächsrundenleiter an den jeweiligen Tischen, die dort die ganze Zeit verbleiben. Dabei sind prägnante Fragen das entscheidende Kriterium für den Erfolg des World Cafés. In aufeinanderfolgenden Gesprächsrunden von etwa 15 bis 20 Minuten werden an allen Tischen gleichzeitig Frage- oder Problemstellungen, beispielsweise zu den relevanten Handlungsfeldern des bisherigen Veränderungs- und Kulturmanagements, besprochen. Die Gesprächsrundenleiter zeichnen und schreiben in jeder Runde die ihrer Meinung nach wichtigsten Punkte auf das Papier. Nach jeder Runde mischen sich die Gesprächsgruppen neu. Die Gastgeber bleiben an ihrem Tisch, begrüßen die Neuankömmlinge, resümieren das bisher Besprochene und bringen den Diskurs erneut in Gang. Die Themen werden durch das mehrfache Wechseln und Mischen der Teilnehmer vertieft. In einer Abschlussrunde im Plenum präsentieren die Teilnehmer ihre wesentlichen Ergebnisse.

Durch unterschiedliche Fragestellungen kann bei dieser Methode nach den heterogenen Interessen der jeweiligen Gastgeber differenziert werden. Sie können selbst entscheiden, ob und in welcher Form Notizen zu Papier, z. B. auf einen Flipchart, gebracht werden sollen. Ebenso werden durch diese Methode auditive und visuelle Zugangsweisen miteinander verknüpft. Die Methode sorgt dafür, dass sich die Teilnehmer schnell und ohne Berührungsängste austauschen können. Anschließend treffen sich die Teilnehmer mit den Gastgebern und fassen die wesentlichen Ergebnisse in einer Plenumsdiskussion zusammen.

Folgen, Nutzen
Barcamps, Webcamps und World Cafés ermöglichen es, allen Wertetrainees und Führungskräften die Chance zu bieten, sich als Teilgeber aktiv in Entwicklungsprozesse, beispielsweise zur Gestaltung der gezielten Werteentwicklung im Unternehmen, einzubringen. Dadurch können Lösungen entwickelt werden, in denen die Erfahrungen, Ideen und Befürchtungen der Belegschaft mitberücksichtigt werden. Dies ermöglicht eine hohe Akzeptanz der Neuausrichtung des Corproate Learning, aber auch eine eigene Werteentwicklung.

2.3.4.13 Kunst und Wertekommunikation

Voraussetzungen
Kunstwerke können und müssen sehr wohl in die Werteentwicklung, insbesondere auch ins Wertetraining einbezogen werden. »Was lehrt uns das?« ist immer die falsche Frage. Es gibt Kunst, die keinen konkreten Gegenstand widerspiegelt, die keine Informationen, keinerlei Wissen in engerem Sinne vermittelt, die keinem erkennbaren Zweck dient und trotzdem große Kunst ist. Aber welche Funktion hat sie? Warum spielen Gefühle und Emotionen eine so große

Rolle? Weshalb begleitet sie die Geschichte des Menschen von Anbeginn? Wir wollen hier keine Kunsttheorie liefern, sondern nur ihre Rolle für Werteentwicklung und Wertetraining hervorheben.

Kunst bildet niemals unmittelbar sachliche oder geistige Realitäten ab, sondern deren Wertungen durch die Gesellschaft, durch Gruppen, durch Einzelne. Ästhetische Wertungen, aber auch genussbezogene, nutzenbezogene, religiöse, ethisch-moralische und sozial-weltanschauliche sind eingeschlossen. Während Wissenschaft vor allem auf die Abbildung ihrer Objekte »wie sie wirklich sind« gerichtet ist (Erkenntnisadäquatheit), ist Kunst vor allem auf Wertungen des Wahrgenommenen gerichtet (Wertungsadäquatheit). Kunst wertet nicht nur das Wahrgenommene. Sie vermittelt und produziert auch Wertungen in Rezeptions- und Kommunikationsprozessen, gesellschaftliche Wertungen ebenso wie ganz persönliche, private Werte (vgl. Erpenbeck 2015; Eller-Rüter et al. 2012).

Darin liegt ihre eigentliche Notwendigkeit. Sie hilft dem Einzelnen, gesellschaftliche Wertungen zu Eigenem, Innerlichem zu machen. Sie hilft umgekehrt, Wertungen Einzelner mit allgemeiner, gesellschaftlicher Bedeutung öffentlich zu machen, und trägt damit zur Produktion neuer Wertungen bei. Natürlich produziert und vermittelt auch Wissenschaft Wertungen, wie Kunst auch Erkenntnisse vermittelt und produziert. Es kommt auf die Stoßrichtung an. Kunst besitzt in hohem Maße das Vorschlagsrecht und die Vorschlagspflicht künftiger Wertungen (Schober 1988, S. 84). Kunst kann deshalb ein ebenso variables wie wirkungsvolles Instrument im Methodenarsenal eines guten, sensiblen Wertetrainers sein.

Vorgehen

Kunst als ein wichtiges werteproduzierendes »Organ« der Gesellschaft ist auf die Produktion und Reproduktion, Kommunikation und Rezeption von Werten unter der Dominanz ästhetischer Werte gerichtet. Der Wertetrainer kann die unterschiedlichen Möglichkeiten künstlerischer Widerspiegelung nutzen. Zunächst die Werteentwicklung mittels dargestellter »Realität«, wobei Entscheidungssituationen so nacherlebbar und emotional berührend dargestellt werden, dass sich der Wertetrainee als Leser oder Videozuschauer hineinversetzen, »mitfiebern« und Werte verinnerlichen kann. Dann unter Verwendung weiterer Sprach- und Symbolsysteme, etwa akustischer Tonsprachen, optischer Bildsprachen, auf den Tastsinn bezogener (Plastiken) oder geschmacklich-geruchlicher, Speisen bzw. Duftstoffe verwendender Symbolsprachen.

Die Sprachen der Musik, der Malerei, der Bildhauerei, der Kochkunst, der Parfümerie bieten eine Fülle von Beispielen. Ein Wertetrainer, der nicht zumindest populäre Musik und aktuelle Mode ins Training einbezieht, übergeht naheliegende Möglichkeiten. Schließlich die Möglichkeit, Wertungen von Wertungen, Erkenntnisse über Wertungen und Wertungen von Erkenntnissen vorzunehmen. Indem der Wertetrainer die sprachlichen Möglichkeiten der Wertekommunikation durchdenkt und erfühlt, resultiert für ihn ein hoher Nutzen.

Folgen, Nutzen

Ein Wertetrainer muss gewiss nicht zur Tiefe künstlerischer Analysen vordringen. Aber er kann, zusammen mit seinen Wertetrainees, ein Gefühl für die eigenen künstlerischen und sprachlichen Ausdrucksmittel entwickeln. Er kann anregen, eigene Texte zu schreiben, einen Mal- und Zeichenzirkel zu besuchen, einem Laienchor oder einem Laienorchester beizutreten. Er kann seine Wertetrainees und sich selbst dazu ermuntern, in Museen, Galerien oder ins Theater zu gehen oder wieder mal eine Opernaufführung, ein Konzert oder ein Ballett zu besuchen.

Er kann sich und seinen Wertetrainees bewusst machen, dass Werte nicht nur durch »Werteurteile« kommuniziert werden, z. B. dies oder jenes ist schön, genussreich, nützlich, gut, fortschrittlich, sondern auch durch viele weitere Möglichkeiten des Sprechverhaltens wie Tonfall, Sprechtempo und Sprechrhythmus. Diese geben mehr als nur eine Information weiter. Bestimmte emotional-expressive Charakteristika der Sprache kommunizieren Wertehaltungen, im einfachsten Fall Ausrufe – »Oh«, »Ah«, »Ach«, »Ach nein«, »Nie«, »Verdammt«, »Oh Gott« ...

Jede Sprache stellt Wertungswörter, wie

- genussbezogen – wohlgestaltet, geschmackvoll, wohlschmeckend,
- nutzenbezogen – brauchbar, praktisch, verwendbar,
- ethisch-moralisch bezogen – edel, hilfreich, gut,
- sozial-weltanschaulich bezogen – fortschrittlich, zukunftsorientiert, revolutionär

zur Verfügung.

Es gibt Wörter,

- die ihre Wertung, historisch geworden, in sich tragen, z. B. Freiheit, Gleichheit, Brüderlichkeit, oder Faschismus, Gräuel, entweder für alle gleich, z. B. Lüge, Untat, Feigheit, oder nach politischem Standpunkt sehr unterschiedlich, z. B. Konservatismus, Neo-Liberalismus oder Kommunismus,
- durch das Anhängen von wertenden Vor- oder Nachsilben, z. B. unmenschlich, Geschreibe, Singerei, Handwerkelei, Dichterling, weibisch,
- mit der Fülle stilistischer Mittel wie Ironie, Satire, Metapher, Anspielung, Gleichnis oder Unter- und Übertreibung, mit denen sich wertende Haltungen ebenso zum Ausdruck bringen lassen wie mit der Verwendung identifizierender oder distanzierender grammatischer Formen, z. B. unsere Menschen – jene Menschen,
- mit der Anreicherung des Kontextes durch wertende Synonyme, z. B. Boot – Äppelkahn,
- durch Erweiterung von Satzteilen, z. B. es war eine kurze Begegnung – es war eine kurze, aber unheilvolle Begegnung sowie durch
- weitere wertende Bestimmungen und Ergänzungen (vgl. Erpenbeck 2018, S. 118 – 122).

Um Wertungen zu kommunizieren,

- werden verschiedenste nichtverbale Ausdrucksformen eingesetzt, z. B. Mimik, Gestik oder Körperberührung,
- werden symbolhaft wertungstragende Gegenstände oder wertungskommunizierende gegenständliche Zeremonien verwendet, z. B. Kleidung, Haartracht, Kosmetik, Blumen, Fahnen oder Bilder, einst Krone und Zepter,
- werden Wertungssymbole inszeniert, z. B. die erhöhte Tribüne, große Distanzen zwischen Redenden und Hörern, der zentrale Ort eines Redners, wer zuerst, wer zuletzt begrüßt wird und jede protokollarische Festlegung.

Der Wertetrainer muss deshalb sich und den Wertetrainees klar machen, dass beinahe alles, was gesprochen wird, auch einen Wertegehalt trägt. Sehr einfach ist das zu zeigen, indem er mit ihnen ein etwa zehnminütiges Gespräch über eine anstehende Problem- oder Entscheidungssituation führt und sie dabei auffordert, immer dann, wenn das Gesprochene Wertungscharakter hat, ein Kreuz auf ein vor ihm liegendes Papier zu zeichnen. Die Anzahl der Kreuze wird zum Schluss verglichen.

Regelmäßig sind die Teilnehmer verwundert, wie viel Wertendes in einer kurzen Zeitspanne kommuniziert wurde. Betrachtet der Wertetrainer mit den Wertetrainees das Video einer Zeremonie, etwa der amerikanischen Präsidenteneinführung, so kann er daran die unterschiedlichsten, auch in alltäglicher Wertekommunikation vorkommenden Wertungskommunikationsmittel feststellen.

Kunst erweist sich als ein durch die Jahrtausende wichtiges, Werte entwickelndes und Werte kommunizierendes Organ der Gesellschaft. Sie lässt sich auch für die gezielte Werteentwicklung hervorragend einsetzen und ist in Bezug auf Werte, die durch die vorgefundene Realität nicht gedeckt werden können, etwa historische Werte oder Werte fremder Kulturen unersetzlich (vgl. Wagner und Brater 2011).

3 Wertetraining für Schlüsselwerte von Individuen

Wir haben bereits dargelegt, warum wir von vier Grundwerten ausgehen, denen jeweils vier Schlüsselwerte zugeordnet sind, sodass wir auf insgesamt 16 Werte kommen (vgl. Abb. 4). Diese Schlüsselwerte beschreiben wir nun einzeln, sodass die Beschreibungen unmittelbar für die praktische Entwicklungsarbeit genutzt werden können. Dazu gehen wir folgendermaßen vor:

Schon lange haben uns in unserer Arbeit Reflexionen und Maximen wichtiger Denker begleitet, die Auskunft über die von uns gewählten 16 Schüsselwerte geben (vgl. Erpenbeck, Sauter 2021). Wir haben sie auch hier als **Motto** über jedem unserer Stichworte eingefügt.

Dann stellen wir die **Schlüsselwerte**, also die Einzelwerte, dar:

- Eine **Beschreibung** im Sinne einer allgemeinen Definition des jeweiligen Begriffs stellen wir an den Anfang. Als Quelle nutzen wir vor allem das umfangreiche Lexikon Brockhaus (2021). Die einzelnen Artikel wurden teilweise gekürzt und auf die Werteproblematik konzentriert.
- Eine **Werteatlas-Definition** kontrastiert die Beschreibung mit der Definition im hier benutzten Wertemodell ValCom®. Diese enthält verallgemeinerte Wertebeispiele, die auf reale Wertungsvorgänge Bezug nehmen.
- Wir haben jeder Beschreibung der 16 Schlüsselwerte zwei, drei **Literaturhinweise** hinzugefügt, die entweder auf ein entsprechendes Handbuch oder ein zusammenfassendes Buch zum Thema verweisen, oder Gesichtspunkte diskutieren, die uns interessant und diskussionswürdig erscheinen. Uns ist aber bewusst, dass man zu den meisten der Begriffe umfangreiche Bibliotheken zusammenstellen kann. Das wollten wir schon aus ganz praktischen Gründen vermeiden.
- Ein Abschnitt **Werteatlas-Zuordnung** erläutert, warum ein bestimmter Schlüsselwert einem der vier Grundwerte zugeordnet wird.
- Da sich Werte allerdings in viel stärkerem Maße überlappen als beispielsweise Kompetenzen, wird im Abschnitt **Wertekategorien-Überlappung** gezeigt, inwieweit ein Schlüsselwert auch Bezüge zu anderen Grundwerten aufweist.
- Um das Wort- und Denkmaterial rund um den betrachteten Schlüsselwert zu erweitern, wird im Abschnitt **Wertequadrat** mithilfe des Wertequadrats von Schulz von Thun (2018) einem positiven Schlüsselwert ein positiver Gegenwert entgegengesetzt. Danach wird ein konträrer Gegensatz gesucht und nach einer entwertenden Übertreibung Ausschau gehalten.
- Zu jedem Schlüsselwert gibt es zahlreiche nähere oder fernere **Synonyme**, die in der Praxis verstärkend oder präzisierend eingesetzt werden können. Wir benutzen zur Ermittlung von Synonymen vor allem das umfangreiche Online-Lexikon Woxikon,[49] verwenden jedoch nur

49 Vgl. hierzu jeweils bei den Schlüsselwerten https://www.woxikon.de/; https://www.synonyme.de/; https://www.openthesaurus.de/; https://www.duden.de/synonyme; https://ein.anderes-wort.de/fuer/

die Einträge, die auf die Wertethematik Bezug haben. Im Abschnitt »Synonyme und ihre Schlüsselwerte« ermöglichen wir umgekehrt, zu jedem Synonym die zugeordneten Schlüsselwerte aufzufinden.

Im Abschnitt **Wertekleeblatt** fragen wir konkret nach den Wertenden, den Wertungsgegenständen, den Grundlagen und den Maßstäben in Bezug auf den jeweiligen Schlüsselwert. Daraus ergeben sich unmittelbare Empfehlungen für das Training der jeweiligen Schlüsselwerte: Welche Personen sind es, die ihn benutzen, worauf richtet sich der Schlüsselwert, auf welchen realen oder auch nur vermuteten Grundlagen beruht dieser Wert und nach welchen Maßstäben wird da gewertet?

Im Abschnitt **Training** empfehlen wir skizzenhaft **Trainingsprozesse**. Für deren Gestaltung steht ein ganzes Arsenal von Methoden der Werteerfassung und der Werteentwicklung in der Arbeitswelt, durch begleitendes Coaching und Mentoring, durch ergänzende Übung und durch unterstützende Weiterbildung zur Verfügung.

Die **Einführungstexte** zu diesen vier Stufen skizzieren jeweils ausgewählte Trainingsmethoden für den zu trainierenden Schlüsselwert. Das kann nicht mehr als eine Empfehlungsskizze sein, zumal sich zwangsläufig vieles Generelle darin wiederholt. Es wäre zu zeitraubend, wiederholungsträchtig und schrecklich langatmig, für jeden der 16 Werte ganz spezifisch fast jede dieser Methoden zu deren Entwicklung herauszuarbeiten.

Deshalb haben wir bei jeder Stufe zu unseren Empfehlungen eine **Checkbox** hinzugefügt, die das jeweils relevante Arsenal von Methoden aus Kapitel 2.3 umfasst. Diese Checkboxen sind als Anregungen gedacht. Wir empfehlen Ihnen, bei jedem Schlüsselwert diese Methoden auf eine mögliche sinnvolle Nutzung für die jeweilige Werteentwicklung hin zu prüfen und bei den Methoden, die Sie für Ihr Training verwenden wollen, ein Häkchen zu setzen.

Mithilfe der Checkboxen können auch die Wertetrainees selbst, evtl. in Abstimmung mit ihrem Wertetrainer oder Ihrer Führungskraft, genau diesen Blick wagen und die aus ihrer Sicht und aus dem Blickwinkel der Organisation angemessene Methoden auswählen und bei Bedarf spezifisch anpassen.

Unsere Empfehlungen haben wir nach folgender Struktur aufgebaut:

- Die **Praxisstufe** bildet die Basis der Werteentwicklung. In diesem Bereich stellen wir Empfehlungen aus der eigenen Projektpraxis für selbstorganisiertes Handlungstraining im Arbeitsprozess oder in Praxisprojekten, im Netz sowie im sozialen Umfeld vor. Hierzu gehören Beispiele des Erfahrungslernens, des Erlebnislernens, des personalisierten Handelns und des Expertiselernens. Wir empfehlen insbesondere, im Arbeitsbereich des jeweiligen Wertetrainees herausfordernde Praxis- oder Projektaufgaben zu suchen, die geeignet sind, die angestrebten Werteziele zu erreichen. Die Checkbox gibt darüber hinaus Anregungen,

welche Methoden eingesetzt werden können. Die genaue Beschreibung der einzelnen Methoden ist jeweils in Kapitel 2.3 zu finden.
- Die begleitende **Coachingstufe** wird durch professionelle Beratung und Begleitung mit dem Ziel geprägt, es den Wertetrainees bei der selbstorganisierten Bewältigung von komplexen Herausforderungen zu ermöglichen, ihre Werteentwicklungsziele zu erreichen. Welche Methode der Entwicklungsbegleitung geeignet ist, kann wiederum mithilfe der Checkbox für den Einzelfall entschieden werden.
- Die ergänzende **Übungsstufe** ermöglicht die gezielte Entwicklung von Werten, jedoch nur in realitätsgleichen, realitätsnahen oder realitätsähnlichen Herausforderungen mit bewusster Reflexion und Wertekommunikation. Die Checkbox gibt wiederum eine Übersicht dieser Methodengruppe. Diese Auswahl kann sehr unterschiedlich ausfallen, beispielsweise wenn der Wertetrainer ein Befürworter des Outdoor-Trainings ist.
- Die unterstützende **Bildungs- und Weiterbildungsstufe** kann zwar kaum Werteentwicklung bewirken, den Prozess der Werteentwicklung aber mit initiieren und durch die Konkretisierung des Werteverständnisses, über die Nutzung handlungs- und verhaltenspsychologischer Erkenntnisse und Methoden sowie mithilfe der Kunst als Wertungsmedium, fördern.

An ausgewählten **Beispielen** zeigen wir schließlich für jeden Schlüsselwert, wie ein Wertetraining des jeweiligen Schlüsselwertes gelingen kann. Der Wertetrainer vereinfacht, verkürzt und optimiert den Entwicklungsprozess, wodurch Leid erspart, Effektivität gewonnen und letztlich ein deutlicher persönlicher wie organisationaler Gewinn erzeugt werden kann.

3.1 Kreativität

»Das Leben ist zu kurz, um mit Leuten rumzuhängen, die nicht erfinderisch sind.«
Jeff Bezos, Gründer von Amazon

Beschreibung

Kreativität (von lateinisch *creare* – (er)schaffen, (er)zeugen, (er)wählen) bezeichnet schöpferisches Vermögen, das sich im menschlichen Handeln oder Denken realisiert und neuartig sowie originell ist. Dieser Wert weist aber auch einen sinnvollen und erkennbaren Bezug zur Lösung technischer, menschlicher oder sozialer Probleme auf.

Der Wert Kreativität ist vor allem bei wissenschaftlichen Entdeckungen, technischen Erfindungen, künstlerischen Produktionen, unter der Bezeichnung »soziale Kreativität«, aber auch bei Herausforderungen im zwischenmenschlichen und gesellschaftlichen Bereich von Bedeutung. Der Problemlösungsbezug künstlerischer Kreativität liegt vielfach in der Verarbeitung emotionaler Konflikte oder in einer Kommunikationsabsicht des Künstlers.

Erst mit der Akzeptierung kreativer Ideen oder Produkte innerhalb eines sozialen Systems werden diese praktisch bedeutungsvoll. Auch im wissenschaftlichen Bereich ist eine objektive Definition kreativer Leistungen nicht eindeutig möglich, da neuartige Ideen durch vorgegebene Wertemaßstäbe nicht voll erfasst werden können. Deshalb muss die soziale Akzeptanz, die nicht selten erst spät erfolgt, immer mitberücksichtigt werden.

Bei kreativen Menschen lassen sich mit erhöhter Wahrscheinlichkeit folgende Persönlichkeitsmerkmale in deutlicher Ausprägung finden:

- Energie- oder Aktivitätspotenzial, wie Vitalität, Initiative oder Ausdauer,
- Neugier,
- Konflikt- und Frustrationstoleranz,
- Unabhängigkeit,
- Nonkonformismus.

Günstig für kreative Leistungen sind auch intellektuelle Fähigkeiten, wie Problemsensitivität, Flexibilität und Eigenständigkeit, sowie ein Denken, das in vielen Richtungen nach Ansätzen sucht und die Bereitschaft zur Umgestaltung von Wahrnehmungs- und Denkinhalten in Richtung auf neue Ordnungssysteme. Kreativitätserziehung kann als eine Grundaufgabe von Erziehung und Bildung gelten und ist in vielen schulischen und außerschulischen Lernsituationen von frühester Kindheit an möglich (vgl. Hentig 2007, Holm-Hadulla 2011, Groeben 2013; Buschmann 2014).

Werteatlas-Definition

Diesen Menschen ist es wichtig, den eigenen Einfallsreichtum, die Phantasie oder das künstlerische Interesse, weiter entwickeln zu können und aktiv schöpferische Entwicklungsräume, auch im Netz, zu nutzen. Sie streben danach, ihre eigene Schöpferkraft, ihre Ideen oder gestalterischen Fähigkeiten weiter ausbauen zu können. Sie wollen insbesondere Freiräume und die Zeit erhalten, eigene Ideen zu entwickeln, sodass persönliche Ideen und Lösungen in ihre Aufgaben und in ihr Arbeitsumfeld einfließen können. Sie suchen inspirierende Erfahrungen im Team, beispielsweise mit kreativen Arbeitsmethoden wie Design Thinking. Sie nehmen auch überfachliche Fortbildungen wahr und nutzen schöpferische Entwicklungsmöglichkeiten, beispielsweise in Entwicklungsräumen oder mit Software-Tools.

Übertriebene Kreativität führt manchmal dazu, dass über der ständigen Suche nach neuen, kreativen Lösungen ebenfalls notwendige Routineaufgaben vernachlässigt werden.

Wir empfehlen folgende vertiefende Literatur zum Wert Kreativität: Weidemann 2010 oder Corsten, Gössinger 2016.

Werteatlas-Zuordnung

Kreativität wird im Werteatlas zentral den Genusswerten zugeordnet. Ein Mensch, der eine kreative Leistung hervorgebracht hat, etwas so bisher nicht Dagewesenes, ist von tiefer Freude erfüllt. Dies wird er vor allem dann empfinden, wenn seine Lösungen in seine Aufgaben oder in sein Arbeitsumfeld einfließen können oder wenn er inspirierende Erfahrungen, z. B. mit kreativen Arbeitsmethoden unter Nutzung von Entwicklungsräumen oder Software-Tools gemacht hat. Dieses Gefühl kann sich bei Erfindungen, künstlerischen Gestaltungen oder wissenschaftlich-technischen Neuerungen steigern. Diese Freude tritt als Erleichterung zutage, wenn der Wertetrainee sich damit aus Zwängen, Einengungen oder bedrückenden Wiederholungen befreien kann. Es gibt keine Kreativität, ohne dass der kreative Mensch das Entstehen von Neuem oder die Befreiung aus einer Problemlage nicht intensiv genießt.

Wertekategorien-Überlappung

Die kreative Leistung bringt dem Wertetrainee, der sie entwickelt, oft auch Nutzen, indem er sie als seine Erfindung oder für ein Projekt nutzen und öffentlich machen kann. Sie kann eine ethische Bedeutung gewinnen, sofern sie das Leben oder Arbeiten der Kollegen verbessert und bereichert. Sie kann schließlich eine soziale Bedeutung erlangen, indem sie beispielsweise die Zusammenarbeit im Team fördert. Der Wert Kreativität kann aber auch dazu beitragen, weniger kreative Wertetrainees zu diffamieren oder Weltanschauungen einseitig hervorzuheben.

Wertequadrat und Synonyme

Ausgangspunkt ist der positive Wert **Kreativität** in der linken oberen Position des Wertequadrats. Ein konträrer Gegensatz wäre in der rechten unteren Ecke **Einfallslosigkeit**. Eine entwertende Übertreibung in der linken, unteren Ecke die – unsystematische – **Ideenschleuder**. Positive Gegenwerte können mentale Strategien, sogenannte **systematische Heuristiken**, sein, um logische Schlüsse zu ziehen. Dann bestünde zwischen Kreativität und systematischer Heuristik ein positives Spannungs- bzw. Ergänzungsverhältnis. Die untere Verbindung zwischen den Unwerten Einfallslosigkeit und unsystematische Ideenschleuder zeigt den Weg, den man beschreitet, wenn man nicht die Kraft hat, sich zu den oberen Werten – Kreativität, systematische Heuristik – hinaufzuarbeiten, also wenn man sich aus einem Unwert in den entgegengesetzten anderen Unwert verliert.

Als **Synonyme** für den Begriff Kreativität können gelten:

Originalität, Einbildungskraft, Einfallsreichtum, Erfindungsreichtum, Erfindungskraft, Erfindungsgabe, Gedankenvielfalt, Schöpferkraft, Gestaltungskraft, Ideenreichtum, Phantasie, Imagination, Innovationskraft, Vorstellungskraft.

Wertekleeblatt

- **Subjekte des Wertes Kreativität** sind vor allem Individuen, beispielsweise Wertetrainees, Führungskräfte, Wissenschaftler, Politiker, Organisatoren oder Projektverantwortliche.
- **Objekte des Wertes Kreativität** sind Gruppen oder Netzwerke von Personen, z. B. Silicon Valley, vor allem aber Einzelpersonen, deren Kreativität als wichtig angesehen wird. Als kreativ gewertet werden können aber auch Problemlösungen oder materielle Umsetzungen in Form von Geräten oder Software, bei denen das Neue, Schöpferische sichtbar wird.

- **Grundlage des Wertes Kreativität** ist zunächst das »Mittelmaß« an Personen oder Resultaten in Hinblick auf Kreativität. Wer diesen Durchschnitt übersteigt, gilt als kreativ. Welcher Maßstab hier anzulegen ist, entwickelt sich in der Regel in sozialen Prozessen. Dabei kann es geschehen, dass kreative Innovationen zuweilen nicht erkannt werden und als »Spinnerei« abgetan werden, sodass sie sich nur schwer durchsetzen können.
- **Maßstäbe des Wertes Kreativität** richten sich weniger nach objektiven Kriterien als nach subjektiven, sozial bekräftigten Einschätzungen. Das reicht bis zur Einschätzung einer Person als »Genie« oder einer Problemlösung als »richtungsweisend«. Oft wird der Wert Kreativität nur Spitzenkönnern und Spitzenleistungen zugeschrieben. Diese elitäre Wertung vernachlässigt aber, dass menschliche Kreativität von kleinsten, kaum wahrnehmbaren Innovationsleistungen im persönlichen oder arbeitsbezogenen Alltag bis hin zu eben jenen Spitzenleistungen reichen kann.

Training

Kreativität kann ohne Frage trainiert werden; eine ganze Fachbuchsparte »Kreativitätstraining« hat sich dazu herausgebildet (z. B. Luther 2020). Uns interessiert dabei weniger, wie Menschen kreativer werden und kreative Leistungen vollbringen, sondern vor allem, wie Kreativität als hoher persönlicher und sozialer Wert verinnerlicht werden kann. Menschen, die kreative Leistungen vollbringen, sind oft gar nicht von einer Problemlösung getrieben, sondern von dem Wert, »etwas Kreatives«, »etwa Neues« zu schaffen. Ein besonders schönes Beispiel ist dafür der Unternehmer Artur Fischer (»Dübel-Fischer«), mit über 1.100 Patenten einer der produktivsten Erfinder aller Zeiten.[50]

Ziele

Vorab sind folgende grundlegenden Fragen zu klären:

- **Bei welchen Menschen** soll der Wert Kreativität konkret entwickelt werden, beispielsweise bei Schülern, Auszubildenden, Wertetrainees oder Führungskräften?
- **Wofür** sollen sie Kreativität entwickeln, z. B. für die Gestaltung von Prozessen, die Produktgestaltung oder die Entwicklung von Marktstrategien?
- **Warum** sollen sie ihren Wert Kreativität entwickeln? Gründe dafür können Sachgründe, Hypothesen, Herkunft, Tradition, Position, Hierarchien, Gefühle, emotionale Abhängigkeiten oder Phantasien sein.
- **Wie weit** soll der Wert Kreativität getrieben werden und inwieweit ist er mit anderen Formen von Kreativität vergleichbar? Von herausragender Kreativität bis zu etwas mehr, etwas weniger Kreativität? Diese Festlegung erfolgt meist in sozialen Prozessen im Team oder in der Organisation.

Als hilfreich hat es sich erwiesen, konkrete Formulierungen zu entwickeln, beispielsweise:

50 https://www.focus.de/finanzen/news/unternehmen/der-duebel-war-nicht-genug-die-groessten-erfindungen-des-verstorbenen-artur-fischer_id_5248389.html (aufgenommen am 7.7.2021)

Wie kann erreicht werden, dass
- die Wertetrainees die Freiräume und die Zeit erhalten, eigene, kreative Ideen zu entwickeln,
- sie ihre persönlichen Ideen und Lösungen in ihre Aufgaben und in ihr Arbeitsumfeld einfließen lassen können,
- inspirierende Erfahrungen, z. B. mit kreativen Arbeitsmethoden, oder in überfachlichen Fortbildungen, ermöglicht werden,
- sie kreative Entwicklungsmöglichkeiten nutzen können, z. B. in Entwicklungsräumen oder mit Softwaretools?

Diese Beispiele können auf den persönlichen Bedarf eines Wertetrainees angepasst und zielorientiert erweitert werden.

Praxisprojekte und -aufgaben

Kreative Werte im Organisationskontext können vor allem in vielfältigen Herausforderungen im Arbeitsleben aufgebaut werden. Naheliegend sind Aufgaben mit kreativen Herausforderungen, die sich direkt aus dem Arbeitsprozess ergeben. Das können auch Maßnahmen des Arbeitsschutzes, insbesondere um die psychische Belastung zu vermindern, der ergonomischen Gestaltung der Büroarbeit oder der Reduktion von Transportrisiken sein.

Je nach Aufgabengebiet können vor allem aber auch konzeptionelle Aufgaben übernommen werden, um den Wert Kreativität zu stärken. Dafür eignen sich beispielsweise Produktentwicklungen, innovative Prozessabläufe oder Marketingmaßnahmen. Auch im Zusammenleben mit dem Team sind kreative Ideen gefragt. Dies können kreative Vorschläge sein, wie die Teamarbeit optimiert wird, aber auch konkrete Vorschläge für gemeinsame Aktivitäten des Teams.

Neue Ideen für kreative Ansätze entstehen häufig im Team und können oftmals nur mit anderen gemeinsam umgesetzt werden. Deshalb ist die Zusammenarbeit mit Kollegen sinnvoll, mit denen die Wertetrainees innovative Lösungen entwickeln und realisieren können. Bewährt hat sich der Austausch der Ideen in Netzwerken und der Austausch sowie die Weiterentwicklung von Erfahrungen im Rahmen des Wissensmanagements. Manchmal erfordern kreative Projekte eine Vereinbarung mit der Führungskraft. In diesem Fall sollten die Wertetrainees einen Konzeptionsvorschlag entwickeln, den Sie im Team oder bei der Führungskraft vorstellen.

Als sehr kreativitätsfördernd hat sich dabei die Methode des **Working Out Loud** erwiesen. Voraussetzung dafür ist die Vereinbarung von Spielregeln dieser Methode mit Entwicklungspartnern und deren konsequente Umsetzung. Sie kann auch bei den anderen Schlüsselwerten benutzt werden. Bei Bedarf sollte die Bildungsabteilung die Wertetrainees coachen, um die kreativen Prozesse zu optimieren.

Checkbox Wert Kreativität **Methoden der gezielten Werteentwicklung im Arbeitsprozess (nach Kap. 2.3)**	**Auswahl**[51]
Erlebnislernen	
Subjektivierendes Handeln	
Expertiseaufbau	
Job Rotation	
Agile Arbeitsprinzipien	
Scrum	
Design Thinking	
Kanban	
Pulse	
Peer Working and Learning	
Working Out Loud	
Kollegiale Beratung	
Community of Practice	

Tab. 7 Checkbox Kreativität – Praxis

Begleitendes Coaching und Mentoring

Für die Begleitung der Entwicklungsprozesse des Wertes Kreativität kommen Wertetrainer aus dem Bildungsbereich, aber auch Kollegen oder Fachexperten infrage. Mögliche Unterstützer können Experten, z. B. für Medienentwicklung, für gesundheitsbewusstes Leben und Arbeiten, für ergonomische Fragen oder für die Teamentwicklung sein.

Flankiert werden können diese Entwicklungsprozesse durch die jeweiligen Führungskräfte im Rahmen ihrer Mentoringfunktion. Dies bedeutet, dass die Führungskraft mit den Wertetrainees konkrete Projektziele zur Entwicklung des Wertes Kreativität vereinbart und die notwendigen Rahmenbedingungen sichert. Es hat sich bewährt, im Abstand von mehreren Wochen jeweils ein Abstimmungsgespräch mit der Führungskraft zu vereinbaren.

51 Wenn sich Wertetrainer und Wertetrainee entschließen, den Schlüsselwert Kreativität weiter entwickeln zu wollen, überlegen sie gemeinsam, welche der hier aufgeführten Methoden benutzt werden sollen und setzen ein deutliches Häkchen, besser noch einen Ankerbegriff für die beabsichtigte Maßnahme, in der Spalte »Auswahl«. Analog verfahren sie bei den weiteren 3 Methodenboxen (Coaching, Übung, Bildung) und bei den die weiteren 15 Schlüsselwerten.

Checkbox Wert Kreativität **Methoden der gezielten Werteentwicklung durch Coaching und Mentoring (nach Kap. 2.3)**	**Auswahl**
Begleitcoaching	
Neurobiologisch intendiertes Coaching	
Systemisches Coaching	
Involvierendes Coaching	
Persönlichkeitscoaching	
Co-Coaching	
Kollegiales Coaching	
Mentoring	
Koping	

Tab. 8 Checkbox Kreativität – Coaching

Auch hier ist abzuwägen, welche Methoden des Wertetraining durch Coaching und Mentoring aus Sicht des Wertetrainees, aber auch des Teams oder der Organisation angemessen sind und für das Training verwendet werden können.

Ergänzende Übung

Für die Entwicklung des Wertes Kreativität bieten sich in erster Linie realitätsgleiche Trainings an. Diese Trainings werden auf Basis von Kreativitätsaufgaben aus der aktuellen Praxis der Wertetrainees konzipiert. Sofern dies nicht möglich ist, empfehlen wir realitätsähnliche Trainings mit Praxisaufgaben, die den realen Aufgaben oder Projekten möglichst nahekommen.

Checkbox Wert Kreativität **Methoden der gezielten Werteentwicklung durch Übung und übendes Training (nach Kap. 2.3)**	**Auswahl**
Trainingsunternehmen und Übungsfirmen	
Bewerbungstraining	
Outdoor-Training, Hochseilgarten, Führen mit Pferden ...	
Seitenwechsel	
Zürcher Ressourcenmodel	
Serious Games	

Tab. 9 Checkbox Kreativität – übendes Training

Unterstützende Bildung und Weiterbildung

Weiterbildungsmaßnahmen, in denen Kreativitätsmethoden angewandt werden, können wertvolle Impulse für die Entwicklung des Wertes Kreativität geben. Hierfür kommen neben Brainstorming und Design Thinking weitere Methoden infrage.

Checkbox Wert Kreativität **Methoden der gezielten Werteentwicklung durch Bildung und Weiterbildung (nach Kap. 2.3)**	**Auswawhl**
Bildungs- und Weiterbildungsmaßnahmen als Anstoß für Werteentwicklung	
Selbstorganisation	
Social Blended Learning	
Wertelisten	
Wertequadrat	
Handlungs- und verhaltenspsychologische Methoden	
Prospect Theory	
Post-mortem-Diskussion	
Advocatus-Diaboli-Diskussion	
Nudging	
Debiasing	
Anti-Biasing	
Kongresse, Barcamps und Webcamps	
World Café – werteorientierte Vernetzung	

Tab. 10 Checkbox Kreativität – Bildung

Beispiel 1: Kreative Lösungen mit agilen Methoden

Der Bereichsleiter Verwaltung in einem mittelständischen Unternehmen hat bei seinen Mitarbeitern auf Basis eines Soll-Werteprofils eine Werteerfassung durchgeführt. Dabei stellt es sich bei sieben Mitarbeitern in der Einzelanalyse heraus, dass die Abweichungen zwischen Ist und Soll jeweils beim Wert Kreativität besonders groß sind. Gemeinsam mit diesen Mitarbeitern wird dieses Erfassungsergebnis in einem zweistündigen Workshop analysiert und bewertet.

Im ersten Schritt definieren die Mitarbeiter ihre individuellen Entwicklungsziele für den Wert Kreativität. Sie einigen sich in Abstimmung mit ihrer Führungskraft darauf, ihre Entwicklungsziele in einem gemeinsamen Projekt zur Einführung der agilen Methode Design Thinking in ihrem Bereich umzusetzen.

Zwei Wertetrainees besuchen vorab ein Training zum Design Thinking. Dies wird als Inhouse-Training durchgeführt, sodass der notwendige Werte- und Kompetenzaufbau bereits parallel auf Basis ihres vereinbarten Entwicklungsprojektes erfolgen kann. Gleichzeitig besuchen die anderen Wertetrainees jeweils ein Seminar für Brainstorming-Techniken, für die Methode Scrum, für Moderationstechniken sowie den Einsatz von Kunst, um emotionale Berührungen schaffen zu können.

Gemeinsam mit einem externen Experten für agile Methoden planen die Wertetrainees in einem Kick-off ihre selbstorganisierte Entwicklungsphase. Dabei nutzen sie agile Methoden des Scrum und des Design Thinking, um ihre Selbstlernphase zu planen. Sie versuchen zunächst, ihre Herausforderung zu verstehen und klar zu beschreiben. Auf Basis von vorab geführten Gesprächen definieren sie gemeinsam die Anforderungen der Kollegen. In einem Prozess der Synthese tragen sie diese zusammen und verdichten sie, sodass sie die wichtigsten Herausforderungen identifizieren und Ideen zur Umsetzung entwickeln können.

Danach gehen sie gemeinsam in die Planung der Entwicklung einer praktischen Lösung in Arbeitsteilung in Form eines Prototyps. Diesen Prozess planen Sie mit Methoden des Scrum, insbesondere kurzen Sprints, regelmäßigen Reviews und Retrospektiven, nach dem Prinzip der iterativen Entwicklung der Konzeption. Dies bedeutet, dass bei jedem Schritt Rückkoppelungs- und Feedbackmechanismen genutzt werden.

Nach vier Wochen stellen sie ihre ersten Lösungen ausgewählten Führungskräften vor und treffen weitere Vereinbarungen für den Entwicklungsprozess. Nach dem Ende der zweiten Entwicklungsphase findet ein Abschlussworkshop statt, in dem die Wertetrainees ihre Lösung vorstellen und mit Führungskräften diskutieren. Auf dieser Basis werden Vereinbarungen für die Umsetzung getroffen.

Im ersten Schritt präsentieren die Wertetrainees ihren Lösungsvorschlag allen Mitarbeitern, die Interesse haben, in einem Workshop, der zunächst mit einem World-Café beginnt, um dann in ein Barcamp zu münden. Die Beiträge, die dabei von den Teilnehmern kommen, fließen mit in die Konzeption ein, die im Intranet allen zur Verfügung steht. In der Abschlussdiskussion des Barcamps vereinbaren die Wertetrainees drei Pilotprojekte mit verschiedenen Teams, in denen sie ihre Lösung erproben. Das Ziel dabei ist, aufgrund der gesammelten Erfahrungen das Konzept zu optimieren und in die Breite zu bringen.

Im Laufe dieses Entwicklungsprozesses entwickeln die Teilnehmer Ihren Wert Kreativität systematisch weiter.

Beispiel 2: Kreativität und Selbstorganisation

»Das Märchen von der Kreativität: Es war einmal ein Mädchen, Elisabeth. Sie war zierlich und von empfindlicher Gesundheit. Ihre Eltern dachten, sie müssten sie schonen und von allzu viel Anstrengung fernhalten. Sie ließen sie zur Volksschule gehen, dann auf die Realschule, aber nur mit großem Zögern. Ständig beobachteten sie, ob es Elisabeth zu viel würde. Und tatsächlich war sie häufig krank. Elisabeth schaffte die Mittlere Reife, aber sie dachte von sich selbst, dass sie schwach und auch ein bisschen dumm sei.

Nach der Mittleren Reife machte sie eine Ausbildung zur Kinderkrankenschwester, denn sie liebte Kinder über alles. Aber eines Tages dachte sich Elisabeth: Jetzt reicht es. Ich will doch noch etwas anderes als das, was meine Eltern mir zugestehen. Ich bin gar nicht so schwach und kränklich, wie immer alle glauben. Und ganz dumm bin ich auch nicht. Immerhin habe ich meine Prüfungen bestanden. So studierte sie Sozialpädagogik und bestand auch hier die Prüfungen. Nun wurde sie richtig mutig und beschloss, ihren Traum zu verwirklichen und Ärztin zu werden.

Mittlerweile hatte sie einen Mann kennen und lieben gelernt. Sie bekam ihr erstes Kind, einen Sohn, wenig später einen zweiten. Zum Lernen hatte sie sich eine kleine Garage neben dem Häuschen eingerichtet, in dem sie mit ihrer Familie lebte. Sie entwickelte eine solche Kraft, und je mehr sie lernte, und Prüfungen bestand, umso mehr Vertrauen bekam sie in sich selbst. Heute hat Elisabeth eine eigene Praxis mitten auf dem Land. Sie hat drei Kinder großgezogen, einen Verein gegründet, ihr zweites Enkelkind ist auf dem Weg. Sie hält international Vorträge zu den Themen, die sie bewegen, und man hört ihr zu. Sie hat ein Buch herausgegeben, und noch vieles mehr auf den Weg gebracht.

Warum erzähle ich diese Geschichte? Die meisten Menschen glauben, dass Kreativität etwas mit Kunst, Musik, Gedichte schreiben oder Ähnlichem zu tun hat. Zudem ist die Erziehung und Schulbildung in diesem Bereich mehr als mangelhaft. Kinder bekommen Zensuren in den Fächern, in denen es um persönlichen Ausdruck und Einfallsreichtum, sprich Kreativität, geht. Es ist also kein Wunder, dass die meisten von uns denken, wir seien nicht kreativ. Natürlich gehören Kunst, Musik, Dichtung zum Bereich der Kreativität. Aber das ist nur ein Teil der Wahrheit.

Elisabeths Geschichte zeigt, was kreativ sein auch bedeutet. Es heißt, seinem eigenen Leben die Wendung zu geben, die ich möchte und dafür alles zu tun. In diesem Sinne kann jeder Mensch kreativ sein. Das Wort Kreativität kommt aus dem Lateinischen *creare* und bedeutet erschaffen. Wir alle erschaffen unser Leben, ständig, jeden Tag aufs Neue. Wenn ich morgens aufstehe, meinen Kaffee mache, dusche, Zähne putze, meine Kleidung anziehe, erschaffe ich den neuen Tag. Wenn ich mir Gedanken mache um einen Klienten, oder wenn ich die Wohnung putze, ein Essen koche, dafür einkaufe, all das kann ein kreativer Akt sein. Es hängt nur von mir ab. Kreativität heißt: Sein Leben selbst bestimmen und nicht von anderen, vom Schicksal, von Geld, oder sonstigen äußeren Faktoren bestimmen zu lassen. Sich selbst und seiner Kraft vertrauen. In diesem Sinne hat jeder Mensch das Potential, kreativ zu sein.« (Sternberg 2015).

Dieser Gedanke der Selbstorganisation sollte nicht nur im Bereich der Methoden gezielter Werteentwicklung durch Bildung und Weiterbildung eine Rolle spielen, sondern als Grundgedanke einbezogen werden, da Werte als Ordner der Selbstorganisation zu verstehen sind. Das Beispiel ist auch deshalb für das Wertetraining fruchtbar, weil jeder in seiner Lebenswelt ähnliche Fälle kennt und vorstellen kann.

3.2 Gesundheit

»Den Körper in guter Gesundheit zu erhalten ist eine Pflicht …
andernfalls können wir unseren Geist nicht stark und klar halten.«
Buddha

Beschreibung
Gesundheit bezeichnet das »normale« beziehungsweise nicht »krankhafte«, subjektive Befinden, Aussehen und Verhalten sowie das Fehlen von der Norm abweichender ärztlicher Befunde. Gesundheit wird auch häufig entsprechend der Definition der Weltgesundheitsorganisation (WHO) von 1948 interpretiert. Diese beschreibt Gesundheit als Zustand des vollkommenen physischen, psychischen und sozialen Wohlbefindens und nicht nur als Abwesenheit von Krankheit.

Wer sich mit Gesundheit und Krankheit auseinandersetzt, muss erkennen, dass diese Definition einen wertenden Idealzustand beschreibt, der in dieser Form nicht zu erreichen ist. Dennoch entspricht die Definition der WHO in weiten Teilen den Vorstellungen, die viele, meist gesunde Menschen von Gesundheit haben.

Gesundheit wird als allgemeines Wohlbefinden, als Einheit von Körper und Geist, als Leistungsfähigkeit oder als psychische und soziale Integrität verstanden, und geht damit weit über das Gesundheitsverständnis im pathophysiologischen Sinn, d. h. krankhafter Veränderungen und Funktionsweisen, hinaus. Das Verhalten und Handeln des Menschen wird im Wesentlichen von Grundüberzeugungen, Gewohnheiten, Emotionen, Vorbildern, spontanen Einfällen und aktuellen Bedürfnissen bestimmt. Gesundheit ist daher wie auch Krankheit kein Begriff, der einer abschließenden natur- oder geisteswissenschaftlichen Definition zugänglich ist. Beide Begriffe orientieren sich in hohem Maße an subjektiven Empfindungen, die, bestimmt durch Zeitgeist und Kulturkreis, zudem einem steten Wandel unterworfen sind.

Gesundheit kann im weiteren Sinn über sogenannte Gesundheitsindikatoren »gemessen« werden. Um sie national oder international zu vergleichen, bieten sich z. B. Parameter wie Sterblichkeit (Mortalität), Inanspruchnahme von Vorsorgeuntersuchungen, Säuglingssterblichkeit, Häufigkeit von Unfällen oder auch die Zahl von Frührentnern an. Im Rahmen der Gesundheitsberichterstattung wird in Deutschland vom Robert-Koch-Institut der Gesundheitszustand der Bevölkerung kontinuierlich dokumentiert und veröffentlicht.

Werteatlas-Definition
Es ist Personen mit einer hohen Wertschätzung der Gesundheit wichtig, dass sie durch körperlichen und geistigen Ausgleich gesund und fit bleiben. Insbesondere dass Sport und Bewegung aktiv unterstützt werden. Urlaub und Freizeit sollen zur wirklichen Erholung beitragen. Ihre persönlichen Bedürfnisse, etwa bei der Stressbewältigung, bei privaten Herausforderungen oder bei der ergonomischen Gestaltung ihres Arbeitsplatzes sollten berücksichtigt werden. Insgesamt müssen Ihr Spaß und ihre Freude an der täglichen Arbeit gefördert werden.

Eine Übertreibung ist es, wenn Gesundheit und Fitness die Aktivitätsplanung und den Tagesablauf der Person bestimmen, teilweise auf Kosten von laufenden Aufgaben.

Wir empfehlen folgende vertiefende Literatur zum Wert Gesundheit: Barnow 2020 oder Schäffler 2014.

Werteatlas-Zuordnung
Gesundheit ist im Werteatlas dem Grundwert Genuss zugeordnet. Im Gegensatz zu anderen Genussmitteln werden eher die mit der Gesundheit verbundenen Erscheinungen genossen. So die Fitness bei anstrengenden körperlichen Belastungen oder bei sportlichen Herausforderungen, das Gehorchen des eigenen Körpers bei schwer zu bewältigenden Anstrengungen oder die »Funktionslust« im Training. Besonders deutlich wird einem der Genusswert von Gesundheit nach überstandener Krankheit. Viele gesundheitsfördernde Maßnahmen haben nicht nur eine verbesserte Gesundheit zum Ziel, sondern sind auf das genießende Wohlfühlen der Patienten gerichtet, etwa Kuren, Bäder und Massagen.

Wertekategorien-Überlappung
Gesundheit bringt sowohl persönlich, durch Stabilisierung der Arbeitskraft, als auch sozial, durch verminderte Ausfallzeiten, weniger Aufwand zur Gesunderhaltung und weniger psychotherapeutisch notwendige Interventionen einen hohen materiellen und ideellen Nutzen.

Die ethische Bedeutung der Gesundheit ist bereits in den ersten beiden Paragrafen unseres Grundgesetzes festgeschrieben:

»Die Würde des Menschen ist unantastbar. Sie zu achten und zu schützen ist Verpflichtung aller staatlichen Gewalt.«

Und:

»Jeder hat das Recht auf Leben und körperliche Unversehrtheit.«

Mit diesem hohen Stellenwert in der Verfassung ist auch der soziale Wert von Gesundheit besiegelt, der sich unter anderem in der Institution des Bundesministeriums für Gesundheit (BMG) und der Existenz vieler Gesundheitseinrichtungen verschiedenster Art manifestiert.

Wertequadrat, Synonyme

Ausgangspunkt ist der positive Wert in der linken oberen Position des Wertequadrats. In unserem Fall **Gesundheit**. Ein konträrer Gegensatz wäre in der rechten unteren Ecke **Krankheit**. Eine entwertende Übertreibung in der linken, unteren Ecke die **Hypochondrie**, also die zwanghafte Angst vor Erkrankung oder die ständige Einbildung, krank zu sein. Ein positiver Gegenwert kann **systematisches Fitnesstraining** sein. Dann bestünde zwischen ihm und der Gesundheit ein positives Spannungs- bzw. Ergänzungsverhältnis.

Die untere Verbindung zwischen den Unwerten Hypochondrie und Krankheit symbolisiert den Weg, den man beschreitet, wenn man dem einen Unwert – Krankheit – entfliehen will, aber nicht die Kraft hat, sich zu den oberen Werten – Gesundheit – systematisches Fitnesstraining – hinaufzuarbeiten. Also wenn man sich aus einem Unwert in den entgegengesetzten anderen Unwert verliert. Die Verbindung zwischen den unteren Begriffen stellt die Fehlleistung einer Überkompensation des zu vermeidenden Unwerts durch einen gegenteiligen Unwert dar.

Als **Synonyme** für den Begriff Gesundheit können gelten:

Wohlbefinden, Heil, Glück, Leistungsfähigkeit, Segen, Wohlergehen, Seligkeit, Lebensgeister, Lebenskraft, Lebensqualität, Widerstandsfähigkeit, Rüstigkeit, Wohlsein, Zustand.

Wertekleeblatt

- **Subjekte des Wertes Gesundheit** sind die Wertetrainees und ihre Führungskräfte, aber auch Kunden und Partner.
- **Objekte des Wertes Gesundheit** sind alle Entwicklungsmaßnahmen im Rahmen des Gesundheitsmanagements.
- **Grundlage des Wertes Gesundheit** ist die Fürsorgepflicht der Organisation gegenüber ihren Wertetrainees und Führungskräften. Gleichzeitig sichert ein effektives Gesundheitsmanagement nachhaltig die Leistungsfähigkeit der Organisation.
- **Maßstäbe der Wertes Gesundheit** sind der durchschnittliche Krankenstand, aber auch die Zufriedenheit der Wertetrainees mit den Arbeitsbedingungen und ihre Motivation, die darauf gründet.

Training

Gesundheit kann sowohl im Privat- als auch im Berufsleben gezielt entwickelt werden. Dies zeigt sich insbesondere an der unüberschaubaren Zahl an Ratgebern mit Gesundheitstipps psychischer und physischer Ausrichtung. Im Rahmen der gezielten Werteentwicklung ist es vor allem wichtig, Gesundheit als persönlichen Wert zu verinnerlichen, damit sie den Wertetrainees und Führungskräften eine Motivation und Orientierung gibt, um gesundheitsbewusst zu leben und zu arbeiten.

Ziele

Vorab sind folgende grundlegenden Fragen zu klären:

- **Bei welchen Menschen** soll der Wert Gesundheit konkret entwickelt werden, beispielsweise bei Auszubildenden, Wertetrainees, Führungskräften oder Familienmitgliedern?
- **Wofür** sollen sie Gesundheit entwickeln, z. B. für die Steigerung der Zufriedenheit der Mitarbeitenden, die Entwicklung einer positiven Organisationskultur, für die Förderung der nachhaltigen Leistungsfähigkeit der Mitarbeitenden und Teams, geringe Krankheits- und Produktionsausfälle, höhere Qualität der Arbeit und gesteigerte Wettbewerbsfähigkeit, für die langfristige Bindung von Mitarbeitenden durch eine verstärkte Identifikation mit der Organisation, verbessertes Betriebsklima, für die Stärkung der Arbeitgeberattraktivität und das Image der Organisation oder für einen Beitrag zur gesundheitlichen Entwicklung der Bevölkerung?
- **Warum** sollen sie ihren Wert Gesundheit entwickeln? Gründe dafür können ethische Motive, z. B. Schutz des Lebens, wirtschaftliche Motive, z. B. die Sicherung der Wettbewerbsfähigkeit, soziale Motive, z. B. die Steigerung des Zusammengehörigkeitsgefühls oder gesellschaftliche Motive, z. B. Verbesserung der Gesundheit der Bevölkerung, sein.
- **Wie weit** soll der Wert Gesundheit getrieben werden: vom vorbildlichen, gesundheitsbezogenen Handeln bis zu etwas mehr, etwas weniger Gesundheitsorientierung? Diese Festlegung erfolgt meist in individuellen Prozessen.

Als hilfreich hat es sich erwiesen, konkrete Formulierungen zu entwickeln, wie beispielsweise:

Wie kann erreicht werden, dass

- die Wertetrainees ihr Bewusstsein schärfen und Gelegenheit erhalten, individuelle gesundheitsbezogene Maßnahmen konsequent umzusetzen,
- sie ihre individuellen gesundheitlichen Ziele und Aktivitäten mit ihren Aufgaben und ihrem Arbeitsumfeld in Einklang bringen können,
- Erfahrungen, z. B. mit gesundheitsfördernden Aktivitäten oder beim Sport ermöglicht werden,
- sie gesundheitsförderliche Angebote nutzen können, z. B. ergonomische Möbel oder Sportangebote?

Praxis und Projekte

Der Wert Gesundheit kann im Arbeitsprozess vor allem durch folgende Ansätze entwickelt werden:[52]

- Gesundheitsförderliche Führung, insbesondere emphatischer Umgang mit psychisch belasteten Mitarbeitenden oder einfühlsame Gesprächsführung,
- gesunde Selbstfürsorge und gegenseitige Fürsorge im Team durch Abbau von Stress, Work-Life-Balance, Aufbau psychischer Widerstandsfähigkeit oder Burn-out-Prävention,

52 Vgl. u. a. https://www.bundesgesundheitsministerium.de/themen/praevention/betriebliche-gesundheitsfoerderung/weiterfuehrende-informationen.html

- Gesundheitsfürsorge durch den Aufbau von Kompetenzen für Entspannungstechniken, gesunde Ernährung oder die Stärkung der Rückengesundheit,
- Sensibilisierung für Suchtphänomene am Arbeitsplatz, insbesondere um Warnsignale zu erkennen,
- gezielte Deeskalation in Krisen- oder Konfliktsituationen.

Gesundheitsfördernde Maßnahmen werden sinnvollerweise im Team vereinbart, damit die notwendige Akzeptanz bzw. Unterstützung gesichert wird. Bewährt hat sich der Austausch von Konzepten in Netzwerken, auch organisationsübergreifend, sowie die Weiterentwicklung von Erfahrungen im Rahmen von Communities of Practice.

Manchmal erfordern Gesundheitsprojekte eine Vereinbarung mit der Führungskraft. In diesem Fall sollten die Wertetrainees einen Konzeptionsvorschlag entwickeln, den Sie im Team oder bei der Führungskraft vorstellen.

Checkbox Wert Gesundheit **Methoden der gezielten Werteentwicklung im Arbeitsprozess (nach Kap. 2.3)**	**Auswahl**
Erlebnislernen	
Subjektivierendes Handeln	
Expertiseaufbau	
Job Rotation	
Agile Arbeitsprinzipien	
Scrum	
Design Thinking	
Kanban	
Pulse	
Peer Working and Learning	
Working Out Loud	
Kollegiale Beratung	
Community of Practice	

Tab. 11 Checkbox Gesundheit – Praxis

Begleitendes Coaching und Mentoring

Für die Begleitung der Entwicklungsprozesse des Wertes Gesundheit kommen Lernbegleiter aus dem Bildungsbereich, aber auch Kollegen oder Fachexperten infrage. Mögliche Unterstützer können Experten für gesundheitsbewusstes Leben und Arbeiten, z. B. Betriebsärzte, Fachleute für ergonomische Fragen oder für die Teamentwicklung sein.

Flankiert werden können diese Entwicklungsprozesse durch die jeweiligen Führungskräfte im Rahmen ihrer Mentoringfunktion. Dies bedeutet, dass die Führungskraft mit den Wertetrainees konkrete Projektziele zur Entwicklung des Wertes Gesundheit vereinbaren und die notwendigen Rahmenbedingungen sichern. Es hat sich bewährt, im Abstand von mehreren Wochen jeweils ein Abstimmungsgespräch mit der Führungskraft zu vereinbaren.

Checkbox Wert Gesundheit Methoden der gezielten Werteentwicklung durch Coaching und Mentoring (nach Kap. 2.3)	**Auswahl**
Begleitcoaching	
Neurobiologisch intendiertes Coaching	
Systemisches Coaching	
Involvierendes Coaching	
Persönlichkeitscoaching	
Co-Coaching	
Kollegiales Coaching	
Mentoring	
Koping	

Tab. 12 Checkbox Gesundheit – Coaching

Ergänzende Übung

Für die Entwicklung des Wertes Gesundheit bieten sich Übungen an, die direkt die Gesundheit der Wertetrainees fördern. Mit diesen Angeboten können vielfältige Vorteile bewirkt werden:

- die Gesundheit und das Wohlbefinden der Wertetrainees wird gesteigert,
- die Leistungsfähigkeit der Wertetrainees wird nachhaltig gesichert,
- das Betriebsklima verbessert sich,
- die Identifikation mit der Organisation wird gesteigert,
- die Arbeitgebermarke – Employer Branding – wird positiv beeinflusst.

Für kleinere Organisationen bieten sich Kooperationen mit Sportvereinen und sonstigen Anbietern gesundheitsfördernder Maßnahmen an, größere Organisationen können eigene Leistungen entwickeln.[53]

53 Vgl. u. a. https://www.bgm-bkk.de/uploads/media/Sportbroschuere21 – 03 – 12_Web.pdf

Beispielhaft können folgende gesundheitsfördernde Entwicklungsmaßnahmen genutzt werden:

- **Bewegung, Ergonomie, Rückengesundheit**
  - regelmäßiger Sport, vom Laufen über das Radfahren bis zum Schwimmen und vielfältigen Mannschaft-Sportarten
  - Arbeitstechniktraining
  - Rückentraining
- **Ernährung**
  - Ernährungsparcours, z. B. Zuckerstraße, Genusstraining
  - Gemeinsames Kochen
- **Entspannung, Stress**
  - Entspannungstraining
  - Progressive Muskelrelaxation
- **Demografie, Arbeiten im Alter**
  - Gehirntraining durch Bewegung

Checkbox Wert Gesundheit **Methoden der gezielten Werteentwicklung durch Übung und übendes Training (nach Kap. 2.3)**	**Auswahl**
Trainingsunternehmen und Übungsfirmen	
Bewerbungstraining	
Outdoor-Training, Hochseilgarten, Führen mit Pferden ...	
Seitenwechsel	
Zürcher Ressourcenmodell	
Serious Games	

Tab. 13 Checkbox Gesundheit – übendes Training

Unterstützende Weiterbildung

Weiterbildungsmaßnahmen zur Förderung des Wertes Gesundheit dienen bevorzugt dazu, Wissen zu Gesundheitsfragen aufzubauen und die Wertetrainees für gesundheitsbewusstes Handeln zu sensibilisieren. Dies können vielfältige Veranstaltungen sein, in denen die Aspekte der physischen und psychischen Gesundheit und deren gezielte Förderung erörtert werden. Bewährt haben sich sogenannte Gesundheitstage, bei denen die Wertetrainees die Gelegenheit erhalten, mit Gesundheitsexperten Fragen gesundheitsfördernder Arbeits- und Lebensweisen zu erörtern.

Checkbox Wert Gesundheit **Methoden der gezielten Werteentwicklung durch Bildung und Weiterbildung (nach Kap. 2.3)**	**Auswahl**
Bildungs- und Weiterbildungsmaßnahmen als Anstoß für Werteentwicklung	
Selbstorganisation	
Social Blended Learning	
Wertelisten	
Wertequadrat	
Handlungs- und verhaltenspsychologische Methoden	
Prospect Theory	
Post-mortem-Diskussion	
Advocatus-Diaboli-Diskussion	
Nudging	
Debiasing	
Anti-Biasing	
Kongresse, Barcamps und Webcamps	
World Café – werteorientierte Vernetzung	

Tab. 14 Checkbox Gesundheit – Bildung

Beispiel 1: Initiierung der Werteentwicklung Gesundheit

Im Rahmen der organisationsweiten Werteerfassung in einem Maschinenbauunternehmen mit etwa 600 Mitarbeitern stellte es sich heraus, dass die Abweichung zwischen dem aggregierten Ist-Wert Gesundheit und dem entsprechenden Wunsch-Wert bei einer Zehnerskala 2,4 Punkte betrug. Deshalb einigte sich das Wertemanagementteam darauf, u. a. den Wert Gesundheit gezielt zu entwickeln.

Dieser Entwicklungsprozess sollte unter Einbeziehung von möglichst vielen Mitarbeitern erfolgen. Deshalb wurde mit der Geschäftsführung vereinbart, dass die Mitarbeiter auf Organisationsebene im ersten Schritt mit der Methode des **World-Cafés** in einer halbtägigen Veranstaltung für den Wert Gesundheit sensibilisiert werden sollten, um dann in einer zweiten, halbtägigen Veranstaltung in Form eines Barcamps als Teilgeber eigene Vorschläge und Überlegungen einbringen zu können.

Das World Café »Gesundheit« begann mit einer Begrüßung und Erläuterungen zum Ablauf und zur Rolle der Gastgeber. Gastgeber waren Gesundheitsexperten aus der Organisation, aber auch von außen, die als Gesprächsrundenleiter die ganze Zeit an ihren jeweiligen Tischen verblieben.

In aufeinanderfolgenden Gesprächsrunden von etwa 15 bis 20 Minuten wurden an allen Tischen gleichzeitig Frage- oder Problemstellungen zur Förderung des Wertes Gesundheit besprochen. Die Gesprächsrundenleiter schrieben und zeichneten in jeder Runde die ihrer Meinung nach wichtigsten Punkte zur Gesundheitsförderung auf das Papier. Nach jeder Runde mischten sich die Gesprächsgruppen neu.

Die Gastgeber blieben an ihrem Tisch, begrüßten die Neuankömmlinge, resümierten das bisher Besprochene und brachten den Diskurs erneut in Gang. Die einzelnen Gesundheitsthemen wurden durch das mehrfache Wechseln und Mischen der Teilnehmer vertieft.

Anschließend trafen sich die Teilnehmer mit den Gastgebern und fassten die wesentlichen Ergebnisse in einer Plenumsdiskussion zusammen. Die Ergebnisse wurden dokumentiert und im Intranet allen Mitarbeitern zur Diskussion gestellt. Diese wurden weiterhin aufgefordert, konkrete Vorschläge und Anregungen für praktische Maßnahmen zur Entwicklung des Wertes Gesundheit in der Organisation zu entwickeln.

Zwei Wochen später wurde das Barcamp »Gesundheit« für alle Mitarbeiter angeboten. Dort sollte es jedem Teilnehmer ermöglicht werden, sich als »Teilgeber« in den Entwicklungsprozess des Wertes Gesundheit einzubringen. Bereits vorab konnte jeder Mitarbeiter Vorschläge für Themen bzw. Sessions im Intranet einbringen.

Das Barcamp begann mit einer kurzen Einführung in die Methode durch den Moderator. Anschließend erfolgte die gemeinsame Programmplanung. Jeder Mitarbeiter konnte Vorschläge zur Entwicklung des Wertes Gesundheit vorstellen, z. B. für Sportangebote, Entspannungskurse, zum Stressabbau oder für die Verbesserung der ergonomischen Gestaltung der Arbeitsbereiche. Alle Sessions wurden vorab in drei Sätzen mit einem DIN-A4-Papier mit dem Ankerbegriff von dem jeweils Vorschlagenden persönlich vorgestellt. So füllte sich die Agenda mit mehreren parallelen Sessions in den diversen Zeitfenstern.

Nach jeweils dreißig Minuten erfolgte ein Wechsel zur nächsten Session-Runde. Alle »Teilgeber« konnten jederzeit das für sie selbst interessanteste Thema wählen. Sie konnten auch während einer Session zu einem anderen Thema wechseln. Während der Sessions wurden die wesentlichen Punkte von einzelnen Mitarbeitern in einem digitalen Board dokumentiert. In den Pausen zwischen den Sessions von jeweils 15 Minuten skizzierten die einzelnen Teilgeber die wesentlichen Ergebnisse ihrer Session im Plenum.

Damit wurde es allen Mitarbeitern und Führungskräften möglich, in einem gemeinsamen Prozess ihre Ideen und Überlegungen zur Förderung des Wertes Gesundheit mit einzubringen. Das Wertemanagementteam entwickelte aus den Vorschlägen eine Konzeption für das »Korridorthema« Gesundheit. Dieses hatte zum Ziel, auf allen Ebenen der Organisation, bis zum einzelnen Mitarbeiter, konkrete Schritte zur Entwicklung des Wertes Gesundheit zu initiieren.

Beispiel 2: Gesundheit als Wert verinnerlichen

Der Wertetrainer Felix Kamp steht vor einem massiven Problem. In einem Betrieb der Lebensmittelbranche, der ihn für ein Training engagiert hat, besteht ein eigenartiger Widerspruch. Obwohl das Unternehmen viel für die Gesundheit der Mitarbeiter tut, kommt es bei der Erfassung von Ist und Wunsch des Wertes Gesundheit zu einer beträchtlichen Diskrepanz. Es ist, als ob die Mitarbeiter die Bedeutung des Wertes Gesundheit zwar hoch veranschlagen, aber das, was der Betrieb für sie tut, vor allem aber was sie selbst dafür tun, wesentlich geringer schätzen. Dieser Effekt ist aus der Nichtraucher-Werbung bestens bekannt. Der Soll-Wert wird vollkommen anerkannt, der Ist-Wert, das Leben nach der gesundheitlichen Vernunft, wird aber nicht verinnerlicht, sondern mit Ausweichstrategien umgangen. Wie erreicht Felix Kamp, dass Gesundheit zu einem verinnerlichten Wert wird und danach in individueller Freiheit gehandelt wird?

»Gesundheit, Familie und Erfolg (Anerkennung) sind derzeit die drei wichtigsten Werte unter deutschen Konsumenten. Das ergibt die Studie ›Werte-Index 2020‹, vorgestellt von Trendbüro und Kantar. Die Studie von dem Beratungsunternehmen Trendbüro aus München und dem Marktforschungsinstitut Kantar mit Büro in Hamburg beruht auf einer Social-Media-Analyse. Für den ›Werte-Index 2020‹ untersuchten die Studienpartner rund 3,3 Millionen Postings in deutschsprachigen Social-Media-Kanälen im Zeitraum vom 1. Mai bis 30. September 2019. Die quantitative und qualitative Analyse interessierte, wie User grundlegende gesellschaftliche Werte diskutieren, unter anderem Freiheit, Gesundheit, Natur, Familie oder Gemeinschaft. Zuvor erschien die Studie bereits in den Jahren 2009, 2012, 2014, 2016 und 2018.

Der Wert Gesundheit liegt laut Analyse wieder auf dem Spitzenplatz, wie bereits 2014 und 2016. Natur dagegen fällt von Rang eins auf Rang sieben. Erfolg ist von vormals Rang sechs auf Rang drei gestiegen. Das Schlusslicht der Top Ten ist der Wert Nachhaltigkeit.

Die Studienautoren sprechen von einer klaren Trendwende: Nach den Beobachtungen der vergangenen Jahre, in denen die Gespräche immer privater und alltäglicher wurden, sind die sozialen Medien vermehrt Raum für öffentliche Diskussionen. Dies wirke sich vor allem auf den Wert Natur aus. Natur sei in den Gesprächen noch nie so häufig mit politischen Forderungen verbunden worden wie aktuell. Die Diskussion habe das Heile, Ursprüngliche und Schöne verloren.

Gesundheit als einer der wichtigsten Werte der Deutschen war bereits öfter auf dem Spitzenplatz im Ranking und steht jetzt erneut an Platz 1. Zu den häufigsten diskutierten Themen zählen momentan die Selbstdiagnose und -therapie, so die Analyse. Der persönliche Austausch über Diagnosen, Therapien und diesbezügliche Ratschläge spiele wieder eine wichtigere Rolle als zuletzt. Zudem werde der Austausch praxisorientierter, und auch Gesundheitsgefahren würden häufiger diskutiert. Das frühere Trendthema Ernährung befinde sich jedoch im Rückgang.

Der zweitplatzierte Wert Familie ist um einen Rang im Werte-Index aufgestiegen. Alltägliche, aber als kostbar wahrgenommene Momente mit der eigenen Familie würden als wichtige Gesprächsthemen zelebriert, auch wenn hier ein Rückgang gegenüber 2018 zu verzeichnen sei. Besonders häufig gehe es nun um Konfliktpotenziale innerhalb der Familie, im Vordergrund stünden Verluste von Familienangehörigen oder -beziehungen.

Erfolg ist mit Rang drei, nach zuvor Rang sechs, der Aufsteigerwert in diesem Jahr. In diesbezüglichen Gesprächen auf Social Media gehe es unverändert darum, worin man erfolgreich ist. Aufsteiger in der Themenliste seien vor allem politische Erfolge, beobachten die Studienmacher.« (Kantar 2020)

Felix Kamp entnimmt diesen breit gefächerten Analysen vor allem zweierlei. Zum einen die Schlüsselwerte, von denen er ausgeht, werden als solche deutlich bestätigt, außer Natur, die aber in seinen Augen kein echter Wert ist. Eher ist der Umgang mit Natur, in Gemeinnutz, Verantwortung und Respekt eingefangen, ein Wert. Zum anderen – dass Gesundheit ein wichtiger Wert ist, das ist bereits sprichwörtlich: Gesundheit ist nichts alles, aber ohne Gesundheit ist alles nichts. Aber dieser Wert ist oft nicht wirklich verinnerlicht. Da wird kein Lärmschutz getragen, es werden zu schwere, das Rückgrat beschädigende Lasten gehoben, bis an die Grenzen der Belastbarkeit werden Überstunden geleistet.

Felix Kamp setzt auf eine besonders stark wirkende emotionale Labilisierung, den Seitenwechsel. Er vereinbart mit einer Klinik für berufliche Spätschäden die Durchführung von Praktika der Trainees in dieser Klinik. In der Endauswertung der Praktika betonen alle, dass sie zum ersten Male beinahe schmerzlich begriffen haben, warum Gesundheit auch ganz praktisch und für jeden nicht nur notwendig sei, sondern auch ein tief verinnerlichter Wert sein muss. Felix Kamp bucht das für sich als nachhaltigen Trainingserfolg.

3.3 Bildung

»Das große Ziel der Bildung ist nicht Wissen, sondern Handeln.«
Herbert Spencer

Beschreibung
Bildung als ein Grundbegriff, insbesondere der Philosophie und Pädagogik, ist im deutschen Sprachgebiet seit dem 18. Jahrhundert nachgewiesen. Er wird oft sehr kontrovers in seiner Sinnhaftigkeit und Bedeutung diskutiert. Systematisch gesehen bezeichnet Bildung mehrere, nicht aufeinander reduzierbare, Sachverhalte. So steht Bildung für den Prozess der Selbstorga-

nisation des Menschen, indem die dafür relevanten kulturellen Normen und Werte angeeignet werden.

Mit Bildung werden aber auch die Institutionen und Organisationen für organisierte Lehr- und Lernprozesse, von der Elementarbildung bis ins Erwachsenenalter, bezeichnet. Bildung ist schließlich Thema und teilweise auch grundbegriffliche Kategorie in Psychologie, Soziologie, Rechts- und Staatswissenschaften und Geschichte. Bildung als Begriff der Verständigung über Ziele und Wege von Aufwachsen, Erziehung und Lernen ist so alt wie die Menschheit.

Ein nichtreligiöser Bildungsbegriff, der den Menschen in seiner historisch-kulturellen Gestalt sieht, wird durch aufklärerische Ideen vorbereitet. Die Prämisse aufklärerischer Pädagogik findet sich bei *Immanuel Kant*:

> *»Der Mensch kann nur Mensch werden durch Erziehung. Er ist nichts, als was die Erziehung aus ihm macht«.*[54]

Bei ihm reicht Bildung von der frühen »Wartung« und »Pflege« über »Disziplinierung«, »Zivilisierung« und »Kultivierung« hin zur »Moralisierung« des Menschen, also einer spezifischen Form der Werteentwicklung.

Besonders markant betonte *Wilhelm von Humboldt* den selbstorganisativen, »konstruktivistischen« Charakter von Bildung:

> *»Alle Bildung hat ihren Ursprung allein in dem Innern der Seele und kann durch äußere Veranstaltungen nur veranlasst, nie hervorgebracht werden«.*[55]

Später wird das Bildungsverständnis geschlechterübergreifend, schichtenübergreifend, Nationen und Kontinent übergreifend verallgemeinert. Karl Marx betonte vor allem die bildende Kraft der Arbeit, und ergänzt physische und geistige Bildung um die polytechnische Bildung, d. h. die Kompetenz, die Funktionsweise der industriellen Welt des Kapitalismus zu verstehen.

Bildung wird heute von der empirischen Bildungsforschung untersucht. Sozialwissenschaftlich spiegelt der Bildungsbegriff die Selbstverständigung der Gesellschaft über sich selbst, über ihre Zukunft und die Lebensform, die sie mit Bildung zu erreichen hofft. Politisch stehen in der oft moralisch argumentierenden Öffentlichkeit die zentralen Fragen von Tradition, Gegenwart und Zukunft, von Moral und Ethos der Eliten im Mittelpunkt. Zugleich versuchen Bildungsstandards zu formulieren, was man wirklich wissen muss. Dabei geht es neben dem Einschluss und Ausschluss von Wissen um Normen und Ideale. Jede Kultur weist der Bildung einen spezifi-

54 https://www.deutschestextarchiv.de/book/view/kant_paedagogik_1803?p=11, abgerufen am 18. 11. 2021
55 https://www.deutschestextarchiv.de/book/view/humboldt_grenzen_1851?p=109, abgerufen am 18. 11. 2021

schen Stellenwert zu. Da Kultur stets ein Werteausdruck ist, ist Bildung stets ein Teil dieses Werteausdrucks (vgl. auch Nida-Rümelin 2014, Roth 2015).

Das heutige Bildungssystem verharrt überwiegend noch im Glauben, dass das Lernen von Sach- und Fachwissen immer noch das wichtigste in Bildungsprozessen wäre. Das gegenwärtige Bildungssystem ist in weiten Bereichen völlig unfähig, die heute notwendigen Neuerungen zu vollziehen. Nämlich anstatt der angeblichen Vermittlung von Sach- und Fachwissen durchgängig Strukturen für die Entwicklung und Reifung von Werten und Kompetenzen zu schaffen (vgl. Erpenbeck, Sauter, 2. Aufl. 2020).

Der moderne Kompetenzbegriff erfasst die menschlichen Fähigkeiten, in offenen Situationen selbstorganisiert und kreativ zu handeln. Der so gefasste Kompetenzbegriff ist dem modernen Bildungsbegriff äquivalent.

Die Kernfrage der Bildung ist, wie wir bei den Menschen die Haltung und die Fähigkeiten reifen lassen können, offene Probleme selbstorganisiert und kreativ zu lösen, um sie auf Herausforderungen vorbereiten zu können, die gegenwärtig noch gar nicht existieren.

Werteatlas-Definition
Es ist Menschen, die Bildung als Wert betrachten, wichtig, dass sie ihr Wissen und ihre Kompetenzen aktiv erweitern. Sie streben danach, dass die Entwicklung ihres Fachwissens und ihrer Erfahrungen für den beruflichen Erfolg ermöglicht wird. Sie wollen sich dabei aus eigenem Antrieb selbstorganisiert entwickeln. Sie streben den fachlichen Austausch und die Zusammenarbeit in Netzwerken an. Ihr Ideal ist das lebenslange Lernen, das sie, wenn möglich, aktiv fördern.

Manchmal lassen sie sich vom Aufbau ihres Wissens und der Erweiterung ihrer Werte so sehr gefangen nehmen, dass es teilweise auf Kosten von laufenden Aufgaben, ihrer Aktivitätsplanung und ihres Tagesablaufs geht und Aspekte von Erfahrung und Werteentwicklung vernachlässigt werden.

Wir empfehlen folgende vertiefende Literatur zum Wert Bildung: Ertelt, Schuz 2019, Tippelt, von Hippel 2018.

Werteatlas-Zuordnung
Bildung ist im Werteatlas den Genusswerten zugeordnet. Diese Zuordnung stößt bei Weiterbildnern auf Kritik, die Bildung im Sinne von »Wissensvermittlung« und als Wissensbestand eines Menschen fehlinterpretieren. Dies ist doppelt fehlerhaft, weil damit die gezielte Entwicklung von Werten ausgespart und nicht berücksichtigt wird, dass Wissen »an sich« gar nicht vermittelt werden kann. Es muss vielmehr emotional »imprägniert« sein, um zu Wissen »für uns« zu werden. Diese Imprägnierung erfolgt durch Bewunderung, z. B. des Lehrenden, des Gelehrten oder der Schönheit des Stoffes, durch Begeisterung, Leidenschaft, Engagement, Interesse, Neugier, Anteilnahme, Wissbegier, aber auch durch Vorsicht, Bedachtsamkeit oder Angst. Alle

diese emotionalen Prozesse sind eng mit Genuss – manchmal auch in der Form von Aversion – gekoppelt. Wirkliche Bildung baut auf Genuss, es gibt keine emotional neutrale, genussneutrale Bildung.

Wertekategorien-Überlappung

Dass Bildung ein hoher Nutzenwert zugeschrieben wird, erkennt man beispielsweise an den hohen Kosten, die Organisationen für Aus- und Weiterbildung aufwenden. Tatsächlich stellt sich dieser Nutzen aber nur ein, wenn anstelle bloßer Wissens»vermittlung« Werte- und Kompetenzentwicklung im Sinne der selbstorganisierten Handlungsfähigkeit ermöglicht wird. Da Werte Kerne von Kompetenzen sind, muss die gezielte Werteentwicklung unbedingt eingeschlossen sein.

Ethisch ist es wichtig, dass sich Bildung nicht zum Sklaven falsch verstandenen Nutzens macht. Verantwortungsbereitschaft, Einfühlsamkeit, Kreativität, Begeisterungsfähigkeit müssen bildungsethisch immer mitbedacht und in Bildungsprozesse einbezogen werden. Dass Bildung auch einen hohen sozialen Wert darstellt, ist offensichtlich. Das trifft aber nur zu, wenn erwünschte soziale Werte nicht nur wie Wissen weitergegeben, sondern emotional tief verinnerlicht werden.

Wertequadrat, Synonyme

Im Wertequadrat setzen wir dem positiven Wert **Bildung** den positiven Gegenwert **Wissensfülle** entgegen, sehen als entwertende Übertreibung **Besserwisserei** (Neunmalkluger) und als konträren Gegensatz **Unwissen** an.

Als Synonyme für den Begriff Bildung können gelten:

Auftreten, Erkenntnis, Erziehung, Kenntnis, Zivilisation, Gelehrsamkeit, Ausbildung, Schulung, Aufstellung, Kultur, Gelehrigkeit, geistiger Überblick, Wissen, Weltgewandtheit, Weisheit, Klugheit.

Wertekleeblatt

- **Subjekte des Wertes Bildung** sind die Wertetrainees und Führungskräfte, die Teams und die gesamte Organisation, aber auch Kunden oder Partner.
- **Objekte des Wertes Bildung** sind das Wissen, die Qualifikationen, aber auch Werte und Kompetenzen, die im Rahmen des Corporate Learning gezielt entwickelt werden müssen, damit die Organisation erfolgreich ist.
- **Grundlagen des Wertes Bildung** sind die Anforderungen an die Objekte des Wertes Bildung, die sich aus der jeweiligen Wettbewerbssituation ergeben. Letztendlich werden die Organisationen am Markt erfolgreich sein, deren Mitglieder den Wert Bildung verinnerlicht haben und über gezielte Bildungsmaßnahmen weiterentwickeln.
- **Maßstäbe des Wertes Bildung** sind nicht der Umfang an Vorratswissen und Fertigkeiten, sondern die Haltung und die Kompetenz, auf Basis des zur Verfügung stehenden Wissens, unabhängig davon, ob auswendig gelernt oder im Netz abrufbar, selbstorganisiert und

werteorientiert Problemlösungen für Herausforderungen in der Praxis zu entwickeln. Ein weiterer Maßstab ist die Fähigkeit, Situationen kritisch zu bewerten und bedarfsgerechte Konsequenzen selbstorganisiert abzuleiten. Damit ist die Bereitschaft und Fähigkeit zur Eigenverantwortung und Selbstorganisation das entscheidende Kriterium.

Training

Bildung ist ein permanenter, niemals endender Entwicklungsprozess. Während man früher davon ausging, dass man nach der Berufsausbildung »ausgelernt« hat und jahrzehntelang von dem in der Ausbildung Erlernten zehren kann, sollte es heute wohl jedem klar sein, dass er lebenslang lernen muss. Für die gezielte Entwicklung des Wertes Bildung ist es vor allem wichtig, dass die Wertetrainees diese Erkenntnis verinnerlichen und sich für ihre Bildung selbst verantwortlich fühlen.

Ziele

Vorab sind folgende grundlegenden Fragen zu klären:

- **Bei welchen Menschen** soll der Wert Bildung konkret entwickelt werden? Dies sind primär die Auszubildenden, die Wertetrainees und ihre Führungskräfte, die Teams und die gesamte Organisation, aber auch Kunden, Partner und letztendlich die für die Organisation relevante Öffentlichkeit.
- **Wofür** sollen sie ihren Wert Bildung entwickeln? Bildung ermöglicht es den Menschen erst, ihr Leben und ihre Arbeit eigenverantwortlich und selbstorganisiert zu gestalten und damit bewusst zu handeln. Die Bildung der Wertetrainees ist letztendlich die Voraussetzung für den wirtschaftlichen Erfolg der Organisationen.
- **Warum** sollen sie ihren Wert Bildung entwickeln? Gründe dafür können der Genuss an Erkenntnissen oder die Möglichkeit, »spannende« Aufgaben zu übernehmen, sein. Es kann auch der Nutzen, der für die Organisation, das Team und den Wertetrainees selbst entsteht, im Vordergrund stehen. Oftmals spielen auch ethische Gründe, z. B. die Fähigkeit Verantwortung zu übernehmen, oder soziale Gründe, um es anderen zu ermöglichen, selbstorganisiert zu handeln, eine Rolle.
- **Wie weit** soll der Wert Bildung getrieben werden: Diese Frage muss jeder Wertetrainee, in Abstimmung mit seiner Führungskraft, aber auch jedes Team und die Organisation für sich entscheiden. Wir empfehlen, jeweils auf Basis einer Werteerfassung ihre zwei bis drei Werteziele zu definieren.

Als hilfreich hat es sich erwiesen, konkrete Formulierungen zu entwickeln, wie beispielsweise:

Wie kann erreicht werden, dass

- die Wertetrainees ihren Wert Bildung gezielt entwickeln und Gelegenheit erhalten, personalisierte Entwicklungsmaßnahmen selbstorganisiert umzusetzen,
- sie ihre individuellen Entwicklungsziele im Prozess der Arbeit und in Praxisprojekten selbstorganisiert erreichen können,
- Erfahrungen mit gezielten Werteentwicklungsmaßnahmen ermöglicht werden,
- sie den Ermöglichungsraum nutzen können, um ihre personalisierte Entwicklung zu ermöglichen.

Diese Beispiele sollten auf den persönlichen Bedarf angepasst oder die Ziele erweitert werden.

Praxisprojekte und -aufgaben

Grundlage der gezielten Werteentwicklung sind Herausforderungen, die es ermöglichen, sich selbst zu erkennen und zu verstehen sowie den Wissenshorizont zu erweitern. Dafür kommen vor allem herausfordernde Projekte, die für den Wertetrainee grundlegend neu sind und für die er deshalb neues Wissen anwenden muss, infrage.

Er sollte bei Bedarf eigene Vorschläge entwickeln, die für sein Team oder seine Abteilung einen spürbaren Nutzen erbringen. Der Wertetrainee sucht deshalb gemeinsam mit dem Wertetrainer in seiner Organisation oder in seinem organisationsübergreifenden Netzwerk Kollegen, mit denen er solche Herausforderungen gemeinsam bearbeiten kann. Er tauscht seine Ideen in Netzwerken aus und bringt eigene Erfahrungen in das Wissensmanagement mit ein.

Er benutzt beispielsweise weitere Methoden:

- **Working Out Loud** und damit die Chancen einer transparenten, offenen Zusammenarbeit im Netzwerk, indem er Arbeitsergebnisse veröffentlicht, Querverbindungen und Rückmeldungen zur Verbesserung der Ergebnisse kontinuierlich nutzt, aktiv Hilfe anbietet und in Anspruch nimmt, interdisziplinäre Netzwerke pflegt und zielgerichtet zusammenarbeitet.
- **Job Rotation,** um mit diesem geplanten Arbeitsplatzwechsel eigenverantwortlich Werte und neuen Kompetenzen in grundlegend veränderten Herausforderungen aufzubauen. Die Initiierung seines subjektivierenden Handelns ermöglicht es ihm, in völlig neue Themenbereiche einzutauchen und sich weiterzubilden.
- Beim **Seitenwechsel** arbeitet der Wertetrainee für einige Wochen oder Monate in Flüchtlings- oder Obdachlosenunterkünften, in Gefängnissen, in Einrichtungen der Drogenhilfe und in besonderen Wohnbereichen für Kinder und Jugendliche oder Behinderte, in Hospizen und Palliativstationen. Damit erweitert er sein Wissen, besonders aber seine Werte.

Checkbox Wert Bildung **Methoden der gezielten Werteentwicklung im Arbeitsprozess (nach Kap. 2.3)**	**Auswahl**
Erlebnislernen	
Subjektivierendes Handeln	
Expertiseaufbau	
Job Rotation	
Agile Arbeitsprinzipien	
Scrum	
Design Thinking	
Kanban	

Checkbox Wert Bildung Methoden der gezielten Werteentwicklung im Arbeitsprozess (nach Kap. 2.3)	Auswahl
Pulse	
Peer Working and Learning	
Working Out Loud	
Kollegiale Beratung	
Community of Practice	

Tab. 15 Checkbox Bildung – Praxis

Begleitendes Coaching und Mentoring

Für die Begleitung von Entwicklungsprozessen für den Wert Bildung kommen Lernbegleiter aus dem Bildungsbereich, aber auch Kollegen oder Fachexperten infrage. Es werden dabei häufig auch die Möglichkeiten des Co-Coachings und der kollegialen Beratung, aber auch der Begleitung durch einschlägige Experten, genutzt.

Checkbox Wert Bildung Methoden der gezielten Werteentwicklung durch Coaching und Mentoring (nach Kap. 2.3)	Auswahl
Begleitcoaching	
Neurobiologisch intendiertes Coaching	
Systemisches Coaching	
Involvierendes Coaching	
Persönlichkeitscoaching	
Co-Coaching	
Kollegiales Coaching	
Mentoring	
Koping	

Tab. 16 Checkbox Bildung – Coaching

Ergänzende Übung

Für die gezielte, organisierte Entwicklung des Wertes Bildung im Rahmen des Corporate Learning bieten sich vor allem Social Blended Learning Arrangements an, die auf der Basis von neuartigen Praxisaufgaben oder -projekten gestaltet sind. Dieses Blended Learning ermöglicht durch Verbindung mit einem herausfordernden Praxisprojekt unter Einbindung von Social Software informelle, selbstorganisierte und vernetzte Werteentwicklung.

Checkbox Wert Bildung **Methoden der gezielten Werteentwicklung durch Übung und übendes Training (nach Kap. 2.3)**	**Auswahl**
Trainingsunternehmen und Übungsfirmen	
Bewerbungstraining	
Outdoor-Training, Hochseilgarten, Führen mit Pferden...	
Seitenwechsel	
Zürcher Ressourcenmodel	
Serious Games	

Tab. 17 Checkbox Bildung – Training

Unterstützende Bildung und Weiterbildung

Weiterbildungsmaßnahmen können die Entwicklung des Wertes Bildung anregen und unterstützen, bewirken jedoch kaum eine Werteentwicklung in diesem Bereich. Bildung vermittelt nicht per se den Wert Bildung. Sie kann ihn im schlimmsten Fall, etwa bei stumpfsinnigem Pauken, sogar diskreditieren. Vor allem Tagungen und Kongresse zu künstlerischen und wissenschaftlichen Fragen, aber auch Praxiserfahrungen oder die eigene Persönlichkeitsentwicklung sollten genutzt werden, um die eigene Werteentwicklung anzustoßen. Als sehr wirkungsvoll hat sich die Methode des Nudging erwiesen, bei der man durch kleine Anstöße, die Verinnerlichung des Wertes Bildung initiieren kann.

Auch die Kunst kann eine inspirierende Wirkung für den Wert Bildung bewirken. Infrage kommen vor allem Erzählwerke oder filmische Darstellungen, die eine tiefe Einfühlung ermöglichen oder dokumentarische dramatische Werke, Bildkunstwerke, Musik, optische Medien oder sprachliche Elemente, die eine wirklichkeitsnahe emotionale Labilisierung bewirken.

Checkbox Wert Bildung **Methoden der gezielten Werteentwicklung in Bildung und Weiterbildung (nach Kap. 2.3)**	**Auswahl**
Bildungs- und Weiterbildungsmaßnahmen als Anstoß für Werteentwicklung	
Selbstorganisation	
Social Blended Learning	
Wertelisten	
Wertequadrat	
Handlungs- und verhaltenspsychologische Methoden	
Prospect Theory	
Post-mortem-Diskussion	

Checkbox Wert Bildung **Methoden der gezielten Werteentwicklung in Bildung und Weiterbildung (nach Kap. 2.3)**	**Auswahl**
Advocatus-Diaboli-Diskussion	
Nudging	
Debiasing	
Anti-Biasing	
Kongresse, Barcamps und Webcamps	
World Café – werteorientierte Vernetzung	
Kunst und Wertekommunikation	

Tab. 18 Checkbox Bildung – Bildungsunterstützung

Beispiel 1: Bildung für eine nachhaltige Arbeitswelt

Einzelne Personen, aber auch Teams und Organisationen, verfügen heute über ein unvergleichlich höheres Potenzial zur Entwicklung ihres Wertes Bildung, wenn sie in einen Modus der Offenheit und Konstruktivität wechseln.

Zur gezielten Entwicklung des Wertes Bildung wurden in einer länderübergreifenden Region deshalb Allianzen von Organisationen verschiedener Sektoren gebildet, die sich über einen längeren Zeitraum regelmäßig in analogen und digitalen Räumen austauschten. Diese Netzwerk-Mitglieder inspirierten sich gegenseitig, forderten sich heraus und unterstützten sich bei ihrer Werteentwicklung.

Dieses lernende Netzwerk, das in einem kollaborativen Prozess mit anderen Organisationen eine zukunftsweisende und nachhaltige Wirtschaftsweise anstrebte, war geprägt durch Teilhabe, Empathie, Transparenz, Resilienz, Nachhaltigkeit, gesamtsystemische Verantwortung, individuelle und kollaborative Potenzialentfaltung, Selbstverantwortung und Subsidiarität.

Die Mitglieder dieses Netzwerkes vereinbarten eine Community of Practice, um darin eigene Konzepte, z. B. der Mitarbeiter-, Team- und Organisationsentwicklung, über bedarfsgerechte Kommunikationsprozesse in Communities, Workshops, Webinaren oder in Expertengesprächen, laufend weiterzuentwickeln. Über Good Practices griffen sie auf das breite Erfahrungswissen anderer Netzwerkmitglieder und Experten zurück und tauschten sich in richtungsweisenden Events aus.

Auf dem Weg zu der angestrebten nachhaltigen Organisationskultur entwickelte das Netzwerk in kollaborativen Prozessen Lösungen zur Entwicklung einer nachhaltigen Organisationskultur. Dafür gingen sie wie folgt vor:

Im ersten Schritt bestimmten die Mitglieder dieser Allianz ihre Ist-Werte und damit ihre Kultur sowie die Wunsch-Werte, aber auch ihre entsprechenden Kompetenzen. Die Erfassungsergebnisse verglichen, analysierten und bewerteten sie in einem gemeinsamen Workshop. Damit wurde eine fundierte Basis zur Formulierung der Werte- und Kompetenzziele der Allianz geschaffen. Unter anderem wurde die Entwicklung des Wertes Bildung als Ziel der Community definiert.

Die Mitglieder des Netzwerkes entwickelten in einem intensiven Prozess der Ideenfindung kreative, projektbezogene Vorschläge zur Entwicklung von Lösungen für Ihre Herausforderungen, die sie eingebracht hatten. Dabei nutzten sie offene Kommunikationskonzepte, wie z. B. Barcamps oder Webcamps, die jeweils in Entwicklungsprojekte mündeten. Die Zwischenergebnisse wurden regelmäßig online, teilweise aber auch in Präsenz, ausgetauscht und kollaborativ weiterentwickelt.

Die einzelnen Unternehmen, die sich an diesem Netzwerk beteiligten, führten in gemeinsamer Absprache Pilotprojekte durch, um diese Konzepte zu erproben. Anschließend evaluierten sie diese und tauschten die Erfahrungen in der Community of Practice aus.

Jede der zehn Organisationen, die sich beteiligten, brachte zu jedem Projektthema zwei bis drei Fach- und Führungskräfte ein. In einem Kick-off wurden die kollaborativen Entwicklungsprozesse definiert. In der Bearbeitungsphase tauschten sich die Teilnehmer regelmäßig, z. B. über Projekttagebücher, online und in Workshops aus und führten damit ihre Lösungskonzepte und ihre Erfahrungen zusammen. Daraus entwickelte sich ein dynamischer Prozess zum Aufbau und zur Weiterentwicklung des Wissens, aber auch zur Entwicklung des Wertes Bildung.

Dabei nutzten die Teammitglieder eine Learning-Experience-Plattform, mit der die selbstorganisierten Entwicklungsprozesse der Netzwerkmitglieder ermöglicht wurden. Die Methodik wurde durch eine Vielzahl von Methoden für die Ermöglichung kollaborativer Entwicklungsprozesse geprägt:

- Social Learning,
- Co-Coaching, Coaching und Mentoring,
- kollegiale Beratung,
- Erlebnis- und Erfahrungslernen,
- kollaborative Entwicklungsprozesse im Netz,
- gezielte Werteentwicklung der Teilnehmer und des Teams,
- regelmäßige Rückmeldungen,
- Reflexionen,
- agile Arbeits- und Lernmethoden, z. B. Scrum, Kanban oder Design Thinking,
- Kreativitätstechniken,
- Erfahrungsaustausch mit Vorbild-Unternehmen usw.

Damit wurde ein Rahmen geschaffen, in dem sich die Netzwerk-Mitglieder in einem kollaborativen Entwicklungsprozess vernetzten, um ihre Lernkurve im Austausch zu beschleunigen. Die Organisationen in dieser Nachhaltigkeitscommunity wurden damit zu »Teilgebern«, die auf Basis dieses Austausches mit vielfältigen Impulsen ihre persönliche »Lernreise«, aber auch die der anderen Organisationen, zum Aufbau des Wertes Wissen gestalteten bzw. beeinflussten. Gleichzeitig entstanden bedarfsgerechte Lösungskonzeptionen, die den Organisationen halfen, die zukünftigen Herausforderungen erfolgreich zu bewältigen.

Die Netzwerkmitglieder trafen sich auch nach dem Ende der Pilotprojekte regelmäßig mit Vordenkern, Experten und Praxispionieren, um ihre Ideen und Erfahrungen auszutauschen und kreativ weiterzuentwickeln sowie den kollaborativen Entwicklungsprozess weiterzuführen.

Beispiel 2: Bildung als Wert verinnerlichen

Ein junger Mann entschied sich, die Schule eineinhalb Jahre vor dem Abitur zu verlassen, weil ihm das Gymnasium mit seinen alten, längst überholten Strukturen auf die Nerven ging. Er meinte, mit dem vorhandenen Wissen gut durch sein Leben zu kommen. So verließ er die Schule von jetzt auf gleich mit der mittleren Reife, obwohl er das Abitur locker geschafft hätte. Er begann eine Ausbildung zum Mechatroniker bei einem großen Automobilhersteller.

Bereits im ersten Lehrjahr stellte er fest, dass aufgrund des fehlenden Schulabschlusses für ihn Türen verschlossen waren. Obwohl ihm die Ausbildung als Mechatroniker Spaß machte und es ihm leichtfiel, entwickelte sie sich für ihn zur Einbahnstraße. Um weiterzukommen, brauchte er vor allem Bildung.

Er brauchte das Wissen in den Naturwissenschaften, das in der gymnasialen Oberstufe vermittelt wird. Daher begann er parallel zu seiner Ausbildung bereits im ersten Lehrjahr die Abendschule und holte erfolgreich sein Abitur nach. Er begriff aber auch, dass es eigentlich nicht darum ging, dieses oder jenes Wissen zu pauken, sondern Bildung in einem viel breiteren Sinne zu entwickeln. Der Vorstandsvorsitzende der Firmengruppe, für die er tätig war, hatte Germanistik studiert. Wie war er von der Germanistik zur Automobilherstellung gekommen? Sein Abteilungsleiter war Mathematiker. Aber auch von der Mathematik zur Automobilherstellung war es ein langer Weg. Der junge Mann begriff, dass Wissen zwar eine notwendige Voraussetzung, aber keineswegs eine hinreichende Bedingung erfolgreichen Handelns war. Er begriff, dass es nicht so sehr um die wissenschaftlich-technische Ausbildung als um die wirkliche, tiefgreifende Bildung ging, die ihn zum Erfolg führen konnte.

In dieser Lebenssituation entschloss er sich, an einem Wertetraining teilzunehmen. Es ging um den Wert Bildung, dann natürlich auch um Belohnung und Respekt. Zusammen mit dem Wertetrainer verordnete er sich Arbeit im Sinne von Expertiseentwicklung. Was aber den Experten zum Experten macht, ist nicht das reine Wissen, sondern es sind die Werte und Kompetenzen der Experten. Erlebnislernen war eine Methode, die der Trainee verinnerlichte. Für wichtiger hielt der Wertetrainer jedoch Coachingbeziehungen zu den genannten Führungskräften, insbesondere im Sinne eines involvierenden Coachings, um die emotionale Komponente abzusichern und das Persönlichkeitscoaching, um die Werte des Trainees insgesamt zu intensivieren. Auf den Einsatz von Handlungs- und verhaltenspsychologischen Methoden wurde verzichtet, um das Methodenarsenal nicht unnötig zu verbreitern. Im Endergebnis spricht der junge Mann noch heute von den ihm unvergesslichen Entwicklungsgesprächen und dem, was er an grundsätzlicher Haltung zum Wert Bildung im Coaching mitgenommen hat.

3.4 Beziehungen

»Beziehungen werden vorwärts gelebt und rückwärts verstanden.«
Kenneth Branagh

Beschreibung
Der Begriff Beziehung wurde in die Soziologie von Eugéne Dupréel, Leopold von Wiese und Alfred Vierkandt als Grundbegriff eingeführt. Er bezeichnet den Grad der Verbundenheit oder Distanz zwischen Individuen als Ergebnis sozialer Prozesse. Von Wiese sah in der Erforschung der sozialen Beziehungen die Hauptaufgabe der »beziehungswissenschaftlichen Soziologie« (Beziehungslehre).

In der Philosophie wird der Beziehungsbegriff oft synonym zu dem der Relation verwendet. Unter Relation (aus dem lat.: *Verhältnis von Gegebenheiten*) wird eine Kategorie verstanden, die den Zusammenhang zweier Begriffe als Subjekt und Objekt, zweier Dinge als Ursache und Wirkung, zweier Bewusstseinsmomente als Erkenntnis und Empfinden und Ähnliches betrifft, die in ihrem räumlichen, zeitlichen, sachlichen und bedeutungsmäßigen Zusammensein aufeinander angewiesen sind und sich wechselseitig bestimmen.

Werteatlas-Definition
Personen, für die Beziehungen einen hohen Wert darstellen, ist es wichtig, dass freundliche bis freundschaftliche Beziehungen zu den Wertetrainees, aber auch zu den Menschen im persönlichen Umfeld, das soziale Klima bestimmen. Sie drängen darauf, dass die Begegnung der Mitarbeiter, z. B. durch Sozialräume, gefördert wird. Sie sorgen dafür, dass gemeinsame Aktivitäten der Mitarbeiter, auch außerhalb der Arbeit, aktiv, beispielsweise durch sportliche An-

gebote, unterstützt werden. Die Arbeitsatmosphäre soll dazu beitragen, die Zusammenarbeit zu fördern. Die Organisationsstruktur soll, beispielsweise durch bereichsübergreifende Teams und durch die Gestaltung des Arbeitsplatzes, das Miteinander fördern.

Zuweilen wird allerdings die Pflege von Freundschaften und freundschaftlichen Beziehungen übertrieben und nimmt einen größeren Raum im Bewusstsein ein, als die Erfüllung von Aufgaben und die Einhaltung von Regeln und Normen.

Werteatlas-Zuordnung
Der Schlüsselwert Beziehungen wird im Werteatlas dem Grundwert Genuss zugeordnet. Echte Beziehungen im Sinne freundlicher bis freundschaftlicher Verbundenheit werden immer emotional intensiv belegt und genossen, während der Bruch oder die Abweisung von Beziehungen immer mit äußerstem Missbehagen verbunden ist. Den Genuss von Beziehungen macht man sich am leichtesten an Liebesbeziehungen klar. Natürlich gibt es auch scheinbar rein formale, emotionsfreie und damit jenseits des Grundwertes Genuss liegende Beziehungen. Aber auch sie funktionieren real nur, wenn zumindest Sympathie als wichtige Genusskomponente hinzutritt.

Wir empfehlen folgende vertiefende Literatur zum Wert Beziehungen: Herrmann 2019, Krautz, Schieren 2013.

Wertekategorien-Überlappung
Der Aufbau von stabilen Beziehungen und eines haltbaren Beziehungsgeflechts hat im Arbeitsprozess, aber auch außerhalb der Arbeitssphäre, im persönlichen Bereich, einen erheblichen Nutzenwert. Ethisch-moralische Werte sind ohne funktionierende, emotional verankerte Beziehungen schlechthin nicht möglich, ob es sich um Beziehungen in der Familie, im Eintreten für die eigene Verantwortung und die eigenen Ideale oder um den Aufbau von Respekt handelt. Beziehungen sind die Grundvoraussetzungen sozial-weltanschaulicher Werte.

Wertequadrat, Synonyme
Ausgangspunkt ist der positive Wert **Beziehungen** in der linken oberen Position des Wertequadrats. Ein positiver Gegenwert das **gewachsene Beziehungsgeflecht**. Ein konträrer Gegensatz ist in der rechten unteren Ecke **Beziehungslosigkeit**. Eine entwertende Übertreibung in der linken, unteren Ecke ist die **oberflächliche Beziehungsfülle**.

Als **Synonyme** für den Begriff Beziehungen können gelten:

Relation, Protektion, Verbindung, Verflechtung, Gesellschaft, Gemeinschaft, Zusammenhang, Verhältnis, Kontakt, Berührung, Gemeinsamkeit, Zuneigung, Kameradschaft, Wechselbeziehung, Liebe, Abhängigkeit, Verknüpfung, Zugehörigkeit.

Wertekleeblatt

Subjekte des Wertes Beziehungen sind immer einzelne Menschen oder Menschengruppen. Sie messen dem Beziehungsobjekt einen hohen Wert zu, nicht nur, weil sie sich daraus Vorteile erhoffen oder soziale Unterstützung erwarten, sondern vor allem, weil ihre Emotionen davon genussvoll berührt werden.

Objekte des Wertes Beziehungen sind immer Einzelne oder Gruppen, mit denen eine Person kommuniziert, zusammenwirkt und emotional verbunden ist. Echte Beziehungen können auch zu Tieren aufgebaut werden, deren soziale Kompetenzen oft gleichrangig oder sogar höher sind als bei Menschen.

Grundlagen des Wertes Beziehungen sind die realen Formen von geistigem und emotionalem Zusammenwirken, auch die erwünschten oder ersehnten Resultate daraus. Eine mindestens ebenso wichtige Grundlage sind aber auch erhoffte oder erträumte Emotionen, die real gar nicht begründet sind, wie etwa Liebeswünsche, die überhaupt nicht erwidert werden. Gerade Beziehungen zum eigenen Volk, zum eigenen Land können manchmal grausam zerstörend enden.

Maßstäbe des Wertes Beziehungen ergeben sich immer aus dem Vergleich eigener und fremder Beziehungen zum gleichen oder ähnlichen Beziehungsobjekt. Es gibt beispielsweise keine »Maßstäbe« für eine Liebesbeziehung, aber eigene oder fremde Erfahrungen mit ähnlichen Beziehungen, oft auch aus der Literatur oder den Medien entnommen. Das gilt ebenso für Beziehungen zum eigenen Land, die durch emotional bekräftigende, aber auch durch patriotische oder sogar hurrapatriotische Filme stark unterstützt werden können.

Training

Die Wertetrainees und Teams werden nur dann gute Leistungen erbringen können, wenn sie sich wohlfühlen. Deshalb kommt dem Wert Beziehungen im Arbeitsprozess eine besondere Bedeutung zu.

Trainingsziele

Vorab sind folgende grundlegenden Fragen zu klären:

- **Bei welchen Menschen** soll der Wert Beziehungen konkret entwickelt werden, beispielsweise bei Auszubildenden, Wertetrainees, Führungskräften oder Teams, aber auch über die Organisation hinaus?
- **Wofür** sollen sie den Wert Beziehungen entwickeln, z. B. um die Motivation und Leistungen der Wertetrainees zu steigern, um die Zusammenarbeit zu fördern, um Wertetrainees an die Organisation zu binden, um die Kundenbindung zu steigern oder um die Arbeitgebermarke zu stärken?
- **Warum** sollen sie ihren Wert Beziehungen entwickeln? Gründe dafür können Genusswerte wie die Bildung, Nutzenwerte wie Anerkennung und Gemeinnutz, ethisch-moralische Werte wie Respekt und soziale Werte wie Netzwerk sein.

- **Wie weit** soll der Wert Beziehungen getrieben werden? Diese Frage sollte in einem gemeinsamen Prozess, vor allem im Team, aber auch in der Organisation und darüber hinaus, beantwortet werden.

Als hilfreich hat es sich erwiesen, konkrete Formulierungen zu entwickeln, wie beispielsweise:

Wie kann erreicht werden,
- dass die Wertetrainees die Bedeutung des Wertes Beziehungen für sich bewerten und diese im beruflichen sowie privaten Leben gezielt ausbauen können,
- ihre beruflichen und privaten Beziehungen gepflegt werden,
- Möglichkeiten zum Ausbau des Wertes Beziehungen geschaffen werden,
- sie im Arbeitsprozess die Chance erhalten, Beziehungen weiterzuentwickeln?

Diese Ziele können dem persönlichen Bedarf entsprechend angepasst und erweitert werden.

Der Wert Beziehungen kann in Organisationen im Arbeitsprozess vor allem durch folgende Ansätze entwickelt werden:

Praxisprojekte und -aufgaben
Der Wertetrainee übernimmt besonders herausfordernde Praxisprojekte und -aufgaben, in denen er aktiv mit anderen Menschen mit unterschiedlichsten Charakteren zusammenwirken muss, insbesondere solche, in denen er sich solidarisch und hilfsbereit für andere einsetzen und vermittelnd und taktvoll, z. B. bei Konflikten, wirken kann.

Er sucht aktiv Kollegen oder andere Teams, mit denen er solche Herausforderungen gemeinsam bearbeiten kann. Nach Möglichkeit sollten dabei agile Methoden genutzt werden, weil diese Beziehungen in besonderem Maße fördern können. Die Wertetrainees begegnen sich dabei auf Augenhöhe ohne hierarchische Hürden und tauschen ihre Ideen in Netzwerken aus. Weiterhin bringen sie dabei ihre Erfahrungen im Wissensmanagement mit ein.

Der Wertetrainee veröffentlicht seine Überlegungen und Erfahrungen zu diesen Wertentwicklungs-Prozessen in einem Blog oder in Fachzeitschriften. Es werden Communities of Practice zum Wert Beziehungen initiiert und systematisch ein Netzwerk aufgebaut.

Er nutzt die Chancen der transparenten, offenen Zusammenarbeit im Netzwerk mit der Methode des Working Out Loud, indem Arbeitsergebnisse veröffentlicht, Querverbindungen und Rückmeldungen zur Verbesserung der Ergebnisse kontinuierlich genutzt, aktiv Hilfe angeboten und interdisziplinäre Netzwerke gepflegt werden.

Ergänzend oder vertiefend sind die Methoden zu betrachten:

Checkbox Wert Beziehungen **Methoden der gezielten Werteentwicklung im Arbeitsprozess (nach Kap. 2.3)**	**Auswahl**
Erlebnislernen	
Subjektivierendes Handeln	
Expertiseaufbau	
Job Rotation	
Agile Arbeitsprinzipien	
Scrum	
Design Thinking	
Kanban	
Pulse	
Peer Working and Learning	
Working Out Loud	
Kollegiale Beratung	
Community of Practice	

Tab. 19 Checkbox Beziehungen – Praxis

Begleitendes Coaching und Mentoring

Für die Entwicklung des Wertes Beziehungen spielen die Mentoringgespräche mit der Führungskraft eine zentrale Rolle. Sie besitzt meist ein dichtes und breites Netzwerk und kann damit unterstützen, Beziehungen gezielt aufzubauen. Auch kann sie mit ihrer Erfahrung helfen, Beziehungen, z. B. im Team, zu pflegen.

Vorab werden die Werte des Wertetrainees erfasst und aus den Ergebnissen zwei bis drei Werteziele sowie ein geeignetes Praxisprojekt abgeleitet, mit dem sein Wert Beziehungen gezielt gefördert werden kann. Bei Bedarf stimmt er sich mit Kollegen ab, um ein kollaboratives Projekt, das dafür geeignet ist, herauszufinden.

Er führt vorab mit der Führungskraft ein grundlegendes Entwicklungsgespräch auf Basis des eigenen Projektvorschlages. Dabei versucht er die Führungskraft davon zu überzeugen, in den Vorschlag zur Übernahme einer herausfordernden Praxisaufgabe bzw. eines -projektes zu investieren. Er vereinbart eine Entwicklungspartnerschaft, die durch die Sicherung der notwendigen Rahmenbedingungen und regelmäßige Mentoringgespräche geprägt ist.

Mit ausgewählten Kollegen wird ein Co-Coaching vereinbart, um sich beispielsweise wöchentlich zu allen offenen Fragen auszutauschen. Bei komplexeren Projekten bietet sich die Vereinbarung von Koping-Gruppen, evtl. in Verbindung mit kollegialer Beratung, an.

In der Zusammenarbeit in Koping-Gruppen erfahren die Wertetrainees jeden Tag den Umgang mit Kollegen, erhalten aber durchaus auch kritische Rückmeldungen zu ihrem eigenen Handeln. Hierbei kommen dem Co-Coaching, aber auch dem kollegialen Coaching, eine besondere Rolle zu, weil diese Methoden nur mit einem hohen Maße des respektvollen Umgangs miteinander wirksam sind.

Ergänzend oder vertiefend sind die Methoden zu betrachten:

Checkbox Wert Beziehungen **Methoden der gezielten Werteentwicklung durch Coaching und Mentoring (nach Kap. 2.3)**	**Auswahl**
Begleitcoaching	
Neurobiologisch intendiertes Coaching	
Systemisches Coaching	
Involvierendes Coaching	
Persönlichkeitscoaching	
Co-Coaching	
Kollegiales Coaching	
Mentoring	
Koping	

Tab. 20 Checkbox Beziehungen – Coaching

Ergänzende Übung

Für die Entwicklung des Wertes Beziehungen sind vor allem agile Projektarbeiten sinnvoll. Hierbei bieten sich insbesondere realitätsgleiche Trainingsmaßnahmen an, sofern Sie im Rahmen des vom Wertetrainee bearbeiteten Projekts bearbeitet und umgesetzt werden können. Weiterhin kann es sinnvoll sein, sich Methoden, möglichst im Rahmen der Projekt- oder Praxisaufgaben, zu erarbeiten, insbesondere zum Ansatz der kollegialen Beratung.

Auch Outdoor-Trainings, wie reale Expeditionen, Hochseilgarten, Kletterwand, Spinnennetz, Vertrauensfall oder Blind Trust Walk und andere, können zur gezielten Entwicklung des Wertes Beziehungen eingesetzt werden. Hierbei sind insbesondere Methoden geeignet, bei denen es auf die Beziehungen innerhalb der Gruppe ankommt.

Checkbox Wert Beziehungen **Methoden der gezielten Werteentwicklung durch Übung und übendes Training (nach Kap. 2.3)**	**Auswahl**
Trainingsunternehmen und Übungsfirmen	
Bewerbungstraining	
Outdoor-Training, Hochseilgarten, Führen mit Pferden...	
Seitenwechsel	
Zürcher Ressourcenmodel	
Serious Games	

Tab. 21 Checkbox Beziehungen – Training

Unterstützende Weiterbildung

Oftmals wird von Teilnehmern an Seminaren oder Workshops zurückgemeldet, dass die Gespräche in den Pausen und am Abend als besonders wertvoll empfunden wurden. Deshalb können solche Veranstaltungen, unabhängig von den jeweiligen Themen, dazu beitragen, Beziehungen aufzubauen bzw. zu entwickeln.

Mit Nudging können durch kleine Anstöße Beziehungen initiiert oder gefördert werden. So können beispielsweise Regelungen entwickelt werden, die einen offenen und regelmäßigen Austausch im Team oder über Teams und Organisationen hinaus bewirken.

Checkbox Wert Beziehungen **Methoden der gezielten Werteentwicklung in Bildung und Weiterbildung (nach Kap. 2.3)**	**Auswahl**
Bildungs- und Weiterbildungsmaßnahmen als Anstoß für Werteentwicklung	
Selbstorganisation	
Social Blended Learning	
Wertelisten	
Wertequadrat	
Handlungs- und verhaltenspsychologische Methoden	
Prospect Theory	
Post-mortem-Diskussion	
Advocatus-Diaboli-Diskussion	
Nudging	

Checkbox Wert Beziehungen **Methoden der gezielten Werteentwicklung in Bildung und Weiterbildung (nach Kap. 2.3)**	**Auswahl**
Debiasing	
Anti-Biasing	
Kongresse, Barcamps und Webcamps	
World Café – werteorientierte Vernetzung	
Kunst und Wertekommunikation	

Tab. 22 Checkbox Beziehungen – Bildung

Beispiel 1: Entwicklung des Wertes Beziehungen mit Working Out Loud

Ein großer, beruflicher Bildungsanbieter erkannte aufgrund einer Befragung der Mitarbeiter, dass sich diese, insbesondere die Bildungsplaner und Trainer bzw. Lernbegleiter, primär als Einzelkämpfer fühlten. Meist entwickelten sie ihre Konzeptionen allein, ohne ihre Gedanken, Überlegungen und Fragen mit Kollegen auszutauschen. Deshalb wurde ein Projektteam mit dem Auftrag eingesetzt, den Wert Beziehungen über eine Förderung der kollaborativen Zusammenarbeit mit **Working Out Loud – WOL** – zu entwickeln.

Das Ziel war, die eigene Arbeit und Erfahrungen im Team im Intranet sichtbar zu machen und gemeinsam weiterzuentwickeln. Durch diese Netzwerke, die aufgebaut wurden, sollten die Beziehungen verbessert, schneller Lösungen gefunden werden, Innovationen gefördert und die persönliche Entwicklung ermöglicht werden.

Im ersten Schritt suchten die Projektteammitglieder Kollegen und Teams, die sich an dem Projekt WOL beteiligen. Diese Circle, die sich dabei bildeten, wurden durch folgende Merkmale gekennzeichnet:

- »**Make your work visible**«: Mache Deine Arbeit sichtbar.
- »**Make work better**«: Finde heraus, wie man die Arbeit besser machen kann.
- »**Lead with generosity**«: Biete Hilfe an, ohne Dich selbst darzustellen.
- »**Build a social network**«: Entwickle Dein soziales Netzwerk laufend weiter.
- »**Make it purposeful**«: Arbeite mit einer klaren Zielsetzung.

Die **Einführung von WOL** erfolgte nach folgendem Schema:

Schritt 1: Die Projektteammitglieder sammelten zunächst Erfahrungen in WOL-Circles, indem Sie in befreundeten Organisationen aktiv teilnahmen.

Schritt 2: Sie suchten Mitstreiter, die WOL in der Organisation stärken wollten, und trafen sich regelmäßig.

Schritt 3: Sie gründeten eine WOL-Gruppe im internen Social Network.

Schritt 4: Gemeinsam entwickelten sie einen Vorschlag zur Einbindung von WOL in die Organisation und stellten ihn im Social Network zur Diskussion.

Schritt 5: Sie legten eine Liste an, in der sich Mitarbeiter, die an WOL interessiert waren, eintragen konnten. Für diese Zielgruppe organisierten sie eine Kick-off-Veranstaltung, in der Sie ihr WOL-Projekt vorstellten. An diesem Treffen nahmen auch der Geschäftsführer, der Personalchef und der Betriebsrat teil.

Schritt 6: Danach begleiteten sie Ihre Kollegen, die mit WOL starteten, als Mentor.

Schritt 7: Nach und nach erweiterte sich ihre WOL-Gruppe über die Organisation hinaus.

Es bildeten sich Gruppen von vier bis fünf Personen, Circles (Kreise), die sich real oder virtuell für eine Stunde wöchentlich in zwölf direkt aufeinanderfolgenden Wochen trafen. Jeder Teilnehmer formulierte seine Ziele, die er in diesem Rahmen anstrebte. Alle Gruppenmitglieder unterstützten sich gegenseitig aktiv. Daraus sollte sich eine grundlegend veränderte Beziehungskultur entwickeln. So entstand ein vielfältiges persönliches Netzwerk.

In den regelmäßigen Treffen der Circles wurden vor allem folgende Werte und Kompetenzen aufgebaut:

- eigenverantwortliches und selbstorganisiertes Arbeiten und Lernen,
- Arbeiten und Lernen in Netzwerken,
- digital gestützte Kommunikation über fachliche und hierarchische Grenzen hinaus,
- sichtbares Arbeiten in Learning-Experience-Plattformen,
- digitale Zusammenarbeit in einem Netzwerk mit einer klaren Fokussierung auf die persönliche Zielsetzung.

Working Out Loud bietet Wertetrainees unabhängig von der Hierarchieebene die Möglichkeit, Erfahrungen im eigenen Arbeitsbereich auszutauschen und die eigenen Fähigkeiten und Werte darin auszubauen.

Working Out Loud führte, als es auf breiter Ebene umgesetzt wurde, zu einem Werte- und Kulturwandel in der Organisation. Es entstanden eine Vielzahl von Communities of Practice zu den einzelnen Themenbereichen. Darin wurde nicht nur Wissen im engeren Sinne entwickelt, vielmehr wurde durch das Zusammenwirken auch die Verinnerlichung von Werten und Kompetenzen initiiert.

Beispiel 2: Vom privaten zum gemeinschaftlichen Wert Beziehungen

Ludwig Renner war ein Mensch, dem es schwerfiel, Beziehungen zu anderen Menschen aufzubauen. Fachlich hervorragend und zuverlässig wirkte er manchmal fast ein bisschen autistisch, saß beim Mittagessen meist allein, besprach mit Kollegen nur das Notwendigste. Die bedauerten das, weil sie Ludwig Renner gern voll in ihr Team einbezogen hätten.

Seine Haltung änderte sich schlagartig, als er im Betrieb eine junge Frau kennenlernte, die den »Panzer« an Beziehungslosigkeit überwand und bis zu seinen Emotionen vordrang. Beide heirateten bald, es schien eine gute Ehe zu sein. Doch ein halbes Jahr später vertraute er sich dem in seiner Organisation tätigen Wertetrainer Rudolf Decker an. Seine Frau klage über Kälte und Vernachlässigung, sie müssten an ihrer Beziehung etwas Grundlegendes ändern, sonst könne es schlimm enden.

Rudolf Decker, ein gelernter Psychologe, hatte vor Jahren in einer Eheberatung gearbeitet und versuchte, die Werte zu vermitteln, die eine glückliche, lange Beziehung tragen. Nun kam er auf die Idee, den Wert Beziehungen gleichsam doppelt zu trainieren – im beruflichen und im privaten Bereich. Dieses Vorhaben wurde auch durch die Führungskraft von Ludwig Renner abgesegnet, die hoffte, den fachlich Hervorragenden besser ins Team und in die Organisation einbinden zu können.

Das Vorhaben ging von fünf Werten aus, die für Beziehungen äußerst wichtig sind. Der wichtigste Wert ist sicher **Vertrauen**. Es ist eine Basis des Miteinanders, fehlt sie, schleichen sich Zweifel und Misstrauen ein. Der zweite Wert ist **Nähe**. Die Ablehnung von Nähe stellt oft den Beginn einer Beziehungsstörung dar. In der Ehe manifestiert sich diese Ablehnung manchmal in körperlicher Abweisung mit hoher emotionaler Irritation. Im Unternehmensbereich tritt sie zutage, wenn Kollegen und Kunden einer Person ausweichen, lieber auf andere Verhandlungspartner zugreifen und Nähe vermeiden. Gegenseitige **Unterstützung** ist ein weiterer Wert, der nicht nur gewusst, sondern gelebt werden sollte. Auch eine offene, ehrliche Kommunikation gehört zu den wichtigen Werten. Vertrauen, Nähe und gegenseitige Unterstützung sind typische Werte, die hinter jeder – privaten wie beruflichen – Netzwerkbildung stehen. Und dann – **Respekt**: dem anderen wie den anderen gegenüber ein absoluter Schlüsselwert. Auch Respekt ist nichts Angelerntes, sondern etwas gefühlsmäßig Erlebtes.[56]

Der Wertetrainer Rudolf Decker verfolgt die Parallele von Privatem wie Beruflichem mit eigenen Maßnahmen. Er schlägt für den Trainee einen Jobwechsel vor, der ihn in die hochsensible Verkaufsabteilung versetzt. Hier, im Kontakt mit Interessenten und Kunden unterschiedlichster Art, wird der Wert von Beziehungen jeden Tag erfahren. Jeder Erfolg

56 https://praxistipps.focus.de/author/aleicht, aufgenommen am 04.08.2021.

bekräftigt ihm den Wert Beziehungen. Jeder Misserfolg aber auch, denn er spürt das Resultat mangelnder Nähe nicht nur an den ökonomischen Kennziffern, sondern auch als emotionale Dissonanz. Schon kurz nach seinem Jobwechsel ist seine Frau von Ludwig dem Neuen begeistert, es bahnt sich neue Nähe und begründeter Respekt zwischen den Eheleuten an. Eine weitere Maßnahme ist die **Intensivierung kollegialer Beratungen**. Je größere Nähe sich zwischen Ludwig Renner und seinen Kollegen entwickelt, desto stärker wird für ihn die Hochschätzung des Wertes Beziehungen. Das wird teilweise bis zu einem kollegialen Coaching weitergeführt. Mit der Führungskraft, einem älteren, erfahrenen, schon lange verheirateten Kollegen wird zudem ein involvierendes Coaching vereinbart. Die Teilnahme an einer Klettertour im Hochseilgarten lässt die Nähe weiterwachsen. Schließlich wird er durch einige Nudging-Anstöße zu neuen, intensiveren Beziehungen gebracht. Kurzum: Der Wert Beziehungen ist für alle Beteiligten deutlich gewachsen.

3.5 Lebensstandard

»Lebensstandard ist kein Ersatz für Lebenssinn.«
Hans Küng

Beschreibung

Lebensstandard bezeichnet die Gesamtheit aller Güter, die der Bevölkerung eines Staates oder einem Einzelnen für die private Lebensgestaltung zur Verfügung steht, also ihren materiellen Wohlstand. Im weiteren Sinn werden auch Faktoren wie Freizeit, soziale Sicherheit, Infrastruktur und Umwelterhaltung berücksichtigt, sodass Lebensstandard und Lebensqualität fast gleichbedeutend sind. Lebensqualität bezeichnet eine vorherrschende Leitidee in modernen Gesellschaften für die Gestaltung der Lebensverhältnisse. Lebensqualität wird als weiter Begriff mit unterschiedlichen Definitionen gebraucht und beinhaltet die »objektiven« Lebensbedingungen, die Wahrnehmungen und Bewertungen der Lebensbedingungen durch die Individuen sowie das »subjektive« Wohlbefinden.

Mit der systematisch-repräsentativen Erforschung der Lebensqualität wurde in Deutschland gegen Ende der 1970er-Jahre begonnen. Als eine Zielvorstellung, die über ausschließlich wirtschaftliches Wachstumsdenken hinausgeht, entwickelte sie sich zu einer Leitidee für die Bewertung gesellschaftlichen Fortschritts im Sinne eines mehrdimensionalen Wohlfahrtsbegriffs (vgl. Glatzer, Zapf [Hrsg.] 1984), ähnlich wie die Idee der Lebensqualität, die sich auf Arbeitsbedingungen, Wohnverhältnisse, Gesundheit, Bildung, Sozialbeziehungen und natürliche Umwelt erstreckt.

Lebensqualität besitzt, wie der Lebensstandard, eine objektive und eine subjektive Dimension. In das Konzept der Lebensqualität und des Lebensstandards fließen traditionelle gesellschaftspolitische Zielvorstellungen und kollektive Werte ein. Es berücksichtigt damit übergreifende Werte und Ziele wie Freiheit und Sicherheit, Solidarität und politische Beteiligung sowie Verteilungsgerechtigkeit in verschiedenen Dimensionen und Vorsorge für zukünftige Generationen. Jedes dieser Ziele verändert sich besonders im Zusammenhang mit dem Wertewandel.

Die Beurteilung der Lebensqualität kann entweder aus der Sicht wissenschaftlicher Experten oder der betroffenen Individuen erfolgen. Ansätze zur Erfassung der Lebensqualität unterscheiden sich darin, ob sie die Lebensqualität durch eine Batterie von Indikatoren abbilden wollen oder ob sie auf einen einzigen hoch aggregierten Indikator, im Sinne einer Indikatorenverschmelzung, abzielen. Ein gewisser materieller Lebensstandard wird, besonders in hoch entwickelten Industriestaaten, als grundlegender Bestandteil von Lebensqualität angesehen. Soziologie und Psychologie haben heute eine Fülle von empirischen Aussagen zu Lebenszufriedenheit (Glück) und zur Stabilität subjektiven Wohlbefindens, subjektiver Selbstbewertung zusammengetragen (vgl. Estes, Sirgy [Hrsg.] 2017).

Werteatlas-Definition
Ein Wertetrainee, der den eigenen Lebensstandard und seine Stabilität hoch bewertet, erwartet, dass ihm zu diesem Zweck sinnvolle Aufgaben und attraktive Entwicklungsmöglichkeiten geboten werden. Er rechnet damit, dass seine Work-Life-Balance, beispielsweise durch flexible Arbeitszeiten, unterstützt wird. Sein Streben ist darauf gerichtet, seinen Lebensstandard, z. B. in Form von Einkommen, Vermögen und Wohneigentum, langfristig zu sichern. Außerdem ist er stark daran interessiert, dass seine körperliche und mentale Fitness optimal gefördert wird.

Eine Übertreibung wäre, wenn sein Handeln sich ausschließlich danach bestimmen würde, den eigenen Lebensstandard zu steigern.

Wir empfehlen folgende vertiefende Literatur zum Wert Lebensstandard: Engbruch 2008, Kallscheuer, Sen u. a. 2000.

Werteatlas-Zuordnung
Lebensstandard ist im Werteatlas dem Quadranten Nutzenwert zugeordnet. Das ist auf den ersten Blick und im Vergleich mit der allgemeinen Definition klar. Der Begriff Lebensstandard dient bei Individuen zur Kennzeichnung der Gesamtheit aller Güter, die ihm für die private Lebensgestaltung zur Verfügung stehen. Er ist also zuerst und vor allem ein Kennzeichen materiellen Wohlstands. Auch Faktoren wie Freizeit und soziale Sicherheit benötigen eine materielle biografische Basis. Der Begriff Lebensstandard kennzeichnet also den Nutzen, den die wertende Person aus den materiellen und biografischen Gütern, die ihr zur Verfügung stehen, ziehen kann und ziehen will. Jedes dieser Güter kann auch anderen Werten zugrunde liegen. Die Orientierung auf den Nutzen richtet den Blick der wertenden Menschen in dieser Richtung aus.

Wertekategorien-Überlappung
Ein hoher Lebensstandard ermöglicht ein genussvolles Leben, das anders kaum in gleicher Fülle zu realisieren wäre. Lebensstandard wird zwar oft synonym für Lebensqualität gebraucht, diese fragt aber vornehmlich nicht nur nach höherem materiellem Nutzen, sondern ist auch auf die ideellen Lebensbedingungen, auf den Lebensstil, also auf Werte, und da insbesondere auf ethische Orientierungen Einzelner ausgerichtet. Andererseits sind Lebensbedingungen, Lebensverhältnisse und Formen der Lebenshaltung ein eminent soziales Problem. In die Vorstellungen vom Lebensstandard fließen zudem traditionelle gesellschaftspolitische Wertvorstellungen von Freiheit, Solidarität, politischer Beteiligung und Verteilungsgerechtigkeit mit ein.

Wertequadrat und Synonyme
Im Wertequadrat setzen wir dem positiven Wert **Lebensstandard** den positiven Gegenwert **Lebensqualität** entgegen. Zwischen beiden herrscht ein dialektisches Spannungsverhältnis von materiell-ideellem zu ideell-materiellem Terminus. Als konträren Gegensatz wählen wir **Bedürftigkeit** in materieller, aber auch in geistiger Hinsicht. Als entwertende Übertreibung wählen wir den Begriff **Lebensmangel**, ein anhaltender Zustand von innerer Leere und einem Gefühl von Sinnlosigkeit im Leben.

Als Synonyme für den Begriff Lebensstandard können gelten:

Wohlstand, Reichtum, Gesundheit, Lebensqualität, Lebensniveau, Lebenshaltung, Lebensbedingungen, Lebensverhältnisse, Lebenswelt, Lebensstil.

Wertekleeblatt
Subjekte des Wertes Lebensstandard sind Personen und Personengruppen, die auf verfügbare Güter zurückgreifen, um ihren materiellen und manchmal auch ideellen Wohlstand zu mehren. Das kann auch die Faktoren Freizeit, soziale Sicherheit, Infrastruktur und Umwelterhaltung mit umfassen. Diese Güter und Faktoren werden durch das Wertetraining ebenfalls nicht unmittelbar berührt, wohl aber die Werte der wertenden Personen und Personengruppen ihnen gegenüber.

Objekte des Wertes Lebensstandard einer Person sind alle Güter, die ihr für die private Lebensgestaltung zur Verfügung stehen, also ihr materieller Wohlstand. Im weiteren Sinn können auch Faktoren wie Freizeit, soziale Sicherheit, Infrastruktur und Umwelterhaltung hinzugezogen werden, sofern sie die wertende Person betreffen. Diese Objekte können sich im Rahmen gesellschaftlicher Entwicklungen verändern, werden aber durch das Wertetraining nicht unmittelbar berührt.

Grundlagen des Wertes Lebensstandard sind oft sehr verbreitete, aber intuitive Vorstellungen, woran sich ein höherer oder niedrigerer Lebensstandard bemesse. Hier spielen Faktoren der Lebensgestaltung und der Lebenszufriedenheit mit hinein. Bei der umfangreichen Literatur zum Thema Lebensqualität ist zu beachten, dass sich die vielfältigen Theorien oftmals fundamental widersprechen und man durch die Fülle oft eher verstört als instruiert wird. Wir empfehlen deshalb, sich nicht an eine bestimmte Theorie zu klammern.

Maßstäbe des Wertes Lebensstandard sind in der Regel empirische Untersuchungen großer Reichweite, insbesondere wenn internationale Lebensstandardvergleiche oder sozialpsychologische Analysen zum Thema veröffentlicht werden. Diese Maßstäbe nützen dem Wertetrainer nicht allzu viel. Vergleicht er hingegen die Ratings der Mitarbeiter einer Organisation oder eines Teams und hinterfragt die Lebensstandardeinschätzungen einzelner Personen, kann er nicht nur die Werte vieler Wertetrainees zum Thema einschätzen, sondern auch die trainierbaren Konfliktpunkte eines einzelnen Wertenden herausfinden und seine Wertehaltung gezielt verändern.

Training

Wertetraining kann die Wahrnehmung des realen Lebensstandards bewusst machen und die Motivationen mehren, einen höheren Lebensstandard zu erreichen. Das kann auch für Personengruppen, beispielsweise Arbeitsgruppen und Teams gelingen. Dabei geht es nicht darum, soziale Wertungen von Lebensstandard in größerem Umfang zu verändern oder die Wertenden zu umfangreicheren sozialen Bewegungen anzustacheln.

Ziele

Vorab sind folgende grundlegenden Fragen zu klären:

- **Bei welchen Menschen** soll der Wert Lebensstandard konkret entwickelt werden, beispielsweise bei Auszubildenden, Wertetrainees, Führungskräften oder Familienmitgliedern?
- **Wofür** sollen sie den Wert Lebensstandard entwickeln, z. B. um Ihre materielle Situation oder soziale Sicherheit zu verbessern, Ihre Gesundheit zu fördern oder um soziale sowie gesellschaftliche Ziele zu erreichen?
- **Warum** sollen sie ihren Wert Lebensstandard entwickeln? Gründe dafür sind meist vor allem die Nutzenwerte Sicherheit und Gemeinnutz, häufig auch Belohnung. Für viele Wertetrainees spielt in diesem Kontext der Genusswert Gesundheit eine besondere Rolle, weil nur sie überhaupt Lebensstandard ermöglicht. Wichtig ist aber auch der Wert individuelle Freiheit, die einen Mindestlebensstandard voraussetzt. Im Bereich der ethisch-moralischen Werte können die Werte Familie, aber auch Respekt, den Wert Lebensstandard fördern, im Bereich der sozialen Werte spielt vor allem der Wert Einfluss eine Rolle.
- **Wie weit** soll der Wert Lebensstandard getrieben werden? Diese Frage muss jeder Wertetrainee vor allem in Abstimmung mit seinem privaten Umfeld für sich entscheiden, evtl. aber auch in seinem Team.

Als hilfreich hat es sich erwiesen, konkrete Formulierungen zu entwickeln, wie beispielsweise:

Wie kann erreicht werden, dass
- die Wertetrainees die Bedeutung des Wertes Lebensstandard für sich bewerten und Gelegenheit erhalten, individuelle Maßnahmen zur Förderung dieses Werte konsequent umzusetzen,
- sie ihre individuellen Lebensstandardziele mit ihren Aufgaben und ihrem Arbeitsumfeld in Einklang bringen können,
- Erfahrungen, z. B. zur gezielten Entwicklung des Lebensstandards, ermöglicht werden,
- sie durch herausfordernde Praxisaufgaben und -projekte die Chance erhalten, ihren Lebensstandard zu steigern?

Diese Ziele können dem persönlichen Bedarf entsprechend angepasst und erweitert werden.

Praxisprojekte und -aufgaben

Der Wert Lebensstandard kann im Arbeitsprozess vor allem dadurch entwickelt werden, dass der Wertetrainee in Absprache mit dem Wertetrainer besonders herausfordernde Praxisprojekte und -aufgaben übernimmt, die ihm Entwicklungsmöglichkeiten bieten und Selbstverwirklichung ermöglichen. Dafür eignen sich Herausforderungen, die sich auch im Einkommen und Vermögen niederschlagen. Dabei muss darauf geachtet werden, dass die Work-Life-Balance bewahrt und die Gesundheit nicht beeinträchtigt wird.

Es bietet sich deshalb an, besonders komplexe Aufgaben mit Teams kollaborativ und mit agilen Methoden zu bearbeiten. Fruchtbare Ideen werden in Netzwerken ausgetauscht, wodurch jeder seine Erfahrungen in das Wissensmanagement der Organisation mit einbringt.

Checkbox Wert Lebensstandard **Methoden der gezielten Werteentwicklung im Arbeitsprozess (nach Kap. 2.3)**	**Auswahl**
Erlebnislernen	
Subjektivierendes Handeln	
Expertiseaufbau	
Job Rotation	
Agile Arbeitsprinzipien	
Scrum	
Design Thinking	
Kanban	
Pulse	
Peer Working and Learning	
Working Out Loud	
Kollegiale Beratung	
Community of Practice	

Tab. 23 Checkbox Lebensstandard – Praxis

Begleitendes Coaching und Mentoring

Vorab werden die Werte des Wertetrainees erfasst. Es werden zwei bis drei Werteziele formuliert. Eines davon ist hier das Werteziel Lebensstandard.

Anschließend führt der Wertetrainee mit seiner Führungskraft zum Entwicklungsziel Lebensstandard ein Fördergespräch, in dem er versucht, sie davon zu überzeugen, in den Vorschlag zur Übernahme einer herausfordernden Praxisaufgabe bzw. eines -projektes zu investieren. Beide vereinbaren eine Entwicklungspartnerschaft, mit der die notwendigen Rahmenbedingungen gesichert werden und die in regelmäßigen Mentoringgesprächen vertieft wird.

Mit ausgewählten Kollegen wird ein Co-Coaching vereinbart, um sich beispielsweise wöchentlich zu allen offenen Fragen auszutauschen. Bei komplexeren Projekten bietet sich die Vereinbarung von Koping-Gruppen, evtl. in Verbindung mit kollegialer Beratung an.

Checkbox Wert Lebensstandard **Methoden der gezielten Werteentwicklung durch Coaching und Mentoring (nach Kap. 2.3)**	**Auswahl**
Begleitcoaching	
Neurobiologisch intendiertes Coaching	
Systemisches Coaching	
Involvierendes Coaching	
Persönlichkeitscoaching	
Co-Coaching	
Kollegiales Coaching	
Mentoring	
Koping	

Tab. 24 Checkbox Lebensstandard – Coaching

Ergänzende Übung

Für die Entwicklung des Wertes Lebensstandard sollte vor allem die agile Projektarbeit ausgebaut werden. Hierbei bieten sich insbesondere realitätsgleiche Trainingsmaßnahmen an, sofern Sie im Rahmen der gewählten Praxisaufgaben bzw. -projekte bearbeitet und umgesetzt werden können.

Für Berufsanfänger eignet sich die Methode des Trainingsunternehmens. Erst Trainingsunternehmen, die mit realen Produkten, z. B. Apps, in echten Märkten agieren, ermöglichen den gezielten Aufbau des Wertes Lebensstandard, da diese Wertetrainees unter realen Bedingungen mit eigenem Budget und mit der Infrastruktur ihrer Organisation wirtschaften und handeln.

Dabei müssen sie emotional labilisierende Schwierigkeiten, Probleme und Konflikte überwinden und Werte wirklich verinnerlichen, interiorisieren.

Checkbox Wert Lebensstandard **Methoden der gezielten Werteentwicklung durch Übung und übendes Training (nach Kap. 2.3)**	**Auswahl**
Trainingsunternehmen und Übungsfirmen	
Bewerbungstraining	
Outdoor-Training, Hochseilgarten, Führen mit Pferden...	
Seitenwechsel	
Zürcher Ressourcenmodel	
Serious Games	

Tab. 25 Checkbox Lebensstandard –Training

Unterstützende Weiterbildung

Weiterbildungsmaßnahmen zur Unterstützung des Wertes Lebensstandard können Seminare und Workshops sein, die helfen, Praxisaufgaben und -projekte erfolgreich zu bewältigen und die Ergebnisse zu kommunizieren, z. B. mithilfe von Präsentationstechniken oder Methoden zur Konfliktlösung.

Checkbox Wert Lebensstandard **Methoden der gezielten Werteentwicklung in Bildung und Weiterbildung (nach Kap. 2.3)**	**Auswahl**
Bildungs- und Weiterbildungsmaßnahmen als Anstoß für Werteentwicklung	
Selbstorganisation	
Social Blended Learning	
Wertelisten	
Wertequadrat	
Handlungs- und verhaltenspsychologische Methoden	
Prospect Theory	
Post-mortem-Diskussion	
Advocatus-Diaboli-Diskussion	
Nudging	
Debiasing	
Anti-Biasing	

Checkbox Wert Lebensstandard Methoden der gezielten Werteentwicklung in Bildung und Weiterbildung (nach Kap. 2.3)	Auswahl
Kongresse, Barcamps und Webcamps	
World Café – werteorientierte Vernetzung	
Kunst und Wertekommunikation	

Tab. 26 Checkbox Lebensstandard – Bildung

Beispiel 1: Entwicklung des Wertes Lebensstandard in formellen Bildungsmaßnahmen

Die Entwicklung des Wertes Lebensstandard hat im beruflichen Kontext häufig die Konsequenz, dass die Wertetrainees formelle Abschlüsse vorweisen müssen. Deshalb kann die konsequente Verfolgung formaler Abschlüsse dazu beitragen, den Wert Lebensstandard zu fördern. Dabei kommt es nicht nur auf den Aufbau von Wissen und Qualifikation, sondern auch auf die Gestaltung der Work-Life-Balance an.

Am Beispiel der Ausbildung zum Handelsfachwirt (IHK) in einem Blended Learning Arrangement zeigen wir auf, wie dies erreicht werden kann.

Mit unserem Beratungsteam haben wir für einen genossenschaftlichen Bildungsanbieter einen Blended Learning Studiengang »Geprüfte/r Handelsfachwirt/in (IHK)«, von der Entwicklung der Konzeption, der fachlichen Inhalte und des Drehbuches bis zur Web Based Training Produktion und zur Implementierung gestaltet. Die Akademie konnte damit die Seminartage gegenüber bisherigen Präsenzangeboten von 70 Seminartagen auf 20 Tage reduzieren. Die Laufzeit der berufsbegleitenden Maßnahme wurde von den üblichen 24 Monaten auf 6 Monate reduziert.

In Blended Learning Arrangements werden Wissensaufbau und Qualifizierung mittels Web Based Trainings mit Wissensmanagement, Training, Lernbegleitung und Co-Coaching zielgruppengerecht miteinander kombiniert. Dabei können Web Based Trainings die Rolle mit übernehmen, auch problemorientierte Aufgaben und Fallstudien, die im Rahmen der Learning Community oder später im Workshop besprochen werden, in den Lernprozess einzubringen. Je nach Ergebnis der einzelnen Lernschritte durchlief der Lerner dabei unterschiedliche Lernpfade.

Diese Weiterbildung startete mit einem **Kick-off** zur Vorbereitung der anschließenden Selbst-Lernphase. Die Teilnehmer wurden in die Lernkonzeption eingeführt, bildeten Lernpartnerschaften und -gruppen und trafen verbindliche Vereinbarungen für ihre individuellen Lernprozesse. Insbesondere vereinbarte jedes Lerntandem einen wöchentlichen »Jour fixe«, in dem alle offenen Fragen bearbeitet wurden.

Der Wissensaufbau und die Qualifikation erfolgten über praxis- und prüfungsorientierte Aufgaben in den Web Based Trainings zu den jeweiligen Themenbereichen. Die Teilnehmer bearbeiteten in Lerntandems und Lerngruppen selbstorganisiert Aufgaben und nutzten die Soziale Lernplattform zur Kommunikation und zur Dokumentation der Lernergebnisse. Insbesondere wurden in Themenspeichern die offenen Fragen im Kurs und mit dem Lernbegleiter bearbeitet. Über ein laufendes Feedback in den Web Based Trainings wurden Lernfortschritte und Wissenslücken sichtbar.

Die Lernenden wurden über den gesamten Lernprozess durch Lernbegleiter unterstützt, die die selbstgesteuerten Lernprozesse als Moderator und Experte (Coach) ermöglichten. Sie initiierten Reflexionen über die Selbstlernphasen, erzeugten eine hohe Verbindlichkeit der individuellen Lernprozesse, klärten offene Fragen aus dem Themenspeicher und leiteten Diskussionen zu Präsentationen, bearbeiteten bei Bedarf mit den Lernern Übungen oder Fallstudien sowie komplexe Prüfungsaufgaben und planten mit ihnen jeweils verbindlich die folgende Selbstlernphase. Die Rolle des »Wissensvermittlers« entfiel damit.

Die regelmäßigen Workshops dienten vor allem dazu, offene Fragen aus der Bearbeitung der Lernprogramme gemeinsam aufzuarbeiten sowie die Lösungen von Prüfungsaufgaben, die von den Lerngruppen entwickelt wurden, zu besprechen.

Die Lernprozesse orientierten sich zeitlich und inhaltlich konsequent an Lehrplänen sowie den individuellen Bedürfnissen der Teilnehmer. Die deutliche Senkung der Präsenzzeiten führt auch zu einer besseren Vereinbarkeit von Weiterbildungsmaßnahmen und beruflichen Aufgaben.

Nach den ersten fünf Durchläufen zeigte es sich, dass die Abbruchraten bei null liegen und die Absolventen in der externen IHK-Prüfungen jeweils mit zu den Besten gehören. Dies ist nicht erstaunlich, da die Teilnehmer vom ersten Tag an selbstorganisiert und aktiv lernten, offene Fragen zeitnah mit ihrem Lernpartner oder im Workshop klärten und systematisch von Anfang an die Lösung von Prüfungsaufgaben trainierten. Als entscheidend erwies sich dabei die hohe Verbindlichkeit der selbstorganisierten Lernprozesse, die durch Lerntandems, Lerngruppen und eine konsequente Lernbegleitung ermöglicht wurde. Hinzu kam die relative kurze Laufzeit des Kurses, die es möglich macht, diese Lernphase besser mit dem Privatleben in Einklang zu bringen.

Damit konnte der individuelle Wert Lebensstandard der Teilnehmer in einem weiten Sinne entwickelt werden, weil sie mit diesen Erfahrungen verinnerlichten, welche Möglichkeiten sie zur gezielten Gestaltung Ihres Lebens haben.

Beispiel 2: Kritische Haltungen zum Wert Lebensstandard

Eine Mitarbeiterin der Radobel GmbH, Edeltraud Tuchel, arbeitete schon seit 1994 in dem Industrieunternehmen. Sie hatte es aber schwer, eine zufriedenstellende Position als Managerin zu erlangen. Ihre fachliche Arbeit war hervorragend, und doch klagten viele Mitarbeiter ihres Teams, dass sie sich nicht zu ihrer Umgebung zugehörig fühle.

Sie entpuppte sich schon bald als Frau mit typischer Sozialisation in der DDR, allerdings ohne weltanschaulich festgelegt zu sein (vgl. Schevard 2006). Wenn das Gespräch auf den Lebensstandard in der Bundesrepublik und in den meisten Industrieländern kam, verteidigte sie ihr Herkunftsland, weil der Lebensstandard eine viel geringere Rolle spielte, dafür aber andere menschliche und zwischenmenschliche Werte eine viel größere. Jetzt gehe es vor allem um materielle Güter wie ein schickes Auto, schöne Kleidung, regelmäßige Flugreisen oder eine komfortable Wohnung als Ausdruck eines »angemessenen« Lebensstandards.

Edeltraut Tuchel argumentierte, dass der Verzicht auf ein Auto oder Flugreisen von manchen umweltbewussten Menschen schon heute als Gewinn an Lebensqualität und Lebensstandard empfunden wird. Sie wies immer wieder darauf hin, dass der Lebensstandard sehr stark von Möglichkeiten der Teilhabe an kulturellen Gütern und an der Kommunikation beeinflusst wird. Das Existenzminimum, von dem sie in den Anfangsjahren leben musste, reichte beispielsweise nicht für Reisen, eine angemessene Wohnung, den Besuch von Gaststätten, Museen, Theater oder kulturellen Veranstaltungen. Auch Bildung gehöre wie eine Reihe anderer Werte, z. B. Gesundheit oder Sicherheit, zum individuellen Lebensstandard. In einigen Industriestaaten, merkte sie kritisch an, lässt sich zurzeit beobachten, dass der Wohlstand zunimmt, gleichzeitig aber auch die Anzahl der von Armut Betroffenen und die soziale Ungleichheit wächst. Familien mit minderjährigen Kindern und insbesondere Alleinerziehende sind dabei in der Gruppe mit niedrigem Lebensstandard überrepräsentiert.

Diese Diskussionen störten zunehmend den Arbeitsfluss. Das Unternehmen engagierte einen Wertetrainer, um diese Wertediskussion zu bremsen. Dabei stand der Trainer vor einer besonders schweren Aufgabe: Einerseits wollte er, dass sich Edeltraut Tuchel, aber auch andere Kolleginnen aus Ostdeutschland, im Unternehmen und damit letztlich auch im sozialpolitischen System der Bundesrepublik mehr als bisher »zu Hause« fühlen. Andererseits stimmte er mit Teilen der Wertekritik am Wohlstandsstaat völlig überein.

Er überlegte sich eine doppelte Strategie. Zunächst organisierte er eine Mentoringbeziehung mit den Führungskräften dieser Zielgruppe. Diese waren meist auch aus der DDR gekommen, bestätigten manches, aber sahen den ökonomischen Stand und die perspektivischen Möglichkeiten des untergegangenen Staates viel kritischer. Von ihnen erfuhren sie echte Interna aus früheren Tätigkeiten, die das glattbunte Bild verwischten.

Weiterhin organisierte der Wertetrainer einen Seitenwechsel-Prozess. Er suchte eine Obdachlosenunterkunft, die vor allem durchs Karriereraster gefallene, also nicht psychisch oder physisch Kranke, beherbergte. Die – ein wenig fragwürdige – Absicht ging auf. Edeltraut Tuchel wurde als eine der Hilfskräfte eingestellt und hatte viel Zeit, mit den Obdachlosen über ihr Leben und ihre Erfahrungen zu reden. An deren Schicksalen gemessen ging es ihr großartig, so dass es ihr schäbig vorkam, über die Unterschiede Ost-West im Lebensstandard zu diskutieren. Sie rückte nicht von ihrem Diktum ab, dass es in einem Staat, so reich wie die Bundesrepublik, keine Obdachlosen geben dürfe, denn die gab es in der DDR ja auch nicht. Aber sie war nach den vier Wochen Seitenwechsel und dem halben Jahr Mentoring so weit, dass ihr ständiger Wertevergleich abebbte.

Zudem sorgte der Wertetrainer für den Einsatz von Bildungs- und Weiterbildungsmaßnahmen, die Edeltraut Tuchel mit den Maßnahmen zur Sicherung des Lebensstandards im hohen Lebensalter, mit den realen Maßnahmen zu Sozialpolitik und Familienpolitik und zum Erhalt des Wohlfahrtsstaates, des Gemeinnutzes bekannt machte. Ihre Wertehaltung zum Wert Lebensstandard änderte sich dadurch zu kritischer Akzeptanz.

3.6 Sicherheit

»Ohne Sicherheit ist keine Freiheit.«
Wilhelm von Humboldt

Beschreibung
Sicherheit (lateinisch *securus* »sicher«) ist ein Begriff, der bereits in der römischen Antike einen Seelenzustand der Freiheit von Sorge bezeichnete und sich somit unmittelbar auf das Individuum bezog. Erst später wurde er zu einer politischen Leitidee und diente als wirtschaftlicher und finanztechnischer Terminus mit der Bedeutung einer »Schuldensicherung« oder »Bürgschaft«. Sicherheit wird also einerseits mit der Individualität beziehungsweise Personalität des Menschen, andererseits mit der Geltung gesellschaftlicher Vorstellungen, Konventionen, Standards oder Normen und Werte in Verbindung gebracht.

So lässt sich heute von Sicherheit als einem gesellschaftlichen »Wertebegriff« und »Wertesymbol« sprechen (vgl. Kaufmann 2012). Im Alltagsverständnis wird die Vorstellung von Sicherheit mit den Begriffen Geborgenheit, Schutz, Risikolosigkeit, Gewissheit, Verlässlichkeit, aber auch mit Selbstbewusstsein, Vertrauen, Geschicklichkeit, mit Verfügbarkeit, Voraussehbarkeit, Berechenbarkeit oder Haltbarkeit verbunden.

Als Gegenbegriff verweist Sicherheit auf Gefahr, Risiko, Unordnung und vor allem Angst. Bezogen auf dieses Alltagsverständnis von Sicherheit lassen sich eine **innere**, von psychischen Faktoren abhängige, und eine **äußere**, auf Schutzgewährung zielende Seite unterscheiden.

Dabei ergibt sich die Wirkung sicherheitsbezogener Regelungen, Handlungen und Programme dadurch, dass beide Seiten berücksichtigt werden.

Die Garantie der Sicherheit nach innen und außen wurde im modernen Staat eine seiner wichtigen Aufgaben. In der Perspektive der Individuen wurde Sicherheit zu einem Ziel, das jeder einzelne Mensch selbst erreichen muss. Sicherheit wird oft als Gegenbegriff von Freiheit gesehen, weil staatliche Sicherheitsmaßnahmen individuelle Freiheit massiv einschränken können. Für das Zusammenleben in modernen Industriegesellschaften ist der Anspruch auf »soziale Sicherheit« zentral geworden.[57]

In der heutigen »Risikogesellschaft« sind die Gefahr eines totalen Krieges, Umweltzerstörung, Ressourcenerschöpfung, Klimaänderungen, gentechnische Eingriffe oder Fragen der IT-Sicherheit sicherheitsrelevante Probleme, aber auch die seit den 1960er-Jahren verstärkt einsetzenden »Individualisierungsschübe«, die dazu führten, dass für die Lebensführung und das Handeln der Menschen nicht mehr primär die Zugehörigkeit zu einer bestimmten Klasse ausschlaggebend ist. (vgl. Beck 2008). Hinzu kommen andere Verschiebungen im Wertegefüge, die den Einzelnen oft fordern oder überfordern, eigene Sicherheits- und Unsicherheitskompetenzen und -toleranzen entwickeln zu können. Manche suchen deshalb oft Ersatz in Ideologien, spirituellen Sinnangeboten oder sonstigen Heilsorientierungen und Konsumstilen.

Werteatlas-Definition

Es ist den Menschen, die Sicherheit als für sie hohen Wert einschätzen, wichtig, dass ihren materiellen und beruflichen Sicherheitsbedürfnissen Rechnung getragen wird. Sie möchten langfristig auf den Erfolg ihrer Organisation, ihres Unternehmens vertrauen. Besonders wichtig ist ihnen, dass ihr Arbeitsplatz langfristig sicher ist. Sie möchten, dass sich ihre Leistungen und Erfolge in einem dauerhaften Einkommen niederschlagen. Vor allem sind sie daran interessiert, dass sie echte berufliche Perspektiven besitzen.

Manche neigen allerdings zur Übertreibung, sodass sich ihr Handeln ausschließlich danach richtet, ein sicheres Einkommen und eine sichere berufliche Perspektive zu haben.

Wir empfehlen folgende vertiefende Literatur zum Wert Sicherheit: Timtschenko 2021, Gagen 2012 oder Schubert 2020.

Werteatlas-Zuordnung

Sicherheit ist in erster Linie auf Geborgenheit, Risikolosigkeit, Gewissheit, Voraussehbarkeit, Berechenbarkeit und Verlässlichkeit gerichtet. Aber all das ist ohne einen sicheren Arbeitsplatz, ohne ein dauerhaftes Einkommen, ohne stabile berufliche Perspektiven nicht erreichbar. Diese materiellen Nutzenaspekte stehen folglich für den Einzelnen an hoher Sicherheit Interes-

57 Artikel 22 der UN-Menschenrechtserklärung von 1948: Recht auf soziale Sicherheit.

sierten im Vordergrund. Damit dominiert für ihn der materielle Nutzenaspekt gegenüber allen anderen, natürlich ebenfalls wichtigen, sozialen Aspekten. Sinkende soziale Sicherheit, etwa drohende Arbeitslosigkeit, hat oft ein sinkendes soziales Engagement zur Folge (vgl. Lazarsfeld-Jahoda, Zeisl 1933).

Wertekategorien-Überlappung

Materielle und ideelle Sicherheit bringen den Menschen, die sie hochschätzen, auch Genuss im Sinne wohliger Zufriedenheit. Für viele ethisch-moralischen Wertungen ist Sicherheit eine unumgängliche Voraussetzung. Geborgenheit und Verlässlichkeit sind beispielsweise ohne Sicherheit nicht zu realisieren. Vor allem die in der allgemeinen Definition aufgeführten Aspekte soziale Sicherheit, Kriegs- und Terrorbekämpfung, Umweltzerstörung, Ressourcenerschöpfung, Klimaänderungen, gentechnische Eingriffe oder Fragen der IT-Sicherheit hängen mit sozialen Werten ganz direkt zusammen. Es geht bei der gezielten Werteentwicklung aber nicht darum, mit den Wertetrainees Standpunkte zu solchen Werten zu erarbeiten, sondern bestenfalls um das Ziel, den Zusammenhängen dieser Aspekte mit ihren individuellen Werten nachzuspüren und zusammen mit Lernpartnern neue, individuelle Werte zur Sicherheit zu erarbeiten.

Wertequadrat und Synonyme

Als positiver Wert ist hier **Sicherheit** gesetzt. Als positiver Gegenwert könnte **Vorhersehbarkeit** genommen werden. Zwischen beiden besteht ein Spannungsverhältnis. Nicht alles, was voraussehbar ist, ist sicher, nicht alles, was sicher ist, ist voraussehbar. Als konträrer Gegensatz kann nur **Unsicherheit** fungieren. Als entwertende Übertreibung ist **Risikoscheu** oder **Übervorsicht** zu nennen, die das Sicherheitsbedürfnis ad absurdum führen. Wenn Wertende sich von der Unsicherheit zur Risikoscheu und Übervorsicht durchschlagen, ist das eine deutliche Überkompensation. Sie können sich, ob zurecht sei dahingestellt, nicht von der Wertehaltung Unsicherheit zur Wertehaltung Sicherheit oder Vorhersehbarkeit bewegen.

Als Synonyme für den Begriff Sicherheit können gelten:

Schutz, Risikolosigkeit, Gefahrlosigkeit, Gewährleistung, Zuverlässigkeit, Klarheit, Selbstbewusstsein, Garantie, Beistand, Gewissheit, Abschirmung, Absicherung, Bewachung, Begleitung, Bürgschaft, Geborgenheit, Vertrauen, Deckung, Zuflucht, Zutrauen.

Wertekleeblatt

Subjekte des Wertes Sicherheit sind vor allem Individuen, die sich, zurecht oder zu Unrecht, sicher fühlen und entsprechende Werte verinnerlicht haben. Bedrohliche oder als bedrohlich empfundene Situationen können diese Werte allerdings schnell ins Wanken bringen. Jede emotionale Labilisierung erzeugt auch Gefühle der Verunsicherung.

Objekte des Wertes Sicherheit sind Menschen, soziale Zustände und weitere Gegebenheiten der materiellen oder ideellen Umwelt, die als sicher bewertet werden oder die das Gefühl von

Sicherheit vermitteln. Sie sind im Rahmen sozialer, politischer Verhältnisse veränderbar, aber in der Regel nicht Gegenstand eines Wertetrainings.

Grundlagen des Wertes Sicherheit sind in der Regel reale oder vermutete Stabilitäten der gegenständlichen und sozialen Umwelt. Diese werden oft in Richtung Sicherheit zu Recht interpretiert, etwa wenn man sich unter dem Schirm eines allgemein geteilten Glaubens begibt. Die Wertehaltung Sicherheit kann auf Einsichten beruhen, von denen man sich Sicherheit verspricht, sie kann aber auch auf völlig problematischen Zusammenhängen gründen, denen man eine sichernde Schutzfunktion zuschreibt, etwa auf dem Glauben an Maskottchen oder Talismane.

Maßstäbe des Wertes Sicherheit richten sich vor allem danach, welche Bedeutung die wertende Person diesem Wert subjektiv zuschreibt. Der Maßstab kann von absoluter Unsicherheit über Abstufungen der Sicherheit bis zur unerreichbaren totalen Sicherheit reichen. Die Verinnerlichung solcher Wertmaßstäbe kann gezielt beeinflusst werden. In der technischen und alltäglichen Praxis werden meist relative Maßstäbe angewendet: Dieser Pkw ist sicherer als jener oder diese Heilmethode ist sicherer als eine andere. Die Maßstäbe der Sicherheit von technischen Konstruktionen und Anlagen, aber auch die IT-Sicherheit lassen sich numerisch erfassen und vergleichend einsetzen.

Training

Die Entwicklung des Wertes Sicherheit erfordert einen Prozess der emotionalen Labilisierung. Jede emotionale Labilisierung erzeugt aber auch Gefühle der Verunsicherung. Es ist deshalb wichtig, sie positiv im Rahmen gezielter Werteentwicklung zu nutzen, sie aber nicht zu einem generalisierten Grundgefühl anschwellen zu lassen. Soziale oder politische Verunsicherungen, die durch Probleme in der »Risikogesellschaft«, durch Umweltzerstörung, gentechnische Eingriffe oder Fragen der IT-Sicherheit entstehen, kann der Wertetrainer zur Sprache bringen und versuchen, dagegen Werte als Sicherheitsgefühle aufzubauen. Die Probleme kann er dagegen nicht schönreden.

Ziele

Vorab sind folgende grundlegenden Fragen zu klären:

- **Bei welchen Menschen** soll der Wert Sicherheit konkret entwickelt werden, beispielsweise bei Auszubildenden, Wertetrainees, Führungskräften oder Familienmitgliedern?
- **Wofür** sollen sie den Wert Sicherheit entwickeln, z. B. um auch in Zukunft einen sicheren Arbeitsplatz zu haben, die Zufriedenheit der Wertetrainees zu steigern, eine positive Organisationskultur zu entwickeln, die Wertetrainees langfristig durch eine verstärkte Identifikation mit der Organisation zu binden, das Betriebsklima zu verbessern, die Arbeitgeberattraktivität und das Image der Organisation zu stärken oder das private Umfeld des Wertetrainees positiv zu beeinflussen?

- **Warum** sollen sie ihren Wert Sicherheit entwickeln? Gründe dafür können Genusswerte wie die Gesundheit, weitere Nutzenwerte wie der nachhaltige Lebensstandard, ethisch-moralische Werte wie Privatleben oder soziale Werte wie Netzwerk sein.
- **Wie weit** soll der Wert Sicherheit getrieben werden: Diese Frage muss jeder Wertetrainee vor allem in Abstimmung mit seinem privaten Umfeld für sich entscheiden, aber auch in seinem Team. Dies schließt vor allem auch die Frage ein, wie mit Fehlern im Arbeitsprozess umgegangen wird. Werden Fehler als Chance zum Lernen gesehen oder werden sie konsequent sanktioniert?

Als hilfreich hat es sich erwiesen, konkrete Formulierungen zu entwickeln, wie beispielsweise:

Wie kann erreicht werden, dass,
- die Wertetrainees die Bedeutung des Wertes Sicherheit für sich bewerten und Gelegenheit erhalten, individuelle Maßnahmen zur Verbesserung der Sicherheit im heutigen und zukünftigen Arbeitsbereich und im Privatleben konsequent umzusetzen,
- sie ihre individuellen Sicherheitsziele mit ihren Aufgaben und ihrem Arbeitsumfeld in Einklang bringen können,
- Erfahrungen, z. B. zum gezielten Ausbau der Sicherheit ermöglicht werden,
- sie durch herausfordernde Praxisaufgaben und -projekte die Chance erhalten, ihre Sicherheit bedarfsgerecht zu steigern?

Diese Ziele können dem persönlichen Bedarf entsprechend angepasst und erweitert werden.

Praxisprojekte und -aufgaben

Der Wert Sicherheit kann im Arbeitsprozess vor allem durch folgende Ansätze entwickelt werden:

Der Wertetrainee übernimmt besonders herausfordernde Praxisprojekte und -aufgaben, die seine Position im Team nachhaltig stärken. Es empfiehlt sich, vor allem solche Herausforderungen vorzuschlagen, die es ermöglichen, die Organisation auf die Herausforderungen der Zukunft in puncto Sicherheit vorzubereiten. Dabei wird systematisch seine zukunftsorientierte Expertise in Fragen Sicherheit aufgebaut, die ihn von anderen Wertetrainees abhebt.

Es bietet sich an, zentrale Zukunftsthemen zur Sicherheit, wie die Folgen der digitalen Transformation, mit Teams kollaborativ und mit agilen Methoden zu bearbeiten und dabei vor allem besonders anspruchsvolle Teilaufgaben zu übernehmen.

Der Wertemanager und die Wertetrainees initiieren Communities of Practice zu besonders relevanten Sicherheitsthemen als Zukunftsthemen für den Erfolg der Organisation und bauen systematisch ein entsprechendes Netzwerk auf.

Checkbox Wert Sicherheit **Methoden der gezielten Werteentwicklung im Arbeitsprozess (nach Kap. 2.3)**	**Auswahl**
Erlebnislernen	
Subjektivierendes Handeln	
Expertiseaufbau	
Job Rotation	
Agile Arbeitsprinzipien	
Scrum	
Design Thinking	
Kanban	
Pulse	
Peer Working and Learning	
Working Out Loud	
Kollegiale Beratung	
Community of Practice	

Tab. 27 Checkbox Sicherheit – Praxis

Begleitendes Coaching und Mentoring

Durch Erfassung der eigenen Werte werden in einem Beratungsgespräch mit dem Werttrainer zwei bis drei Werteziele und dafür geeignete Praxisaufgaben bzw. -projekte abgeleitet, bei denen das Risiko überschaubar ist. An diesen Aufgaben soll kollaborativ im Sinne eines Zukunftsprojekts Sicherheit gearbeitet werden.

Anschließend wird mit der Führungskraft ein grundlegendes Fördergespräch auf Basis dieses Projektvorschlages geführt. Der Wertetrainee will dabei die Führungskraft davon überzeugen, in den Vorschlag zur Übernahme dieser herausfordernden Praxisaufgabe zur Sicherheit zu investieren. Mit der Führungskraft wird eine Entwicklungspartnerschaft vereinbart, die zum Ziel hat, die notwendigen Rahmenbedingungen zu sichern und regelmäßige Mentoringgespräche zu führen.

Mit ausgewählten Kollegen wird ein Co-Coaching vereinbart, um sich z. B. wöchentlich zu allen offenen Fragen der Sicherheit auszutauschen. Bei komplexeren Projekten bietet sich die Vereinbarung von Koping-Gruppen, evtl. in Verbindung mit kollegialer Beratung an.

Checkbox Wert Sicherheit **Methoden der gezielten Werteentwicklung durch Coaching und Mentoring (nach Kap. 2.3)**	**Auswahl**
Begleitcoaching	
Neurobiologisch intendiertes Coaching	
Systemisches Coaching	
Involvierendes Coaching	
Persönlichkeitscoaching	
Co-Coaching	
Kollegiales Coaching	
Mentoring	
Koping	

Tab. 28 Checkbox Sicherheit – Coaching

Ergänzende Übung

Für die Entwicklung des Wertes Sicherheit bietet sich eine agile Projektarbeit an, sofern sich diese im Rahmen der gewählten Praxisaufgaben bzw. -projekte bearbeiten und umsetzen lässt. Die Integration in ein agiles Projektteam lässt Erfahrungen zu, die dazu beitragen, den Wert Sicherheit gezielt zu fördern.

Weiterhin kann es auch sinnvoll sein, auf Methoden wie kollegiale Beratung, auf entsprechende Analyse- und Bewertungstools sowie auf Tools zur Visualisierung komplexer Sachverhalte zurückzugreifen.

Checkbox Wert Sicherheit **Methoden der gezielten Werteentwicklung durch Übung und übendes Training (nach Kap. 2.3)**	**Auswahl**
Trainingsunternehmen und Übungsfirmen	
Bewerbungstraining	
Outdoor-Training, Hochseilgarten, Führen mit Pferden...	
Seitenwechsel	
Zürcher Ressourcenmodel	
Serious Games	

Tab. 29 Checkbox Sicherheit – Training

Unterstützende Weiterbildung
Weiterbildungsmaßnahmen zur Unterstützung des Wertes Sicherheit können Seminare und Workshops sein, die sich mit aktuellen Trends und zukunftsorientierten Lösungsansätzen zum Thema Sicherheit beschäftigen und die helfen, Praxisaufgaben und -projekte mit hoher Wirksamkeit zu bewältigen, beispielsweise Maßnahmen zur Arbeitssicherheit.

Sofern bei einem Wertetrainee vor allem die Sicherheit im Vordergrund steht, immer eine angemessene Beschäftigung zu haben, können darüber hinaus die Themenbereiche Bewerbungen, Erstellung von Präsentationen oder Bewältigung von Konflikten sinnvoll einbezogen werden.

Checkbox Wert Sicherheit **Methoden der gezielten Werteentwicklung in Bildung und Weiterbildung (nach Kap. 2.3)**	**Auswahl**
Bildungs- und Weiterbildungsmaßnahmen als Anstoß für Werteentwicklung	
Selbstorganisation	
Social Blended Learning	
Wertelisten	
Wertequadrat	
Handlungs- und verhaltenspsychologische Methoden	
Prospect Theory	
Post-mortem-Diskussion	
Advocatus-Diaboli-Diskussion	
Nudging	
Debiasing	
Anti-Biasing	
Kongresse, Barcamps und Webcamps	
World Café – werteorientierte Vernetzung	
Kunst und Wertekommunikation	

Tab. 30 Checkbox Sicherheit – Bildung

Beispiel 1: Der Wert Sicherheit in der digitalen Transformation

Ein international ausgerichtetes Pharmaunternehmen mit 1.700 Mitarbeitern hatte im Zuge seines Strategieprozesses die Notwendigkeit erkannt, seine Mitarbeiter konsequent in Hinblick auf ihre Haltung und ihre Handlungsfähigkeiten auf die Herausforderungen der digitalen Transformation vorzubereiten. Damit sollte ein wesentlicher Beitrag zur langfristigen Sicherung der Arbeitsplätze geleistet werden.

Aus der neuen Strategie ergab sich mit erschreckender Klarheit, dass sich Handlungsziele, Handlungsmethoden und das explodierende Wissen radikal verändern werden. Deshalb werden zukünftig Menschen gefragt sein, die in diesem Chaos der offenen Möglichkeiten neue Ideen entwickeln und über Fähigkeiten verfügen, darin selbstorganisiert und kreativ zu handeln. In dieser Phase, die durch Unwissenheit und Unsicherheit, teilweise auch Fehlinformationen, geprägt war, ging es deshalb vor allem darum, die Fähigkeit der Mitarbeiter zu stärken, zukünftige Herausforderungen in ihrer Arbeitspraxis, die heute noch gar nicht bekannt sind und die mit Methoden und Tools zu bewältigen sind, die es noch gar nicht gibt, selbstorganisiert und kreativ lösen zu können. Dass dies mit dem bisherigen Vorratslernen in Seminaren mit vorgegebenen Curricula nicht möglich sein wird, wurde allen Beteiligten rasch klar.

Ein Kernteam, das von der Geschäftsführung aus erfahrenen Mitarbeitern und Führungskräften gebildet wurde, erarbeitete zunächst die notwendigen Kompetenzen für die digitale Transformation. Rasch wurde klar, dass vor allem problemlösendes Handeln, erfahrungsorientiertes Handeln und systematisch-methodisches Handeln gefragt sind. Deshalb musste die Zukunftsaufgabe des Corporate Learning grundlegend neu formuliert werden.

Die ersten Vorschläge, alle Mitarbeiter über E-Learning-Programme ein breites Wissen zur Digitalisierung zu »vermitteln« wurde rasch vom Tisch gewischt. Fachwissen, insbesondere zur Digitalisierung, ist häufig in kürzester Zeit überholt. Es genügt deshalb nicht, Wissen über digitale Systeme auf Vorrat zu »vermitteln«, weil dies keine Kompetenz bedeutet, und die Menschen sich dieses Wissen bei Bedarf mithilfe digitaler Systeme selbst in aktueller Form beschaffen können. Erschwerend kommt hinzu, dass damit auch nicht die notwendige Haltung, die Werte, aufgebaut werden können, die für diese Veränderungsprozesse die notwendige Orientierung geben. Traditionelle Bildungsmaßnahmen, wie Seminare oder wissensorientierte E-Learning-Programme, sind deshalb völlig ungeeignet für den Aufbau von Werten und Kompetenzen fürs Digitale.

Digitale Kompetenzen setzen zwar Wissen über digitale Systeme im Arbeitsprozess und die Qualifikation zur Nutzung dieser Systeme voraus, umfassen jedoch deutlich mehr Fähigkeiten. Deshalb einigte sich das Team zunächst auf eine Definition dafür.

»Digitale Kompetenzen« – eigentlich digitalisierungsrelevante Kompetenzen – sind Fähigkeiten, in der sich neu herausbildenden digitalen Arbeits- und Lebenswelt Herausforderungen, die zum großen Teil heute noch unbekannt sind, selbstorganisiert und kreativ lösen zu können.

Digitalisierungsrelevante Kompetenzentwicklung am Arbeitsplatz und im Netz erfordert damit Fähigkeiten, die technischen und kommunikativen Möglichkeiten elektronischer Datennetze selbstorganisiert und kreativ einzusetzen, sie zugleich für die Entwicklung der eigenen Kompetenzen selbstorganisiert und kreativ zu nutzen, sie kreativ für die Kompetenzentwicklung von Wertetrainees zu verwenden, sie selbstorganisiert und kreativ mit weiterzuentwickeln und zu verbreiten.

Die digitale Transformation ermöglicht dabei die Übertragung herausfordernder Arbeitsaufgaben und Projekte mit hoher Fehlertoleranz auf die Wertetrainees. Dabei spielen insbesondere auch folgende **weitere Schlüsselwerte** eine zentrale Rolle:

- **Kreativität**: Mit Einfallsreichtum aktiv kreative Entwicklungsräume, insbesondere auch im Netz, nutzen.
- **Bildung**: Erfahrungen gewinnen und den Wissenshorizont zu erweitern.
- **Gemeinnutz**: Das Handeln soll auch Kollegen, dem Team, beruflichen Netzwerken und der Organisation dienen.
- **Verantwortung**: Eigenverantwortlich, orientiert an der Kultur der Organisation und mutig zu handeln sowie die Zusammenarbeit und den Austausch mit Kollegen verantwortungsvoll zu gestalten.
- **Respekt**: Andere Menschen anerkennen und respektieren, ihnen Vertrauen, Verständnis und Achtsamkeit entgegenbringen.
- **Norm und Gesetz**: Regeln sowie Vereinbarungen respektieren.
- **Netzwerk**: Sich mit anderen für gemeinsame Ziele verbünden und wertschätzend miteinander umgehen.

Um in einer Welt, die immer unberechenbarer wird, zu handeln, benötigen wir mehr denn je Fähigkeiten, selbstorganisiert und kreativ zu handeln.

Digitalisierung, Werte- und Kompetenzentwicklung gehören zusammen.

Deshalb entschied das Kernteam in Abstimmung mit der Geschäftsführung, dass eine integrierte Entwicklung der Werte und Kompetenzen für die digitale Transformation im Rahmen eines Social Blended Learning Arrangements mit folgenden Eckpfeilern ermöglicht werden soll:

- Vorab entwickeln ausgewählte Fach- und Führungskräfte Soll-Profile der Werte und Kompetenzen für die Digitale Transformation.
- Die Entwicklungsprozesse basieren auf der individuellen Erfassung der Werte und Kompetenzen.
- In einem Beratungsgespräch mit Entwicklungsberatern analysieren und bewerten die Wertetrainees ihre individuellen Werte- und Kompetenz-Entwicklungsziele.
- Auf dieser Basis vereinbaren sie mit ihrer Führungskraft eine Praxisaufgabe oder ein Praxisprojekt im Rahmen der digitalen Transformation, in dem ihre Werte und Kompetenzen für die digitale Transformation besonders gefordert sind.

- Die selbstorganisierten Entwicklungsprozesse laufen nach den Prinzipien des Social Blended Learning ab.
- In einer abschließenden Werte- und Kompetenzerfassung werden die Entwicklungen erfasst und bewertet. Bei Bedarf werden Folgeprojekte vereinbart.

Damit war es möglich, die Kompetenzen der gesamten Belegschaft zu entwickeln, um die Organisation auf die Herausforderungen der digitalen Transformation vorzubereiten. Insbesondere konnte eine gezielte Entwicklung des Wertes Sicherheit im Rahmen digitaler Transformationsprozesse erreicht werden, weil die Mitarbeiter schrittweise ihre Ordner des selbstorganisierten Handelns insgesamt stärken konnten.

Beispiel 2: Lästige Sanktionslistenprüfung und der Wert Sicherheit

»Plötzlich erscheint das Bundeskriminalamt und fordert Einsicht in Ihre Geschäftskommunikation und beschlagnahmt Ihre Rechner. Sie stehen in Verdacht mit Terrorverdächtigen Geschäftsbeziehungen zu pflegen!« Mit dieser knalligen Eröffnung wirbt ein Weiterbildungs- und Trainingsunternehmen für ein Training zur Sanktionslistenprüfung und für die damit einhergehende Erhöhung der Sicherheit des Unternehmens, aber auch der Mitarbeiter.

Seit den Anschlägen vom 11. September 2001 hat die Europäische Gemeinschaft Verordnungen zur Terrorismusbekämpfung erlassen. Ziel ist es, dem Terrorismus die finanziellen sowie wirtschaftlichen Ressourcen zu entziehen und ihn damit konsequent zu bekämpfen. Dafür veröffentlichen unter anderem die US-Behörden und die EU sogenannte Sanktionslisten, auf denen sanktionierte Personen, Organisationen und Unternehmen aufgeführt sind.

Viele denken, ihr Unternehmen ist davon nicht betroffen, weil es nichts ins Ausland exportiert. Das ist ein fataler Irrtum, denn alle Unternehmen sind zu komplexen Prüfmaßnahmen verpflichtet. Die Prüfung der Geschäftsadressen muss gegen die bestehenden Sanktionslisten erfolgen. Das heißt, es muss sichergestellt werden, dass die Geschäftskontakte nicht auf einer Sanktions- oder Anti-Terror-Liste aufgeführt sind.

Aber der gesetzlich verpflichtende Sanktionslistencheck wird von vielen Geschäftsführern lax gesehen. So auch von dem Abteilungsleiter eines Logistik-Dienstleisters. Er sagte der zuständigen Abteilung, dass sie, wenn sie schon die Sanktionslistenprüfung implementieren müssen, diese auf keinen Fall in irgendeiner Form das Geschäft behindernd sein solle. Im Zweifel werde eben weniger geprüft. Die zuständige Abteilung lud daraufhin eine Anwältin für Außenwirtschaftsrecht ein, um einen Workshop für die Teammitglieder zu geben, damit diese wissen, worauf sie zu achten haben. Im Rahmen dieses Workshops wurde die Anwältin gebeten, als Wertetrainerin zu fungieren. Es gehe um mehr als nur die trockene Weitergabe der juristischen Fakten. Sie willigte ein.

Beim ersten Zusammentreffen mit dem Abteilungsleiter sah sie sich interessiert in seinem Büro um und betrachtete sich die Fotos, die dort von seiner Familie hingen. Ein schönes Einfamilienhaus, eine schöne Frau, zwei aufgeweckte Kinder. Nach einiger Zeit, der Abteilungsleiter wurde schon nervös, erklärte sie ihm, dass er bei Sanktionsverstößen persönlich mit seinem Privatvermögen haften würde. Dann fragte sie ihn, ob er glaube, dass er bei 500.000 € pro Verstoß, seinen Lebensstandard lange würde halten können. Er war erschüttert. Am nächsten Tag rief er die Abteilung zusammen und erklärte mit Nachdruck, er wolle, dass die Sanktionslistenprüfung ordentlich eingeführt und ausgeführt werden würde. Er bestimmte zwei Abteilungsmitglieder, die ihn persönlich auf dem Laufenden halten sollten.

Nach dem Erfolg dieser Startmaßnahme schlug die Anwältin dem Abteilungsleiter vor, den Wert Sicherheit noch breiter zu verankern. Sie empfahl ihm eine Entwicklungsmaßnahme einer Universität, die eine zwölftägige Ausbildung zum »Agile Coach Sicherheit«, ganz ohne starren Unterricht und feste Lernzeiten, anbot. Einzelne Ausbildungsrunden wurden in einem Team von etwa zehn Teilnehmern durchgeführt und von drei Trainer-Coaches begleitet.

Die Teilnehmer erhielten die Möglichkeit, individuelle Fragestellungen und Probleme aus ihrer eigenen Praxis zu bearbeiten, insbesondere Fragen der Sanktionslistenprüfung. Theoriemodule und agile Frameworks wurden von Workshop-Gruppenarbeit und kollegialem Coaching sowie Praxisbeispielen abgelöst. Das Versprechen lautete, der Abteilungsleiter würde dabei agile Methoden, Design Thinking, Design Sprint, Lean Start-up, Scrum und Kanban, selbst erfahren, sodass er sie im eigenen Verantwortungsbereich zur Entwicklung des Wertes Sicherheit einsetzen könne. Diese Entwicklungsmaßnahme schloss schließlich mit dem Professional Scrum Master für Sicherheit ab.[58]

Im Laufe der Entwicklungsmaßnahme tauschte er sich mit vielen Teilnehmern aus und baute eine Community of Practice auf. Dabei wurde ihm immer mehr bewusst, dass der Wert Sicherheit nicht etwas bürokratisch Enges ist, sondern tatsächlich ein grundlegender, ein Schlüsselwert, den er bereits während der Entwicklungsmaßnahme tief verinnerlichte.

58 https://www.brainbirds.com/de/karriere-voranbringen/ausbildungen/agile-coach-ausbildung?gclid=CjwKCAjw9uKIBhA8EiwAYPUS3MJuTN4d-iiMkFnPZ74gwT0___esD1WrO7BFr4HdJAqVtA0acvUPQBoCPB4QAvD_BwE, aufgenommen am 07.07.2021

3.7 Belohnung

»Die Belohnung erfolgreichen Tuns ist, es vollbracht zu haben.«
Ralph Waldo Emerson

Beschreibung
Belohnung oder Anerkennung bezeichnet in der Psychologie einen bekräftigenden Anreiz, der die Motivierung und Ausführung eines erwünschten Verhaltens und Handelns fördern soll. Im Behaviorismus wird Anerkennung in Form von Belohnung als Verstärkung beim Lernen, also bei der Konditionierung bezeichnet. Diese Belohnung beeinflusst die Auftretenshäufigkeit von Verhaltensweisen durch Reize.

Als **positive Verstärkung** bezeichnet man die Erhöhung der Auftretenshäufigkeit einer Verhaltensweise, indem angenehme Reize, z. B. Futter, hinzugefügt werden. **Negative Verstärkung** nennt man deren Reduzierung, indem eine Verhaltensweise mit einem aversiven Reiz, z. B. Lärm, beseitigt wird. Unter **Bestrafung** versteht man die Verringerung der Auftretenshäufigkeit, indem ein aversiver Reiz hinzugefügt oder ein angenehmer Reiz beseitigt wird.

Der Behaviorismus geht aufgrund seiner lernpsychologischen Experimente davon aus, dass Organismen von sich aus, d. h. ohne Anregung durch Umweltreize, aktiv sind und dass diese Aktivität jeweils durch Reaktionen der Umwelt positiv oder negativ verstärkt wird. Der Belohnungswert hängt von der aktuellen Motivation des Belohnten aufgrund seiner Bedürfnisse ab, wobei beim Menschen kulturelle, wertende Unterschiede, das individuelle Anspruchsniveau und der soziale Wertekontext eine wichtige Rolle spielen.

Belohnung und Anerkennung erhöhen beim Menschen das Selbstwertgefühl. Belohnung kann in finanzieller Form, z. B. über ein höheres Gehalt, aber auch beispielsweise über positive Rückmeldungen, empfundene Wertschätzung, Übertragung anspruchsvoller Aufgaben oder erweiterte Rechte geschehen.

Werteatlas-Definition
Es ist einem Menschen, für den Belohnung und Anerkennung im weitesten Sinne einen hohen Wert darstellen, wichtig, dass sich seine Leistungen für ihn selbst, aber auch für sein Team oder für die Organisation als Ganzes lohnen. Er erwartet, dass die erfolgreiche Umsetzung von Ideen, Plänen oder Projekten von den Kollegen wie von der Führung hochgeschätzt wird. Er hält es für wichtig und für befriedigend, dass besondere Leistungen auch besonders honoriert werden. Bei besonderen Leistungen erwartet er häufig, dass sie sich in seiner beruflichen Entwicklung niederschlagen. Häufig möchte er materiell und ideell am Erfolg der Organisation oder der Unternehmung beteiligt werden.

Zur Übertreibung führt es, wenn er nur dann handelt, wenn er dafür eine Anerkennung bekommt.

Wir empfehlen folgende vertiefende Literatur zum Wert Belohnung: Lay 2009, Becker und Kramarsch 2006 oder Kuhl 1983.

Werteatlas-Zuordnung
Belohnung wird im Werteatlas den Nutzenwerten zugeordnet, weil es dann, wenn dem Wert Anerkennung ein hoher Stellenwert zugemessen wird, ganz überwiegend um materiellen Gewinn in Form von Lohn oder anderen Zuwendungen, oder aber um psychischen Nutzen in Form von Handlungsanreizen oder Handlungsbekräftigungen geht. Im übertragenen Sinne kann es sich auch um ideelle Bekräftigungen, wie die Bestätigung des eigenen kulturellen Status und der darin eingeschlossenen Werte oder um die Erhöhung des eigenen Selbstwertgefühls gehen.

Wertekategorien-Überlappung
Materielle oder ideelle Anerkennung verschafft den Belohnten starken Genuss. Sofern Einzelne materielle oder ideelle Gegebenheiten als Anerkennung empfinden oder akzeptieren, und diese das Selbstwertgefühl erhöhen, hat sie auch starke ethische Komponenten. Das Training ethisch-moralischer Werte setzt oft Anerkennung im Sinne von Genuss oder Nutzen voraus. Auch soziale Werte spielen in das Verständnis und die Wirkung von Anerkennung hinein. Materielle Belohnungen, bis hin zu Vergütungsstrukturen sind ein entscheidender Faktor für den sozialen Zusammenhalt.

Wertequadrat und Synonyme
Im Wertequadrat setzen wir dem positiven Wert **Belohnung** den positiven Gegenwert **Bekräftigung** entgegen. Als konträren Gegensatz wählen wir **Belohnungslosigkeit**. Als entwertende Übertreibung setzen wir **Belohnungsübertreibung** ein. Eine Erziehung durch übertriebene Belohnungen in Form von Geschenken oder Geldanreizen führt oft zur Leistungsverweigerung, sobald die Belohnung wegfällt. Wirklich motivierende Anerkennung kann eher durch die Teilnahme an bekräftigenden Arbeitsprozessen oder durch geistige Abenteuer erreicht werden. Eine Überkompensation liegt vor, wenn mangelnde Anerkennung durch übertriebene Belohnung, z. B. Bonuszahlungen, ausgeglichen werden soll.

Als Synonyme für den Begriff Anerkennung können gelten:

Würdigung, Respekt, Wertschätzung, Belohnung, Honorierung, Auszeichnung, Dank, Gewinn, Lohn, Lob, Entschädigung, Vergütung, Entgelt, Huldigung, Verehrung, Bewunderung, Beifall, Zuwendung, Bonus, Trophäe, Danksagung, Siegespreis, Belobigung, Treueprämie, Sonderzulage, Sondervergütung, Leistungsprämie, Geldprämie.

Wertekleeblatt
Subjekte des Wertes Belohnung sind stets Mitarbeiter oder Teams, die Leistungen im Arbeitsprozess, aber auch künstlerische, wissenschaftliche oder technische Leistungen materiell oder ideell anerkannt sehen wollen.

Objekte des Wertes Belohnung sind Mitarbeiter oder Teams bis hin zu Organisationen, deren Leistungen besonders anerkannt werden sollen. Im verallgemeinerten Sinne können auch gegenständliche Objekte, wie Bauten, Verkehrslösungen oder neue Techniken, mit hohem gesellschaftlichem Lob bedacht und anerkannt werden.

Grundlagen des Wertes Belohnung werden vor allem durch den objektiven Nutzen von Mitarbeitern oder Teams und ihrer Tätigkeit gebildet. Handelt es sich allerdings um komplexe materielle oder ideelle Handlungsergebnisse, die sich nicht einfach und linear miteinander vergleichen lassen, ist es schwer, einen solchen Nutzen zu ermitteln. Die Einschätzung der Anerkennungswürdigkeit eines Mitarbeiters oder Teams hängt von vielen rationalen, aber auch oft von gänzlich irrationalen Faktoren ab.

Maßstäbe des Wertes Belohnung stehen regelmäßig in der Diskussion. Dazu gehören Entgeltsysteme im weiteren Sinn, die eine breite Akzeptanz in der Belegschaft finden.

Training

Belohnung und Anerkennung im beruflichen Kontext ist deutlich mehr als Belohnung in finanzieller Form. Viele Menschen betrachten den finanziellen Aspekt nicht unbedingt als Anerkennung ihrer Arbeit, zumindest dann nicht, wenn das Gehalt eher als eine Selbstverständlichkeit, als Sicherung der eigenen Existenz aufgrund von verrichteter Arbeit verstanden wird, nicht aber als Auszeichnung für Erfolge in der Arbeit (vgl. Sichler 2010).

Wir verstehen unter Belohnung und Anerkennung im Kontext von Arbeit eine wertschätzende Rückmeldung in vielfältiger Form über das Handeln der Mitarbeiter oder Teams. Dies schließt nicht aus, dass diese Rückmeldung auch kritische Aspekte enthält.

Die Formen der Anerkennung sind vor allem (Sichler 2010, S. 26):

- materielle Belohnungen: Prämien,
- verbale Anerkennungen: z. B. Lob, Kundenreaktionen,
- symbolische Anerkennungen: z. B. Titel, Büro oder Dienstwagen,
- aufgabenbezogene Anerkennung: insbesondere die Übertragung herausfordernder, spannender Aufgaben.

Forschungsergebnisse zeigen, dass die intrinsische Motivation und die Leistungsmotivation vor allem durch die direkte Anknüpfung der Lernprozesse an den aktuellen Erfahrungs- und Wissensstand der Wertetrainees erfolgt. (vgl. Wahl 2013, S. 146 ff.). Werden diese Eingangsvoraussetzungen durch die treffsichere Wahl von Praxisaufgaben oder -projekten optimiert, wird sich der Lernerfolg nach vielen empirischen Untersuchungen deutlich steigern und die Orientierung der Lerner verbessern. Deshalb ist für den Lernerfolg die passgenaue Auswahl und verbindliche Vereinbarung der Herausforderungen in der Praxis, in denen die gezielte Werte- und Kompetenzentwicklung erfolgen soll, entscheidend. Dies setzt die maßgebliche Mitwirkung der Mitarbeiter voraus, da sie ihren Erfahrungs- und Wissensstand am besten einschätzen können. Die Motivation der Lerner durch den Lehrer, Trainer oder Dozenten hat dagegen nur eine sehr bescheidene bis gar keine Auswirkung auf den Lernerfolg (ebenda).

Motivation entsteht durch Wertungen, die ein Mensch auf Basis seiner Bedürfnisse vornimmt (nach Erpenbeck 1984, S. 59).

Auch die Anerkennung der Kollegen spielt eine relativ untergeordnete Rolle. Wer eine hohe Leistungsmotivation zeigt, erwartet ein beträchtliches Maß an Anerkennung.

Der Wertetrainer kann in der Regel nicht die materiellen Belohnungen ändern, auf die verbalen und symbolischen Anerkennungen hat er nur einen indirekten Einfluss über die Werte- und Kompetenzentwicklung der Führungskräfte. Deshalb bietet es sich an, die gezielte Entwicklung des Wertes Belohnung eher durch die Übertragung von herausfordernden Aufgaben, z. B. anspruchsvolle Kundenprojekte, zu gestalten.

Ziele

Vorab sind folgende grundlegenden Fragen zu klären:

- **Bei welchen Menschen** soll der Wert Belohnung konkret entwickelt werden, beispielsweise bei Auszubildenden, Wertetrainees, Führungskräften oder Teams?
- **Wofür** soll der Wert Belohnung entwickelt werden? Um die Motivationen und Leistungen der Wertetrainees zu steigern? Um Wertetrainees an die Organisation zu binden? Um die Kundenbindung zu steigern? Um die Innovationskraft zu stärken? Oder um die Arbeitgebermarke zu stärken?
- **Warum** sollen Wertetrainees ihren Wert Belohnung entwickeln? Gründe dafür können wiederum andere Werte wie Genusswerte, Bildung und Beziehungen oder ethisch-moralische Werte wie Verantwortung und Respekt sein.
- **Wie weit** soll der Wert Belohnung getrieben werden: Diese Frage sollte in einem gemeinsamen Prozess unter Einbeziehung der Geschäftsführung, der Mitarbeitervertretung und ausgewählten Führungskräften und Mitarbeitern beantwortet werden.

Als hilfreich hat es sich erwiesen, konkrete Formulierungen zu entwickeln, wie beispielsweise:

Wie kann erreicht werden, dass

- die Wertetrainees die Bedeutung des Wertes Belohnung für sich bewerten und Gelegenheit erhalten, Anerkennung in der Arbeitspraxis zu erfahren,
- ihre individuellen Erwartungen in ihren Aufgaben und ihrem Arbeitsumfeld erfüllt werden,
- Erfahrungen mit einer positiven Anerkennungskultur ermöglicht werden,
- sie durch herausfordernde Praxisaufgaben und -projekte die Chance erhalten, Anerkennung zu erfahren?

Diese Ziele können dem persönlichen Bedarf entsprechend angepasst und erweitert werden.

Praxisprojekte und -aufgaben

Der Wert Belohnung kann im Arbeitsprozess vor allem dadurch entwickelt werden, dass besonders herausfordernde Praxisprojekte und -aufgaben bearbeitet werden, in denen ein Wertetrainee Wissen sowie Können nutzbringend anwenden und eigene Ideen erfolgreich umsetzen kann. Es empfiehlt sich, vor allem solche Herausforderungen zu vereinbaren, die eine spürbare Wirkung für das Team oder die Organisation erzeugen und damit auch eine deutliche Anerkennung und Belohnung hervorrufen. Dafür eignen sich vor allem Aufgaben, die die Organisation auf die Herausforderungen der Zukunft vorbereiten. Dazu sollte systematisch eine zukunftsorientierte Expertise aufgebaut werden, die diejenige von anderen Mitarbeitern deutlich überragt.

Es bietet sich deshalb an, zentrale Zukunftsthemen, wie die Folgen der digitalen Transformation, zu bearbeiten und dabei besonders anspruchsvolle Teilaufgaben zu übernehmen. Auch die Bildung von Communities of Practice zu solchen relevanten Themen kann für den Erfolg der Organisation sehr hilfreich sein. Durch Verwendung des Working Out Loud lassen sich die Chancen einer transparenten, offenen Zusammenarbeit im Netzwerk nutzen. Auch der Einsatz der Methode Seitenwechsel kann zu hoher Anerkennung und Belohnung in der Organisation führen.

Checkbox Wert Belohnung **Methoden der gezielten Werteentwicklung im Arbeitsprozess (nach Kap. 2.3)**	**Auswahl**
Erlebnislernen	
Subjektivierendes Handeln	
Expertiseaufbau	
Job Rotation	
Agile Arbeitsprinzipien	
Scrum	
Design Thinking	
Kanban	
Pulse	
Peer Working and Learning	
Working Out Loud	
Kollegiale Beratung	
Community of Practice	

Tab. 31 Checkbox Belohnung – Praxis

Begleitendes Coaching und Mentoring

Mithilfe der Werteerfassung kann der Mitarbeiter in einem Beratungsgespräch mit dem Wertetrainer zwei bis drei individuelle Werteziele definieren und einen konkreten Vorschlag zur Entwicklung seines Wertes Belohnung ableiten.

Mit der Führungskraft wird anschließend ein grundlegendes Entwicklungsgespräch auf Basis dieses Projektvorschlages geführt. Die Gesprächspartner konkretisieren dieses Projekt, legen die Projektziele fest und definieren die notwendigen Rahmenbedingungen. Die Führungskraft übernimmt für dieses Projekt die Entwicklungspartnerschaft als Mentor.

Weitere flankierende Methoden, wie Co-Coaching mit Kollegen, kollegiale Beratungen und Teilnahme an Koping-Gruppen, ermöglichen eine erfolgreiche Umsetzung des Projektes.

Checkbox Wert Belohnung **Methoden der gezielten Werteentwicklung durch Coaching und Mentoring (nach Kap. 2.3)**	**Auswahl**
Begleitcoaching	
Neurobiologisch intendiertes Coaching	
Systemisches Coaching	
Involvierendes Coaching	
Persönlichkeitscoaching	
Co-Coaching	
Kollegiales Coaching	
Mentoring	
Koping	

Tab. 32 Checkbox Belohnung – Coaching

Ergänzende Übung

Für die Entwicklung des Wertes Belohnung bieten sich vor allem agile Projektmethoden an, die möglichst in realitätsgleichen Trainingsmaßnahmen aufgebaut werden.

Insbesondere bei Auszubildenden oder Nachwuchskräften kann der Wert Belohnung und Anerkennung durch Trainingsunternehmen gefördert werden, die reale Produkte in realen Märkten vermarkten.

Auch Outdoor-Trainings können zur gezielten Entwicklung des Wertes Belohnung und Anerkennung eingesetzt werden. Hierbei sind insbesondere Methoden geeignet, bei denen es auf den Zusammenhalt in der Gruppe ankommt.

Checkbox Wert Belohnung **Methoden der gezielten Werteentwicklung durch Übung und übendes Training (nach Kap. 2.3)**	**Auswahl**
Trainingsunternehmen und Übungsfirmen	
Bewerbungstraining	
Outdoor-Training, Hochseilgarten, Führen mit Pferden...	
Seitenwechsel	
Zürcher Ressourcenmodel	
Serious Games	

Tab. 33 Checkbox Belohnung – Training

Unterstützende Weiterbildung

Weiterbildungsmaßnahmen zur Unterstützung des Wertes Belohnung können Seminare und Workshops sein, die sich mit aktuellen Trends und zukunftsorientierten Lösungsansätzen beschäftigen und helfen, Praxisaufgaben und -projekte erfolgreich zu bewältigen, etwa zur digitalen Transformation.

Sofern der Wert Belohnung über Herausforderungen in neuen Positionen gestärkt werden soll, können darüber hinaus die Themenbereiche Bewerbungen und Erstellung von Präsentationen sinnvoll sein. Anerkennung kann auch gewonnen werden, indem Fähigkeiten zur Bewältigung von Konflikten am Beispiel konkreter Maßnahmen aus der täglichen Arbeitspraxis genutzt werden. Schließlich ermöglicht auch hier die Kunst, z. B. mit Erzählwerken oder filmischen Darstellungen, eine tiefe Einfühlung und eine wirklichkeitsnahe emotionale Labilisierung. Das kann unter Umständen Impulse für eine hohe Anerkennung und Belohnung setzen.

Checkbox Wert Belohnung **Methoden der gezielten Werteentwicklung in Bildung und Weiterbildung (nach Kap. 2.3)**	**Auswahl**
Bildungs- und Weiterbildungsmaßnahmen als Anstoß für Werteentwicklung	
Selbstorganisation	
Social Blended Learning	
Wertelisten	
Wertequadrat	
Handlungs- und verhaltenspsychologische Methoden	
Prospect Theory	
Post-mortem-Diskussion	
Advocatus-Diaboli-Diskussion	

Checkbox Wert Belohnung **Methoden der gezielten Werteentwicklung in Bildung und Weiterbildung (nach Kap. 2.3)**	**Auswahl**
Nudging	
Debiasing	
Anti-Biasing	
Kongresse, Barcamps und Webcamps	
World Café – werteorientierte Vernetzung	
Kunst und Wertekommunikation	

Tab. 34 Checkbox Belohnung – Bildung

Beispiel 1: Anerkennung durch systematische Konfliktlösung

In einem Vertriebsteam eines mittelständischen Unternehmens mit Kosmetikprodukten traten regelmäßig Konflikte auf, die dazu führten, dass die Kundenbeziehungen in einzelnen Fällen massiv gestört wurden. Es entwickelten sich einseitig negative Deutungen des Handelns der Kollegen und feindliche Haltungen, aus denen sich immer mehr destruktive Handlungsweisen ergaben. Es fiel einigen Kollegen zunehmend schwer, angemessen zu entscheiden und die Situation zu kontrollieren. Die Konfliktsituationen wurden dabei immer vieldeutiger, sodass die Unsicherheit aller Beteiligten immer größer wurde.

Deshalb entschlossen sich drei Teammitglieder, ein Projekt vorzuschlagen, um gezielt Lösungen für diese Konfliktsituation zu entwickeln und umzusetzen. Sie erarbeiteten dafür eine Vorgehensweise, um die Mechanismen dieser Konflikte zu erkennen und zu beschreiben.

Ihren Vorschlag stellten sie im Team vor und erörterten den Ansatz in einer teilweise hitzigen Diskussion. Letztendlich einigte sich das Vertriebsteam auf eine Vorgehensweise, die von den drei Initiatoren gesteuert und moderiert wurde. In einem Konzeptionsworkshop wurde zunächst die vorgeschlagene Vorgehensweise vorgestellt und diskutiert. Auf dieser Basis wurde die Planung in Details angepasst, ebenso wurden die Wertebeispiele im Erfassungssystem auf die Zielgruppe angepasst.

Zwei Wochen später fand die Erfassung der Werte Ist und Wunsch im Team statt.

In einem eintägigen Workshop mit allen Teammitgliedern wurden unter Moderation des Vertriebsleiters folgende Fragen geklärt:

- Bei welchen Werten sind die Übereinstimmungen zwischen Ist und Wunsch besonders hoch?
- Wie wirkt sich diese Übereinstimmung in der täglichen Vertriebspraxis aus?

- Bei welchen Werten ist die Abweichung zwischen Ist und Wunsch am stärksten ausgeprägt?
- Wie wirken sich diese Abweichungen in der täglichen Vertriebspraxis aus? Welche Beispiele sind dafür besonders typisch?
- Welche Ursachen haben diese Abweichungen zwischen Ist und Wunsch?
- Wie können die Ist-Werte schrittweise den Wunschwerten angepasst werden?
- Festlegung eines Soll-Profils.
- Formulierung von Wertezielen für die kommenden Monate.
- Vereinbarung verbindlicher Maßnahmen zur Werteentwicklung.

Die einzelnen Teilteams bearbeiteten daraufhin die vereinbarten Projektaufträge und tauschten sich nach den Sprints regelmäßig mit den anderen Teams aus. Bei Bedarf wurden die Ziele und Maßnahmen in den Teilprojekten angepasst.

Nach sechs Monaten wurde die Werterfassung wiederholt. In einem weiteren Workshop wurden diese Ergebnisse analysiert und bewertet. Das Team einigte sich daraufhin auf weitere Entwicklungsschritte und Folgeprojekte.

Auf Basis der gemeinsam formulierten Werteziele Gemeinnutz, Verantwortung, Respekt und Beziehungen entwickelte das Vertriebsteam beispielsweise »Spielregeln« für die Bewältigung von konfliktträchtigen Situationen. In jedem Teammeeting wurden die Erfahrungen dazu reflektiert und Vereinbarungen für die nächsten Schritte getroffen.

Damit wurde ein kontinuierlicher Prozess der Werteentwicklung und der Konfliktbewältigung ermöglicht. Die Erfahrungen zeigten, dass mit diesem Ansatz eine tief gehende Analyse und damit auch Bearbeitung der Ursachen von Konflikten möglich ist, sodass eine nachhaltige Konfliktbewältigung möglich wurde.

Dieser Prozess trug wesentlich dazu bei, das Ansehen der Initiatoren im Team und in der Organisation zu steigern. Einer der Initiatoren konnte anschließend eine anspruchsvolle Aufgabe im Bereich der Organisationsentwicklung übernehmen.

Beispiel 2: Belohnung und intrinsische Motivation

Die Erzieherinnen und Erzieher eines Berliner Kinderheimes arbeiteten oft bis zu Grenze ihrer physischen Leistungsfähigkeit. Höhere Gehaltsforderungen konnten da nicht ausbleiben. Dabei fiel den leitenden Angestellten ein deutlicher Widerspruch auf. Einige der Gestressten zeigten keinerlei Anzeichen von Erschöpfung, wirkten wie aufgeladen durch die manchmal chaotischen Situationen. Andere wirkten unendlich erschöpft, ausgepumpt. Wie viel könnten höhere Gehälter daran ändern?

Als sich die fast 80 Erzieherinnen und Erzieher versammelten, hielt der von allen akzeptierte Heimleiter eine folgenreiche Rede. Lassen Sie mich eine Geschichte erzählen, so begann er. »Ein alter Mann wurde täglich von den Nachbarskindern gehänselt und beschimpft. Eines Tages griff er zu einer List. Er bot den Kindern zehn Cent für jeden an, wenn sie am nächsten Tag wiederkämen und ihre Beschimpfungen wiederholten. Die Kinder kamen, ärgerten ihn und holten sich dafür die zehn Cent ab. Und wieder versprach der alte Mann: ›Wenn ihr morgen wieder kommt, dann gebe ich jedem von euch fünf Cent.‹ Und wieder kamen die Kinder und beschimpften ihn gegen Bezahlung. Als der Alte sie aufforderte, ihn auch am nächsten Tag zu ärgern, dafür würde er jedem zwei Cent geben, waren die Kinder empört: Für so wenig Geld wollten sie ihn nicht beschimpfen. Von da an hatte der alte Mann seine Ruhe.«

Diese Geschichte beschreibt zwei verschiedene Arten von Motivation, die durch Werte gesetzt sind, intrinsische und extrinsische Motivation. Die Kinder hatten sich zu Beginn ein Spiel ausgedacht. Offenbar hatten sie das Bedürfnis, jemanden zu ärgern, und so entstand das zugegebenermaßen nicht sehr freundliche Spiel. Die Motivation, dieses Spiel zu erfinden, kam aus ihnen selbst heraus, aus einer intrinsischen Motivation.

Der alte Mann war offenbar ein weiser Mensch, denn er wusste, wie man die intrinsische Motivation von Menschen korrumpiert. Wie die Geschichte deutlich macht, enthalten äußere Anreize, also extrinsische Motivation, niemals dieselbe Kraft, wie die Motivation, die aus dem Menschen selbst erwächst. Handelt ein Mensch für eine Belohnung, ist nicht gesichert, ob dabei auch seine eigentlichen Wertebedürfnisse befriedigt werden. Wenn wir einer Arbeit nachgehen, nur der guten Bezahlung wegen, heißt das noch lange nicht, dass menschliche Bedürfnisse, wie etwa Nähe empfinden, Anerkennung bekommen oder etwas bewirken können, abgedeckt sind. Gelingt es uns, nach unseren Wertebedürfnissen zu handeln, so sind wir aus uns selbst heraus motiviert (Perret o.J.).

Die Lohnforderungen sollten deshalb zweierlei bewirken, so der – hier als Wertetrainer fungierende – Heimleiter. Zum einen sollten sie zu einer wirklich gerechteren Entlohnung führen, Stress mit Lohn vergolten werden. Vor allem aber sei eine Besinnung auf die Werte und Ideale notwendig, mit denen wir alle, so der Heimleiter, einmal unseren Beruf begonnen haben. Die Älteren sind diesem Anfang, diesen Idealen und Werten näher. Deshalb schlug er vor, Ältere und Jüngere in involvierenden Coachings zusammenzuschließen. Einmal wöchentlich sollten sich diese treffen, um sich über alltägliche Vorfälle und nicht alltägliche Antriebe in ihrer Arbeit auszutauschen. Zugleich sollten die Erziehenden kurzzeitig, im Sinne einer Job Rotation, abgesprochen mit den Heimkindern, die Erziehungsgruppen tauschen. Die Anerkennung durch die Kinder und die Kollegen wäre mehr Belohnung, als sich durch die bloße Bezahlung ausdrücken ließe. Beide Maßnahmen wurden durchgeführt und von den Erziehenden als außerordentlich wirksam eingeschätzt.

3.8 Gemeinnutz

»Gemeinnutz geht vor Eigennutz.«
Charles de Montesquieu

Beschreibung
Der viel zitierte Spruch von Montesquieu (1689 – 1755) zielt nicht auf einen materiellen Nutzen, sondern eher auf einen sozialen Wert. Private Interessen sollten hinter gemeinschaftlichen Interessen, hinter dem öffentlichen Wohl zurückstehen. Diese Diskussion verläuft heute in zwei Strängen. Der eine betrifft unmittelbar die Gemeinnützigkeit, die juristisch und wertemäßig festgeschrieben ist, der andere die Gemeinwohlproblematik, die seit einigen Jahren Fahrt aufgenommen hat.

Die Gemeinnützigkeit erfasst Tätigkeiten, die nicht nur dem Handelnden, sondern vielen Menschen nützlich sind. Der Nutzen ist oft nicht monetär erfasst, stattdessen ist Gemeinnützigkeit in Deutschland in der Abgabenordnung juristisch definiert:[59]

> *»Eine Körperschaft verfolgt gemeinnützige Zwecke, wenn ihre Tätigkeit darauf gerichtet ist, die Allgemeinheit auf materiellem, geistigem oder sittlichem Gebiet selbstlos zu fördern.«*

Geistig, sittlich und selbstlos sind klare Wertzuschreibungen.

Die Gemeinwohl-Ökonomie ist eine Wirtschaftsreformbewegung, die das Wirtschaften auf ein demokratisch definiertes Gemeinwohl ausrichten möchte, und dabei Kooperation und Gemeinwesen und die Werte Menschenwürde, Solidarität, Nachhaltigkeit, soziale Gerechtigkeit und demokratische Mitbestimmung in den Vordergrund stellt und damit eine werteorientierte Form des Wirtschaftens propagiert (vgl. Felber 2018). Timo Meinhardt hat mit der Aufstellung eines Gemeinwohl-Atlas gezeigt, dass sich solche Vorstellungen auch quantitativ erfassen lassen. Dabei ist die Fähigkeit der wertenden Person gefragt, »eigene Erfahrungen mit der Sozialwelt in einen subjektiven Bedürfnishintergrund zu übersetzen und emotional einzuordnen« (vgl. Meynhardt 2018).

Werteatlas-Definition
Es ist Menschen, die Gemeinnutz als hohen Wert anerkennen, wichtig, dass der Wert, der gemeinsam geschaffen wird, allen, auch ihnen selbst, zugutekommt.

Dazu treten sie dafür ein, dass alle, die an gemeinnützigen Aufgabenstellungen oder Projekten arbeiten, sich im Rahmen der gegebenen Möglichkeiten gegenseitig unterstützen. Im Sinne gemeinnütziger Arbeit bringen sich diese Menschen aktiv in entsprechende Berufs- und Kollegen-

59 Abgabenordnung – AO § 52 Abs. 1 und 2.

netzwerke ein. Sie sind bestrebt, den gesellschaftlichen Nutzen, den die eigene Organisation erzeugt, im Sinne des Gemeinnutzens mitzugestalten. Dabei sollen Ehrlichkeit und Verlässlichkeit den Umgang mit anderen bestimmen.

Eine Übertreibung wäre es, wenn Menschen nur dann handeln, wenn gemeinsam erarbeitete Werte auch ihnen selbst zugutekommen.

Wir empfehlen folgende vertiefende Literatur zum Wert Gemeinnutz: Hüttemann 2021, Burens 2021 oder Papier, Meynhardt 2016.

Werteatlas-Zuordnung

Der Begriff Gemeinnutz erzwingt mit seiner Betonung des Nutzens die Zuordnung zu den Nutzenwerten. Dabei kann man sich an den juristischen Festlegungen zum Gemeinnutz orientieren, die wir in der allgemeinen Definition einbezogen haben. Zugleich plädieren wir dafür, die Verbindungen des Wertes Gemeinnutz und Gemeinwohl mit anderen Werten zu betrachten. Da Gemeinwohl ein Wert ist, der jeden Einzelnen, sein Wohl und Wehe betrifft, werden viele Entwicklungsprojekte um diesen Wert kreisen.

Wertekategorien-Überlappung

Allein dadurch, dass mit dem Wert Gemeinnutz der darin eingeschlossene Wert Gemeinwohl mitgedacht oder mitgefühlt wird, ist die Verbindung zu den anderen Grundwerten besonders stark. Dass die Mitwirkung an gemeinnützigen Vereinen, Organisationen oder Projekten einen hohen Grad persönlicher Befriedigung und genussvollen Wirkens mit sich bringt, wird niemand bestreiten.

Zum Bereich ethisch-moralische Werte führt bereits die juristische Formulierung. Die Förderung auf »sittlichem Gebiet« adressiert eindeutig die Förderung ethisch-moralischer Werte. Darüber hinaus wird eine Vielzahl sozialer Werte bei der gemeinnützigen Förderung von Kunst und Kultur, bürgerschaftlichem Engagement oder der Völkerverständigung berührt.

Wertequadrat und Synonyme

Als positiver Wert ist im Wertequadrat **Gemeinnutz** gesetzt. Als positiven Gegenwert sehen wir **Gemeinwohl**. Beide Werte sind nicht identisch, zwischen ihnen besteht ein positives Spannungs- bzw. Ergänzungsverhältnis. Wir können von einem dialektischen Gegensatz sprechen. Als konträrer Gegensatz kann nur **Eigennutz** gelten. Die positivste, besonders zu fördernde Entwicklung führt vom Eigennutz zum Gemeinnutz. Als entwertende Übertreibung sehen wir eine demonstrative **Selbstaufopferung**. Das Ausweichen vom Eigennutz in die Selbstaufopferung ist eine typische, oft beobachtbare Überkompensation.

Als Synonyme für den Begriff Gemeinnutz können nur relativ wenige gelten:

Gemeinnützigkeit, Allgemeinwohl, Allgemeingut, Gemeinwohl, allgemeines Interesse.

Wertekleeblatt
Subjekte des Wertes Gemeinnutz sind Personen oder Institutionen, die einerseits streng darauf achten, dass ihr eigenes Handeln darauf ausgerichtet ist, die Allgemeinheit auf materiellem, geistigem oder sittlichem Gebiet selbstlos zu fördern, die andererseits aber auch über die institutionellen und technischen Mittel verfügen, um Gemeinnützigkeit festzustellen und zu zertifizieren. Beantragt beispielsweise ein Verein mit kontinuierlichem wirtschaftlichem Geschäftsbetrieb den Status der Gemeinnützigkeit, überprüft das Finanzamt diese regelmäßig über die jährlichen Steuererklärungen. Die Gemeinnützigkeit wird jährlich bestätigt oder im Ausnahmefall auch widerrufen.

Objekte des Wertes Gemeinnutz sind Handlungsweisen von einzelnen Mitarbeitern oder Teams, die ihre Tätigkeit darauf ausrichten, die Allgemeinheit auf materiellem, geistigem oder sittlichem Gebiet selbstlos zu fördern.

Grundlagen des Wertes Gemeinnutz sind gleichsam philosophische Festschreibungen, was eine selbstlose Förderung auf geistigem oder sittlichem Gebiet bedeutet. Diese ändern sich jedoch mit den Veränderungen der sozialökonomischen und kulturellen Lebensbedingungen.

Maßstäbe des Wertes Gemeinnutz ändern sich auch mit der Veränderung dieser Lebensbedingungen. Verfolgt ein Land beispielsweise eine strikte institutionelle Trennung von Staat und Kirche und ein Verbot jeglicher religiöser Betätigung außerhalb eines engen, privaten Bereiches (Laizismus), kann die Förderung einer kirchlichen Einrichtung, und sei sie noch so sittlich selbstlos, nicht als Förderung von Gemeinnutz angesehen werden. Bei einem eher liberalen Verständnis des Laizismus, der heute auch bei den christlichen Kirchen akzeptiert wird, ist der Gemeinnutz durchaus ein Wertungsmaßstab.

Training
Der Wert Gemeinnutz kann sich in vielen Organisationen nicht wirklich entwickeln, weil Rentabilitätsziele vorrangig das Handeln bestimmen. Die Erfahrung zeigt jedoch, dass es für die Organisation und die Leistungen der Wertetrainees förderlich sein kann, wenn die Interessen der Stakeholder stärker berücksichtigt werden.

Ziele
Vorab sind folgende grundlegenden Fragen zu klären:
- **Bei welchen Menschen** soll der Wert Gemeinnutz konkret entwickelt werden, beispielsweise bei Auszubildenden, Wertetrainees, Führungskräften oder Teams?
- **Wofür** sollen sie den Wert Gemeinnutz entwickeln, z. B. um die Motivation und Leistungen der Wertetrainees zu steigern, um das Image der Organisation zu steigern, um Mitarbeiter an die Organisation zu binden, um den Bedürfnissen der Stakeholder gerecht zu werden, um die Kundenbindung zu steigern oder um die Arbeitgebermarke zu stärken?
- **Warum** sollen sie ihren Wert Gemeinnutz entwickeln? Gründe dafür können Genusswerte wie Gesundheit, der Nutzenwert Belohnung, ethisch-moralische Werte wie Ideale, Ver-

antwortung und Respekt und sozial-weltanschauliche Werte wie Beziehungen und Einfluss sein.

- **Wie weit** soll der Wert Gemeinnutz getrieben werden: Diese Frage sollte in einem gemeinsamen Prozess auf Organisationsebene und im Team beantwortet werden.

Als hilfreich hat es sich erwiesen, konkrete Formulierungen zu entwickeln, wie beispielsweise:

Wie kann erreicht werden, dass

- die Wertetrainees die Bedeutung des Wertes Gemeinnutz für sich bewerten und Gelegenheit erhalten, Nutzen für andere zu schaffen,
- ihre individuellen Erwartungen in ihren Aufgaben und ihrem Arbeitsumfeld erfüllt werden,
- Erfahrungen mit gemeinnützigen Aufgaben ermöglicht werden,
- sie durch herausfordernde Praxisaufgaben und -projekte die Chance erhalten, Nutzen für andere zu erzeugen?

Es ist sinnvoll, diese Beispiele auf den persönlichen Bedarf anzupassen oder diese Ziele zu erweitern.

Praxisprojekte und -aufgaben

Der Wert Gemeinnutz kann in Organisationen im Arbeitsprozess vor allem durch Übernahme besonders herausfordernder Praxisprojekte und -aufgaben gefördert werden, in denen Gemeinnutz eine wichtige Rolle spielt. In diesen Projekten engagiert sich der Wertetrainee emotional und bringt sein Wissen und Können nutzbringend für sein Team, die Stakeholder oder die Gesellschaft ein.

Der Wert Gemeinnutz kann in gemeinsamen Herausforderungen kollaborativ und mit agilen Methoden entwickelt werden. Communities of Practice zu gemeinnützigen Themen können dabei eine wichtige Rolle spielen. Auch hier sollte man an die Methoden des Working Out Loud und besonders des Seitenwechsels denken, bei dem durch die Arbeit in Flüchtlings- und Obdachlosenunterkünften, in Gefängnissen, in Einrichtungen der Drogenhilfe in Hospizen und Palliativstationen Gemeinnutz auf eine andere Weise als im Unternehmen gelebt wird.

Checkbox Wert Gemeinnutz **Methoden der gezielten Werteentwicklung im Arbeitsprozess** **(nach Kap. 2.3)**	**Auswahl**
Erlebnislernen	
Subjektivierendes Handeln	
Expertiseaufbau	
Job Rotation	
Agile Arbeitsprinzipien	

Checkbox Wert Gemeinnutz **Methoden der gezielten Werteentwicklung im Arbeitsprozess (nach Kap. 2.3)**	**Auswahl**
Scrum	
Design Thinking	
Kanban	
Pulse	
Peer Working and Learning	
Working Out Loud	
Kollegiale Beratung	
Community of Practice	

Tab. 35 Checkbox Gemeinnutz – Praxis

Begleitendes Coaching und Mentoring

Nach der Erfassung der eigenen Werte werden zwischen Wertetrainer und Wertetrainee zwei bis drei Werteziele vereinbart sowie ein geeignetes Praxisprojekt, das einen gemeinnützigen Charakter hat, vorgeschlagen. Dieses wird in einem grundlegenden Entwicklungsgespräch mit der Führungskraft bewertet und bei Zustimmung gemeinsam konkretisiert. Ermöglicht wird der Entwicklungsprozess über diese Entwicklungspartnerschaft mit regelmäßigen Mentoringgesprächen, der Lernbegleitung durch den Wertetrainer und ein Co-Coaching mit Lernpartnern. Koping-Gruppen, und kollegiale Beratungen machen andere Teammitglieder zu echten Prozessberatern.

Checkbox Wert Gemeinnutz **Methoden der gezielten Werteentwicklung durch Coaching und Mentoring (nach Kap. 2.3)**	**Auswahl**
Begleitcoaching	
Neurobiologisch intendiertes Coaching	
Systemisches Coaching	
Involvierendes Coaching	
Persönlichkeitscoaching	
Co-Coaching	
Kollegiales Coaching	
Mentoring	
Koping	

Tab. 36 Checkbox Gemeinnutz – Coaching

Projekte zur Entwicklung des Wertes Gemeinnutz eignen sich meist für agile Methoden, weil die Teams dabei eng mit hoher Selbstorganisation zusammenarbeiten müssen. Eine besondere Rolle kann dabei die kollegiale Beratung spielen. Insbesondere bei Auszubildenden oder Nachwuchskräften kann der Wert Gemeinnutz durch Arbeit in Trainingsunternehmen gefördert werden, die reale Produkte in realen Märkten unter dem Gesichtspunkt Gemeinnutz mit vermarkten. Dies wird nur dann gelingen, wenn der Wert Gemeinnutz im Umgang mit den Kunden und Lieferanten, aber auch untereinander, beim Lösen von emotional labilisierenden Schwierigkeiten, Problemen und Konflikten eine wichtige Rolle spielt.

Checkbox Wert Gemeinnutz **Methoden der gezielten Werteentwicklung durch Übung und übendes Training (nach Kap. 2.3)**	**Auswahl**
Trainingsunternehmen und Übungsfirmen	
Bewerbungstraining	
Outdoor-Training, Hochseilgarten, Führen mit Pferden...	
Seitenwechsel	
Zürcher Ressourcenmodel	
Serious Games	

Tab. 37 Checkbox Gemeinnutz – Training

Unterstützende Weiterbildung

Zu gemeinnützigen Themen gibt es ein extrem breites Angebot. Daraus können wertvolle Anregungen für die Entwicklungsprojekte und die Vorgehensweisen gewonnen werden. Allerdings gilt auch hier, dass das Wissen um Gemeinnutz und Gemeinnützigkeit keineswegs zur positiven Wertehaltung in diesem Bereich führt. Dies kann bestenfalls in Advocatus-Diaboli- oder Post-mortem-Diskussionen eine Rolle spielen, die Gemeinnutz als Kriterium festlegen. Vor allem aber sind emotional wichtige Anregungen bei einschlägigen Kongressen und World Cafés zu erwarten. Einen nicht zu unterschätzenden Einfluss haben künstlerische Auseinandersetzungen, die Gemeinnutz und Gemeinwohl auf emotional wirksame Weise einfordern.

Checkbox Wert Gemeinnutz **Methoden der gezielten Werteentwicklung in Bildung und Weiterbildung (nach Kap. 2.3)**	**Auswahl**
Bildungs- und Weiterbildungsmaßnahmen als Anstoß für Werteentwicklung	
Selbstorganisation	
Social Blended Learning	
Wertelisten	

Checkbox Wert Gemeinnutz Methoden der gezielten Werteentwicklung in Bildung und Weiterbildung (nach Kap. 2.3)	Auswahl
Wertequadrat	
Handlungs- und verhaltenspsychologische Methoden	
Prospect Theory	
Post-mortem-Diskussion	
Advocatus-Diaboli-Diskussion	
Nudging	
Debiasing	
Anti-Biasing	
Kongresse, Barcamps und Webcamps	
World Café – werteorientierte Vernetzung	
Kunst und Wertekommunikation	

Tab. 38 Checkbox Gemeinnutz – Bildung

Beispiel 1: Entwicklung des Wertes Gemeinnutz durch Seitenwechsel®

Ein Unternehmen aus der Gummi-Industrie hatte sich zum Ziel gesetzt, den Wert Gemeinnutz vor allem im Bereich der Führungskräfte gezielt zu entwickeln, um die Führungskultur positiv zu entwickeln. Dafür wurde die Methode des Seitenwechsels® gewählt, die im Spannungsfeld zwischen Persönlichkeitsentwicklung und sozialer Arbeit angesiedelt wurde.

Das Entwicklungsprogramm Seitenwechsel® beruhte auf der Einsicht, dass ethische Überlegungen und soziale Ziele im Organisationskontext eine immer größere Rolle spielen. Häufig zeigte es sich jedoch, dass die sozialen Kompetenzen bei den Führungskräften schwach ausgeprägt waren.

Die Führungskräfte erhielten die Möglichkeit, in Flüchtlings- und Obdachlosenunterkünften, in Gefängnissen, in Einrichtungen der Drogenhilfe und in besonderen Wohnbereichen für Kinder und Jugendliche oder Behinderte, in Hospizen oder Palliativstationen zu arbeiten. Sie wurden dabei von erfahrenen Programmleitern begleitet.

Das Ziel war, bestehende Werte, Normen, Verhaltensweisen und auch Vorurteile zu überprüfen und die persönliche Veränderungsfähigkeit zu trainieren, um die Persönlichkeitsentwicklung zu fördern und emotionale Sicherheit der Führungskräfte aufzubauen. Es ging in den Phasen des Seitenwechsels® vor allem um Werte wie Gemeinnutz, aber auch Ideale, Verantwortung, Respekt, Gesundheit oder um Einfluss, und darum, wie diese Werte verinnerlicht, diese Werteentwicklung erreicht werden kann.

Das Human Resource Management wählte solche Angebote für das Programm Seitenwechsel® aus, die besonders hohe Anforderungen an die Teilnehmer stellten. Sie mussten beträchtliche Frustrationen aushalten und lernten dabei Charaktere, Probleme und Zustände kennen, die sie sich vorher im Traum nicht hätten vorstellen können.

Der vielleicht wichtigste Wert, der durch diese Methode bei den Führungskräften verankert wurde, war die Fähigkeit, Anteil zu nehmen, sich um andere, Schwächere zu kümmern, Mitgefühl nicht nur zu demonstrieren, sondern tief innen zu erleben.

Indem die Führungskräfte, die am Seitenwechsel® teilnahmen, ihre sozial-weltanschaulichen Werte kräftigten und durch Mitgefühl stärkten, wurden mit dieser Methode nicht nur Organisationswerte, sondern auch solche des Gemeinwohls gefördert. Insofern reichte ihr Effekt der Wertentwicklung weit über das Unternehmen hinaus.

Beispiel 2: Gemeinnutz und Unternehmensbranding

Obwohl die »Baum und Strauch« gGmbH anerkannt gemeinnützig ist, also keine Gewinne erwirtschaftet, ist sie finanziell aufgrund von Spenden und Zuwendungen hinreichend gesichert und kann ihre zweiundzwanzig Mitarbeiter gut bezahlen. Eine neue Gehaltsrunde stand an und der Leiter des gemeinnützigen Unternehmens war sich sicher, diese Runde wie stets in ein paar Minuten abhandeln zu können. Aber es kam anders. Ein Mitarbeiter warf nämlich die Frage auf, ob das Gehalt nun nach der wie auch immer beurteilten Arbeitsleistung gezahlt werden solle oder aber nach sichtbarem und umgesetztem Einsatz für den Gemeinnutz. Das Gehalt, so argumentierte er, habe eigentlich mit dem Ziel der Arbeit, einem hohen Werteziel, wenig zu tun. Wenn man aber von diesem Engagement ausginge, müssten – er blickte spöttisch in die Runde – die Gehälter doch ganz anders ausfallen, nicht als Lohn des Schweißes, sondern als Anerkennung des Engagements.

Der Unternehmensleiter, befreundet mit einem Werteexperten, bat diesen, die unerwartete Auseinandersetzung in einer nächsten Runde zu kommentieren und zu nötigen Veränderungen der Wertehaltungen zu führen. Der Werteexperte, nun als Wertetrainer tätig, begann etwas weitschweifig. Er nahm sich den Slogan »Gemeinnutz geht vor Eigennutz« aus dem 18. Jahrhundert vor und erläuterte, dass dieser sich auch kräftig missbrauchen ließe, nämlich immer dann, wenn die aus »Eigennutz« geborenen Entdeckungen, Erfindungen und Unternehmensgründungen pauschal diskreditiert aber der Gemeinnutz als verblasene Kollektivformel vergöttert würde.

Als abschreckendes Beispiel verwies er auf das Nationalsozialistische Parteiprogramm von 1920, in dem dieser Slogan eine zentrale Stelle einnahm und eine enorme Wirkung auf bürgerliche Kreise entfaltete. Wer mochte schon guten Gewissens für Eigennutz eintreten? Viele Hitleranhänger, gerade aus den arbeitenden Schichten, nannten den Gedanken »Gemeinnutz geht vor Eigennutz« als Triebfeder ihres Eintritts in die NSDAP – betretenes Schweigen folgte (vgl. Kellerhoff 2020).

In einem ersten systematischen Meeting wurde versucht, zweierlei herauszuarbeiten. Zum einen, dass und warum sich das heutige, immerhin juristisch sehr genau fixierte, Gemeinnützigkeitsverständnis von dem allgemeinen Gemeinnützigkeitsgerede abhebt. Durch das emotional stark wirkende historische Gegenbeispiel wurde der Wert Gemeinnutz in der heutigen aktuellen, differenzierenden Form verinnerlicht. Zum anderen erarbeitete die Mitarbeitergruppe im Sinne einer kollegialen Beratung einen ganz anderen, neuartigen Zugang zum Wert Gemeinnutz.

Der Wertetrainer brachte Gedanken des Forums der Eberhard von Kuenheim Stiftung ein, nach denen es bei einem gemeinnützigen Unternehmen, mehr als bei allen anderen, darum gehe, eine starke Marke, ein beeindruckendes Branding aufzubauen: »Eine starke Marke macht aus, dass sie ein ganz klares Werteprofil hat. Und sie kann diese Markenwerte auch in ein sehr klares Markenerlebnis übersetzen (...) Eine gute, starke Marke verdichtet die Werte, für die sie steht. Sie reduziert auf das Wesentliche (...) Eine positiv aufgeladene Marke ist im gemeinnützigen Bereich noch wichtiger als im Profit-Bereich.« (vgl. Heim 2017).

Dass »Baum und Strauch« nicht eben eine starke Marke war, ließ sich nicht verleugnen. Also bildete der Wertetrainer vier kleine Arbeitsgruppen, die mit agilen Arbeitsprinzipien, wie Scrum als Rahmenwerk für die Zusammenarbeit von Teams in Rollen, Meetings und Werkzeugen wie Design Thinking als systematische Herangehensweise an komplexe Problemstellungen und Kanban als Just-in-time-Prinzip über die neue Marke berieten.

Ein gemeinsames Outdoor-Training, eigentlich nur eine lange, stark verbindende Bergwanderung, sollte kreative Ideen entfalten – und das tat sie. Die Teilnahme an einem Kongress zur Problematik Unternehmensmarken brachte den Durchbruch. Die neue Marke der »Baum und Strauch« wird hier aus werberechtlichen Gründen nicht genannt. Aber sie erwies sich als äußerst wirksam und brachte der gGmbH viele interessante, neue Aufträge.

3.9 Familie

»Das erste, das der Mensch im Leben vorfindet, das letzte, wonach er die Hand ausstreckt, das kostbarste, was er im Leben besitzt, ist die Familie.«
Adolph Kolping

Beschreibung

Für fast alle Menschen ist Familie und in einem weiteren Sinne Privatleben von zentraler Bedeutung, einer der höchsten, wichtigsten Werte, wie es auch das Zitat von Adolph Kolping erkennen lässt. Dabei ist es gar nicht so leicht, zu umreißen, was man unter Familie durch die Zeiten hindurch verstand und versteht. Die klassische Familie mit Vater, Mutter und Kindern wird heute oftmals durch alternative Lebensmodelle bzw. Partnerschaften ergänzt. Deshalb sprechen wir oft vom Wert Privatleben.

Unser Umriss hebt zunächst die Werteaspekte von Familie hervor. Familie (lat. *familia* als »Hausgenossenschaft«, »Dienerschaft«, »Gesinde«) bezeichnet jene spezifische Lebensgemeinschaft, deren Leistungen und Verhaltensregeln auf die Sicherung der Handlungs- und Überlebensfähigkeit ihrer Mitglieder ausgerichtet ist, insbesondere der Kinder und der für sie verantwortlichen Erwachsenen, in historisch jeweils unterschiedlichen Lebensräumen und Lebenssituationen. Es gibt bislang keine einheitliche Auffassung darüber, was man als Familie bezeichnen soll, weder im Alltag noch in der Wissenschaft. Häufig werden Familie und Verwandtschaft synonym gebraucht oder auch die kinderlose Ehe als Familie bezeichnet.

Unabhängig von ihren jeweiligen spezifisch-historischen, regionalen beziehungsweise kulturellen Ausprägungen zeichnen sich Familien zumindest durch die Übernahme der biologischen Reproduktion und nachfolgenden Sozialisation, durch eine Generationendifferenzierung und ein Kooperations- und Solidaritätsverhältnis zwischen ihren Mitgliedern aus. Immer bezieht sich Familie auf ein spezifisches Verhältnis, das durch eine enge, auf die einzelne Person gerichtete Beziehung gekennzeichnet ist. Dadurch ist sie vor allem dem ethischen Wertekreis zugeordnet. Wir betrachten sie hier nicht als soziale Institution (Makroperspektive), berücksichtigen aber ihre unverzichtbare Funktion bei der Entwicklung von Normen und Werten über Rechte und Pflichten von Frauen, Männern und Kindern.

Abhängig von den ökonomischen Bedingungen gab es in Europa sehr unterschiedliche Familienmodelle. Wie bei ethisch-moralischen Werten üblich wandeln sich diese unter veränderten ökonomischen und historischen Bedingungen, ohne dass direkte kausale Abhängigkeiten bestehen, was eine manchmal ewig scheinende Form des Wertes Familie erzeugt. Gewiss ist, dass alle mit der Entwicklung von Ehe und Familienformen zusammenhängenden Veränderungen langsam vor sich gingen. Trotz des zeitgeschichtlichen Wandels bleiben jedoch Ehe oder Familie für die Mehrzahl der Menschen die ideale Lebensform.

Immer mehr rückt jedoch die Familie im weiteren Sinne als Garant für den Fortbestand und als Leistungsträger der Gesellschaft ins Bewusstsein. Sie ist unverzichtbar für den Aufbau von Handlungsorientierungen und Werte in der Welt zwischenmenschlicher Beziehungen. Außerdem ist sie ein wichtiger ökonomischer Faktor. So ersparten die Investitionen der Eltern in die Erziehung und Entwicklung ihrer Kinder der öffentlichen Hand nach den Daten des Siebten Familienberichts (2005) pro Kind rund 225.000 Euro. An diesem Punkt erweist Wertetraining sein nicht nur ideelles, sondern auch höchst materielles Outcome für Organisationen und Unternehmen (vgl. Nave-Herz 2015).

Werteatlas-Definition

Einem Menschen, für den Familie und Privatleben einen sehr hohen Wert darstellt, ist wichtig, dass seine privaten Belange ausreichend berücksichtigt werden. Er dringt darauf, dass sein Privatleben aktiv unterstützt wird. Er fordert eine gut gesicherte Balance zwischen Arbeit und Familie. Bei außergewöhnlichen familiären Belastungen, beispielsweise der Pflege von Angehörigen, hofft und wünscht er, dass er spürbar unterstützt wird. Neben der Familie sollen auch andere Formen von Beziehungen und Partnerschaften akzeptiert und unterstützt werden.

Eine Übertreibung wäre es allerdings, wenn die privaten Belange unabhängig von zwingenden betrieblichen oder anderen gesellschaftlichen Erfordernissen, koste es, was es wolle, immer in den Mittelpunkt gerückt würden.

Wir empfehlen folgende vertiefende Literatur zum Wert Familie: Ecarius, Schierbaum (Hrsg.) 2021 oder Perry, Schuler 2020.

Werteatlas-Zuordnung

Familie oder Privatleben wird im Werteatlas zentral den ethisch-moralischen Werten zugeordnet, weil solche Werte vor allem in einer Richtung – **unidirektional** – konkreten Individuen zugeschrieben werden. Ein einzelner Mensch bewertet seine Familienmitglieder oder Partner, nähere und fernere Verwandte sowie Kooperations- und Solidaritätsverhältnis zwischen ihnen als besonders wichtig und wertvoll.

Aufgrund der hohen emotionalen Wertigkeit wird die Familienmetapher allerdings oft über die Herkunftsfamilie ausgedehnt. »Unsere Organisation – eine große Familie.« Außenstehende können selbstverständlich den Zustand, den inneren Zusammenhalt und die emotionale Bindung in einer fremden Familie beurteilen, was jedoch der Unidirektionalität des Wertes Familie nicht widerspricht. Es ist ein unüberbrückbarer Gegensatz, fremdes Familienleben zu beurteilen oder selbst in dieser Familie zu leben, sie zu erleben.

Der Wert Familie wird, tendenziell **homogenisierend**, von Menschen unterschiedlicher sozialer Stufen bejaht und behauptet, ob es sich um einen Arbeitslosen oder um einen Unternehmer handelt. Der Familienbegriff und die Vorstellungen von einer guten Familie ändern sich zwar von Generation zu Generation, aber mit immer neuen Inhalten gefüllt gilt die Forderung nach einer guten Familie gleichsam **verewigend** über soziale Veränderungen und manchen politischen Umbrüchen hinweg. Unidirektionalität, Homogenisierungstendenz und Verewigungstendenz sind charakteristisch für ethisch-moralische Wertungen (Erpenbeck unter MA von Sauter 2018, S. 150–170).

Wertekategorien-Überlappung

Die Abgeschirmtheit, die Zuwendung der Familienmitglieder oder der Partner und die Sicherheit im »Schoß der Familie« birgt oft Genuss und Wohlgefühl. Gute private Beziehungen können auch von erheblichem Nutzen sein. Es hätte keinen Donald Trump bedurft, um zu zeigen, welchen sozialen Einfluss Familie auf die Geschicke eines ganzen Landes, einer Nation, ja der ganzen Welt haben kann.

Wertequadrat, Synonyme

Als positiver Wert ist hier **Familie im weiteren Sinne** gesetzt. Als konträrer Gegenwert bietet sich **Familienfeindlichkeit** an. Als positiver Gegenwert zu Familie und als positiver Gegenwert zu Familienfeindlichkeit muss man **Familienfreundlichkeit** zählen, die nicht identisch ist mit dem positiven Wert Familie, sodass der Wert die praktische Umsetzungsseite umreißt.

Die entwertende Übertreibung zum Wert Familie ist die Einbeziehung einer großen, nicht mehr abzugrenzenden Zahl von Menschen in den Familienwert, den man als Familiennivellierung im Sinne »alle Menschen werden Brüder (...)« bezeichnen kann. Der Übergang von Familienfeindlichkeit zu solcherart »Familienfreundlichkeit« ist eine typische Überkompensation.

Als Synonyme für den Begriff Familie können gelten:

Privatleben, Partnerschaft, Beziehung, persönlicher Lebensbereich, privates Umfeld, Privatheit, Privatsphäre, Privatbereich, Intimsphäre, Intimbereich, Lebensumfeld, Herkunft, Angehörige, Verwandte, Abstammung, Milieu, Freundeskreis, Sippe, Familienverband, Art, Angehöriger.

Wertekleeblatt

Subjekte des Wertes Familie sind in der Regel einzelne Personen, Familienmitglieder oder Mitglieder anderer Familien, Personen mit »Familienerfahrung«, die ihre Werte einbringen. Auch wenn sie häufig eher symbolische Familien beurteilen, liefert ihnen doch die eigene Familienerfahrung eine wichtige Leitlinie.

Objekte des Wertes Familie sind zunächst die eigenen Familienmitglieder oder Partner und die eigene Herkunftsfamilie. Natürlich können Wertende auch fremde Familien und Familienzustände, die Institution Familie und die missbräuchliche Nutzung von Familienbeziehungen bewerten. Im übertragenen Sinne können aber auch nach vorgegebenen Klassifikationsmerkmalen zusammengestellte soziale oder technische »Familien«, etwa die Familie der Juristen oder der SUV, bewertet werden.

Grundlagen des Wertes Familie sind die zum Wertungszeitpunkt »gängigen« Auffassungen, die in langen sozialhistorischen Prozessen gewachsen sind. Es gehören aber auch die zu diesem

Zeitpunkt bestehenden Differenzen von Werten dazu, die sich auf Familien ohne Nachkommen oder auf Familien von homosexuell oder lesbisch lebenden Paaren beziehen. Eingebettet sind diese Auffassungen einerseits in Jahrhunderte alte religiöse Anschauungen zur Heiligen Familie, zur Familie des Propheten und andere wichtige kulturelle Bezüge einschließlich eines riesigen Märchen- und Sagenschatzes, andererseits in Ergebnisse moderner familiensoziologischer Forschungen und familienpolitischer Setzungen.

Maßstäbe des Wertes Familie sind weniger wissenschaftliche Ergebnisse oder politische und juristische Normen als alltägliche, am eigenen und fremden Privatleben erlebte und tief verinnerlichte Erfahrungen. Insbesondere die Abneigung gegen andere als alltägliche Familienformen kann zu Hasswertungen und diskriminierenden Beurteilungen führen. Aber auch sonst bilden die durch Narrative und durch kunst- und mediengestützte Darstellungen »guten Familienlebens« verfestigten Werteurteile eine ziemlich enge Gasse.

Training

Der Wert Familie oder Privatleben kann sich im Arbeitsprozess oftmals nicht entwickeln, weil die Rahmenbedingungen, aber auch die aktuelle Kultur eines Teams oder einer Organisation dem entgegenstehen.

Ziele

Vorab sind folgende grundlegenden Fragen zu klären:

- **Bei welchen Menschen** soll der Wert Familie konkret entwickelt werden, beispielsweise bei Wertetrainees, Führungskräften oder Teams und der Organisation?
- **Wofür** sollen sie den Wert Familie entwickeln, z. B. um die Work-Life-Balance zu optimieren, die Motivation und Leistungen der Wertetrainees zu steigern, um sie an die Organisation zu binden, um das Image der Organisation zu verbessern oder um die Arbeitgebermarke zu stärken?
- **Warum** sollen sie ihren Wert Familie entwickeln? Gründe dafür können Genusswerte wie Gesundheit, Nutzenwerte wie Sicherheit oder Gemeinnutz, ethisch-moralische Werte wie Ideale, Verantwortung und Respekt sowie sozial-weltanschauliche Werte wie Beziehungen sein. Bei dieser Einschätzung können insbesondere Sachgründe, Herkunft, Tradition, Hierarchien, Gefühle, emotionale Abhängigkeiten oder Phantasien eine Rolle spielen.
- **Wie weit soll der Wert** Familie **getrieben werden**: Diese Frage sollte in einem gemeinsamen Prozess unter Einbeziehung der Geschäftsführung, der Mitarbeitervertretung und ausgewählten Führungskräften und Mitarbeitern beantwortet werden.

Als hilfreich hat es sich erwiesen, konkrete Formulierungen zu entwickeln, wie beispielsweise, dass

- die Wertetrainees die Bedeutung des Wertes Familie für sich bewerten und Gelegenheit erhalten, ihr Privatleben in Einklang mit dem Arbeitsleben zu bringen,
- ihre individuellen Erwartungen in Hinblick auf Familie erfüllt werden,

- positive Erfahrungen in Familie und Privatleben ermöglicht werden,
- durch eine flexible Gestaltung der Arbeitsbedingungen die Wertetrainees die Möglichkeit erhalten, ihr Familien- und Privatleben bedürfnisgerecht zu gestalten.

Diese Ziele können dem persönlichen Bedarf entsprechend angepasst und erweitert werden.

Praxisprojekte und -aufgaben
Der Wert Familie kann im Arbeitsprozess vor allem durch folgende Ansätze entwickelt werden:

Wertetrainer, Wertetrainees und Führungskraft regen die Übernahme von Praxisprojekten und -aufgaben an, in denen gemeinsam mit Teamkollegen die Vereinbarkeit von Familie und Arbeit analysiert wird. Es sollen dabei praktikable Lösungen entwickelt werden, die von gegenseitiger Akzeptanz und Gerechtigkeit geprägt sind. Wertetrainer und Wertetrainee bringen dabei ihre eigenen Ideen, Pläne oder Projekte ein.

Es bietet sich wiederum an, dieses Projekt im Team kollaborativ und mit agilen Methoden zu bearbeiten, einen Ideenaustausch in Netzwerken zu organisieren, Communities of Practice insbesondere zum Thema Work-Life-Balance aufzubauen und systematisch ein Netzwerk Familie oder Privatleben zu entwickeln.

Checkbox Wert Familie **Methoden der gezielten Werteentwicklung im Arbeitsprozess** **(nach Kap. 2.3)**	**Auswahl**
Erlebnislernen	
Subjektivierendes Handeln	
Expertiseaufbau	
Job Rotation	
Agile Arbeitsprinzipien	
Scrum	
Design Thinking	
Kanban	
Pulse	
Peer Working and Learning	
Working Out Loud	
Kollegiale Beratung	
Community of Practice	

Tab. 39 Checkbox Familie – Praxis

Begleitendes Coaching und Mentoring

Vorab sind die Werte Ist und Wunsch im Team und/oder Organisation zu erfassen und vor allem in Hinblick auf den Wert Familie zu analysieren und zu bewerten. Die Vorgabe von Soll-Werten als Rahmen ermöglicht die Formulierung von individuellen Wertezielen. Ein grundlegendes Entwicklungsgespräch des Wertetrainees mit der Führungskraft auf Basis des gewählten Projektvorschlages, eventuell auch im Arbeitsteam, soll die Entwicklungsmöglichkeiten im Rahmen des Trainings abschätzen. Im Gespräch ist die Führungskraft davon zu überzeugen, in den Vorschlag zur Entwicklung des Wertes Familie zu investieren. Eine Entwicklungspartnerschaft mit ihr sollte durch die Sicherung der notwendigen Rahmenbedingungen und regelmäßige Mentoringgespräche geprägt sein.

Mit dem Team wäre ein Co-Coaching Arrangement sinnvoll, um sich beispielsweise wöchentlich zu allen offenen Fragen zum Wert Familie auszutauschen. Bei komplexeren Projekten wäre wieder die Vereinbarung von Koping-Gruppen, evtl. in Verbindung mit kollegialer Beratung, angezeigt. Mit diesem strukturierten Beratungsgespräch in einer Gruppe können kollaborativ überzeugende Lösungen entwickelt werden, indem der Wertetrainee von den übrigen Gruppenmitgliedern nach einem feststehenden Ablauf mit verteilten Rollen beraten wird. Seine Kollegen werden damit zu seinem Prozessberater.

Checkbox Wert Familie **Methoden der gezielten Werteentwicklung durch Coaching und Mentoring (nach Kap. 2.3)**	**Auswahl**
Begleitcoaching	
Neurobiologisch intendiertes Coaching	
Systemisches Coaching	
Involvierendes Coaching	
Persönlichkeitscoaching	
Co-Coaching	
Kollegiales Coaching	
Mentoring	
Koping	

Tab. 40 Checkbox Familie – Coaching

Ergänzende Übung

Für die Entwicklung des Wertes Familie gibt es kaum übende Trainingsformen für das Corporate Learning. Wenn, dann werden sie wohl eher von Familienberatern, Eheberatern oder Konfliktberatern durchgeführt. Von ihnen hat jeder ein eigenes Werteentwicklungsprogramm und eigene Vorstellungen eines Ehe- und Familientrainings. Wichtig ist jedoch in unserem Zusammenhang, bei Führungskräften, Wertetrainees und Personalverantwortlichen Werte zu entwickeln, die sie bei jedem neuen Projekt, jeder Aufgabenstellung im Unternehmen fragen lassen:

- Sind diese mit dem Familienleben, dem Privatleben unserer Mitarbeiter optimal verträglich?
- Sind sie familienfreundlich und tangieren sie die Privatsphäre der Mitarbeiter so wenig wie möglich?

Unmittelbar nutzbar aus unserem Methodenarsenal scheinen die Methoden Bewerbungstraining, sofern dabei auf Familienverhältnisse eingegangen wird, Outdoor-Training, sofern sie auch Familienmitglieder oder Privatbeziehungen des Wertetrainees einbeziehen, die Seitenwechsel-Methode, falls die Wertetrainees dabei prekäre Familienverhältnisse erleben und eigene dagegen stellen können und schließlich das Zürcher Ressourcenmodell, da es in der Lage ist, Tiefenschichten von Familien- und Privatleben zu begreifen und manchmal auch zu verändern.

Checkbox Wert Familie **Methoden der gezielten Werteentwicklung durch Übung und übendes Training (nach Kap. 2.3)**	**Auswahl**
Trainingsunternehmen und Übungsfirmen	
Bewerbungstraining	
Outdoor-Training, Hochseilgarten, Führen mit Pferden...	
Seitenwechsel	
Zürcher Ressourcenmodel	
Serious Games	

Tab. 41 Checkbox Familie – Training

Unterstützende Weiterbildung

Weiterbildungsmaßnahmen zur Entwicklung des Wertes Familie können Seminare und Workshops sein, die sich mit Fragen der Work-Life-Balance beschäftigen und dabei das Thema Privatleben einschließen.

Es lassen sich auch verhaltenspsychologische Methoden nutzen, um das Projektvorhaben voranzutreiben:

- **Prospect Theory** als Instrument, den Gehalt des Wertes Familie und Privatleben zu verstehen,
- **Post-mortem-Diskussionen**, die das Projekt Familie zunächst als gescheitert ansehen, um im hypothetischen Nachhinein die Gründe für dieses Scheitern zu ermitteln,
- **Advocatus-Diaboli-Diskussionen**, bei denen einzelne Wertetrainees oder Teilgruppen eine bewusste Gegenposition zum Wert Familie und Privatleben einnehmen und durch Argumente, aber auch durch emotional vorgetragene Positionen andere Teilnehmer zu überzeugen versuchen und diese Gegenmeinung so darstellen, dass diese Werte intensiv und kontrovers diskutiert werden können,

- **Debiasing** versucht aufzuklären, inwieweit Entscheidungen und Handlungsweisen zur Förderung des Wertes Privatleben durch bewusste und unbewusste Werte beeinflusst wurden, welche Rolle kognitive Beschränkungen und selektive Wahrnehmungen dabei spielten, wie eingefahrene Muster oder Bestätigungsfehler mitwirkten, welche Auswirkungen übertriebener Optimismus oder Selbstüberschätzung sowie fragwürdiger Gruppendruck und Gruppendenken hatten und wie man Wege finden kann, all das zu vermeiden,
- **Anti-Biasing**, das aktuelle, wertebeladene Negativerfahrungen aufgreift, um diese in Gruppenprozessen mit dem Ziel der Entwicklung des Wertes Familie und Privatleben zu verarbeiten.
- Mit **Nudging** wird schließlich durch kleine Anstöße versucht, das Handeln der Wertetrainees und Führungskräfte mit dem Ziel zu ändern, den Wert Familie und Privatleben noch mehr zu fördern. So können die Regelungen zur Arbeitszeit, aber auch die Möglichkeiten der Freistellung aus privaten Gründen, in einfacher und verständlicher Form angepasst werden. Dabei ist es sinnvoll, den Wertetrainees ein hohes Maß an Eigenverantwortung zuzugestehen.

Checkbox Wert Familie **Methoden der gezielten Werteentwicklung in Bildung und Weiterbildung (nach Kap. 2.3)**	**Auswahl**
Bildungs- und Weiterbildungsmaßnahmen als Anstoß für Werteentwicklung	
Selbstorganisation	
Social Blended Learning	
Wertelisten	
Wertequadrat	
Handlungs- und verhaltenspsychologische Methoden	
Prospect Theory	
Post-mortem-Diskussion	
Advocatus-Diaboli-Diskussion	
Nudging	
Debiasing	
Anti-Biasing	
Kongresse, Barcamps und Webcamps	
World Café – werteorientierte Vernetzung	
Kunst und Wertekommunikation	

Tab. 42 Checkbox Familie – Bildung

Beispiel 1: Teambezogenes Projekt zur Förderung des Wertes Familie

In einer öffentlich-rechtlichen Organisation waren die Mitarbeiter zunehmend unzufrieden mit der Vereinbarkeit ihres Privatlebens mit dem Arbeitsleben. Insbesondere Mitarbeiter aus Familien mit kleinen Kindern klagten zunehmend darüber, dass die Regelungen in diesem Bereich in hohem Maße bürokratisch, schwerfällig und teilweise ungerecht waren.

Der Bereichsleiter Zentrale Verwaltung initiierte deshalb in seinem Team einen Entwicklungsprozess zum gezielten Aufbau des Wertes Privatleben. Mit gemeinsam entwickelten Handlungsrastern sollten alle Führungskräfte mit ihren Mitarbeitern sensibilisiert werden, in ihren täglichen Handlungen die jeweiligen Werte zu »leben«. Die Abteilungen und Gruppen sollten die gemeinsam entwickelten Lösungen in ihrer Praxis anwenden, über ihre Erfahrungen reflektieren und in einem dynamischen Prozess den Wert Privatleben kontinuierlich weiterentwickeln. Die Ergebnisse sollten jeweils in einer Community of Practice »Wert Privatleben« präsentiert und diskutiert werden.

In einem Workshop mit Vertretern der verschiedenen Teams des Bereiches (Kernteam) wurde folgende Vorgehensweise vereinbart:

Vorab wird ein bereichsübergreifender Kommunikationsprozess im Rahmen eines Barcamps und eines netzbasierten Kommunikationsraumes in der Learning-Experience-Plattform initiiert. In den Wochen danach werden die teambezogenen Ist- und Wunsch-Werte erfasst. Die Auswertung der teambezogenen Werte im Vergleich zum organisationalen Werte- bzw. Kompetenz-Rahmen (Soll-Profile) mündet dann in der Definition der Mission und des Rahmens zur Umsetzung des Wertes Privatleben.

Alle Teams werden daraufhin aufgefordert, den folgenden Prozess zu initiieren. Die jeweilige Führungskraft entwickelt eine verbindliche Aufgabenstellung zur Entwicklung des Wertes Privatleben in ihrem Team und arbeitet einen Vorschlag für die Vorgehensweise aus.

Die Aufgabenstellung und ihre Konsequenzen für die Teammitglieder werden in einem gemeinsamen Workshop des jeweiligen Teams diskutiert. Danach werden überprüfbare Ziele für den Prozess der Bearbeitung des jeweiligen Projektthemas formuliert und Arbeitsaufträge mit Meilensteinen und einer verbindlichen Aufgabenverteilung vereinbart. Die Teammitglieder einigen sich auf »Spielregeln« für die Bearbeitung der vereinbarten Arbeitsaufträge und treffen verbindliche Vereinbarungen, z. B. zu wöchentlichen Sprints, Jour fixe Terminen der Arbeitsgruppen, zu wöchentlichen Projekttagebüchern, zur Bildung einer Community of Practice und zur Dokumentation der Teilergebnisse im Netz.

In der vierwöchigen Bearbeitungsphase werden die Projektteams zunächst ihre Aufträge spezifizieren. Sie tauschen sich wöchentliche nach jedem Sprint aus und erfassen ihre Erfahrungen in Projekttagebüchern.

Im Abschluss-Workshop werden folgende Punkte bearbeitet:
- Reflexion der Bearbeitungsphase,
- Bearbeitung offener Fragen aus den Projekttagebüchern,
- Präsentation und Diskussion der Lösungsvorschläge,
- Dokumentation der entwickelten Lösungen im Netz,
- verbindliche Vereinbarungen zur Umsetzungsphase.

Im nächsten Schritt initiiert die jeweilige Führungskraft die gezielte Entwicklung des Wertes Privatleben auf Mitarbeiterebene, indem auf Basis einer individuellen Werteerfassung und eines Entwicklungsgespräches jeder Wertetrainee seine personalisierte Lösung zur gezielten Entwicklung dieses Wertes entwickelt und selbstorganisiert umsetzt.

Parallel bauen die Wertetrainees selbstorganisiert eine Community of Practice »Wert Privatleben« in ihrem Geschäftsbereich auf, tauschen sich jeweils nach ca. einem Jahr in Workshops aus, um die Umsetzung zu reflektieren und bei Bedarf Anpassungen im jeweiligen Team zu vereinbaren. Diese Ergebnisse werden wiederum im Geschäftsbereich kommuniziert und diskutiert.

Beispiel 2: Der Wert Familie in kritischen Lebensereignissen

Der Wert Familie ist oft ein Thema für Sonntagsblättchen und fromme Wünsche. Erst bei kritischen Lebensereignissen, wie Krankheit oder Tod, begreift man die Urverwurzelung des Wertes. Wenn man ihn als Wertetrainer bewusst machen und auf neue Art verinnerlichen lassen will, lohnt es sich, solche Ereignisse nicht nur zu erinnern, sondern sie auch emotional wieder zu beleben. Ein Interview mit dem Sänger Wolfgang Niedecken macht das besonders erlebbar. Darin stellt er fest:

»Ohne Familie könnte ich nie existieren. Sie gibt mir Halt, sie ist meine Heimat. Manchmal, wenn es mir schlecht geht, verstelle ich mich. Aber meine Frau kann Gedanken lesen. Meine Töchter auch. Ich habe viel von meinen Kindern gelernt. Hatten sie früher ein Problem, habe ich oft versucht, ihnen zu erklären, welche Lösungen es geben könnte. Die Jüngste meinte irgendwann: ›Nimm mich einfach in den Arm und sag mal ne Zeit lang nichts‹ – da kann ich viel mehr Kraft schöpfen. Ich hatte unglaublich viel Glück in meinem Leben! Dass ich in dem Beruf gelandet bin, für den man mich kennt. Dass ich mit meinem Hobby vier Kinder großziehen konnte. Und dass bei meinem Schlaganfall alles gut gegangen ist. Ich selbst habe gedacht, mir ist nur ein bisschen flau. Aber meine Frau wusste sofort, was zu tun ist, ich war innerhalb einer halben Stunde in der Stroke Unit. Dort sind sie über die Hauptschlagader mit einer Sonde bis ins Gehirn und haben das Blutgerinnsel rausgeholt.

Der Schlaganfall hat vieles verändert. Lange habe ich überhaupt nicht daran gedacht, dass das Leben irgendwann mal zu Ende geht. Das war, wie wenn man am Meer sitzt: Man guckt raus, man sieht den Horizont, und es ist klar, dahinter geht es weiter. Heute bin ich 68 und denke: Der Horizont ist weit weg, ob ich da noch jemals hinkomme? Ich möchte die letzten Jahre keine Schmerzen ertragen. Aber den Tod selbst, den fürchte ich nicht. Ich glaube, ich kann loslassen.« (Niedecken 2019):

In einem Unternehmen mit etwa 30 Mitarbeiter, mit stark schwankender Produktion von Haushaltsartikeln kam es bei einer ursprünglich als Routine gedachten Werteerfassung zu einem regelrechten Eklat. Der Soll-Wert Familie lag, den Wunsch der Mitarbeiter widerspiegelnd, sehr hoch: Das Unternehmen solle sich um die Bedürfnisse der Mitarbeiterfamilien, was Arbeitszeitregelungen, unkonventionelle Arbeitsverträge und Zuwendungen betraf, besonders stark kümmern.

Der Ist-Wert Familie, also wie die Mitarbeiter die reale Berücksichtigung von Familieninteressen im Unternehmen einschätzten, war besonders niedrig. Durch die zunehmende Stoßarbeit, durch den Wettbewerbsdruck auf den internationalen Märkten und die oft erforderliche Überstundenarbeit fanden die Mitarbeiter wenig Zeit, sich um ihre Familien und deren Bedürfnisse zu kümmern. Besonders bei den leitenden Angestellten hatten andere wichtige Werte, wie Verantwortung, Norm und Gesetz und Netzwerk, den Wert Familie an den Rand gedrängt.

Um den Wert Familie noch bewusster zu machen und zu erhöhen, schlug der Wertetrainer vor, vier der leitenden Angestellten zeitweise in Übungsfirmen zu platzieren, die als Familienbetriebe betrachtet und geachtet werden. Hier koppelt sich der Wert Familie mit den Werten Beziehungen, Belohnung (Anerkennung) und oft Gemeinnutz. Der Respekt, der diesen Familien entgegengebracht wird, münzt sich in den Wert Familie selbst um. Da diese Firmen von der Struktur und dem Einfluss der Eigentümerfamilien geprägt sind, wird der Wert Familie dabei ganz deutlich. Die Arbeit der vier leitenden Angestellten, zwei Männer und zwei Frauen, ruhte mehr auf dem Wert Familie in ihrem eigenen Unternehmen.

Zudem organisierte der Wertetrainer zusammen mit den Wertetrainees und den leitenden Angestellten kollegiale Beratungen und eine sich rasch erweiternde Community of Practice. Kollegiales Coaching mit Kollegen, von denen bekannt ist, dass sie ein glückliches Familienleben führen, stärkte den Wert Familie ebenfalls beträchtlich. Schließlich verpflichtete er die Wertetrainees, je einen Roman herauszufinden, in dem das Thema Familie einen möglichst breiten Raum einnimmt. Die Diskussion über die ausgesuchten Romane gab dem Wert Familie nochmals einen kräftigen Schub.

3.10 Ideale

»Ideale sind wie Sterne. Man kann sie nicht erreichen,
aber man kann sich an ihnen orientieren.«
Carl Schurz

Beschreibung
Ideal (lateinisch *idealis* – vorbildlich) bezeichnet allgemein den Inbegriff der Vollkommenheit, ein Wunschbild, Vorbild, ein als höchster Wert anerkanntes Ziel. Zuweilen wird Ideal als eine Lösung definiert, die moralische, ästhetische oder erkenntnismäßige Bedürfnisse vollständig erfüllt. Die Funktion von Idealen für die Wirklichkeit liegt in der praktischen Handlungsanweisung oder allgemeiner in ihrer pragmatisch-regulativen Orientierung.

Alltagssprachlich wird die Person, die ihren Idealen folgt, oft als versponnener, unrealistischer Idealist verspottet. Das Leben ohne Ideale kann aber deutlich negative Folgen haben, wie Unmotiviertheit, Ziellosigkeit oder Sinnleere. Eine besondere Verwendung hat der Begriff in der Ästhetik gefunden, wenn Idealisierung beispielsweise als »abgehoben sein« von wenig schönen und zufälligen Erscheinungen der Realität verstanden wird. Wenn Ideale prinzipiell nicht realisiert werden können, sollte man eher von Phantomen oder Illusionen sprechen. Ansonsten ist es sinnvoll, Ideale mit »Befehlscharakter«, mit Wunschcharakter, mit Aktivitätscharakter und mit Resignationscharakter des Unerreichbaren zu unterscheiden (vgl. Sandkühler (Hrsg.) 1990, S. 565–575).

Im Bereich des Ethischen gilt der Begriff Ideal als Grundbegriff, da er mit dem Anspruch sittlicher Verbindlichkeit auftritt. In diesem Sinne ist das Ideal eine bewusst gewählte Vorstellung davon, was individuelles und kollektives Handeln jetzt und langfristig leiten soll. Das Ideal zielt immer auf einen höheren Zustand, setzt somit ein Wissen um die Möglichkeit der Vervollkommnung voraus. Eine besonders wichtige Rolle spielen Ideale für heranwachsende Jugendliche, oft in Form von Vorbildern oder Leitbildern. Wie auch immer der Begriff Ideal gefasst wird, er betont den persönlichen Bezug und fragt, wie der Bezug von persönlichem und gesellschaftlichem Ideal möglich ist und realisiert wird. Die Subjekte müssen sich die Verbindung von beidem als Verbindlichkeit zu eigen machen, sie verinnerlichen.

Werteatlas-Definition
Einem Menschen, der es für zentral hält, Ideale zu haben und Idealen zu folgen, ist es sehr wichtig, dass gemeinsamen Idealen gefolgt wird. Dies wird in der zielführenden Zusammenarbeit der Wertetrainees gelebt. Die gemeinsamen Werte der Organisation bilden als Ideale die Leitschnur des Handelns. Diskussionen über und um Ideale werden wertschätzend und offen geführt. Bei solchen Diskussionen in der Gemeinschaft werden alle gleich, aber ohne Gleichmacherei, behandelt.

Eine Übertreibung ist es, wenn sich Menschen an abstrakten Idealen orientieren, auch wenn diese nicht zu realisieren sind oder im Widerspruch zu betrieblichen Belangen stehen.

Wir empfehlen folgende vertiefende Literatur zum Wert Ideale: Friedrichs 2011, Hardy 2016, Mackinder 2018 oder Russel 2020.

Werteatlas-Zuordnung

Ideale werden im Werteatlas zentral den ethisch-moralischen Werten zugeordnet, denn wie auch immer das Ideal gefasst wird, betont der Begriff den persönlichen Bezug. Eine Person eignet sich in ihrer biografischen Entwicklung bestehende Werte an oder entwickelt allein oder im Zusammenwirken mit anderen neue. Solche Werte werden erst wirksam, wenn sie vom Einzelnen verinnerlicht und handlungsleitend, wenn sie für ihn »vorbildlich« werden. Sie weisen immer **unidirektional** vom Einzelnen zur Gemeinschaft, während Ideale, welche von Gemeinschaften, etwa von Organisationen postuliert und propagiert werden, nur dann zur Wirkung gelangen, wenn sie von Einzelnen verinnerlicht wurden.

Demokratie ist beispielsweise ein hoher gesellschaftlicher Wert. Zum Ideal wird er erst, wenn er von vielen einzelnen Menschen emotional verinnerlicht und handlungsleitend akzeptiert wird. Ideale werden in der Regel auch so entwickelt und gekennzeichnet, dass sie für möglichst viele Menschen und zumindest über Klassenschranken hinweg als **homogen** gelten. Viele Ideale bleiben auch über historische Veränderungen und Umbrüche hinweg gleichsam **verewigend** bestehen.

Unidirektionalität, Homogenisierungstendenz und Verewigungstendenz sind charakteristisch für ethisch-moralische Wertungen (vgl. Erpenbeck, unter MA von Sauter 2018, S. 150 – 170).

Wertekategorien-Überlappung

Es geht bei dem Wert Ideale nicht um den Werteinhalt der Ideale selbst. Es können ideale Hochgenüsse, ideale Arbeits- und Verdienstbedingungen, ethisch-moralische Ideale oder sozial-weltanschauliche Ideale in der politischen Landschaft wie in der Arbeitswelt sein. Der Schlüsselwert Ideale besagt vielmehr, dass es generell gut und wichtig ist, sich als Individuum von Idealen leiten zu lassen. Das betont die ethisch-moralische Rolle der Ideale. Wenn diese Ideale aber gelebt werden, haben sie selbstverständlich Einfluss auf das Genießen der Person, auf ihre Vorstellungen, wo sie Nutzen stiften und Nutzen für sich verbuchen kann und schließlich, wie sie sich sozial-weltanschaulich positioniert.

Wertequadrat, Synonyme

Im Wertequadrat setzen wir dem positiven Wert **Ideale** den positiven Gegenwert **Vollkommenheit** entgegen. Ideale sollten Vollkommenheit abbilden, Vollkommenheit sollte zum Ideal hinführen. Zwischen beiden Begriffen herrscht ein positives Spannungsverhältnis. Als konträren Gegensatz kann man **Unvollkommenheit, Fehlerhaftigkeit** setzen. Als entwertende Übertreibung eignet sich **fehlertolerante Realität**. Sie gilt als das Machbare, Akzeptierbare, das aber Abstand vom eigentlichen Gedanken der Ideale nimmt. Wer Unvollkommenheit und Fehlerhaftigkeit durch die leider immer fehlerhafte Realität entschuldigt, nimmt gewissermaßen eine Überkompensation vor, gelangt aber so nie zu wirklichen Idealen.

Als Synonyme für den Begriff Ideale können gelten:

Leitbild, das Höchste, Vorbild, Wesen, das Ausgezeichnete, das Richtige, Muster, das Vollkommene, Meisterschaft, das Exzellente, das Perfekte, das Optimale, das Beispielhafte, Illusion, das Fähige, das Passende, das Erreichbare, das Hervorragende, Verkörperung, das Vollendete, Hauptsache, das Glänzende, das Abstrakte, Krönung, das Grenzenlose, Modell, Urbild, das Fehlerfreie, Idol, Schwarm.

Wertekleeblatt

Subjekte des Wertes Ideale sind immer einzelne Menschen, die ihre Wertungen auf den genannten Gebieten treffen und sie dann, überzeugt von ihren je eigenen Werten, kommunizieren, durch- und umzusetzen versuchen. Das Subjekt Staat kann die Demokratie für die ideale Regierungsform halten, ist die Mehrheit der individuellen Subjekte der Überzeugung, dass eine illiberale Demokratie die ideale Regierungsform ist, wird eine andere Ausprägung als Ideal angesehen.

Objekte des Wertes Ideale sind die optimalen Befriedigungen der unterschiedlichsten menschlichen Bedürfnisse, etwa auf ethisch-moralischem Gebiet. Beispielsweise, welches sittliche Verhalten wird von der Umwelt wie von der handelnden Person als ideal eingestuft? Auf sozialem Gebiet, welche soziale Ordnung hält sie für erstrebenswert? Auf ästhetischem Gebiet, welches Kunstwerk hält die wertende Person für vollkommen? Auf dem Gebiet der Erkenntnis, welche Wissenschaftsergebnisse würden am besten helfen, die Welt den menschlichen Idealen anzunähern und welche praktischen Handlungshinweise wären daraus zu ziehen?

Grundlagen des Wertes Ideale sind alle bisherigen, frei zugänglichen Erkenntnisse und Wertungen, wie die wirklich optimalen Befriedigungen der menschlichen Bedürfnisse aussehen. Natürlich gehören auch die wissenschaftlichen und empirischen Fakten zu den Grundlagen, die zu diesen Wertungen führten. Aber die Vertreter der illiberalen Demokratie bringen eben andere Fakten in die Diskussion als die klassischen Demokratievorstellungen. Gesicherte Fakten sind bei Idealen, auf welchem Gebiet auch immer, meist Mangelware – was die Verfechter dieser Ideale stets bestreiten werden.

Maßstäbe des Wertes Ideale leiten sich zum einen davon ab, in welche Hierarchie die wertende Person ihre Ideale bringt. Folgt sie nur zwei, drei Lebensidealen, schreiben sie ihnen Höchstwerte zu und stufen andere gnadenlos herab. Verfügt sie über verschiedene, differenzierte Vorstellungen der menschlichen Bedürfnisse, werden diese nicht gegeneinander abgewogen, sondern auf jedem Gebiet unterschiedlich akzeptiert. Zum anderen wird sie ein feines Gespür für kleine Unterschiede entwickeln. Dies kann man sich leicht an den höchst unterschiedlichen Urteilen über großartige Kunstwerke klar machen und der Schwierigkeit, das ideale Werk zu benennen. Wer Maßstäbe der Wertung Ideale finden will, wählt sich eine Lebensaufgabe.

Training
Erfolgreiche Unternehmen zeichnen sich in der Regel dadurch aus, dass Sie eine Vision, beispielsweise in Form eines Leitbildes, besitzen, die von allen Wertetrainees verinnerlicht wurde. Deshalb kommt dem Wert Ideale eine besondere Bedeutung zu.

Ziele
Vorab sind folgende grundlegenden Fragen zu klären:
- **Bei welchen Menschen** soll der Wert Ideale konkret entwickelt werden, beispielsweise bei Wertetrainees, Führungskräften, in Teams, in der Organisation oder in der Gesellschaft?
- **Wofür** sollen sie den Wert Ideale entwickeln, z. B. um eine Vision umzusetzen, um das Leitbild der Organisation zu »leben«, um Wertetrainees an die Organisation zu binden, um die Kundenbindung zu steigern oder um die Arbeitgebermarke zu stärken?
- **Warum** sollen sie ihren Wert Ideale entwickeln? Gründe dafür können Genusswerte wie Gesundheit oder Bildung, Nutzenwerte wie Gemeinnutz, ethisch-moralische Werte wie Privatleben und Respekt oder sozial-weltanschauliche Werte wie Norm und Gesetz sein. Zu erfragen sind Sachgründe, Hypothesen, Herkunft, Tradition, Position, Hierarchien, Gefühle, emotionale Abhängigkeiten oder Phantasien.
- **Wie weit soll der Wert Ideale getrieben**: Diese Frage sollte mit der Geschäftsführung, möglichst unter Einbeziehung aller Führungskräfte und Wertetrainees beantwortet werden.

Als hilfreich hat es sich erwiesen, konkrete Formulierungen zu entwickeln, wie beispielsweise:

Wie kann erreicht werden, dass
- die Wertetrainees die Bedeutung des Wertes Ideale für sich bewerten und Gelegenheit erhalten, diese zu leben,
- diese Ideale in ihren Aufgaben und ihrem Arbeitsumfeld umgesetzt werden können,
- Erfahrungen mit der Umsetzung der Ideale ermöglicht werden,
- sie durch herausfordernde Praxisaufgaben und -projekte die Chance erhalten, die Ideale in ihrem Verantwortungsbereich umzusetzen?

Diese Ziele können dem persönlichen Bedarf entsprechend angepasst und erweitert werden.

Praxisprojekte und -aufgaben
Die Wertetrainees übernehmen anspruchsvolle Praxisprojekte und -aufgaben, die sich konsequent an den Idealen der Organisation, z. B. dem Leitbild, und dessen Vorstellungen und Werten orientieren. Besonders gefragt sind Vorschläge für Projekte zur Umsetzung von Elementen des Leitbildes oder von Maßnahmen, die beispielsweise die Ideale Offenheit und Gerechtigkeit fördern, gemeinsame Aktivitäten unterstützen oder konstruktive Teamarbeit und teamorientiertes Handeln forcieren.

Auch diese Herausforderungen können kollaborativ und mit agilen Methoden bearbeitet, in Netzwerken beraten und in Communities of Practice zu diesen Idealen eingebracht werden.

Checkbox Wert Ideale **Methoden der gezielten Werteentwicklung im Arbeitsprozess (nach Kap. 2.3)**	**Auswahl**
Erlebnislernen	
Subjektivierendes Handeln	
Expertiseaufbau	
Job Rotation	
Agile Arbeitsprinzipien	
Scrum	
Design Thinking	
Kanban	
Pulse	
Peer Working and Learning	
Working Out Loud	
Kollegiale Beratung	
Community of Practice	

Tab. 43 Checkbox Ideale – Praxis

Begleitendes Coaching und Mentoring

Die Vereinbarung eines kollaborativen Praxisprojekts zwischen Wertetrainer, Wertetrainee und Kollegen kann durch ein mit der Führungskraft durchgeführtes Entwicklungsgespräch ermöglicht oder gefördert werden. Wichtig ist, der Führungskraft darzustellen, dass es sich lohnt, in dieses Projekt zu investieren.

Auch der Einsatz von Kollegen im Co-Coaching und in Koping-Gruppen ist sinnvoll. Kollegiale Beratungen sind angezeigt. Coaching- und Mentoring-Ansätze sind für die gezielte Entwicklung des Wertes Ideale deshalb besonders wichtig, weil neben den festgelegten und in Führungsleitlinien fixierten Idealen besonders solche zu berücksichtigen sind, die zwar unausgesprochen, manchmal sogar unterbewusst wirken, aber die Organisationskultur in Wirklichkeit deutlich prägen. Sie sind nur durch solche kollektiven Einfühlungen ausweisbar und auf diesem Wege zu verinnerlichen.

Checkbox Wert Ideale Methoden der gezielten Werteentwicklung durch Coaching und Mentoring (nach Kap. 2.3)	Auswahl
Begleitcoaching	
Neurobiologisch intendiertes Coaching	
Systemisches Coaching	
Involvierendes Coaching	
Persönlichkeitscoaching	
Co-Coaching	
Kollegiales Coaching	
Mentoring	
Koping	

Tab. 44 Checkbox Ideale – Coaching

Ergänzende Übung

Ein übendes Training ist für den Schlüsselwert Ideale schwer vorstellbar. Man ist versucht zu glauben, dass gerade solche unscharfen Trainingsmethoden, wie sie im Outdoor-Training angewendet werden, um Ideale wie Mut, Solidarität, Vertrauen und Einfühlung gleichsam »mitzuschleppen«, für die gezielte Entwicklung des Wertes Ideale geeignet sind. Zugleich ist zu bedenken, dass alle anderen Schlüsselwerte auch als Ideale gesehen werden können. Es geht also mehr darum, dass jemand Ideale »hat« und dass sie gelebt werden. Das lässt sich besonders gut mit dem Zürcher Ressourcenmodell einfangen.

Checkbox Wert Ideale Methoden der gezielten Werteentwicklung durch Übung und übendes Training (nach Kap. 2.3)	Auswahl
Trainingsunternehmen und Übungsfirmen	
Bewerbungstraining	
Outdoor-Training, Hochseilgarten, Führen mit Pferden…	
Seitenwechsel	
Zürcher Ressourcenmodel	
Serious Games	

Tab. 45 Checkbox Ideale – Training

Unterstützende Weiterbildung

Weiterbildungsmaßnahmen zur Unterstützung des Wertes Ideale können Seminare und Workshops sein, die sich mit Fragen im Kontext der jeweils verfolgten Ideale beschäftigen. Auch Dilemmata, die nur mit Unterstützung von moralischen oder politischen Idealen aufgelöst werden können, führen zum allgemeinen Verständnis darüber, warum solche Ideale praktisch wirksam und nicht nur theoretisch für »Sonntagsreden« bedeutsam sind.

Sinnvoll sind gedanklich geführte Auseinandersetzungen wie Post-mortem-Diskussionen, die das Scheitern von Idealen diskutieren, oder Advocatus-Diaboli-Diskussionen, die eine bewusste Gegenposition zum Wert Ideale aufbauen. Sie können den Wertetrainees verdeutlichen, wie wichtig es ist, nicht nur über konkrete Ideale zu verfügen, sondern auch das Beharren auf Idealen als wichtigen Wert zu begreifen. Auch beim Debiasing können sie verstehen und erfühlen, wie Entscheidungen und Handlungsweisen zugunsten des Wertes Ideale beeinflusst und kognitiv oft behindert werden.

Checkbox Wert Ideale **Methoden der gezielten Werteentwicklung in Bildung und Weiterbildung (nach Kap. 2.3)**	**Auswahl**
Bildungs- und Weiterbildungsmaßnahmen als Anstoß für Werteentwicklung	
Selbstorganisation	
Social Blended Learning	
Wertelisten	
Wertequadrat	
Handlungs- und verhaltenspsychologische Methoden	
Prospect Theory	
Post-mortem-Diskussion	
Advocatus-Diaboli-Diskussion	
Nudging	
Debiasing	
Anti-Biasing	
Kongresse, Barcamps und Webcamps	
World Café – werteorientierte Vernetzung	
Kunst und Wertekommunikation	

Tab. 46 Checkbox Ideale – Bildung

Beispiel 1: Gezielte Entwicklung des Wertes Ideale im Rahmen des Onboardings

Eine ökologisch ausgerichtete Bank hatte sich ein neues Leitbild gegeben, das nunmehr »gelebt« werden sollte. Die Personalführung hatte deshalb u. a. ein Projektteam eingerichtet, das die Aufgabe bekam, ein Onboarding-Konzept zu entwickeln, das sicherstellen sollte, dass die Werte, die sich aus diesem Leitbild erleben, von Anfang an durch die neuen Mitarbeiter verinnerlicht werden.

Das Team analysierte zunächst die bisherigen Onboarding-Maßnahmen. Dabei fanden Sie ein Sammelsurium an Aktivitäten, z. B. Pre-Boardings, also vielfältige Aktivitäten, Aufgaben und Maßnahmen, bevor neue Mitarbeiter ankommen, Einführungsseminare, fallbasierte Trainings, Führungen durchs Unternehmen, Checklisten, Einarbeitungspläne mit einer Vielzahl von Durchlauf-Stationen, Beobachtung von Kollegen, »Buddies«, »Paten« und »Tutoren«, Team-Events und Kennenlern-Aktionen, Gespräche mit dem Personalbetreuer oder Mentoring durch die Führungskräfte.

Eine Befragung der neuen Mitarbeiter, die in den letzten fünf Jahren in das Unternehmen kamen, zeigte, dass ein »An-Bord-Nehmen« mit diesen Maßnahmen nur in sehr begrenztem Maße erreicht wurde, weil Werte und Kompetenzen nicht gelehrt oder instruktional vermittelt werden können.

Werte und Kompetenzen können nur selbst handelnd, selbstorganisiert in realen Entscheidungssituationen im Prozess der Arbeit (»Workplace Learning«) angeeignet werden. Deshalb entwickelte das Projektteam für den Onboarding-Prozess ein Integrationskonzept, das auf dem Ansatz der »Ermöglichungsdidaktik« aufbaute und den neuen Mitarbeiter die Möglichkeit gab, ihre Werte – und damit ihre Kompetenzen für die neuen Aufgaben – selbstorganisiert, bei der Bearbeitung von Herausforderungen in ihrem neuen Netzwerk zu gestalten.

Die jeweilige Führungskraft übernimmt für den gesamten Einarbeitungsprozess die Rolle eines Mentors, der den neuen Wertetrainee in seiner persönlichen und beruflichen Entwicklung gezielt fördert. In der Phase vor dem Onboarding werden folgende Schritte umgesetzt:

- Werte- und Kompetenzerfassung in Form einer Selbsteinschätzung
- Gemeinsame Definition der Werte- und Kompetenzziele im Rahmen des neuen Leitbildes, die in der Einarbeitungsphase angestrebt werden.
- Gemeinsame Festlegung herausfordernder Praxisaufgaben, die neue Mitarbeiter in den kommenden sechs Monaten unter Nutzung des Ermöglichungsraums sowie ihres neuen Netzwerkes im Unternehmen bearbeiten.

In einem zweitägigen Kick-off mit allen neuen Wertetrainees einer Periode, zeitweise im Beisein von deren Führungskräften sowie mit Kollegen, die am letzten Onboarding-Prozess teilgenommen haben und Patenschaften für die neuen Wertetrainees übernehmen, werden folgende Punkte bearbeitet:

- Vorstellung der neuen Mitarbeiter,
- Vorstellung der vereinbarten Aufgaben für die Onboarding-Phase,
- Konzeption des Onboardings,
- Reflexion zum eigenen Lernhandeln,
- Umgang mit der Learning-Experience-Plattform,
- Tandem- und Gruppenbildung durch die Teilnehmer selbst,
- Vereinbarung von Patenschaften mit erfahrenen Kollegen,
- Bildung einer Community of Practice für neue Wertetrainees,
- Vereinbarung eines wöchentlichen Lern-Tagebuches,
- Werte- und Kompetenzerfassung mit einem Beratungsgespräch,
- Planung der Onboarding-Phase.

Diese etwa sechsmonatige Onboarding-Phase wird durch die Flankierung der selbstorganisierten Lernprozesse mit Coaching und Co-Coaching sowie dem systematischen Ausbau des persönlichen Netzwerkes geprägt. Insbesondere folgende Merkmale bestimmen diese Phase:

- selbstorganisierte Bearbeitung der vereinbarten Aufgaben, die den »Roten Faden« der Lernprozesse bilden,
- Aufbau eines Netzwerks aus Lernpartnern, Lernbegleitern, Experten, Führungskräften und Kollegen,
- ungeklärte Fragen werden im Themenspeicher gesammelt und mithilfe des Lernbegleiters bzw. von Experten online in Webinaren oder in Workshops geklärt,
- Nutzung sämtlicher, kuratierter Informationen, Verlinkungen, Web-Based-Trainings, Videos, Podcasts oder PDF, aber auch des dokumentierten Erfahrungswissens von Kollegen,
- Erfahrungsaustausch über Lerntagebücher sowie in den Communities,
- Werte- und kompetenzorientiertes Wissensmanagement,
- Werte- und Kompetenzerfassung mit Auswertungsgesprächen.

Regelmäßig, z. B. alle vier Wochen, treffen sich die neuen Wertetrainees online oder in Präsenz, um über ihre jeweils vergangene Selbstlernphase zu reflektieren, Zwischenergebnisse vorzustellen und zu diskutieren, offene Fragen mit dem Lernbegleiter bzw. mit Experten zu klären und verbindliche Vereinbarungen für die kommende Selbstlernphase zu treffen. Bei akutem Klärungsbedarf können Webinare genutzt werden Bei Bedarf können auch Praxistrainings eingefügt werden, in denen bestimmte Fertigkeiten, z. B. der Umgang mit einer Projektmanagement-Software, erlernt werden können.

Die neuen Wertetrainees stellen zum Ende des Onboardings, z. B. nach einem halben Jahr, in einem Abschlussworkshop im Beisein ihrer Führungskräfte ihre Arbeits- und Projektergebnisse vor. Bei Bedarf werden konkrete Umsetzungsmaßnahmen vereinbart. Die neuen Wertetrainees tauschen auch weiterhin selbstorganisiert ihre Erfahrungen aus und vernetzen sich mit anderen Communities of Practice.

Haben die neuen Wertetrainees in diesem Rahmen gelernt, ihre Herausforderungen im Onboarding-Prozess selbstorganisiert zu lösen, werden sie Ihre Werte und Kompetenzen naturgemäß auch auf andere Problemstellungen in ihrer Praxis übertragen können. Dabei werden sie wiederum den Ermöglichungsraum nutzen. Lernen findet damit immer mehr am Arbeitsplatz und im Netz statt, es entwickelt sich ein Social Workplace Learning. Der Onboarding-Prozess geht nahtlos in den laufenden Werte- und Kompetenzentwicklungsprozess über. Das neue Leitbild wird zunehmend »gelebt«.

Im Abstand von z. B. sechs Monaten erhalten die neuen Wertetrainees danach auch weiterhin Gelegenheit, sich mit den Lernpartnern auszutauschen und ihr Netzwerk zu verdichten. Zudem übernehmen sie in der nächsten Runde des Onboardings eine Rolle als Pate der nachfolgenden Kollegen.

Beispiel 2: Ideale oder Charisma

»Schöpft aus dem Pokale neue Ideale« stand auf dem Humpen, den der Wertetrainer bei Beginn der Werteaussprache auf den Tisch stellte. Der Trinkpokal sei sicher nicht der richtige Weg, begann er die Aussprache lachend, aber was dann? Eine Werteerfassung in dem Unternehmen, das sehr erfolgreich Kabelfehlersuchgeräte produzierte und verkaufte, ergab überraschend, dass viele Werte einen hohen Stellenwert im Unternehmen hatten, aber ausgerechnet der Wert Ideale sehr niedrig lag.

Kaum hatte der Wertetrainer dieses Ergebnis dargelegt, entstand ein aufgeregtes Geschnatter. Wir folgten immer Idealen und folgen ihnen auch jetzt, war die Meinung der an der Aussprache beteiligten Mitarbeiter. Und sie nannten andere Werte, Familie, Gesundheit, Norm und Gesetz, denen sie als Ideale folgten. Also wäre der Wert Ideale ziemlich überflüssig, fragte der Trainer. Ja klar, war die einmütige Meinung. Es sei gut, dass sie die genannten Werte hochhielten, gab der Trainer zu bedenken und fragte, wo diese Ideale denn in ihrem Tun, in ihren Kompetenzen, in ihren Zielen zum Ausdruck kämen. Betretenes Schweigen.

Schließlich bemerkte einer: Unser kürzlich verstorbener Firmengründer und Firmenchef, geprägt durch Jahre des Aufbaus und des Erfolgs, hatte schon sehr klare persönliche, soziale und politische Ideale. Denen folgte er unbeirrt, auch in schwierigen Zeiten. Wir wussten zwar nicht genau, was das für Ideale waren, aber waren sicher, dass er sie hatte und von ihnen ausging, dass sie gleichsam die Motoren seines Handelns waren. Der Elan, die visionäre Kraft, die er daraus schöpfte, vermochte er auf die Mitarbeiter zu übertragen.

Sein Charisma war die Richtschnur. – Und was ist euer Antrieb, eure Richtschnur, fragte der Trainer. Seht, es geht nicht allein um diesen oder jenen Schlüsselwert, es geht darum, dass ihr überhaupt solche Ideale findet und ihnen folgt, dass ihr selbst den Wert Ideale achtet und entwickelt.

Um sich selbst auf die Spur zu bringen, schlug der Trainer die Methode der kollegialen Beratung vor. Sie sollte über weite Teile den Charakter eines kollegialen Coachings und Co-Coaching annehmen. Die Teilnehmer wurden sich dabei bewusst, was sie in ihrer Arbeit antrieb und woran sie fest und sicher glaubten. Das konnten ganz unterschiedliche, aus christlichen oder durch eigenes Erleben gewonnene Werte sein. Vertiefend setzte der Trainer das Zürcher Ressourcenmodell ein, das jedem Einzelnen die Tiefenstruktur seiner Werte klarer machte.

Eine abschließende Aussprache machte jedem Mitarbeiter deutlich, dass es nicht allein darauf ankommt, bestimmten Schlüsselwerten zu folgen, die in Leitlinien des Unternehmens integriert sind, sondern dass jeder eigene Ideale verfolgen sollte, und dass dies selbst als Wertehaltung ausgeprägt werden muss. Wird einem diese Werthaltung durch das Charisma und die Wertorientierung einer Führungsperson abgenommen, kann das großartig funktionieren. Aber fremdes Charisma ist kein Ersatz für eigene Überzeugungen und Werte. Indem sich alle auf ihre eigenen Ideale stützen und diese dann in Kommunikationsprozessen verallgemeinern, ist ein Zuwachs an ökonomischem wie an sozialem Erfolg garantiert. So resümierte der Wertetrainer den vollzogenen Werteentwicklungsprozess.

3.11 Verantwortung

»Wir sind nicht nur verantwortlich für das, was wir tun,
sondern auch für das, was wir nicht tun.«
Molière

Beschreibung
Verantwortung (mittelhochdeutsch: vor Gericht rechtfertigen) ist ein im 20. Jahrhundert in das Zentrum ethischer und ethisch-politischer Diskurse gerückter Begriff zur Bezeichnung einer selbst eingegangenen oder uns von anderen zugewiesenen moralischen Verpflichtungen zur gewissenhaften Pflichten- und Folgenabwägung in konflikthaften Entscheidungen.

Dem Wortsinn nach bezeichnet Verantwortung eine dreistellige Relation: **Jemand** ist für **etwas** gegenüber **einer Instanz** verantwortlich. Als verantwortungsfähig gilt allein der individuelle Mensch als zur freien Entscheidung befähigte Person. Es gibt weder eine Kollektivschuld noch eine moralische Kollektivverantwortung. Moralische Verantwortung kann nicht übertragen oder zwischen Individuen aufgeteilt werden. Im Sinne einer Mitverantwortung kann Verantwortung jedoch gemeinsam getragen werden.

Unter **Verantwortungsethik** wird seit Max Weber ein ethischer Diskurs verstanden, der den moralischen Wert von Entscheidungen oder Handlungen an der Qualität der Güterabwägung und der angemessenen Beachtung der möglichen Folgen misst. Im Unterschied dazu finden in der **Gesinnungsethik** primär die Intention des Handelnden und deren Übereinstimmung mit allgemein verbindlichen Pflichten Beachtung. Aus juristischer und soziologischer Sicht ist Verantwortung primär das Produkt von Zuschreibungen Dritter. Mit der anerkennenden Zuweisung oder kritischen Einforderung von Verantwortung wird an die moralische Bereitschaft zur Selbstverpflichtung appelliert.

Ohne Selbstverpflichtung könnte es in komplexen und hoch individualisierten Gesellschaften keine verlässlichen Sozialbeziehungen geben. Wenn Personen Mitglieder in wirtschaftlichen, sozialen oder politischen Organisationen werden, erhalten sie bestimmte Positionen oder Aufgaben, durch die ihre Rechte und Pflichten und damit auch ihre Verantwortung bestimmt und begrenzt werden. Für den Einzelnen bedeutet dies, dass er in unterschiedliche Verantwortungszusammenhänge zugleich hineingestellt ist, z. B. als Vater, Angestellter oder Politiker. Dabei können auch Gewissens- oder Verantwortungskonflikte bei verschiedenen, miteinander kollidierenden Pflichten entstehen.

Die Funktions- und Arbeitsteilung hat sich als außerordentlich erfolgreich erwiesen, sie wird aber mit einer Komplexitätssteigerung der Zusammenhänge erkauft, deren Problematik heute zunehmend bewusst wird. Arbeitsteilung, z. B. in der Geschäftsleitung eines Unternehmens oder in der Regierung, führt zu einer Ausbreitung der Verantwortung. Jeder Beteiligte kann nur einen Ausschnitt der infrage stehenden Gesamtabläufe überblicken und ist für die Abwägung verschiedener Aspekte auf die Einschätzung Dritter angewiesen.

Führungsverantwortung betrifft die Ausrichtung einer Organisation auf bestimmte Ziele, sie schafft eine interne Aufgaben- oder Verantwortungsstruktur und beauftragt geeignete Personen mit diesen Aufgaben. Die Führungsverantwortung ist dabei nicht darauf gerichtet, bestimmte Pflichten zu erfüllen, sondern Macht im Sinne erfolgreicher Entscheidungen »richtig« zu gebrauchen.

Werteatlas-Definition

Ein Mensch, für den selbst getragene Verantwortung ein hoher Wert ist, strebt als zur freien Entscheidung befähigtes Individuum danach, eigenverantwortlich zu handeln. Er ergreift selbst Initiative und handelt der jeweiligen Situation angemessen. Bei echten Herausforderungen entwickelt er selbstorganisiert und kreativ Lösungen. Er gestaltet seine Arbeit und den Austausch mit Kollegen und Freunden eigenverantwortlich. Dabei ist er bemüht, selbst zu lernen und Entwicklungsprozesse anderer aus eigenem Antrieb heraus zu ermöglichen und zu begleiten.

Manchmal neigt er zur Übertreibung, indem er Aufgaben, die er nicht eigenverantwortlich und selbstorganisiert gestalten kann, rundweg ablehnt.

Wir empfehlen folgende vertiefende Literatur zum Wert Verantwortung: Jonas 2020, Heidbrink, Langbehn, Lohn 2017 oder Hardtke 2010.

Werteatlas-Zuordnung

Verantwortung wird im Werteatlas zentral den ethisch-moralischen Werten zugeordnet, weil solche Werte vor allem in einer Richtung – **unidirektional** – konkreten Individuen zugeschrieben werden. Ein einzelner Mensch geht moralische Verpflichtungen zur gewissenhaften Pflichten- und Folgenabwägung in konflikthaften Entscheidungen ein, wobei oft die Festlegung von Pflichten und die Beurteilung von Folgen durch andere Personen oder Instanzen geschehen. Die einzelne Person ist oder fühlt sich den anderen Personen oder Instanzen gegenüber verantwortlich, diese jedoch nicht zwingend der einzelnen Person gegenüber.

Verantwortung kann allein der individuelle Mensch als zur freien Entscheidung befähigte Person übernehmen. Das kann aber im Sinne der Selbstverpflichtung gegenüber Menschen und Instanzen auf ganz unterschiedlichen sozialen Niveaus geschehen. Jeder Mensch trägt – in unterschiedlichem Maße Verantwortung. Sie wird also tendenziell **homogenisierend** für unterschiedlichste konkrete Individuen eingefordert. Verantwortung hat es immer gegeben und wird es immer geben. Mit immer neuen Inhalten gefüllt gilt die Forderung nach Verantwortung gleichsam **verewigend** über soziale Veränderungen und politische Umbrüche hinweg.

Unidirektionalität, Homogenisierungstendenz und Verewigungstendenz sind charakteristisch für ethisch-moralische Wertungen (Erpenbeck unter Mitarbeit von Sauter 2018, S. 150 – 170).

Wertekategorien-Überlappung

Die Verantwortung, die eine Person im persönlichen oder gesellschaftlichen Rahmen trägt, kann auch Anerkennung und Zuneigung bis hin zur Liebe, etwa bei familiärer Verantwortung, erzeugen und damit einen deutlichen **Genuss**. Die Übernahme von Verantwortung in Organisationen und Institutionen geht oft mit Karriereschritten einher und bringt damit deutlichen **Nutzen**. Verantwortung zu übernehmen wird umso wichtiger, je mehr sie nicht auf die Erfüllung bestimmter Pflichten gerichtet ist, sondern auf den »richtigen« Gebrauch von Macht im Sinne erfolgreicher Entscheidungen. Aber was ist dabei richtig, was erfolgreich? Das zu definieren ist eine typisch **soziale** Wertefrage.

Wertequadrat, Synonyme

Im Wertequadrat setzen wir dem positiven Wert **Verantwortung**, flankiert von Verantwortlichkeit, den positiven Gegenwert **verantwortungsvoll** entgegen. Nicht alle, die Verantwortung tragen, die verantwortlich sind, handeln auch verantwortungsvoll, sind sich ihrer Verantwortungsfülle bewusst. Zwischen Verantwortlichkeit und Verantwortungsfülle herrscht ein positives, ein dialektisches Spannungsverhältnis. Als konträren Gegensatz können wir **Verantwortungslosigkeit**, schlimmer noch – **unverantwortliches Handeln,** setzen. Als entwertende Übertreibung von Verantwortung benutzen wir den – manchmal übertriebenen – **Pflichteifer**.

Als Synonyme für den Begriff Verantwortung können gelten:

Führung, Leitung, Rechenschaft, Pflicht, Bürde, Haftung, Abrechnung, Garantie, (Arbeits-)ethos, Bürgschaft, Gewähr, Verantwortungsbewusstsein, Pflichtgefühl, Pflichtbewusstsein, Haftpflicht, Schadenersatzpflicht, Zuverlässigkeit, Ersatzpflicht, Fürsorge, Obhut, Zuständigkeit, Kompetenz, Obliegenschaft.

Wertekleeblatt

Subjekte des Wertes Verantwortung sind stets individuelle Menschen, als zur freien Entscheidung befähigte Personen. Verantwortung kann nicht übertragen oder zwischen Individuen aufgeteilt werden. Sehr wohl kann aber kollektiv, vom Team bis zur Nation, eingeschätzt werden, ob diese individuellen Menschen ihrer Verantwortung gerecht geworden sind.

Objekte des Wertes Verantwortung sind alle Einzelpersonen, die im außerberuflichen oder im beruflichen Bereich Verantwortung übernommen haben, übernehmen müssen oder ihrer Verantwortung nicht gerecht geworden sind. Ferner sind auch alle Führungsverhältnisse und Abhängigkeiten, die Verantwortung verlangen, solche Objekte. Es kann eingeschätzt werden, ob eine Person ihrer Führungsverantwortung gerecht geworden ist. Im ökonomischen oder politischen Bereich wird ständig eingeschätzt, ob Verantwortung wahrgenommen wurde und ob das Resultat auch der Verantwortung entspricht.

Grundlagen des Wertes Verantwortung sind bestehende Werte und Normen, die sich zum einen historisch im Laufe persönlicher, insbesondere familiärer Leben, und in anderen Situationen außerberuflichen Zusammenwirkens herausgebildet haben. Zum anderen wird ein weiterer Bereich von Wertungsgrundlagen durch ethisch-moralische und sozial-weltanschauliche Werte und Normen gebildet, die auf die eigenen Arbeitszusammenhänge von Wertenden wie auch auf deren soziale Existenz Bezug nehmen. Diese Normen und Werte sind oft durch juristische und politische Festlegungen umrissen und überprüfbar.

Maßstäbe des Wertes Verantwortung sind meist durch Überlegungen charakterisiert, was geschähe, wenn die handelnde Person ihrer Verantwortung nicht nachkäme, wenn sie einen Streit im Team nicht schlichtete, oder wenn sie eine wichtige Entscheidung im Arbeitsprozess nicht träfe. Zugleich wird graduiert bemessen, ob die Verantwortung in stärkerem oder geringerem Maße wahrgenommen wurde.

Training

Im Zuge der digitalen Transformation übernehmen die Mitarbeiter immer mehr Verantwortung, da sie zunehmend selbstorganisiert mithilfe digitaler Systeme auch komplexere Aufgaben bewältigen können.

Trainingsziele

Vorab sind folgende grundlegenden Fragen zu klären:

- **Bei welchen Menschen** soll der Wert Verantwortung konkret entwickelt werden, beispielsweise bei Auszubildenden, Wertetrainees, Führungskräften oder Teams?
- **Wofür** sollen sie den Wert Verantwortung entwickeln, z. B. um effizienter zu arbeiten, um die Motivation und Leistungen der Wertetrainees zu steigern, um Wertetrainees an die Organisation zu binden, um die Kundenbindung zu steigern oder um die Arbeitgebermarke zu stärken?
- **Warum** sollen sie ihren Wert Verantwortung entwickeln? Gründe dafür können Genusswerte wie Beziehungen, Nutzenwerte wie Anerkennung, ethisch-moralische Werte wie Privatleben und sozial-weltanschauliche Werte wie Einfluss und Norm und Gesetz sein.
- **Wie weit** soll der Wert Verantwortung getrieben werden: Diese Frage sollte in einem gemeinsamen Prozess beantwortet werden, in den möglichst alle Wertetrainees und Führungskräfte einbezogen werden.

Als hilfreich hat es sich erwiesen, konkrete Formulierungen zu entwickeln, wie beispielsweise:

Wie kann erreicht werden, dass

- die Wertetrainees die Bedeutung des Wertes Verantwortung für sich bewerten können und Gelegenheit erhalten, Verantwortung in der Arbeitspraxis zu übernehmen,
- ihre individuellen Erwartungen zum Wert Verantwortung in ihren Aufgaben und ihrem Arbeitsumfeld erfüllt werden,
- Erfahrungen mit verantwortungsvollen Aufgaben ermöglicht werden,
- sie durch herausfordernde Praxisaufgaben und -projekte die Chance erhalten, Verantwortung zu übernehmen?

Diese Ziele können dem persönlichen Bedarf entsprechend angepasst und erweitert werden.

Praxisprojekte und -aufgaben

Der Wert Verantwortung kann im Arbeitsprozess vor allem durch besonders herausfordernde Praxisprojekte und -aufgaben mit besonderer Verantwortung entwickelt werden. Diese erfordern in hohem Maße eigenverantwortliches Handeln, bei Bedarf mit agilen Methoden. Geeignet sind insbesondere Praxisaufgaben oder Projekte, in denen ein hohes Maß an Verantwortung für das Ergebnis, das Team, die Organisation oder für gesellschaftliche und ökologische Ziele übernommen wird.

Deshalb sollte überprüft werden, ob es in dem jeweiligen Geschäftsbereich im Rahmen des Job-Enrichment Aufgaben gibt, die eine deutliche Erweiterung der Verantwortung ermöglichen. Infrage kommen Projekte und Praxisaufgaben, in denen die Wertetrainees zusätzliche Verantwortung, z. B. für andere Mitarbeiter, übernehmen.

Sollten solche Aufgaben nicht im eigenen Bereich der Wertetrainees zur Verfügung stehen, ist zu prüfen, ob es die Möglichkeit der Job-Rotation gibt, bei der sie mit Herausforderungen konfrontiert werden, die eine hohe Verantwortung umfassen.

Nach Möglichkeit sollten agile und kollaborative Methoden genutzt werden, und dabei vor allem besonders verantwortungsvolle Teilaufgaben übernommen werden. Verantwortlichkeit lässt sich nur in Verantwortung begreifen. Der Austausch in Netzwerken und Communities of Practice ist wichtig.

Eine besonders tief gehende emotionale Berührung erfahren die Wertetrainees bei der Methode des Seitenwechsels®, bei der sie sich bewusst in Situationen begeben, die nur mit einem hohen Maße an Verantwortung zu bewältigen sind. Es bietet sich deshalb an, mit sozialen Einrichtungen Vereinbarungen über Praktika von Wertetrainees in solchen Projekten zu treffen, bei denen sie besonders verantwortungsvolle Aufgaben übernehmen.

Damit erweitern die Wertetrainees Ihr Wissen, aber insbesondere auch Ihre Werte Respekt und Verantwortung.

Checkbox Wert Verantwortung **Methoden der gezielten Werteentwicklung im Arbeitsprozess (nach Kap. 2.3)**	**Auswahl**
Erlebnislernen	
Subjektivierendes Handeln	
Expertiseaufbau	
Job Rotation	
Agile Arbeitsprinzipien	
Scrum	
Design Thinking	
Kanban	
Pulse	
Peer Working and Learning	
Working Out Loud	
Kollegiale Beratung	
Community of Practice	

Tab. 47 Checkbox Verantwortung – Praxis

Begleitendes Coaching und Mentoring

Für die Entwicklung des Wertes Verantwortung spielen Mentoringgespräche mit der Führungskraft eine zentrale Rolle. Sie kennt den Wertetrainee aus der täglichen Praxis und kann deshalb sehr gezielte Rückmeldungen und Anregungen zum verantwortungsvollen Handeln geben. Eine besondere Rolle spielt hierbei die Vorbildfunktion der Führungskraft. Nach der Erfassung, Analyse und Bewertung der individuellen Werte und der Auswahl eines geeigneten Praxisprojekts durch den Wertetrainee mit Unterstützung durch den Wertetrainer, das den Aufbau des Wertes Verantwortung gezielt ermöglicht, findet ein grundlegendes Entwicklungsgespräch mit der Führungskraft statt. Dabei versucht der Wertetrainee, sie von seinem Vorschlag zu überzeugen, sodass sie bereit ist, in dieses Projekt zu investieren. Es sollte eine Entwicklungspartnerschaft erwachsen, die durch die Sicherung der notwendigen Rahmenbedingungen und regelmäßige Mentoringgespräche geprägt ist.

Co-Coaching, die Vereinbarung von Koping-Gruppen, und die Nutzung kollegialer Beratung können diese Entwicklungsprozesse wirkungsvoll flankieren.

Checkbox Wert Verantwortung **Methoden der gezielten Werteentwicklung durch Coaching und Mentoring (nach Kap. 2.3)**	**Auswahl**
Begleitcoaching	
Neurobiologisch intendiertes Coaching	
Systemisches Coaching	
Involvierendes Coaching	
Persönlichkeitscoaching	
Co-Coaching	
Kollegiales Coaching	
Mentoring	
Koping	

Tab. 48 Checkbox Verantwortung – Coaching

Ergänzende Übung

Insbesondere im Bereich der Berufsausbildungen kann der Wert Verantwortung durch Trainingsunternehmen gefördert werden, die reale Produkte in realen Märkten vermarkten. Dies wird nur dann gelingen, wenn insbesondere der Wert Verantwortung im Umgang mit den Kunden und Lieferanten, aber auch untereinander, erfahren wird.

Auch einige Formen von Outdoor-Training, etwa Hochseilgarten oder Blind Trust Walk und andere können zur gezielten Entwicklung des Wertes Verantwortung eingesetzt werden. Hierbei sind insbesondere Methoden geeignet, bei denen es auf die Übernahme von Verantwortung, z. B. als Teamleiter, ankommt. Es gibt inzwischen auch Serious Games, die Verantwortung innerhalb des Spielgeschehens simulieren und zu hoher emotionaler Berührung führen.

Checkbox Wert Verantwortung Methoden der gezielten Werteentwicklung durch Übung und übendes Training (nach Kap. 2.3)	Auswahl
Trainingsunternehmen und Übungsfirmen	
Bewerbungstraining	
Outdoor-Training, Hochseilgarten, Führen mit Pferden...	
Seitenwechsel	
Zürcher Ressourcenmodel	
Serious Games	

Tab. 49 Checkbox Verantwortung – Training

Unterstützende Weiterbildung

Seminare, die sich mit Fragen der Verantwortung auseinandersetzen, können die Sensibilität für den Wert Verantwortung fördern, auch wenn dort keine Werte aufgebaut werden. Diese Sensibilisierung wird insbesondere dann gelingen, wenn diese Maßnahmen direkt am Erfahrungsbereich der Teilnehmer anknüpfen.

Deshalb sollte der Wertetrainee an Seminaren und Workshops teilnehmen, die sich mit Verantwortung in seinem Kontext beschäftigen. Entscheidend für die Entwicklung des Wertes Verantwortung ist dabei, dass sich aus den Weiterbildungsmaßnahmen konkrete Maßnahmen in der täglichen Arbeitspraxis ableiten, die ein hohes Maß an Verantwortung erfordern. Unterstützend sind viele verhaltenspsychologische Methoden, wie die Prospect Theory, Post-mortem-Diskussionen, Advocatus-Diaboli-Diskussionen und Debiasing Überlegungen, geeignet.

Auch durch Nudging, durch kleine Anstöße, kann das Handeln der Wertetrainees mit dem Ziel, den Wert Verantwortung zu fördern, geändert werden. So können kleinere Aufträge erteilt werden, die ein hohes Maß an Verantwortung beinhalten.

Checkbox Wert Verantwortung Methoden der gezielten Werteentwicklung in Bildung und Weiterbildung (nach Kap. 2.3)	Auswahl
Bildungs- und Weiterbildungsmaßnahmen als Anstoß für Werteentwicklung	
Selbstorganisation	
Social Blended Learning	
Wertelisten	
Wertequadrat	
Handlungs- und verhaltenspsychologische Methoden	

Checkbox Wert Verantwortung **Methoden der gezielten Werteentwicklung in Bildung und Weiterbildung (nach Kap. 2.3)**	**Auswahl**
Prospect Theory	
Post-mortem-Diskussion	
Advocatus-Diaboli-Diskussion	
Nudging	
Debiasing	
Anti-Biasing	
Kongresse, Barcamps und Webcamps	
World Café – werteorientierte Vernetzung	
Kunst und Wertekommunikation	

Tab. 50 Checkbox Verantwortung – Bildung

Beispiel 1: Gezielte Entwicklung der Führungsverantwortung

Dr. Florian Kaltenmaier, Chefarzt einer internistischen Abteilung in einem Krankenhaus, fühlt sich als Führungskraft unwohl. Er empfindet seine Führungsaufgaben eher als Belastung, insbesondere weil er spürt, dass sein Führungshandeln von vielen Mitarbeitern kritisch gesehen wird. Deshalb initiiert er mit Unterstützung eines externen Beraters einen Entwicklungsprozess für sich selbst, aber auch für sein Team, um zukünftig seiner Führungsverantwortung besser gerecht werden zu können.

Die Didaktik und Methodik dieses Vorhabens soll Dr. Kaltenmaier, aber auch sein Team, in die Lage versetzen, ihre Werte und Kompetenzen zum verantwortungsvollen Umgang miteinander gezielt zu entwickeln. Eine zentrale Rolle spielt dabei das Mitarbeiter-Fördergespräch, insbesondere die Entwicklung der Kompetenz zum Feedback-Nehmen bzw. -Geben. Dafür wird eine veränderte Lernkultur benötigt, die Arbeiten und Lernen zusammenführt. Deshalb ist ein umfassendes Kommunikationskonzept zu gestalten, das es allen Mitarbeitern der Organisation ermöglicht, sich aktiv in den Entwicklungsprozess einzubringen.

Der Prozessbegleiter schlug folgende Erfassungen vor:

1. **Erfassung der Führungskompetenzen**: Selbsteinschätzung der 16 Führungskompetenzen im Abgleich zu dem vorab gemeinsam definierten Soll-Profil mit organisationsspezifischen Handlungsankern und den aggregierten (und damit anonymisierten) Fremdeinschätzungen der jeweiligen Mitarbeiter.

2. **Erfassung der Führungskultur**: Einschätzung der Führungskultur im Team über die Teamwerte durch alle Mitarbeiter und Dr. Kaltenmaier auf Basis von jeweils vier organisationsspezifischen Beispielen für jeden Wert, die sich konkret auf die aktuelle und angestrebte Führungskultur nach den Führungsgrundsätzen beziehen.

Deshalb wurde vorab ein eintägiger Workshop mit erfahrenen Führungskräften und Personalentwicklern aus der Klinik erforderlich, in dem die Handlungsanker bzw. Werte-Beispiele, die den Fragebögen zugrunde lagen, auf die Führungsgrundsätze, die spezifischen Herausforderungen, die aktuelle Kultur und die Sprache der Klinik angepasst wurden. Die Erfassungssoftware leitet daraus die Fragen für die Erfassung der Führungskompetenzen und der Teamwerte ab.

Für die Umsetzungsphase wurde folgendes Vorgehen festgelegt:

In einer zweistündigen Informationsveranstaltung mit externer Moderation führt zunächst Dr. Kaltenmaier in die Ziele und Prinzipien des Entwicklungsprojektes ein. Die Gruppe erhält Gelegenheit, über die aktuelle Führungssituation zu reflektieren und ihre Erwartungen und Befürchtungen zu formulieren. Danach wird die Konzeption der Erfassung der Führungskultur (Werte) Ist und Wunsch im Team sowie der Fremdeinschätzung der Führungskompetenzen in aggregierter Form vorgestellt und diskutiert. Am Schluss vereinbaren alle Teilnehmer »Spielregeln« zum Umgang mit den Ergebnissen.

Daraufhin findet mit allen Teammitgliedern die Werte- und Kompetenzerfassung Ist und Wunsch statt. Die Ergebnisse werden in einem etwa vierstündigen Auswertungsworkshop mit Dr. Kaltenmaier und dem externen Moderator erörtert. Dieses Treffen läuft nach folgendem Schema ab:

- Reflexion über die aktuelle Situation des Teams: kritische Bewertung der bisherigen Entwicklung,
- Erörterung der zu erwartenden Veränderungen im Team, z. B. aufgrund einer veränderten Organisationsstrategie oder neuer Herausforderungen,
- gemeinsame Analyse und Bewertung der Erfassung der Führungskultur (Werteerfassung): Vergleich der Ist- und Wunschwerte im Team, Diskussion möglicher Konsequenzen dieser Abweichungen und Identifikation der Handlungsbereiche zur gezielten Entwicklung der Führungskultur,
- verbindliche Formulierung von zwei, drei teambezogenen Wertezielen,
- gemeinsame Analyse und Bewertung der Erfassung der Führungskompetenzen der Führungskraft: Vergleich der Selbsteinschätzung der Führungskraft und der aggregierten, anonymisierten Fremdeinschätzungen ihrer Mitarbeiter, Diskussion möglicher Konsequenzen dieser Abweichungen und Identifikation der Handlungsbereiche zur gezielten Entwicklung der Führungskompetenzen,
- verbindliche Formulierung von zwei, drei Zielen zur Entwicklung der Führungskompetenzen,

- verbindliche Vereinbarungen zur Gestaltung der Entwicklungsgespräche:
  - Planung der Gespräche,
  - Ziele und Prinzipien der Gestaltung der Gespräche,
  - Vorbereitung der Mitarbeiter: Handlungsprinzipien,
  - Vorbereitung der Führungskraft: Handlungsprinzipien,
- verbindliche Festlegung von weiteren Entwicklungsprojekten für die Führungskultur, die gemeinsam im Team bearbeitet werden,
- Definition der erforderlichen Rahmenbedingungen, wie Raum, Zeit, Personal, Geld usw., die für diese Kompetenz- und Werteentwicklung erforderlich sind,
- Reflexion über den Team-Workshop auf der Metaebene: »Was lief gut, was hat den Teammitgliedern nicht gefallen, wie kann der Workshop optimiert werden, wie nützlich war der Workshop für die gezielte Entwicklung der Führungskompetenz?«

Der Moderator reflektiert mit Dr. Kaltenmaier die Ergebnisse des Workshops und plant mit ihm die weiteren Schritte. Die Teammitglieder reflektieren über die Werte- und Kompetenzerfassung.

Danach beginnt das Team, seine Werte, und damit seine Kultur, im Rahmen der Mitarbeiter-Fördergespräche und der vereinbarten Projekte, z. B. zur Umsetzung regelmäßiger Reviews und Reflexionen, gezielt zu entwickeln.

Dr. Kaltenmaier beginnt seinen Prozess der gezielten Werte- und Kompetenzentwicklung als Führungskraft mit Coaching seines Lernbegleiters (Moderator). Im ersten Schritt entwickelt er seine Konzeption zur Führung der Mitarbeiter-Entwicklungsgespräche und setzt diese in seiner Führungspraxis um.

In der Kombination aus der Entwicklung der Werte und der Führungskompetenzen ergibt sich eine gute Chance, die Führungskultur nachhaltig zu verbessern.

Beispiel 2: Der Wert Verantwortung eines Betriebsrates

Ein junger Mitarbeiter wird in den Betriebsrat einer Niederlassung eines Konzerns gewählt. Seine Intention, sich in diese Position wählen zu lassen, war es, simpel zusammengefasst, der Geschäftsleitung das Leben so schwer wie möglich zu machen. Seine Verantwortung gegenüber den Beschäftigten war ihm nicht so wichtig und wohl auch nicht bewusst. Als Betriebsrat lehnte er Wochenendarbeit ebenso ab, wie angeordnete Überstunden. Als er mal wieder aus einem Treffen mit der Niederlassungsleitung kam, fand er eine E-Mail der Konzernspitze in seinem Postfach. Es war eine Vorabinformation, dass die Niederlassung geschlossen werden sollte, so wie sie ihm das schon mehrfach in Meetings angedroht hatten. Sie wollten es in die Tat umsetzen.

Ihm als Betriebsratsmitglied im Gesamtbetriebsrat konnte nicht gekündigt werden, deshalb wurde ihm ein Arbeitsplatz in einer anderen Niederlassung angeboten. Alle anderen sollten die Kündigung zum Ende des Jahres erhalten. Einen Sozialplan sollte es nicht geben. Kurz entschlossen griff er zum Telefon, um seinen Betriebsratkollegen Guido Wagner in der Konzernzentrale anzurufen. Dieser erzählte ihm, dass er von den Plänen auch schon gehört habe. Der Grund für die Schließung sei, dass man in der Niederlassung nicht mehr flexibel arbeiten könne und die Kundenzufriedenheit deswegen nicht mehr gegeben sei.

Guido Wagner, der über viele Informationen und wichtige Beziehungen bis hin zur Konzernleitung verfügte, wusste, dass diese Entscheidung der Konzernleitung insbesondere deswegen schwergefallen war, weil viele Kollegen schon lange für die Firma tätig waren und vermutlich auf dem Arbeitsmarkt schwer vermittelbar sind. Aber so unflexibel und wenig dynamisch, wie die Niederlassung nun einmal wäre, sei sie nicht mehr haltbar.

In der Nacht danach schlief der junge Mann schlecht. Immer wieder träumte er von seinen Kollegen. Am anderen Morgen stand er früh auf und ging zum Niederlassungsleiter. Er schloss die Tür hinter sich und fragte, ob man die regelmäßige Samstagsarbeit nicht noch einmal nachverhandeln könne. Vielleicht ließe sich in Absprache mit den Kollegen doch noch etwas machen.

Der Niederlassungsleiter wirkte irritiert und fragte nach dem Grund für diesen völligen Sinneswandel. Daraufhin gestand ihm der Betriebsrat, dass er bisher vor allem den Chefs das Leben schwerer machen wollte, dass er sich aber nun seiner Verantwortung gegenüber den Kollegen komplett bewusst geworden sei. Er wolle fortan im Betriebsrat anders handeln, um seiner Verantwortung wirklich gerecht zu werden. Er wisse, dass es auch der Konzernleitung schwerfiele, die Niederlassung zu schließen, und dass durchaus die Chance bestünde, den Entschluss rückgängig zu machen, wenn der Betriebsrat, die Niederlassungsleitung und die Kollegen sich entschlössen, einen anderen Kurs zu steuern. Als er gefragt wurde, wer diesen Sinneswandel wohl bewirkt habe, benannte er Guido Wagner, ein im ganzen Unternehmen hoch geachteter und beliebter Kollege.

Daraufhin schlug der Niederlassungsleiter folgendes Vorgehen vor: Zwischen dem jungen Betriebsratsmitglied und Guido Wagner sollte eine Mentoringbeziehung aufgebaut und der Konzernleitung zur Kenntnis gebracht werden. Von dieser Mentoringbeziehung ausgehend, sollten er, der Niederlassungsleiter, Guido Wagner, der junge Betriebsrat und einige ausgewählte, in der Niederlassung tonangebende Kollegen, eine Serie kollegialer Beratungen vereinbaren, in denen es um den Wert Verantwortung ginge. Ausdrücklich ging es nicht allein um die Revision bereits vom Betriebsrat durchgesetzter Entscheidungen, sondern darum, dass der Wert Verantwortung bedeutet, alle Auswirkungen von Entscheidungen zu berücksichtigen.

Um die Schwere der Wertediskussionen aufzulockern, wurde mit den Mitgliedern der Beratungsgruppe ein Führen mit Pferden durchgeführt, das die Sensibilität für die Beziehungen zwischen Führenden und Geführten erhöhen sollte. Schließlich half der Einsatz eines von der Personalabteilung gestalteten Weiterbildungsnudging die Rolle und die Möglichkeiten des Betriebsrats besser zu verstehen, um besser im Interesse der bedrohten Kollegen, des Konzerns und der Niederlassung handeln zu können. Alle diese Anstrengungen verfehlten nicht ihre Wirkung. Die Konzernleitung verschob ihre Entscheidung, die Niederlassung zu schließen, und als sich die Kundenzufriedenheit deutlich verbesserte, wurde die Entscheidung schließlich vollständig zurückgenommen.

3.12 Respekt

»Doch ehe man Respekt genießt, muss man sich ihn verdienen. Und um ihn zu verdienen, darf man sich ihn nicht wünschen.«
Leo Tolstoi

Beschreibung
Respekt (von lateinisch *respectio* »Rückschau, Einschätzung, Betrachtung, Wieder-Schau«, im Sinne von »Beurteilung«) bezeichnet eine Form der Wertschätzung, Aufmerksamkeit und Ehrerbietung gegenüber einem anderen Lebewesen, einer Respektsperson, oder einer Institution. Als Respekt wird die anerkennende Berücksichtigung des Wertes von etwas, im Standardfall einer anderen Person, bezeichnet. Respekt in diesem Sinne kann jedoch auch Regeln, insbesondere moralischer Art, Institutionen oder Abstraktionen, wie dem Fremden, bestimmten Gruppen oder Kulturen, entgegengebracht werden. Dabei schwankt die Bedeutung von Respekt in der bloßen Berücksichtigung der angenommenen Eigeninteressen und Eigenheiten des Respektierten bis hin zur Bewunderung.[60]

Respekt ist eine Grundlage für das menschliche Miteinander und für Menschen unterschiedlicher Glaubensrichtungen sowie Herkunft. Dasselbe gilt auch gegenüber anderen Lebewesen, Ländern oder Institutionen.[61] Eine Steigerung des Respektes ist die Ehrfurcht, etwa vor einer Gottheit.

Werteatlas-Definition
Es ist respektvollen Menschen wichtig, auch andersartige Menschen anzuerkennen und zu schätzen, ihnen möglichst viel Verständnis und Achtsamkeit entgegenzubringen sowie fremde Lebensverhältnisse ohne Vorurteile zu betrachten. Respekt zeigende Menschen begegnen beispielsweise Kollegen und Führungskräften auf Augenhöhe und bemühen sich um eine

60 https://de.wikipedia.org/wiki/Respekt
61 https://definition-online.de/respekt/

gegenseitige Unterstützung. Sie streben an, ohne Rücksicht auf Hierarchien wertschätzend mit Kollegen und Führungskräften kommunizieren und arbeiten zu können. Sie begegnen allen Mitarbeitern, unabhängig von Herkunft oder Religion, mit Verständnis und ohne Vorbehalte. Sie betrachten fremde Familien- und Lebensverhältnisse ohne Vorurteile und achten grundsätzlich andere kulturelle, religiöse und politische Überzeugungen. Sie bemühen sich, mit allen Mitarbeitern tolerant umzugehen.

Übertriebener Respekt kann allerdings dazu führen, dass Probleme und Herausforderungen nicht mehr angesprochen werden, um andere nicht in Bedrängnis zu bringen.

Wir empfehlen folgende vertiefende Literatur zum Wert Respekt: Lienhardt 2020, Krone-Schmalz 2020 oder Ebert, Pastoors 2017

Werteatlas-Zuordnung
Respekt wird im Werteatlas zentral den ethisch-moralischen Werten zugeordnet, weil solche Werte vor allem in einer Richtung – **unidirektional** – konkreten Individuen zugeschrieben werden. Ein Mensch erweist einem anderen, einer Gruppe, einem Land, einem Symbol, z. B. einer Fahne oder einer Tradition Respekt. Für die Wertschätzung, Aufmerksamkeit und Ehrerbietung, die kollektive Subjekte herausragenden Menschen, anderen kollektiven Subjekten, Verhältnissen oder Regeln erweisen, werden hingegen vornehmlich andere Begriffe gewählt.

Respekt wird tendenziell **homogenisierend** für unterschiedliche konkrete Individuen gleichermaßen eingefordert, unabhängig davon, welchen sozialen Stufen sie ansonsten auch zugehörig sind, vom Staatsoberhaupt eines Landes bis zum Obdachlosen. Mit immer neuen Inhalten gefüllt gilt die Forderung nach Respekt gleichsam **verewigend** über soziale Veränderungen und politische Umbrüche hinweg.

Unidirektionalität, Homogenisierungstendenz und Verewigungstendenz sind charakteristisch für ethisch-moralische Wertungen (Erpenbeck unter MA von Sauter 2018, S. 150 – 170).

Wertekategorien-Überlappung
Die Respekt- und Ehrerbietung erzeugt auch beim Respektierenden **Genuss**, sie kann natürlich auch von **Nutzen** sein, vor allem in Bezug auf Anerkennung und Karriere und sie spielt eine wichtige Rolle in **sozialer** Hinsicht. Führung, ob in unternehmerischen oder in politischen Dimensionen, setzt stets das Respektieren gegebener Führungsfunktionen und -Personen, oder aber eine Auseinandersetzung mit ihnen voraus.

Wertequadrat, Synonyme
Im Wertequadrat setzen wir dem positiven Wert **Respekt** den positiven Gegenwert **selbstbewusste Kühnheit** entgegen, sehen als entwertende Übertreibung **Unterwürfigkeit** und als konträren Gegensatz **Respektlosigkeit** an.

Als Synonyme für den Begriff Respekt können gelten:

Anerkennung, Ansehen, Ehre, Verehrung, Ehrfurcht, Bestätigung, Furcht, Achtung, Frömmigkeit, Scheu, Ehrfurcht, Rücksichtnahme, Reverenz, Reputation, Hochachtung, Ehrerbietung, Hochschätzung, Bewunderung, Ergebenheit, hohes Ansehen, würdevolle Anerkennung, Autorität, Wertschätzung, Würdigung

Wertekleeblatt

Subjekte der Wertes Respekt sind vor allem Individuen, lediglich in einem übertragenen Sinne können auch Menschengruppen, wie Schüler, Belegschaften, Vereinsmitglieder, Parteiangehörige oder Gläubige und kollektive Subjekte, wie Gemeinschaften, Länder, Nationen oder Bündnisse, anderen Objekten Respekt erweisen.

Objekte des Wertes Respekt sind andere sozial oder individuell geachtete Personen, z. B. Familienangehörige, Führungskräfte und in kollektiven Zusammenhängen, Künstler, Politiker, Lehrer oder andere öffentliche Personen oder Menschengruppen, wie beispielsweise Polizei, Feuerwehr oder Parteien sowie weitere geachtete Berufsstände oder Unternehmen, politische Organisationen aller Art, Nationen und Länder, aber auch deren Eigenschaften.

Grundlagen des Wertes Respekt sind wirkliche oder angenommene Vorzüge der Respektspersonen, der respektierten Dinge, Eigenschaften, Relationen oder der respektierten Institutionen. Diese Vorzüge resultieren aus Sachverhalten wie auch aus kulturellen Werten, Bräuchen, Traditionen oder Moden, die individuell oder gemeinschaftlich angenommen oder zugeschrieben werden, wie beispielsweise adligen oder charismatisch agierenden Personen, aber auch Symbolen, wie Krone oder Hoheitszeichen oder symbolischen Bauwerken, wie Kirchen, Schlösser oder Denkmälern. Auch völlig absurde und sachlich nicht zu begründende Zuschreibungen können zu Grundlagen des Respekts werden. Beispiele dafür sind Fahnenweihen oder das Gottesgnadentum.

Maßstäbe des Wertes Respekt richten sich vor allem danach, ob die Vorzüge des Objekts der Wertung verabsolutiert werden, wie der »beste« Vater, der »einmalige« Lehrer, der »unersetzliche« Politiker, die »stärkste« Mannschaft oder die »größte« Nation. Eine Rolle spielt auch, in welchen Graden die Einschätzungen abgestuft werden, beispielsweise als mehr oder weniger Respekt heischend oder indem man den Grad des Respekts metrisch, etwa durch Beliebtheitsskalen, erfasst.

Training

Schreibt man den Wert Respekt auch kollektiven Subjekten zu, etwa den Respekt, den ein Land, ein Volk einem anderen erweist, kann das ein Thema von Politik, Sozialwissenschaften und Pädagogik sein. So war es beispielsweise ein wichtiges Ziel der spanischen Politik, Basken und Baskenland zu einer anderen, respektvolleren Haltung gegenüber der spanischen Zentralregierung zu bewegen. Solche umfassenden sozialhistorischen Prozesse anzustoßen und zu fördern kann nicht Ziel von Überlegungen und Vorgehensweisen eines Wertetrainings sein. Dieses Buch behandelt generell nur die gezielte Werteentwicklung von einzelnen Menschen. Auch das ist ein sehr weit gespannter Anspruch.

Trainingsziele

Vorab sind folgende grundlegenden Fragen zu klären:

- **Bei welchen Menschen** soll der Wert Respekt konkret entwickelt werden, beispielsweise bei Auszubildenden, Wertetrainees, Führungskräften oder Teams?
- **Wofür** sollen sie den Wert Respekt entwickeln, z. B. um die Motivation und Leistungen der Wertetrainees zu steigern, um die Zusammenarbeit zu fördern, um sie an die Organisation zu binden, um die Kundenbindung zu steigern oder um die Arbeitgebermarke zu stärken?
- **Warum** sollen sie ihren Wert Respekt entwickeln? Gründe dafür können Genusswerte wie die Beziehungen, Nutzenwerte wie Gemeinnutz, ethisch-moralische Werte wie Privatleben und sozial-weltanschauliche Werte wie individuelle Freiheit und Netzwerk sein.
- **Wie weit** soll der Wert Respekt getrieben werden: Diese Frage sollte in einem gemeinsamen Prozess beantwortet werden, in den möglichst alle Mitarbeiter und Führungskräfte einbezogen werden.

Als hilfreich hat es sich erwiesen, konkrete Formulierungen zu entwickeln, wie beispielsweise:

Wie kann erreicht werden, dass

- die Wertetrainees die Bedeutung des Wertes Respekt für sich bewerten und Gelegenheit erhalten, Respekt in der Arbeitspraxis zu erfahren,
- ihre individuellen Erwartungen zum Wert Respekt in ihren Aufgaben und ihrem Arbeitsumfeld erfüllt werden,
- Erfahrungen mit respektvollem Umgang untereinander ermöglicht werden,
- sie durch herausfordernde Praxisaufgaben und -projekte die Chance erhalten, Respekt zu erfahren?

Diese Ziele können dem persönlichen Bedarf entsprechend angepasst und erweitert werden.

Praxisprojekte und -aufgaben

Wertetrainer und Wertetrainees vereinbaren auf Basis der Erfassung, der Analyse und Bewertung der Erfassungsergebnisse und der individuellen Werteziele besonders herausfordernde Praxisprojekte und -aufgaben bei denen es vor allem darauf ankommt, andere Menschen, so wie sie sind, anzuerkennen. Gleichzeitig sollte das Projekt Wertetrainees ermöglichen, selbst Respekt zu erfahren.

Zur Entwicklung des Wertes Respekt eignen sich vor allem Praxisprojekte und -aufgaben, bei denen es in erster Linie darauf ankommt, auch andersartige Menschen anzuerkennen und zu respektieren. Dabei sollte es wichtig sein, anderen Menschen möglichst viel Verständnis und Wertschätzung entgegenzubringen und fremde Lebensverhältnisse ohne Vorurteile zu betrachten.

Deshalb sollte überprüft werden, ob es in dem jeweiligen Geschäftsbereich im Rahmen des Job-Enrichment Aufgaben gibt, die ein besonders hohes Maß an Respekt erfordern. Dies könnten internationale Projekte sein, in denen Mitarbeiter aus vielfältigen Kulturen zusammenarbeiten. Infrage kommen auch Projekte und Praxisaufgaben, in denen die Wertetrainees mit interkulturellen Herausforderungen, vonseiten der Mitarbeiter oder der Kunden bzw. Partner, konfrontiert sind.

Nach Möglichkeit sollten agile Methoden genutzt werden, weil diese maßgeblich durch den Wert Respekt bestimmt werden. Die Mitarbeiter begegnen sich dabei auf Augenhöhe ohne hierarchische Hürden und tauschen ihre Ideen in Netzwerken aus. Weiterhin bringen sie dabei ihre Erfahrungen ins Wissensmanagement mit ein.

Sollten solche Aufgaben nicht im eigenen Bereich der Wertetrainees zur Verfügung stehen, ist zu prüfen, ob es die Möglichkeit der Job-Rotation gibt, bei der sie mit Herausforderungen konfrontiert werden, die in besonderem Maße Respekt erfordern. Auch die Nutzung des Working Out Loud ist hier möglich.

Eine besonders tief gehende emotionale Berührung erfahren die Wertetrainees bei der Methode des Seitenwechsels®, bei der sie sich bewusst in Situationen begeben, die nur mit einem hohen Maße an Respekt zu bewältigen sind. Es bietet sich deshalb an, mit sozialen Einrichtungen Vereinbarungen über Praktika in solchen Herausforderungen zu treffen.

Checkbox Wert Respekt **Methoden der gezielten Werteentwicklung im Arbeitsprozess** **(nach Kap. 2.3)**	**Auswahl**
Erlebnislernen	
Subjektivierendes Handeln	
Expertiseaufbau	
Job Rotation	
Agile Arbeitsprinzipien	
Scrum	
Design Thinking	
Kanban	
Pulse	
Peer Working and Learning	
Working Out Loud	
Kollegiale Beratung	
Community of Practice	

Tab. 51 Checkbox Respekt – Praxis

Begleitendes Coaching und Mentoring

Für die Entwicklung des Wertes Respekt spielen Mentoringgespräche mit der Führungskraft ebenfalls eine zentrale Rolle. Sie kennt den Wertetrainee aus der täglichen Praxis und kann deshalb sehr gezielte Rückmeldungen und Anregungen geben. Eine besondere Rolle spielt hierbei die Vorbildfunktion der Führungskraft.

Ein geeignetes Praxisprojekt soll die Entwicklung des Wertes Respekt gezielt fördern. Wiederum ist ein gezieltes Entwicklungsgespräch mit der Führungskraft vorab über den Projektvorschlag notwendig, auch für die Freigabe eventuell anfallender Investitionen. Dieses Gespräch sollte eine Entwicklungspartnerschaft begründen, die durch die Sicherung der notwendigen Rahmenbedingungen und regelmäßige Mentoringgespräche geprägt ist.

Im Rahmen eines respektbezogenen Co-Coachings und in der Zusammenarbeit in Koping-Gruppen erfahren die Wertetrainees jeden Tag den respektvollen Umgang miteinander, erhalten aber auch durchaus kritische Rückmeldungen zu ihrem eigenen mehr oder weniger respektvollen Handeln. Hierbei kommen dem Co-Coaching, aber auch dem kollegialen Coaching eine besondere Rolle zu, weil diese Methoden nur mit einem hohen Maße des respektvollen Umgangs miteinander wirksam sind.

Checkbox Wert Respekt **Methoden der gezielten Werteentwicklung durch Coaching und Mentoring (nach Kap. 2.3)**	**Auswahl**
Begleitcoaching	
Neurobiologisch intendiertes Coaching	
Systemisches Coaching	
Involvierendes Coaching	
Persönlichkeitscoaching	
Co-Coaching	
Kollegiales Coaching	
Mentoring	
Koping	

Tab. 52 Checkbox Respekt – Coaching

Ergänzende Übung

Respekt kann man nicht per se trainieren. Voraussetzung für den Aufbau dieses Wertes ist vielmehr, dass ein Wertetrainee in einem Arbeitsbereich tätig ist, in dem Respekt als Wert vertreten und gelebt wird. Das ist beispielsweise besonders in Bereichen der Fall, in denen agile

Arbeitsmethoden angewendet werden, oder in denen verschiedene Kulturen aufeinander treffen, weil sie Respekt voraussetzen, um überhaupt zu funktionieren.

Um diese Werte im Training zu vertiefen, bieten sich solche Formen von Übung an, die den Respekt an erste Stelle setzen. Es ist deshalb darauf zu achten, dass in diesen Organisationen Respekt eine wichtige Werteleitlinie bildet. Die Methode des Seitenwechsels trainiert in hohem Maße Respekt, gerade vor Menschen, die äußerlich »tiefer« stehen und im Leben scheinbar gescheitert sind, aber oft über hohe menschliche Potenziale verfügen. Die Arbeit mit dem Zürcher Ressourcenmodell baut auf absolut gleichberechtigten Teilnehmern und respektvollem Umgang miteinander auf und ist ebenfalls zur gezielten Entwicklung des Wertes Respekt geeignet.

Outdoor-Trainings können zur gezielten Entwicklung des Wertes Respekt eingesetzt werden, wenn im gegenseitigen Umgang, etwa im Hochseilgarten oder an der Kletterwand, jeder Partner respektvoll und gleichbehandelt wird.

Checkbox Wert Respekt **Methoden der gezielten Werteentwicklung durch Übung und übendes Training (nach Kap. 2.3)**	**Auswahl**
Trainingsunternehmen und Übungsfirmen	
Bewerbungstraining	
Outdoor-Training, Hochseilgarten, Führen mit Pferden...	
Seitenwechsel	
Zürcher Ressourcenmodel	
Serious Games	

Tab. 53 Checkbox Respekt – Training

Unterstützende Weiterbildung

Seminare, die sich mit Fragen des respektvollen Umgangs miteinander auseinandersetzen, können die Sensibilität für den Wert Respekt fördern, auch wenn dort keine Werte aufgebaut werden. Diese Sensibilisierung wird insbesondere dann gelingen, wenn bereits die Zusammensetzung der Seminargruppe, z. B. aufgrund internationaler Teilnehmer, eine Herausforderung für den Wert Respekt bedeutet. Wertetrainees sollten deshalb Seminare und Workshops besuchen, die sich beispielsweise mit Respekt im interkulturellen Bereich beschäftigen. Entscheidend für die Entwicklung des Wertes Respekt ist dabei, dass sich aus den Weiterbildungsmaßnahmen konkrete Maßnahmen in der täglichen Arbeitspraxis der Wertetrainees ableiten, die ein hohes Maß an Respekt erfordern.

Viele verhaltenspsychologische Methoden bauen auf dem Respekt der handelnden Menschen auf. Auch kann die Teilnahme von Wertetrainees an Kongressen, Barcamps oder World-Cafés wichtige Anregungen für die Entwicklung des Wertes Respekt geben.

Checkbox Wert Respekt **Methoden der gezielten Werteentwicklung in Bildung und Weiterbildung (nach Kap. 2.3)**	**Auswahl**
Bildungs- und Weiterbildungsmaßnahmen als Anstoß für Werteentwicklung	
Selbstorganisation	
Social Blended Learning	
Wertelisten	
Wertequadrat	
Handlungs- und verhaltenspsychologische Methoden	
Prospect Theory	
Post-mortem-Diskussion	
Advocatus-Diaboli-Diskussion	
Nudging	
Debiasing	
Anti-Biasing	
Kongresse, Barcamps und Webcamps	
World Café – werteorientierte Vernetzung	
Kunst und Wertekommunikation	

Tab. 54 Checkbox Respekt – Bildung

Beispiel 1: Entwicklung des Wertes Respekt im interkulturellen Kontext

Alexander Werth handelt gegenüber und spricht von seinem Bereichsleiter serbischer Herkunft, Slava Dimoff, oft respektlos. Er macht dessen slawischen Akzent in karikierender Weise nach. Er »überhört« dessen Vorschläge und Anordnungen oder macht sie lächerlich, er trumpft auf, wenn er bessere hat und versucht, die anderen Mitarbeiter auf seine Seite zu ziehen sowie Fronten gegen den Bereichsleiter aufzubauen. Wenn dieser sich wehrt und die Respektlosigkeit von Werths kontert, ist jener oft beleidigt und verweigert eine sinnvolle Zusammenarbeit durch »Dienst nach Vorschrift«.

Die Mitarbeiter und die Führungspersonen der Organisation beurteilen die Respektlosigkeit Werths als störend, kontraproduktiv und das Arbeitsklima störend. Sie plädieren für ein Wertetraining, um die grundsätzliche Wertehaltung des Störenden zu verändern; letztlich käme ihm das auch selbst im außerberuflichen Alltag zugute. Werth, der die Vorwürfe zumindest teilweise akzeptiert, willigt in ein solches Training ein. Er wird zum einverständigen Wertetrainee des Wertetrainers Ralf Stroszeck.

Beide versuchen durch Gespräche und Tests herauszufinden, wie diese Werte Alexanders entstehen, vor allem aber, ob es nicht auch andere **Werte im Arbeitsleben** bei ihm gibt, die geeignet sind, Respekt vor Slava zu entwickeln. Etwa die Anerkennung von dessen exzellenten fachlichen Leistungen, die Hochschätzung seiner Ruhe und Ausgewogenheit. Alexander möchte auf keinen Fall selbst Bereichsleiter werden und schätzt insofern das Agieren von Slava. Auch spürt und hört er, dass Slavas Arbeit allgemein anerkannt und geschätzt wird, dass es also gute Gründe gäbe, ihm Respekt zu erweisen.

Der Wertetrainer versucht in gezielten Gesprächen mit Slava und den anderen Mitarbeitern die Spannungsmomente und Situationen herauszufinden, in denen Alexanders fehlender Respekt besonders stört. Eine besondere Möglichkeit ergibt sich daraus, dass Alexander eine positive Einstellung zu Serbien hat. Er hat dort auf Empfehlung und Vermittlung von Slava mehrfach Urlaub gemacht. Er schätzt das serbische Bildungssystem und verschiedene wissenschaftliche Leistungen, die dort erbracht wurden. Er hat sich mit serbischer Literatur und Literaturgeschichte und generell mit der jüngsten Geschichte beschäftigt. Daran versucht der Wertetrainer anzuknüpfen. Er rechnet nicht mit einem radikalen Wandel in Alexanders Wertehaltung, aber doch mit einer deutlichen Steigerung seines Respekts gegenüber Slava.

Ausgehend von den bisherigen Werten und Respektsbekundungen von Alexander suchen er und der Wertetrainer gemeinsam eine Person, die er respektiert und schätzt und die ihn schätzt und respektiert. Alexander ist bereit, die Werte dieses **Coaches oder Mentors** zu akzeptieren. Der Coach aber respektiert klar und deutlich Slava, das ist jedermann im Bereich bekannt. Diesen Respekt bekräftigt er mehrfach und öffnet damit auch Alexander für einen entsprechenden, emotional verankerten Wert Respekt.

Der Coach hat seine guten, vielleicht auch weniger guten Gründe, warum er Slava respektiert. Das können rein rationale Überlegungen sein, vor allem aber emotional gegründete Erfahrungen und Erlebnisse, Vorstellungen »wie ein guter Bereichsleiter zu handeln hat«, bis zu völlig irrationalen Überzeugungen, etwa dass Slava unter einer günstigen Sternenkonstellation geboren sei. Diese Gründe versucht er seinem Coachee emotional nahe zu bringen, indem er ein Gemisch an Wissen und Erfahrung an ihn weiter gibt.

Zusätzlich überlegt der Wertetrainer, ob es **übende Entwicklungsmethoden**, spezielle Trainingsformen gibt, um die Entwicklung des Wertes Respekt zu fördern. Dazu reflektiert er gemeinsam mit seinem Wertetrainee Alexander darüber, welche Trainings dieser in der Vergangenheit nützlich und welche er eher überflüssig fand. Es soll sich ja nicht um ein Training handeln, dass gegenwärtig Mode und in aller Munde ist, sondern um eines, das bei Alexander bereits etwas bewirkt hat. Es kommt dabei weniger auf die imaginierte »Seriosität« des Trainings als auf dessen Wirksamkeit an. Ein solches Training kann etwa die zeitweilige Versetzung in den Bereich eines anderen, respektierten Bereichsleiters oder die Vereinbarung und Kontrolle von Verhaltensauflagen in Slavas Bereich sein. Sinnvoll kann auch ein »Seitenwechsel« sein, bei dem Alexander für Wochen in einem Hospizbereich arbeitet und dabei in emotional hoch belastenden Situationen Respekt vor völlig anderen Menschen, den Pflegekräften und den Gepflegten, entwickelt und tief verinnerlicht.

Dieses Training mit der höchsten emotionalen Berührung und Labilisierung wählt der Wertetrainer aus um, wie er sagt, den Wertetrainee emotional ordentlich »durchzuschütteln«. Dieser »Seitenwechsel« ist nicht zwangsläufig auf den Bereichsleiter Slava oder überhaupt einen Bereichsleiter gerichtet. Es kommt vielmehr darauf an, dass in der Trainingssituation Wertschätzung, Aufmerksamkeit und Ehrerbietung gegenüber einer anderen Person, einer »Respektperson« gefordert ist und gefördert wird. Gemeinsam mit Alexander überlegt der Wertetrainer nach Abschluss des »Seitenwechsels«, welche Personen für ihn als »Respektpersonen« infrage kommen. Weiteres Nachdenken und Nachfühlen klärt, was diese »Respektpersonen« gemeinsam haben und aus welchen Gründen sie gerade für Alexander als solche gelten. Das kann ein buntes Gemisch aus Leistungen, Sympathien, Ähnlichkeiten, Vermutungen, Hoffnungen sein. Oft lassen sich die Gründe nicht klar benennen, sind aber umso wirkungsvoller.

Das Herausfinden dieser Gründe ist ein wichtiger Teil des Trainingsprozesses der Respektwertung. Es darf sich keinesfalls darauf beschränken, Vernunftgründe zu benennen, sondern soll mit Vergleichen, Erzählungen (Narrativen), Andeutungen, Ernst und Humor arbeiten. Die Veränderung der Respektwertung, die Erhöhung des Respekts von Alexander ist kaum objektiv zu messen. Sie muss durch mehrfache Einschätzungen von Wertetrainer und Wertetrainee, unter Einbeziehung der Personalentwicklung und des Bereichsleiters Slava selbst gewonnen werden.

Natürlich überlegt der Wertetrainer auch, ob es Möglichkeiten gibt, die Entwicklung des Wertes Respekt bei Alexander mithilfe von **Weiterbildung** anzustoßen. Nahezu jeder Berufstätige hat im Leben freiwillig oder angeordnet an Weiterbildungsmaßnahmen teilgenommen, auch Alexander Werth. Das Meiste, was er daraus mitgenommen hat, ist Wissen, entsprechend dem Gegenstand der Weiterbildung. Es wäre jedoch zu hinterfragen, inwieweit Weiterbildung zur Entwicklung des Wertes Respekt taugt. Genauer durchdacht ergibt sich, dass Weiterbildung vor allem die Definition und das Wissen von Respekt unterstützt. Der Wertetrainer bezweifelt, dass es die Respekthaltung von Alexander gegenüber seinem Bereichsleiter Slava erhöht. Es kann zur realen Wertehaltung Respekt nur wenig beitragen, da sich diese im Allgemeinen nicht aus Sachargumenten, sondern aus Erfahrungen, Erlebnissen und nicht einmal dem Wertenden selbst bewussten Einstellungen und Emotionen speist.

Besonders die Arbeit in einem anderen Bereich, das Kennenlernen eines anderen Bereichsleiters mit seinen guten und schlechten Seiten, sowie der »Seitenwechsel« mit seinem hohen emotional labilisierenden Potenzial haben es schließlich geschafft, dass sich der Respekt Alexanders gegenüber seinem Bereichsleiter verbesserte. Sie sind immer noch keine Freunde, aber sie respektieren einander in fruchtbarer Weise.

Beispiel 2: Die Lehrerin als Wertetrainerin

Die folgende Begebenheit spielt in einer Schulklasse. Es geht um die Bewusstwerdung und Änderung des Wertes Respekt im Arbeitsleben der Schüler.[62] Die Lehrerin der Klasse fungiert als Wertetrainerin. Sie führt ein besonderes Instrument des Co-Coachings in der Klasse ein, das tief greifende emotionale Wirkungen zeitigt und es damit erreicht, den gegenseitigen Respekt und auf längere Sicht Respekt als Grundhaltung zu entwickeln. Zuvor herrschte in der Klasse ein wenig respektvoller Umgang miteinander.

»Eines Tages bat die Lehrerin ihre Schüler, die Namen aller anderen Schüler in der Klasse auf ein Blatt Papier zu schreiben und ein wenig Platz neben den Namen zu lassen. Dann sagte sie zu den Schülern, sie sollten überlegen, was das Netteste ist, das sie über jeden ihrer Klassenkameraden sagen können und das sollten sie neben die Namen schreiben. Es dauerte die ganze Stunde, bis jeder fertig war und bevor sie den Klassenraum verließen, gaben sie Ihre Blätter der Lehrerin.

Am Wochenende schrieb die Lehrerin jeden Schülernamen auf ein Blatt Papier und daneben die Liste der netten Bemerkungen, die ihre Mitschüler über den Einzelnen aufgeschrieben hatten. Am Montag gab sie jedem Schüler seine oder ihre Liste. Schon nach kurzer Zeit lächelten alle.

»Wirklich?«, hörte man flüstern. »Ich wusste gar nicht, dass ich irgendjemandem was bedeute!« und »Ich wusste nicht, dass mich andere so mögen«, waren die Kommentare. Niemand erwähnte danach die Listen wieder.

Die Lehrerin wusste nicht, ob die Schüler sie untereinander oder mit ihren Eltern diskutiert hatten, aber das machte nichts aus. Die Übung hatte ihren Zweck erfüllt. Die Schüler waren glücklich mit sich und mit den anderen.

Einige Jahre später war einer der Schüler gestorben und die Lehrerin ging zum Begräbnis dieses Schülers. Die Kirche war überfüllt mit vielen Freunden. Jeder, der den jungen Mann geliebt oder gekannt hatte, ging der Reihe nach am Sarg vorbei und erwies ihm die letzte Ehre.

Die Lehrerin ging als Letzte und betete vor dem Sarg. Als sie dort stand, sagte einer der Anwesenden, die den Sarg trugen, zu ihr: »Waren Sie Marks Mathematiklehrerin?« Sie nickte: »Ja«. Dann sagte er: »Mark hat sehr oft von Ihnen gesprochen.«

Nach dem Begräbnis waren die meisten von Marks früheren Schulfreunden versammelt. Marks Eltern waren auch da und sie warteten offenbar sehnsüchtig darauf, mit der Lehre-

62 http://www.dr-mueck.de/HM_Denkhilfen/Wertschaetzung-kleine-Geschichte.htm (aufgenommen am 02.07.2021)

rin zu sprechen. »Wir wollen Ihnen etwas zeigen«, sagte der Vater und zog eine Geldbörse aus seiner Tasche.

»Das wurde gefunden, als Mark verunglückt ist. Wir dachten, Sie würden es erkennen.« Aus der Geldbörse zog er ein stark abgenutztes Blatt, das offensichtlich zusammengeklebt, viele Male gefaltet und auseinandergefaltet worden war. Die Lehrerin wusste, ohne hinzusehen, dass dies eines der Blätter war, auf denen die netten Dinge standen, die seine Klassenkameraden über Mark geschrieben hatten. »Wir möchten Ihnen so sehr dafür danken, dass Sie das gemacht haben«, sagte Marks Mutter. »Wie Sie sehen können, hat Mark das sehr geschätzt.« Alle früheren Schüler versammelten sich um die Lehrerin. Charlie lächelte ein bisschen und sagte: »Ich habe meine Liste auch noch. Sie ist in der obersten Schublade in meinem Schreibtisch«.

Die Frau von Heinz sagte: »Heinz bat mich, die Liste in unser Hochzeitsalbum zu kleben.« »Ich habe meine auch noch«, sagte Monika. »Sie ist in meinem Tagebuch.« Dann griff Irene, eine andere Mitschülerin, in ihren Taschenkalender und zeigte ihre abgegriffene und ausgefranste Liste den anderen. »Ich trage sie immer bei mir«, sagte Irene und meinte dann: »Ich glaube, wir haben alle die Listen aufbewahrt.« Die Lehrerin war so gerührt, dass sie sich setzen musste und weinte. Sie weinte um Mark und für alle seine Freunde, die ihn nie mehr sehen würden (...)«

Die wahre Geschichte verdeutlicht, wie wichtig gegenseitiger Respekt ist, aber auch, wie wichtig es ist, dass er anderen als Wertehaltung offen sichtlich wird. Zudem beschreibt sie eine sehr einfache, sehr wirkungsvolle Methode, diesen Respekt in einer Form mehrseitigen Co-Coachings weiterzuentwickeln. Im Gegensatz zu einer bloßen Reflexion hinterlässt die geschilderte Methode eine tiefe, lebenslang weiterwirkende Wertehaltung.

3.13 Individuelle Freiheit

»Die Freiheit des Menschen liegt nicht darin, dass er tun kann, was er will, sondern, dass er nicht tun muss, was er nicht will.«
Jean-Jaques Rousseau

Beschreibung
Individuelle Freiheit setzt eine Übereinkunft voraus, was man generell unter Freiheit verstehen will. Dies ist einer der komplexesten und genau deshalb am schwersten sozialwissenschaftlich-politisch zu klärender Begriffe der Neuzeit. Wir konzentrieren uns demzufolge nur auf einen schmalen, aber für menschliches Werten unverzichtbaren Bereich des generellen Freiheitsdiskurses.

Der Freiheitsbegriff spielt eine zentrale Rolle bei der Charakterisierung und Abgrenzung dessen, was wir als Handlungen, im Unterschied zu bloßen Körperreflexen oder zu Naturvorgängen, ansehen. Von seinem Verständnis hängt es ab, ob wir glauben, für unser Handeln verantwortlich zu sein und ob wir uns als selbstständig Handelnde betrachten dürfen. Entsprechend kommt ihm vor allem für den sozial-weltanschaulichen, aber auch für den ethisch-moralischen Wertebereich eine eminente Bedeutung zu.

Auch für weitere Lebensbereiche, darunter Pädagogik, Medizin, Psychologie oder Religion, erweist er sich als grundlegend. Freiheit dient zum einen als Beschreibungsmerkmal von spezifisch menschlichen Handlungsweisen, zum anderen gilt der Begriff als einer der wichtigsten menschlichen Werte und eines der wesentlichen politischen Grundrechte. Individuelle Freiheit unterscheidet einerseits zwischen dem Freisein eines Individuums von Hindernissen, Beschränkungen und Blockaden und andererseits der Fähigkeit, aktiv über Handlungsoptionen zu verfügen und von ihnen einen selbstbestimmten, autonomen Gebrauch machen zu können. Frei ist, wer seine Handlung auch hätte unterlassen können, wer also über Handlungsfreiheit und Willensfreiheit verfügt.

Vor allem im politischen Bereich unterscheidet man zwischen **individueller Freiheit** und **kollektiver** bzw. **institutioneller Freiheit.** Nicht nur Personen können frei oder unfrei sein, dasselbe gilt auch für Staaten, Parteien, Verbände, Unternehmen, Organisationen oder Institutionen. Die Freiheit von Personen wird besonders im Rahmen der Diskussion um Menschen- und Bürgerrechte behandelt. Dabei kann man Abwehrrechte, die den Einzelnen gegen Übergriffe des Staates schützen, wie Meinungs-, Gewissens-, Versammlungs- oder Religionsfreiheit, Freizügigkeit oder das Recht auf freie Berufswahl, von Durchsetzungsrechten wie beispielsweise Recht auf Arbeit, Bildung, Mindestlohn oder soziale Absicherung, die vom Staat zu gewährleisten sind, unterscheiden.

Im Prozess der Entwicklung sozial-weltanschaulicher Werte wird man unweigerlich mit der Frage nach der individuellen Freiheit konfrontiert. Individuelle Freiheit ist ohne institutionelle Freiheit nur bedingt möglich. So ist die Wahrnehmung individueller Freiheit ohne ein festgelegtes Maß organisationaler Meinungs- und Diskussionsfreiheit schwer möglich. Die Grenzen individueller Freiheit werden immer dann sichtbar, wenn sie der juristischen Analyse von Schuldfähigkeit, Zurechenbarkeit und Verantwortlichkeit ausgesetzt sind. Auf die rechtlichen wie auf die theologischen Aspekte des Freiheitsbegriffs gehen wir hier allerdings nicht ein.

Werteatlas-Definition

Ein Mensch, für den individuelle Freiheit einen überaus hohen Wert darstellt, ist es vor allem wichtig, dass er persönliche Freiräume hat. Er möchte in seiner Arbeit Raum zur freien Gestaltung von Prozessen und Produkten haben. Er ist bestrebt, angemessene Entscheidungsspielräume im Arbeitsprozess zu erhalten. Er sucht nach angemessenen Möglichkeiten zur individuellen Gestaltung seines Lebens, beispielsweise über flexible Arbeitszeitmodelle. Er setzt seine Gestaltungsmöglichkeiten bewusst auch als Instrument der Selbstverwirklichung und Unabhängigkeit ein. Eine Übertreibung ist es allerdings, wenn er sich nur dann am Arbeitsplatz engagiert, wenn er seinen Arbeitsbereich individuell gestalten und sich dabei selbst verwirklichen kann.

Wir empfehlen folgende vertiefende Literatur zum Wert individuelle Freiheit: Dieterich, Le Friant, Nogler 2010 oder Ackermann 2009.

Werteatlas-Zuordnung

Individuelle Freiheit wird im Werteatlas zentral den sozial-weltanschaulichen Werten zugeordnet. Sie wird dem Einzelnen durch den vorgefundenen materiellen und organisationalen Rahmen seines individuellen oder gemeinschaftlichen Handelns möglich. Organisationen, Unternehmen, Gemeinschaften können ihrerseits die Bedingungen für das Handeln des Individuums gestalten, sodass es seine individuelle Freiheit wirklich leben und ausleben kann. Individuelle Freiheit ist in diesem Sinne immer **bi- oder multidirektional.** Sie wirkt darüber hinaus **enthomogenisierend,** denn in zusammenwirkenden Gruppen und Netzwerken, Organisationen und Unternehmen haben immer einige Personen, insbesondere Führungspersonen, einen höheren Grad individueller Freiheit als andere. Allerdings ist der Grad individueller Freiheit stets zeitlich und räumlich begrenzt, kann kurzfristig zu- oder abnehmen, er ist in hohem Maße **vergänglich.**

Bi- oder Multidirektionalität, Inhomogenitätstendenz und Vergänglichkeitstendenz sind Charakteristika, die sozial-weltanschauliche Wertungen deutlich von den durch Unidirektionalität, Homogenisierungstendenz und Verewigungstendenz gekennzeichneten ethisch-moralischen Wertungen abheben.

Wertekategorien-Überlappung

Individuelle Freiheit kann stark mit individuellem **Genuss** verbunden sein, wenn Menschen es geniessen, ihr Leben unabhängig von Vorgaben zu gestalten. Sie kann zudem von Nutzen sein bei der Festigung und dem Ausbau der eigenen Position, sie kann einen höheren persönlichen Wirkungsgrad bei der Arbeit wie auch außerhalb ermöglichen. Wie stark sozial-weltanschauliche und ethisch-moralische Werte zusammenhängen, belegte bereits die allgemeine Definition. Je höher die individuelle Freiheit, desto höher der **ethisch-moralische** Anspruch.

Wertequadrat, Synonyme

Im Wertequadrat setzen wir dem positiven Wert **individuelle Freiheit** den positiven Gegenwert **individuelle Wirksamkeit** entgegen. Erst mit der ausgehaltenen Spannung zur individuellen Wirksamkeit als »Schwesterntugend« kann sich individuelle Freiheit positiv entfalten. Wir können von einem dialektischen Gegensatz sprechen. Als konträrer Gegensatz muss **individuelle Unfreiheit** gelten. Als entwertende Übertreibung sehen wir die **freiwillige persönliche Abhängigkeit** an. Wenn versucht wird, die individuelle Unfreiheit dadurch zu kaschieren, dass man sich freiwillig in persönliche Abhängigkeit begibt, hat man es eindeutig mit einem Fall von Überkompensation zu tun. Gesunde Entwicklungen führen von der individuellen Unfreiheit zum allmählichen, oft schweren Gewinn individueller Freiheit. Oder auch von der freiwilligen persönlichen Abhängigkeit zur echten persönlichen Wirksamkeit.

Als Synonyme für den Begriff individuelle Freiheit können gelten:

Individueller Anspruch, individuelle Befreiung, individuelle Autonomie, individuelle Selbstverwaltung, individuelle Eigenständigkeit, individuelle Privilegien, individuelle Selbstbestimmung, individuelle Selbstständigkeit, individueller Spielraum, individuelle Bewegungsfreiheit, individuelles Vorrecht, individuelles Gutdünken, individuelle Sonderrechte, individuelles Wirkungsfeld, individuelle Ungebundenheit, individuelle Zwanglosigkeit

Wertekleeblatt

- **Subjekte des Wertes individuelle Freiheit** sind die Mitarbeiter und Führungskräfte sowie Teams.
- **Objekte des Wertes individuelle Freiheit** sind die persönlichen Freiräume einer Person, die Möglichkeiten der freien Gestaltung von Prozessen und Produkten, die Existenz angemessener Entscheidungsspielräume im Arbeitsprozess und in ihrem individuellen Leben. Dazu gehören einerseits das Freisein des Menschen von Hindernissen, Beschränkungen und Blockaden und andererseits seine Fähigkeit, aktiv über selbstbestimmte, autonome Handlungsoptionen zu verfügen.
- **Grundlagen des Wertes individuelle Freiheit** sind die aus historisch-gesellschaftlichen Verhältnissen erwachsenen Handlungsmöglichkeiten von Menschen in ihren sozialen, politischen Beziehungen, in ihren fördernden und einschränkenden Bedingungen. Diese Möglichkeiten werden allerdings oft verzerrt oder weltanschaulich stark verbrämt wahrgenommen. Wer von sich annimmt, er genieße ein hohes Maß individueller Freiheit, berücksichtigt oft nicht, wie sehr seine Handlungsmöglichkeiten bereits in sozial-weltanschauliche Vorurteile wertend eingebettet sind und wie vielfältig sie durch mannigfaltige Formen der Entfremdung beschnitten sind. Entfremdung wird oft gar nicht als Wertungsgrundlage wahrgenommen.
- **Maßstäbe des Wertes individuelle Freiheit** sind deshalb oft nicht die realen Handlungs- und Gestaltungsmöglichkeiten, sondern eher ihre Verzerrungen und Verbrämungen. Es gibt kein objektives Maß individueller Freiheit, sondern nur den vom Subjekt oder seinen Bezugsgruppen ausgehenden Vergleich unterschiedlicher, oft entfremdeter Handlungsmöglichkeiten. Wer seine Hoffnungen auf eine grenzenlose individuelle Freiheit setzt, folgt einer unfruchtbaren Utopie.

Training

Der Wert individuelle Freiheit kann vor allem dann gezielt entwickelt werden, wenn Möglichkeiten für ein selbstorganisiertes und eigenverantwortliches Handeln aufgebaut werden.

Ziele

Vorab sind folgende grundlegenden Fragen zu klären:

- **Bei welchen Menschen** soll der Wert individuelle Freiheit konkret entwickelt werden, beispielsweise bei Schülern, Auszubildenden, Wertetrainees oder Führungskräften?
- **Wofür** sollen sie ihre individuelle Freiheit entwickeln, z. B. um ihr Leben nach eigenen Maßstäben zu geniessen, um kreativere Lösungen entwickeln zu können, um ihre Work-Life-Balance zu verbessern oder um mehr Freude in der Arbeit zu haben?
- **Warum** sollen sie ihren Wert individuelle Freiheit entwickeln? Gründe dafür können private Gründe, politische Überzeugungen oder emotionale Orientierungen sein.
- **Wie weit** soll der Wert individuelle Freiheit getrieben werden: Diese Festlegung erfolgt meist in sozialen Prozessen.

Als hilfreich hat es sich erwiesen, konkrete Formulierungen zu entwickeln, wie beispielsweise:

Wie kann erreicht werden, dass

- die Wertetrainees die Freiräume und die Zeit erhalten, ihr Leben und ihre Arbeit nach ihren Wünschen zu gestalten,
- sie die Freiheit haben, ihre Meinung zu äußern und sich gestaltend in Prozesse einzubringen,
- individuelle Entwicklungsprozesse aktiv gefördert werden,
- individuelle Freiheit und betriebliche Belange in Einklang gebracht werden?

Diese Ziele können dem persönlichen Bedarf entsprechend angepasst und erweitert werden.

Praxisprojekte und -aufgaben

Für die Entwicklung des Wertes individuelle Freiheit ist es sinnvoll, dass Wertetrainees in herausfordernden Praxisprojekten und -aufgaben tätig werden, in denen sie möglichst unabhängig und eigenverantwortlich arbeiten können. Wertetrainer und Wertetrainees versuchen, möglichst große Freiräume für das Handeln zu vereinbaren, um möglichst große Weiterentwicklungs- und Erfolgsmöglichkeiten offen zu halten. Sie ergreifen die Initiative und entwickeln Vorschläge für die Übernahme von Praxisaufgaben, welche die erforderlichen Freiräume bieten. Gerade durch Anwendung kollaborativer und agiler Methoden können gemeinsam mit anderen diese Freiräume konsequent ausgebaut werden. Auch Communities of Practice und das Working Out Loud können zu einer den Wert individuelle Freiheit vertiefenden und erweiternden Herangehensweise ausgebaut werden.

Checkbox Wert individuelle Freiheit **Methoden der gezielten Werteentwicklung im Arbeitsprozess** **(nach Kap. 2.3)**	**Auswahl**
Erlebnislernen	
Subjektivierendes Handeln	
Expertiseaufbau	

Checkbox Wert individuelle Freiheit **Methoden der gezielten Werteentwicklung im Arbeitsprozess** **(nach Kap. 2.3)**	**Auswahl**
Job Rotation	
Agile Arbeitsprinzipien	
Scrum	
Design Thinking	
Kanban	
Pulse	
Peer Working and Learning	
Working Out Loud	
Kollegiale Beratung	
Community of Practice	

Tab. 55 Checkbox individuelle Freiheit – Praxis

Begleitendes Coaching und Mentoring

Coaching und Mentoring können nur dann für die Weiterentwicklung des Wertes individuelle Freiheit von Nutzen sein, wenn der Coach oder der Mentor diesen Wert selbst lebt und ihn auf andere ausstrahlt. Deshalb sollte er zentrales Thema eines Entwicklungsgesprächs mit der Führungskraft oder dem Wertetrainer sein. Nur dann wird man ihm und den Wertetrainees die eventuell notwendigen Freiräume einräumen und die erforderlichen Investitionen zubilligen.

Checkbox Wert individuelle Freiheit **Methoden der gezielten Werteentwicklung durch Coaching und Mentoring** **(nach Kap. 2.3)**	**Auswahl**
Begleitcoaching	
Neurobiologisch intendiertes Coaching	
Systemisches Coaching	
Involvierendes Coaching	
Persönlichkeitscoaching	
Co-Coaching	
Kollegiales Coaching	
Mentoring	
Koping	

Tab. 56 Checkbox individuelle Freiheit – Coaching

Ergänzende Übung

Der Bereich von übendem Training hält unseres Erachtens nicht allzu viele Möglichkeiten für das Training des Wertes individuelle Freiheit bereit. Diese ist weder in Übungsfirmen noch beim Bewerbungstraining wirklich gefragt. Echte Freiräume dafür bieten vor allem die Unternehmens- und die Lebenspraxis. Das Züricher Ressourcenmodell kann sehr individuelle, spezielle Anregungen liefern. Wir glauben aber, dass gerade das oft kritisierte Outdoor-Training, vor allem in Formen wie realen Exkursionen, Bergwandern oder Hochseilgarten, emotional wichtige Anstöße bereithält, denn dort muss jeder Teilnehmer individuell frei und verantwortlich entscheiden.

Checkbox Wert individuelle Freiheit **Methoden der gezielten Werteentwicklung durch Übung und übendes Training (nach Kap. 2.3)**	**Auswahl**
Trainingsunternehmen und Übungsfirmen	
Bewerbungstraining	
Outdoor-Training, Hochseilgarten, Führen mit Pferden...	
Seitenwechsel	
Zürcher Ressourcenmodel	
Serious Games	

Tab. 57 Checkbox individuelle Freiheit – Training

Unterstützende Weiterbildung

Individuelle Freiheit kann man ebenso wenig wie andere Werte »lernen«. Natürlich ist ein gewisses Maß an individueller Freiheit gefragt, um sich bei Kongressen, Barcamps oder World Cafés darzustellen und zu behaupten. Auch verhaltenspsychologische Methoden setzen oft beträchtliche individuelle Freiheit voraus, sind aber nach unserer Sicht nicht unbedingt als Trainingsmethoden dafür tauglich. Ganz sicher sind aber Methoden der Kunst und Wertekommunikation Anregungen, Wegweiser ja Treiber für individuelle Freiheit. Wie viele Bücher gibt es über Garibaldi, wie viele über Steven Jobs? Solche Werke können sehr inspirierend für die Entwicklung des Wertes individuelle Freiheit sein.

Checkbox Wert individuelle Freiheit **Methoden der gezielten Werteentwicklung in Bildung und Weiterbildung (nach Kap. 2.3)**	**Auswahl**
Bildungs- und Weiterbildungsmaßnahmen als Anstoß für Werteentwicklung	
Selbstorganisation	
Social Blended Learning	
Wertelisten	

Checkbox Wert individuelle Freiheit **Methoden der gezielten Werteentwicklung in Bildung und Weiterbildung (nach Kap. 2.3)**	**Auswahl**
Wertequadrat	
Handlungs- und verhaltenspsychologische Methoden	
Prospect Theory	
Post-mortem-Diskussion	
Advocatus-Diaboli-Diskussion	
Nudging	
Debiasing	
Anti-Biasing	
Kongresse, Barcamps und Webcamps	
World Café – werteorientierte Vernetzung	
Kunst und Wertekommunikation	

Tab. 58 Checkbox individuelle Freiheit – Bildung

Beispiel 1: Individuelle Freiheit für personalisierte Entwicklungsprozesse durch Social Workplace Learning

Die Mitarbeiter eines Einzelhandelsbetriebes wurden bisher einmal im Jahr in Abstimmung mit der Führungskraft zu einem Weiterbildungsseminar gesandt. Im Regelfall wählte die Führungskraft auf Vorschlag der Personalentwicklung aus einem Seminarkatalog Bildungsmaßnahmen aus, die sie für sinnvoll hielt. Deshalb war es nicht verwunderlich, dass viele Mitarbeiter diese Maßnahmen eher als »Auszeiten« aus dem Alltagstrott empfanden.

Deshalb leitete die Geschäftsleitung einen radikalen Wandel ein, weg von den bisherigen Bildungskatalogen hin zur selbstorganisierten, personalisierten Werte- und Kompetenzentwicklung im Arbeitsprozess.

Damit die Mitarbeiter dieses Unternehmens befähigt werden, ihre individuelle Freiheit zu nutzen, müssen sie bereits heute die Möglichkeit erhalten, sich schrittweise auf diese neue Arbeits- und Lernwelt vorzubereiten. Dies kann nur im Prozess der Arbeit erfolgen. Dafür wurde zunächst die Konzeption des **Social Blended Learning** umgesetzt, bei der sie, begleitet durch Lernpartner und -begleiter, schrittweise die Kompetenz aufbauten, ihre Entwicklungsprozesse selbstorganisiert zu gestalten.

Nachdem die Wertetrainees mehrere Social-Blended-Learning-Maßnahmen erfolgreich durchlaufen hatten, gingen sie nach und nach dazu über, den Ermöglichungsraum auch dann zu nutzen, wenn akute Herausforderungen am Arbeitsplatz zu bearbeiten waren. Sie lernten deshalb nicht mehr dann, wenn zufällig eine Entwicklungsmaßnahme angeboten wurde, sondern im Prozess der Arbeit. Arbeiten und Lernen wuchsen damit zusammen.

Sie organisierten nunmehr ihre Werte- und Kompetenzentwicklung selbst und in eigener Verantwortung mit Unterstützung ihres Netzwerkes (Community of Practice). Dabei nutzten sie alle Lernformate und Informationsquellen, aber auch Kommunikations- und Kollaborationsformen im Ermöglichungsraum. Ihre Lernprozesse wurden bei Bedarf von Lernbegleitern und der jeweiligen Führungskraft unterstützt. Regelmäßige Workshops boten die Möglichkeit, den Lernprozess zu reflektieren und aktuelle Fragestellungen mit Kollegen zu diskutieren.

Das Entwicklungsarrangement mit Social Workplace Learning umfasste damit folgende Elemente:

Im Sinne der Ermöglichungsdidaktik wird vorab ein Ermöglichungsraum, eine Learning-Experience-Plattform, eingerichtet und in einem dynamischen Prozess mit den Wertetrainees und Lernbegleitern laufend optimiert. Sinnvoll ist es, ein Kuratierungssystem zu integrieren, sodass jeder Wertetrainee laufend seine individuellen, funktions- und aufgabenbezogenen Informationen und Wissensbeiträge erhält. Parallel bereitet das Wertemanagement den Veränderungsprozess vor, den der Weg zum Social Learning erfordert.

Im Vorfeld sind weiterhin folgende Aufgaben zu erfüllen:

- selbstorganisierte Werte- und Kompetenzentwicklung der Führungskräfte und Lernbegleiter,
- Werte- und Kompetenzerfassungen der Wertetrainees,
- Beratungsgespräche mit Werte- und Kompetenzberatern sowie Lernbegleitern, in denen individuelle Ziele formuliert und personalisierte Entwicklungsmöglichkeiten identifiziert werden,
- Entwicklungsgespräche der Teilnehmer mit ihrer Führungskraft (Mentoring) zur verbindlichen Vereinbarung von Praxisaufgaben oder -projekten,
- Planung selbstorganisierter Lernprozesse durch die Teilnehmer.

Der Prozess des Social Blended Learning startet mit einem Kick-off, weil dadurch die Wertetrainees aus ihrer bisherigen, fremdgesteuerten Lernwelt abgeholt werden können. Dieser Workshop hat ein primäres Ziel, nämlich sicherzustellen, dass die folgenden selbstorganisierten Entwicklungsphasen mit hoher Verbindlichkeit aber auch flankiert wirksam erfolgen können.

Deshalb wird in diesem Kick-off kaum Fachwissen aufgebaut. Die wesentlichen Inhalte sind vielmehr:

- Vorstellungsrunden und Einführung in die Organisation der selbstorganisierten Lernprozesse,
- Entwicklungskonzeption Social Blended Learning,
- Reflexionen zu den neuen Herausforderungen,
- Bildung von Entwicklungstandems und Gruppen,
- Vereinbarung von wöchentlichen Projekttagebüchern,
- Abstimmung mit den Lernbegleitern – verbindliche Vereinbarungen zu den personalisierten Entwicklungsprozessen.

Die selbstorganisierte Lernphase wird durch das jeweilige Praxisprojekt bestimmt und findet im Prozess der Arbeit statt. Sie ist geprägt durch die selbstorganisierte und kollaborative Bearbeitung von Aufgaben in der Praxis und den eigenverantwortlichen Aufbau des notwendigen Wissens und der Qualifikationen (Micro-Learning), meist mit E-Learning. Bei Bedarf können Trainings und Weiterbildungsmaßnahmen ergänzt werden. Die personalisierten Lernprozesse werden durch regelmäßiges Co-Coaching, kollegiale Beratung und Coaching durch den Lernbegleiter oder Experten flankiert. Regelmäßig finden Mentoringgespräche mit der Führungskraft statt. Nach und nach bilden sich Communities of Practice.

Nach meist vier Wochen wird jeweils ein ein- bis zweitägiger Workshop durchgeführt. Dieser dient primär der Klärung offener Fragen aus den Praxisprojekten. Ein typischer Ablauf weist folgende Struktur auf:

- Reflexion über die vergangene Entwicklungsphase,
- gemeinsame Bearbeitung offener Fragen aus dem Themenspeicher oder aus den Projekt-Tagebüchern,
- Präsentation und Diskussion ausgewählter Praxis- und Projekterfahrungen,
- Werte- und kompetenzorientierte Entwicklungsmaßnahmen im Team,
- evtl. Trainingsmaßnahmen,
- Vorsätze für die nächste Praxisphase,
- individuelle Planung der kommenden Praxisphase,
- evtl. Barcamp-Format zur Förderung des intensiven Austausches auf Augenhöhe,
- Vernetzung, z. B. in Communities of Practice,
- evtl. Kamingespräche mit Führungskräften und Experten.

Im Abschluss-Workshop, an dem in der Regel auch die Führungskräfte der Wertetrainees mitwirken, stellen Letztere ihre Projektergebnisse vor und diskutieren im Plenum. Bei Bedarf kann die Präsentation bewertet werden. Am Schluss werden mögliche Umsetzungsschritte erörtert.

Sollten die Wertetrainees mehrere Social-Blended-Learning-Maßnahmen erfahren haben, werden sie immer dazu übergehen, den Ermöglichungsraum auch dann zu nutzen, wenn akute Probleme auftreten. Arbeiten und Lernen wachsen damit zusammen, die Mitarbeiter bestimmen ihre Lernprozesse individuell.

Beispiel 2: Wiederherstellung individueller Freiheit

Es war eine heikle und psychologisch schwierige Aufgabe, die der Personalentwickler Ferdinand Wolke übertragen bekam. Die neue Kollegin, Frau Marosch, war über zwanzig Jahre lang Mitglied in einer evangelikalen Freikirche. In ihrem früheren Leben hatte Frau Marosch kaum Kontakte außerhalb der Gemeinde, bis vor fünf Jahren Twitter für sie ein Tor zur Welt wurde. So hat sie schnell ganz viele neue Weltbilder kennengelernt.

Neben der katholischen und der evangelischen Kirche gibt es in Deutschland eine Vielzahl christlicher Freikirchen. Viele von ihnen möchten ihren Glauben einfach anders leben als die Landeskirchen. Andere propagieren ein dualistisches Weltbild, in dem sie die Auserwählten Gottes sind und alles andere Satans Werk. Frau Maroschs Freikirche war evangelikal geprägt und nannte sich Freie evangelische Gemeinde. Das Wort »evangelikal« meint heute ein bibeltreues Christentum, das sich von liberalen – also lat. liberalis »die Freiheit betreffenden« – Auslegungen der Religion abgrenzt.

Die wichtigste Rolle beim Zusammenhalt in und der Treue zur Gemeinde spielt dabei die persönliche Bekehrung oder die »Wiedergeburt«. Diese mit großem Aufwand inszenierte und unterstützte emotionale Grunderfahrung führt zu einer tiefen Verinnerlichung der religiösen Werte, zu einer Abschottung von der alltäglichen Außenwelt, vor allem auch zu einem bewussten Verzicht auf individuelle Freiheit.

Frau Marosch wurde auch auf Missionsreise geschickt, bereiste über 30 Länder und fand es spannend, alle zwei Wochen ein neues Land zu sehen und gleichzeitig noch Gottes Werk zu tun. Aus dem Selbstverständnis, zur Gemeinschaft der »wahren« Gläubigen zu gehören, leitete sich die Aufgabe ab, auch andere zu dem »richtigen« Glauben zu bekehren.[63]

An dieser Tatsache knüpfte Ferdinand Wolke seine Werteentwicklungsmaßnahmen an. Er wusste, dass die individuelle Twitter-Freiheit ein wichtiges, aber nicht sehr langdauerndes Erlebnis war, um einen so fundamentalen Wert wie individuelle Freiheit emotional tief zu verankern. Deshalb vereinbarte er mit der Unternehmensführung des Maschinenbaubetriebes, in dem Frau Marosch angestellt war, einen radikalen Jobwechsel. Der Betrieb

63 »Mit fundamentalistischen Scheuklappen«: https://taz.de/Ausstieg-bei-den-Evangelikalen/!5786685/; es gibt in Deutschland etwa 300.000 Evangelikale.

exportierte einen großen Teil seiner Maschinen in die Republik Baschkortostan, einen kleinen Vielvölkerstaat bewohnt von über 100 Nationalitäten, darunter dem Turkvolk der Baschkiren (30 %), Russen (36 %), Tataren (24 %) sowie Tschuwaschen, Mari und Ukrainer. Die Mehrheit der Bevölkerung bekennt sich zum sunnitischen Islam. Daneben finden sich orthodoxe und evangelische Christen.

Individuelle Freiheit war und ist einer der höchsten Werte in Baschkortostan, in politischer und religiöser Hinsicht, aber auch im alltäglichen Lebenszuschnitt. Frau Marosch wurde in das dortige Verkaufsteam eingegliedert. Ihr neuer Chef, ein altgedienter Maschinenbauer und begeisterter Baschkire übernahm eine Coachingfunktion. Zugleich wurde Frau Marosch gebeten, Weiterbildungskurse des Goethe-Instituts in Ufa zu besuchen. Sie wurde verpflichtet, ihre Erlebnisse und Erfahrungen im Sinne einer werteorientierten Vernetzung im Intranet des Unternehmens darzustellen. Damit wurde auch Frau Marosch zur »Baschkirin«; individuelle Freiheit wurde zum erlebten fundamentalen Wert.

3.14 Einfluss

»Ich mag das Wort Macht nicht. Macht klingt wie ein Wert an sich.
Ich spreche lieber von Einfluss.
Einfluss zu haben und ihn für etwas zu verwenden, an das glaube ich.
Das ist mir absolut wichtig.«
Judith Wiese, Personalvorstand Siemens

Beschreibung
Es gibt einen sehr einfachen praktischen Grund, Macht nicht als einen sozial-weltanschaulichen Wert zu verwenden. Das Machtmotiv bezeichnet nach McClelland das Grundmotiv, das auf die Gefühlserfahrung abzielt, die sich einstellt, wenn man Einfluss auf andere Menschen hat.

Das Machtmotiv ist ein guter Prädiktor von Präferenzen für Tätigkeiten und Situationen, in denen Prestige und Ansehen erworben werden können. Das Machtmotiv äußert sich häufig in dem Bedürfnis, sich stark und einflussreich zu fühlen (vgl. Stangl 2021). Doch obwohl es sich um ein Grundmotiv handelt und im Mittelpunkt vieler psychologischer, soziologischer und politischer Analysen steht, verneinen viele Menschen, dass Macht für sie einen hohen Wert darstellt, verneinen sogar, dass Macht für sie überhaupt eine Rolle spielt. Gegen solch ein Vorurteil kommt kein Wertetrainer an. Dagegen wird die Möglichkeit, Einfluss auf andere Menschen und auf soziale Prozesse zu haben, für etwas Wertvolles und Wichtiges gehalten.

Einfluss, Macht oder Zwang zielen in den Sozialwissenschaften auf die Gesamtheit soziokultureller Kräfte, mit denen einzelne Menschen, soziale Gruppen und ganze Gesellschaften auf das Verhalten Einzelner oder von Gruppen Einfluss nehmen und sie durch Androhung psychischer oder physischer Gewalt oder anderer Sanktionen zu einem bestimmten Verhalten bewegen. Neben den ökonomischen Verhältnissen beeinflussen die in einer Gesellschaft vorhandenen und herrschenden Werte und Normen die Vorstellungen und Handlungen, vermittelt über Prozesse der Sozialisation.

Wo Einflussnahme durch Gruppen oder Organisationen vorhanden ist, lässt sich von institutionellem oder kollektivem Einfluss sprechen. Sowohl die Bedeutung als auch die Legitimität von Einflussnahme und Zwang für den Zusammenhalt von Gesellschaftssystemen sind umstritten. Generell lässt sich in nahezu jeder Begriffsbestimmung von Macht dieser Begriff durch den Begriff Einfluss austauschen. Im allgemeinsten Verständnis bezeichnet Einfluss dann die Summe aller Kräfte und Mittel, die einem Akteur, einem Sachverhalt oder auch der Natur gegenüber einem anderen Akteur zur Durchsetzung einer Absicht zur Verfügung stehen. In diesem Sinn kommt Einflussnahme in fast allen Lebensbereichen vor.

Dabei müssen mindestens zwei Akteure vorhanden sein, die in irgendeiner Beziehung zueinander stehen. Diese stellt jedoch in der Regel ein konfliktbehaftetes, zumindest aber asymmetrisches Verhältnis dar, das Interessenkongruenzen und -gegensätze zugleich umfasst und die Befähigung des einen zur Durchsetzung seines Willens ebenso enthält wie die mögliche Fähigkeit des anderen, diesem (partiell) zu widerstehen.

Die Definitionen von Einfluss und Macht sind historischen Wandlungen unterworfen und werden in unterschiedlichen Bedeutungsbereichen verwendet. Bezogen sich Einfluss und Macht bis zum 18. Jahrhundert vor allem auf die Sphäre des Politischen und das Zusammenleben der Menschen im Staat, rückten sie im 19. Jahrhundert als ein in allen sozialen Gruppen anzutreffendes Phänomen in den Blick. Bei Max Weber steht vor allem die Sinnorientierung der Akteure im Vordergrund, die sowohl durch rationale als auch durch irrationale Motive bestimmt sein kann. Inzwischen sind Öffentlichkeit und Medien zu den zentralen Repräsentations- und Interaktionsfeldern im innergesellschaftlichen Kampf um Einfluss geworden. Aber auch mit direkter Gewaltausübung durch Kriege, Bürgerkriege, Terror oder diktatorische und illegitime Einwirkungen wird um Einfluss gekämpft (vgl. McClelland 1978, Luhmann 2012, Hattie, Zierer 2019).

Werteatlas-Definition

Ein Mensch, für den es ein hoher Wert ist, Einfluss zu haben und ihn für etwas zu verwenden, ist bestrebt, auch auf das positive Image seiner Organisation, seines Unternehmens aktiv Einfluss zu nehmen. Er redet nicht nur über Veränderungen, sondern handelt aus eigenem Antrieb einflussreich. Er baut Netzwerke mit auf, die in der Gesellschaft oder im Arbeitsleben deutlich etwas bewirken. Er setzt seine Position für seine Unternehmung ein und nutzt es nicht nur für eigene Karriereziele. Er ist bemüht, seine Handlungsspielräume sinnvoll zu erweitern und damit seinen Einfluss auszubauen.

Wenn er absichtsvoll seine Organisation immer nur positiv darstellt, auch wenn er kritische Entwicklungen erkennt, um lediglich seinen Einfluss darin zu erhöhen, ist das eine deutliche und sich negativ auswirkende Übertreibung.

Wir empfehlen folgende vertiefende Literatur zum Wert Einfluss: Rugova 2021, Hattie, Zierer 2019, oder Cialdini 2006.

Werteatlas-Zuordnung

Einfluss wird im Werteatlas zentral den **sozial-weltanschaulichen Werten** zugeordnet. In früheren Arbeiten haben wir von politisch-weltanschaulichen Werten gesprochen. Nun ist alles Politische sozial, nicht alles Soziale politisch. Das Soziale hat einen größeren Begriffsumfang. Wir haben schlussendlich den Begriff des Sozialen dem des Politisch-Weltanschaulichen vorgezogen, weil – ähnlich wie beim Begriff der Macht – das Politische umgehend negative, ablehnende Assoziationen hervorruft, die auch durch noch so viele Erläuterungen, was »eigentlich« gemeint ist, nicht zu konterkarieren sind.

Politik ist eine spezifische Seite sozialer Beziehungen zwischen Individuen, Gruppen, Gemeinschaften, Schichten, Organisationen, Nationen, Staaten und anderen sozialen Gemeinschaften. Dabei bezeichnen wir nur solche Beziehungen als politisch, die objektiv einer sozial organisierten Durchsetzung bedürfen, sei es durch staatlichen oder organisationalen Einfluss, wie beispielsweise bei der Unternehmenspolitik. Einfluss ist immer **bi- oder multidirektional.** Er kann von einzelnen Akteuren, Personen oder Gruppen gegenüber anderen Akteuren zur Durchsetzung einer Absicht zur Verfügung stehen.

Er kann also zwischen einzelnen Akteuren, von einzelnen Akteuren ausgehend auf kollektive Akteure, von kollektiven Akteuren auf einzelne Akteure und zwischen kollektiven Akteuren wirken. Einfluss wirkt in der Regel **enthomogenisierend**, Einfluss Ausübende sind deutlich vom Beeinflussten abgehoben. Schließlich sind Einflussbeziehungen stets zeitlich und räumlich begrenzt, wer heute über hohen Einfluss verfügt, kann wenige Jahre später keine Rolle mehr spielen. Einfluss ist in hohem Maße zeitlich und sachlich **vergänglich**.

Wertekategorien-Überlappung

Einfluss bringt dem Einflussreichen auch **Genuss**. Einfluss kann von **Nutzen** sein bei der Festigung und dem Ausbau der eigenen Position, bei der Übernahme von Verantwortung in Aufsichtsräten und Kontrollgremien und bei der Gestaltung des eigenen Arbeits- und Kommunikationsumfeldes. Für welche Ziele und mit welchen Mitteln Einfluss ausgeübt wird, hat auch eine **ethische** Dimension, die Durchsetzung eines kriminellen Geschäftsmodells, wie z. B. bei Wirecard, oder einer betrügerischen Marktbeeinflussung, wie beispielsweise beim Dieselskandal, ist ethisch verwerflich, die Einflussnahme für eine humane Behandlung von Flüchtlingen und Notleidenden (»Wir schaffen das«) oder die gemeinnützige Bekämpfung von Armut, Krankheit und Ungleichheit auf der ganzen Welt, z. B. durch die Gates Foundation, ist ethisch hoch zu bewerten.

Wertequadrat, Synonyme

Im Wertequadrat setzen wir dem positiven Wert **Einfluss** den positiven Gegenwert **Zurückhaltung** entgegen. Erst mit der ausgehaltenen Spannung zur Zurückhaltung, als »Schwesterntugend«, kann sich Einfluss positiv entfalten. Wir können von einem dialektischen Gegensatz sprechen. Als konträrer Gegensatz muss **Einflusslosigkeit** gelten. Als entwertende Übertreibung sehen wir die ständige und oft störende **Einmischung** an. Wenn versucht wird, Einflusslosigkeit durch ständige Einmischung wettzumachen, liegt ein klarer Fall von Überkompensation vor. Gesunde Entwicklungen führen von der Einflusslosigkeit zum sinnvollen Einfluss und von der ständigen Einmischung zur Zurückhaltung.

Als Synonyme für den Begriff Einfluss können gelten:

Macht, Gewicht, Herrschaft, Autorität, Geltung, Führung, Kontrolle, Gewalt, Kraft, Stärke, Können, Effekt, Ansehen, Beachtung, Gültigkeit, Ausstrahlung, Einwirkung, Manipulation, Einfluss, Reiz, Wichtigkeit, Anziehungskraft, Machtstellung, Machtposition, Bedeutsamkeit, Hochachtung, Wirkung, Vermögen, Image, Einwirkung, Prestige, Renommee, Konsequenz, Suggestion

Wertekleeblatt

Subjekte des Wertes Einfluss können, beim Individuum beginnend, wiederum alle genannten kollektiven Subjekte sein. Ein Individuum kann eine Organisation ebenso sozial werten wie diese das Individuum. Das heißt, die Wertungsrichtung kann immer von »oben« nach »unten« wie auch umgekehrt verlaufen.

Kollektive Subjekte, von ganzen Gesellschaften bis hin zu einzelnen Gruppen, können die Handlungen eines Menschen als moralisch gut oder schlecht bewerten. Es führt jedoch zu unzulässigen Schlussfolgerungen, wenn man Gruppen, Organisationen, Parteien, gar Nationen oder Völker als moralisch gut oder schlecht bewertet. »Moralisch kann immer nur der Einzelne, nie ein Kollektiv beurteilt werden«, so Karl Jaspers (1994, S. 11).

Objekte des Wertes Einfluss, also wer oder was als einflussreich bewertet wird, können Sachverhalte der Natur und der Technik sein, weiterhin Individuen, Gruppen, Schichten, Organisationen, Nationen, Gesellschaften und weitere kollektive Subjekte in ihren Erkenntnis-, Wertungs- und Handlungsprozessen. Im Zentrum steht dabei allerdings überwiegend die Bewertung kollektiver Subjekte, nicht von Einzelnen.

Grundlagen des Wertes Einfluss sind die aus den historisch-gesellschaftlichen Verhältnissen erwachsenen sozialen, politischen Beziehungen und die sich herausbildenden kollektiven Subjekte, von Innungen bis zu Gemeinschaften, von Ländern und Nationen bis zu großen Reichen. Sie üben alle untereinander und aufeinander Einfluss aus. Die Einflüsse werden teils in historischen Anschauungen und Narrativen, teils in fantastischen Erzählungen und Übertreibungen reflektiert. Die Geflechte von Einflüssen sind für den Einzelnen selten überschaubar, werden aber als lenkende, leitende Mächte durchaus wahrgenommen.

Maßstäbe des Wertes Einfluss beziehen sich oft auf klassenmäßig differenzierte, zumindest arbeits- und funktionsteilig vielfältig strukturierte, nichthomogene Gesellschaften. Sie beziehen sich auf historisch konkrete, zeitlich abgrenzbare und oft schnell, manchmal revolutionär sich wandelnde temporäre gesellschaftliche Zustände und Erscheinungen. Sie werden als Einflusshorizonte entweder verabsolutiert – »das Optimum ist gerade jetzt und heute erreicht« –, oder historisch einordnend und oft das Bisherige abwertend beurteilt – »früher war alles besser«. Objektive Maßstäbe der Beurteilung von Einfluss sind kaum zu erwarten, da die weltanschauliche Einordnung meist dominiert.

Training

Das Image eines Teams oder der Organisation bestimmt maßgeblich den Einfluss, den diese haben.

Trainingsziele

Vorab sind folgende grundlegenden Fragen zu klären:

- **Bei welchen Menschen** soll der Wert Einfluss konkret entwickelt werden, beispielsweise bei Wertetrainees, Führungskräften oder Teams, aber auch für die Organisation?
- **Wofür** sollen sie den Wert Einfluss entwickeln, z. B. um ihre eigene Position zu stärken oder um zum Erfolg ihres Teams oder ihrer Organisation beizutragen, um das Image ihres Teams oder Ihrer Organisation zu fördern oder um gesellschaftliche Zile zu erreichen?
- **Warum** sollen sie ihren Wert Einfluss entwickeln? Gründe dafür können Genusswerte Beziehungen, Nutzenwerte wie Gemeinnutz, ethisch-moralische Werte wie Respekt und sozial-weltanschauliche Werte wie Netzwerk sein.
- **Wie weit** soll der Wert Einfluss getrieben werden? Diese Frage sollte in einem gemeinsamen Prozess, vor allem im Team, aber auch in der Organisation beantwortet werden.

Als hilfreich hat es sich erwiesen, konkrete Formulierungen zu entwickeln, wie beispielsweise:

Wie kann erreicht werden, dass

- die Wertetrainees die Bedeutung des Wertes Einfluss für sich bewerten und diesen im beruflichen sowie privaten Leben gezielt ausbauen können,
- ihren beruflichen und privaten Einfluss sichern können,
- Möglichkeiten zum Ausbau des Wertes Einfluss geschaffen werden,
- sie im Arbeitsprozess die Chance erhalten, Einfluss zu haben?

Diese Ziele können dem persönlichen Bedarf entsprechend angepasst und erweitert werden.

Der Wert Einfluss kann in Organisationen im Arbeitsprozess vor allem durch folgende Ansätze entwickelt werden:

Praxisprojekte und -aufgaben

Um den Wert Einfluss zu verändern, beginnt man nach der Erfassung, Analyse und Bewertung der individuellen Werte sowie der Formulierung individueller Werteziele wieder bei der Übernahme besonders herausfordernder Praxisprojekte und -aufgaben, in denen Wertetrainees mit Begleitung ihrer Wertetrainer kontinuierlich die Möglichkeiten ausbauen, im Kleinen oder Großen etwas zu verändern. Dafür werden aktive, einflussreiche Kollegen oder Teams als Verbündete gesucht, mit denen Herausforderungen gemeinsam bearbeitet werden können. Dabei können agile Methoden genutzt werden, weil sie es ermöglichen, den Einfluss von Wertetrainees im Team auszubauen. Die dabei gemachten Erfahrungen können in einem Blog oder in Fachzeitschriften dargestellt werden, um den eigenen Einfluss zu multiplizieren. Auch Communities of Practice und der systematische Aufbau eines Netzwerks steigern den Wert Einfluss für Wertetrainees.

Checkbox Wert Einfluss **Methoden der gezielten Werteentwicklung im Arbeitsprozess** **(nach Kap. 2.3)**	**Auswahl**
Erlebnislernen	
Subjektivierendes Handeln	
Expertiseaufbau	
Job Rotation	
Agile Arbeitsprinzipien	
Scrum	
Design Thinking	
Kanban	
Pulse	
Peer Working and Learning	
Working Out Loud	
Kollegiale Beratung	
Community of Practice	

Tab. 59 Checkbox Einfluss – Praxis

Begleitendes Coaching und Mentoring

Nicht alle Coaching- oder Mentoringmethoden stärken den Wert Einfluss. Nur wenn die Wertetrainees Führungskräfte oder andere einflussreiche Personen in diesem Einflusshandeln erleben und akzeptieren, vielleicht sogar bewundern, können solche Methoden greifen und erfolgreich sein.

Ein erstes Entwicklungsgespräch mit der Führungskraft, regelmäßige Coaching- und Mentoringgespräche und Co-Coaching-Vereinbarungen können den Wert Einfluss bekräftigen. Kennt der Wertetrainer die neurobiologischen Prozesse von Macht- und Einflusshandeln genauer, kann dies den Trainingsprozess deutlich stärken. Gerade systemisches Coaching verdeutlicht intuitiv, welche entscheidende Rolle Selbstorganisationsprozesse in jedem menschlichen Handeln besitzen und wieso Werte als Ordner, besonders aber der Wert Einfluss, so wichtig sind. Unterm Strich geht es bei dem Wert Einfluss um eine Haltung, welche die Persönlichkeit des Wertetrainees stärkt.

Checkbox Wert Einfluss **Methoden der gezielten Werteentwicklung durch Coaching und Mentoring (nach Kap. 2.3)**	**Auswahl**
Begleitcoaching	
Neurobiologisch intendiertes Coaching	
Systemisches Coaching	
Involvierendes Coaching	
Persönlichkeitscoaching	
Co-Coaching	
Kollegiales Coaching	
Mentoring	
Koping	

Tab. 60 Checkbox Einfluss – Coaching

Ergänzende Übung

Um die Bedeutung des Wertes Einfluss zu erfahren, ihn zu erspüren, bedarf es sozialer Situationen, in denen einflussreich gehandelt wird. Dies ist in der Regel bei Trainingsunternehmen gegeben, die meist streng hierarchisch agieren. Aber auch in Bewerbungstrainings erfährt der Wertetrainee Einfluss und Macht der Organisation, bei der er sich bewirbt. Einige Formen des Outdoor-Trainings besitzen hohe Potenziale des Erlebens und des Trainierens des Wertes Einfluss. Denn ohne diese kommen koordinierte erfolgreiche Aktionen und Handlungen kaum zustande. Insbesondere bei realitätsnahen Übungen wie Wanderungen mit verborgenen Zielen oder beim Hochseiltraining, das die Einflussreichen stets dominieren, wird Einfluss ausgeübt und trainiert. Ein schönes, wenn auch etwas »exotisches« Beispiel ist das Führen mit Pferden, das oft zu einem direkten Einflussvergleich zwischen Führendem und geführtem Pferd gerät.

Checkbox Wert Einfluss **Methoden der gezielten Werteentwicklung durch Übung und übendes Training (nach Kap. 2.3)**	**Auswahl**
Trainingsunternehmen und Übungsfirmen	
Bewerbungstraining	
Outdoor-Training, Hochseilgarten, Führen mit Pferden...	

Checkbox Wert Einfluss Methoden der gezielten Werteentwicklung durch Übung und übendes Training (nach Kap. 2.3)	Auswahl
Seitenwechsel	
Zürcher Ressourcenmodel	
Serious Games	

Tab. 61 Checkbox Einfluss – übendes Training

Unterstützende Weiterbildung

Bildung und Weiterbildung können kaum dazu beitragen, den Einfluss eines Wertetrainees zu erhöhen. Sie können ihm aber erkenntnismäßig bewusst machen, warum Einfluss und zuweilen auch Macht nicht nur eine wichtige sozial-weltanschauliche Rolle spielen, sondern wie wichtig es ist, diese überlegt und human anzuwenden und emotional trotz manchen Widerstrebens zu akzeptieren. Den Wert Einfluss zu entwickeln ist wichtig, weil keine Gesellschaft, keine Organisation, kein Team ohne hierarchische Beziehungen, die immer auch Einflussbeziehungen und oft Machtbeziehungen sind, auskommt. Auch ist es wichtig, die Formen von Einfluss, die von Social Media ausgeübt werden und die auf allen Ebenen der Gesellschaft eine Rolle spielen, zu begreifen und sie zu Werten zu transformieren.

Oftmals wird von Teilnehmern an Seminaren oder Workshops zurückgemeldet, dass die Gespräche in den Pausen und am Abend als besonders wertvoll empfunden wurden. Deshalb können solche Veranstaltungen, unabhängig von den jeweiligen Themen, dazu beitragen, Wertetrainees die Bedeutung des Wertes Einfluss begreiflich zu machen und ihn auszubauen.

Checkbox Wert Einfluss Methoden der gezielten Werteentwicklung in Bildung und Weiterbildung (nach Kap. 2.3)	Auswahl
Bildungs- und Weiterbildungsmaßnahmen als Anstoß für Werteentwicklung	
Selbstorganisation	
Social Blended Learning	
Wertelisten	
Wertequadrat	
Handlungs- und verhaltenspsychologische Methoden	
Prospect Theory	
Post-mortem-Diskussion	
Advocatus-Diaboli-Diskussion	
Nudging	
Debiasing	

Checkbox Wert Einfluss **Methoden der gezielten Werteentwicklung in Bildung und Weiterbildung (nach Kap. 2.3)**	**Auswahl**
Anti-Biasing	
Kongresse, Barcamps und Webcamps	
World Café – werteorientierte Vernetzung	
Kunst und Wertekommunikation	

Tab. 62 Checkbox Einfluss – Bildung

Beispiel 1: Einfluss durch organisationsweite Kommunikation

In einem internationalen Unternehmen der Konsumgüterindustrie hatte ein Projektteam den Auftrag erhalten, Maßnahmen zu entwickeln und umzusetzen, die dazu beitragen, die Kundenorientierung und -freundlichkeit aller Mitarbeiter im Kundenkontakt zu entwickeln. Die Kernfrage, die sich dabei ergab, war, wie es dem Team gelingen kann, die Handlungsweisen der Kollegen wirksam zu beeinflussen.

Es zeigte sich in diesem Diskussionsprozess rasch, dass dieser Einfluss nur möglich sein wird, wenn allen Mitarbeiter und Führungskräften die Möglichkeit gegeben wird, sich über den neu entwickelten Konzeptionsvorschlag zu informieren und ihre eigene Sicht, ihre Erwartungen oder Befürchtungen einzubringen und über alle Hierarchieebenen zu diskutieren.

Deshalb entwickelte das Konzeptionsteam einen strukturierten Kommunikationsprozess, der auf einer virtuellen Kommunikationsplattform basiert:

1. **Einstimmung:** Blog des Managements zur Kundenorientierung, Erklärvideos, Informationen zur Konzeption und Reflexionen. Zusätzlich wurde ein Barcamp angeboten, in dem alle Mitarbeiter die Gelegenheit erhielten, ihre Fragen, Anregungen und Meinungen einzubringen.
2. **Virtueller Kick-off:** In diesem Online-Meeting erklärte das Projektteam die Zielsetzung für den Austausch in den kommenden Wochen, stellte die Themenpaten sowie den Ablauf und die Spielregeln vor und verweist auf die Medien, die in der ersten Themenwoche zur Diskussion stehen.
3. **Mehrere Sprints im Netz:** Jeder Sprint beginnt mit einer Live-Einführung, täglich werden mit einem kurzen Video Teilaspekte des Projektes Kundenorientierung vorgestellt und diskutiert. Die wichtigsten Beiträge wurden in einem Blog zusammengefasst.
4. **Mehrere virtuelle Workshops:** Zwischen den einzelnen Sprints konnten die Beiträge der Teilnehmer diskutiert und bewertet werden, die Konzeption wurde laufend optimiert.
5. **Abschlussworkshop:** Das Projektteam stellte im virtuellen Raum Mitarbeiterbeiträge zur Diskussion.

Anschließend wird der Rollout vorbereitet und umgesetzt.

Mit dieser Vorgehensweise kann es gelingen, den Wert Einfluss bei den Projektteam-Mitgliedern gezielt zu steigern. Durch das partizipative Konzept wird es gleichzeitig ermöglicht, den Wert Einfluss auch bei allen Teilnehmern zu fördern, weil sie nun erfahren, dass ihre Meinung zählt und aufgegriffen wird.

Beispiel 2: Einfluss durch klare Ansagen

Eine der 565 deutschen Eventmarketing-Agenturen, die Evenpromo, hatte die junge Katja Wörner eingestellt. Sie war qualifiziert und fleißig, kam sich aber in ihren neuen Aufgaben recht verloren vor. Ziel der Evenpromo war und ist es, die Präsentation und Vermarktung neuer Produkte zu unterstützen, Verkaufsleiter oder Geschäftspartner zu motivieren und Endkunden durch Marketing-Events von der Qualität neuer Produkte und Produktionen zu überzeugen.

Die Evenpromo ist eine Eventmarketing-Agentur mit besonderer Erfahrung, die auch kurzfristig alle organisatorischen und logistischen Aufgaben bewältigen kann, selbst wenn es sich um ganze Veranstaltungsreihen handelt. Voraussetzung der Wirkung einer solchen Agentur ist, dass sie Einfluss und sogar Macht über Auftraggeber, Kunden und Teilnehmer insgesamt gewinnt. Das geht nur, wenn die Einflusssphären innerhalb der Agentur genau abgesteckt und unangefochten sind. Auf einer Großveranstaltung sind die Verantwortungsbereiche vorher genau abgeklärt.

Katja Wörner empfand sich, neu eingestellt, als völlige Anfängerin ohne jeden Einfluss. All ihr Wissen, das sie vorher erworben hatte, alle ihren bisherigen Tätigkeiten fielen scheinbar nicht ins Gewicht. Sie fand für sich selbst keinen Weg, ihre Einflusslosigkeit zu ignorieren oder zu bekämpfen. Sie trottete einfach mit und übernahm dankbar Kleinstaufträge.

Der Projektleiter, der für die erste Großveranstaltung, die sie miterleben sollte, verantwortlich war, beobachtete sie und ihr Verhalten. Seiner Meinung nach war es das Wichtigste, dass sie den Einfluss, den sie in der Agentur haben sollte, sozusagen am eigenen Leib spürte, dass sie ihn emotional erlebte und fest als Wertehaltung verankerte.

Er machte sie deshalb bei der ersten Großveranstaltung, die sie miterlebte, für die Funktion und die Sicherheit des Veranstaltungsortes verantwortlich. Mit fröhlichem Gesicht und zitternden Knien trat sie diese Position an. Natürlich ging sie nicht davon aus, dass ihr Wort besonderes Gewicht habe, zumal auch einige ihrer Kollegen mit viel Erfahrung dabei waren. Doch bereits bei der feuerpolizeilichen Besprechung bemerkte sie, dass die anderen sie und ihre Überlegungen absolut ernst nahmen. Aber so richtig bewusst wurde ihr der Einfluss erst, als sie zu einem anderen Veranstaltungsort gerufen wurde.

Dort gab es Sicherheitsbedenken aufgrund von baulichen Gegebenheiten. Als sie dort ankam und sich ein Bild von der Situation machte, kam sie zu dem Schluss, dass man den ganzen Bereich für eine Veranstaltung, unabhängig davon, wie wichtig diese Veranstaltung für das ganze Projekt und wie bedeutsam dieser Veranstaltungsort auch sei, nicht freigeben dürfe. Sie sagte das klar und deutlich in der ersten Beratung und zu ihrer eigenen Überraschung wurde das so beschlossen, ohne weiter darüber zu diskutieren.

In diesem Moment wurde ihr bewusst, dass sie Einfluss auf andere ausüben konnte, dass ihr Wort Gewicht hatte. Anderen mochte diese Episode vielleicht als bedeutungslos erscheinen, für sie war es ein tiefer, den Wert Einfluss lebenslang verinnerlichendes Erlebnis. Für den Projektleiter war es eine grundlegende Bestätigung, dass Werte nur durch tiefgreifende emotionale Erlebnisse verinnerlicht werden können. Später setzte er Katja Wörner für viele komplexe Veranstaltungsprojekte der Evenpromo ein, sodass sich ihr Einfluss systematisch und gewollt vertiefte und verbreiterte. Er ließ sie Vorträge zur Durchführung von Eventmanagement halten und beobachtete zufrieden, dass auch dies ihren Wert Einfluss erhöhte.

3.15 Norm und Gesetz

»Wer sich den Gesetzen nicht fügen will, muss die Gegend verlassen, wo sie gelten.«
Johann Wolfgang von Goethe

Beschreibung
Norm (lat. *norma* Regel) bezeichnet in den Sozialwissenschaften Maßstäbe für eine wertende Beurteilung menschlichen Handelns im regulativen oder ethischen Sinne.

Da das gesellschaftliche Leben, aber auch alles Denken, Reden und Handeln grundlegend darauf gegründet ist, dass Normen bestehen, anerkannt und eingehalten werden, bilden die Feststellung und Erklärung geltender Normen sowie deren Begründung zentrale Themen der Sozialwissenschaften und der Philosophie. So ist die Ethik auch als »Normenwissenschaft« bezeichnet worden. In unterschiedlichen Anwendungsgebieten lassen sich verschiedene Begriffsbedeutungen unterscheiden. Normen kennzeichnen empirische Durchschnitte, das »Normale«, etwa gebotene Handlungsweisen, aber auch technische Maßstäbe, Regeln und Vorschriften.

Normen treten im Sinne rechtlicher Vorschriften auf, deren Einhaltung gesetzlichen Regelungen unterliegt. Dem Werteverständnis näher sind Normen als soziale Konventionen, die auf Gewohnheitsrecht und Brauchtum beruhen und über deren Einhaltung durch soziale Gruppen entschieden wird. Normen sind im ethischen Sinne Handlungsorientierungen, wie Tugenden, sittliche und weltanschauliche Motive sowie Pflichten, zur Realisierung menschlichen Gutseins. Das umfasst sowohl selbst gesetzte Grundsätze als auch allgemein anerkannte, sozial verbindliche Werte, die einzelnen Zielsetzungen und Handlungen zugrunde liegen sollen und in der Regel den Anspruch einer vernünftigen Rechtfertigung erfüllen müssen. Die modernen Sozialwissenschaften setzen sich mit ethisch-moralischen und sozial-weltanschaulichen Normen unter dem Gesichtspunkt einer Rechtfertigung ihrer Verbindlichkeit auseinander.

Gesetze sind allgemein Ausdruck regelhafter Zusammenhänge zwischen Phänomenen aller Art in Natur, Wissenschaft und Gesellschaft. Im Bereich von Politik und Ethik, im Recht und in der Theologie gelten Gesetze als verbindliche Handlungsvorschriften. Zu ihnen zählen Rechtsgesetze und ethisch-moralische Gesetze. In beiden wird eine Norm für menschliches Verhalten formuliert, zu deren Einhaltung die Menschen verpflichtet sind. Rechtsgesetze sind von der zuständigen Autorität definiert, die erzwungen werden können. Ihr Gegenstand kann daher nur das äußere Handeln sein, da nur dieses einem Zwang zugänglich ist. Moralische Gesetze dagegen sind durch Traditionen herausgebildete oder in der Ethik bestimmte Normen und beziehen sich auch auf die innere Einstellung des Handelnden.

Werteatlas-Definition

Ein Mensch, für den es außerordentlich wichtig ist, dass er intern und extern Norm und Gesetz kennt und danach handelt, ist bestrebt, alle Handlungen im Rahmen rechtlicher Vorgaben zu gestalten. Er achtet aber auch darauf, dass ihm keine Nachteile entstehen, wenn er sich weigert, illegale Vorgaben auszuführen. Er versucht, durch sein Handeln das positive Bild seiner Organisation, die Normen und Gesetze strikt einhält, in der Öffentlichkeit zu fördern. Er handelt bewusst so, dass existenzbedrohende Krisen, die durch die Verletzung von Normen und Gesetzen entstehen, vermieden werden.

Manchmal neigt er zur Übertreibung und handelt immer exakt nach Norm und Gesetz im Sinne eines »Dienstes nach Vorschrift«, auch wenn das in einer Situation gar nicht sinnvoll ist.

Wir empfehlen folgende vertiefende Literatur zum Wert Norm und Gesetz: Iorio, Reisenzein 2010, Wegmann 2008, Berger, Luckmann, Plessner, 19. Aufl. 2003 oder Rulf 1975

Werteatlas-Zuordnung

Norm und Gesetz werden im Werteatlas zentral den **sozial-weltanschaulichen Werten** zugeordnet. Normen und Gesetze wirken immer **bi- oder multidirektional**. Der Einzelne kann zu ihrer Formulierung und juristischen Fixierung beitragen, entscheidend ist aber, dass sie auf den Einzelnen, zwischen einzelnen Akteuren, von einzelnen Akteuren ausgehend auf kollektive Akteure, von kollektiven Akteuren auf einzelne Akteure und zwischen kollektiven Akteuren wirken. Norm und Gesetz wirken insofern **enthomogenisierend**, als sie, von Grundgesetz und Menschenrechte abgesehen, für definierte Gruppen unterschiedlich wirken. Beispielsweise sind spezifische Gesetze, Normen und Verordnungen nur für den landwirtschaftlichen Bereich relevant.

Schließlich sind Normen und Gesetze stets zeitlich und räumlich begrenzt. Wer ihnen unter anderen historischen Bedingungen gewissenhaft folgte, kann unter neuen Bedingungen schweren

Schiffbruch erleiden. Sie sind in hohem Maße zeitlich und sachlich **vergänglich**. Bi- oder Multidirektionalität, Inhomogenitätstendenz und Vergänglichkeitstendenz sind Charakteristika, die sozial-weltanschauliche Werte deutlich von den durch Unidirektionalität, Homogenisierungstendenz und Verewigungstendenz gekennzeichneten ethisch-moralischen Werten abheben.

Wertekategorien-Überlappung

Rechtschaffenes Handeln, das gewissenhafte Befolgen von Norm und Gesetz, bringt oftmals auch **Genuss**. Die Kenntnis und das Befolgen von Norm und Gesetz kann, vor allem in Problemsituationen, auch von hohem **Nutzen** sein, der Ruf, gesetzestreu und Normen folgend zu handeln kann sich beim Ausbau der eigenen Position und im Umgang mit anderen Personen und Gremien als sehr nützlich erweisen. Auch wenn es nicht um Normen und Gesetze geht, die auf ethische Grundlagen zurückgehen, haben sie doch immer eine **ethische** Dimension, da die Befolgung von Norm und Gesetz entweder hoch anerkannt oder aber als Kriecherei und Kadavergehorsam verurteilt wird.

Wertequadrat, Synonyme

Dem positiven Wert **Norm und Gesetz** kann man in ausgehaltener Spannung einen positiven Gegenwert, den **kreativ-maßvollen Regelverstoß** als »Schwesterntugend«« entgegensetzen. Es bedarf einer Balance zwischen beiden. Ohne den kreativ-maßvollen Regelverstoß verkommt der Wert Recht und Gesetz zu seiner entwerteten Übertreibung, **der sklavischen Norm- und Gesetzestreue**. Als konträren Gegensatz müssen wir **Norm- und Gesetzlosigkeit** setzen.

Oft wird versucht, Norm- und Gesetzlosigkeit mit sklavischer Norm- und Gesetzestreue zu kaschieren, ein typischer Fall von Überkompensation. Allerdings ist es sehr schwer, von der eingewöhnten Norm- und Gesetzlosigkeit zur Einhaltung von Norm und Gesetz zu gelangen, wie es Friedrich Schiller so unnachahmlich in den »Räubern« demonstriert. Noch schwerer ist es allerdings, von der sklavischen Norm- und Gesetzestreue zum kreativ-maßvollen Regelverstoß zu gelangen, ohne das Kind mit dem Bade auszuschütten.

Als Synonyme für die Begriffskombination Norm und Gesetz können gelten:

Für **Norm**: Durchschnitt, Normalität, Disziplin, Maßstab, Muster, Prinzip, Standard, Schema, Messlatte, Grundsatz, Mittelwert, Statut, Vorschrift, Weisung, Turnus, Gesetzmäßigkeit, Devise, Richtschnur, Ordnung, Leitbild, Etikette, Arbeitsnorm, Profil, Leitlinie, Richtschnur, Richtlinie, Regelung, Jugendwort, Arbeitssoll, das Übliche.
Für **Gesetz**: Recht, Verfügung, Verordnung, Dekret, Order, Bestimmung, Befehl, Anordnung, Anweisung, Verfassung, Rechtsprechung, Grundsatz, Satzung, Lex, Gebot, Vorschrift, Rechtsordnung, Turnus, Gesetzmäßigkeit, Jurisprudenz, Rechtslehre, Rechtswesen, Ordnung, Juristerei, Rechtsordnung, Konstitution, Paragraf, Rechtskunde, Richtschnur, Regel, Reglement, Standard.

Wertekleeblatt

Subjekte des Wertes Norm und Gesetz können, beim konkreten Individuum beginnend, alle kollektiven Subjekte sein. Diese Werte können nach »unten« und nach »oben« gerichtet sein:

Eine Gruppe kann die Norm- und Gesetzestreue ihrer Mitglieder werten, sie kann aber auch die Organisation oder das Unternehmen, wovon sie ein Teil ist, daraufhin werten. Sozial-weltanschauliche Werte haben immer eine bidirektionale Wertungsrichtung. Die gesellschaftsorganisierende Funktion sozial-weltanschaulicher Werte besteht gerade darin, sowohl das Verhalten des Einzelnen wie die Aktionen gesellschaftlicher Subjekte zu beeinflussen. **Bidirektionale oder multidirektionale Wertungsrichtungen** bilden den zentralen Unterschied zu den ethisch-moralischen Werten.

Objekte des Wertes Norm und Gesetz können menschbeeinflusste Sachverhalte der Natur und der Technik sein, weiterhin Individuen, deren Norm- und Gesetzestreue – unter anderem juristisch – bewertet wird, dann Gruppen, Schichten, Organisationen, Nationen, Gesellschaften und weitere kollektive Subjekte in ihren Erkenntnis-, Wertungs- und Handlungsprozessen, sofern sie auf Normen und Gesetze bezogen sind.

Grundlagen des Wertes Norm und Gesetz sind die aus den historisch-gesellschaftlichen Verhältnissen erwachsenen sozialen und politischen Festlegungen für kollektive Subjekte, von Gruppen, Teams, Organisationen, Unternehmen und Unternehmensnetzwerken bis hin zu Gemeinden, Ländern, Nationen und übergreifenden gesellschaftlichen Strukturen, beispielsweise der EU. Warum gerade diese und keine anderen Normen und Gesetze in Geltung sind, wird teilweise mit historischen Argumenten, Anschauungen und Narrativen, teils mit fantastischen Erzählungen und Übertreibungen begründet. Trotz der analytisch dargebotenen Grundlagen sind diese in den seltensten Fällen zwingend und hängen maßgeblich von den politischen Rahmenbedingungen ab, wie man an der Änderung nahezu aller Normen und Gesetze in Ostdeutschland nach der »Wende« gut sehen kann.

Maßstäbe des Wertes Norm und Gesetz beziehen sich oft auf hoch differenzierte, zumindest arbeits- und funktionsteilig vielfältig strukturierte, nichthomogene Gesellschaften. Sie beziehen sich auf historisch konkrete, zeitlich abgrenzbare und sich manchmal schnell wandelnde, alles andere als langdauernde gesellschaftliche Zustände und Erscheinungen. Je nach politischem Standpunkt werden Norm und Gesetz bekräftigt und verteidigt oder auch angegriffen und verurteilt. Objektive Maßstäbe der Beurteilung von Norm und Gesetz sind kaum zu erwarten, da die weltanschauliche Einordnung meist dominiert. Der Wertetrainee kann sie nur in ihren eigenen Zusammenhängen beurteilen und muss sich bemühen, seine Maßstäbe hintanzustellen.

Training

Die Bedeutung des Wertes Norm und Gesetz ist in den vergangenen Jahren durch die große Zahl an Wirtschaftsskandalen, z. B. »Dieselgate« bei Volkswagen, die Bilanzmanipulationen bei Wirecard, die Devisen- und Zinsmanipulationen im Finanzbereich oder Transplantationsskandale, ins Bewusstsein der Öffentlichkeit gerückt. Dabei handelt es sich nicht nur um ein politisches oder ethisches Problem, vielmehr hatten diese Verfehlungen teilweise milliardenschwere Strafzahlungen zur Folge, die die Unternehmen in ihrer Existenz bedroht haben.

Trainingsziele

Vorab sind folgende grundlegenden Fragen zu klären:

- **Bei welchen Menschen** soll der Wert Norm und Gesetz konkret entwickelt werden, beispielsweise bei Wertetrainees, Führungskräften oder Teams, aber auch für die Organisation?
- **Wofür** soll der Wert Norm und Gesetz entwickelt werden, z. B. um die nachhaltige Existenz der Organisation zu sichern, die Organisation vor Schadenersatzforderungen oder Ansehensverlust zu schützen, bei den einzelnen Wertetrainees, in Teams und in der Organisation zu erreichen, dass Richtlinien eingehalten werden?
- **Warum** soll der Wert Norm und Gesetz entwickelt werden? Gründe dafür können Genusswerte wie die Beziehungen, Nutzenwerte wie Sicherheit, ethisch-moralische Werte wie Verantwortung und soziale Werte wie Einfluss sein.
- **Wie weit** soll der Wert Norm und Gesetz getrieben werden: Diese Frage sollte in einem gemeinsamen Prozess in der Organisation beantwortet werden.

Als hilfreich hat es sich erwiesen, konkrete Formulierungen zu entwickeln, wie beispielsweise:

Wie kann erreicht werden, dass
- die Wertetrainees die Bedeutung des Wertes Norm und Gesetz für sich bewerten und danach handeln,
- sie ihr Handeln konsequent an Norm und Gesetz ausrichten können,
- sie keine Nachteile erleiden, wenn sie sich an Norm und Gesetz halten,
- sie sich im Arbeitsprozess immer an Norm und Gesetz orientieren können?

Diese Ziele können dem persönlichen Bedarf entsprechend angepasst und erweitert werden.

Der Wert Einfluss kann in Organisationen im Arbeitsprozess vor allem durch folgende Ansätze entwickelt werden:

Praxisprojekte und -aufgaben

Normen und Gesetze spielen bei allen Praxisprojekten und -aufgaben eine Rolle, da de facto nahezu alle Arbeitsprozesse und Arbeitsprodukte genormt sind. Rechtliche Vorgaben, nach denen konsequent Normen und Gesetze beachtet werden müssen, um Schaden zu vermeiden, haben eine besondere Bedeutung. Sie werden oftmals als selbstverständlich betrachtet und erst im Problem- oder Konfliktfall thematisiert.

Seit den erwähnten Skandalen ist das Bewusstsein für die Thematik gewachsen. Dabei geht es, von der Werteseite aus betrachtet, nicht allein darum, den Inhalt einschlägiger Normen und Gesetze zu kennen, sondern auch darum, diesen Wert als Haltung zu verinnerlichen und danach zu handeln. Die inzwischen beliebten Compliance-Trainings sind in der Regel Wissenstrainings; sie machen mit den technischen und rechtlichen Voraussetzungen von Praxisprojekten vertraut, erhöhen aber kaum die Wertehaltung Norm und Gesetz. Eben deshalb ist es für ein Wertetraining so wichtig, dass der Wertetrainee gemeinsam mit seinem Wertetrainer und mit der aktiven Unterstützung der Führungskraft und von Kollegen und Teams solche Projekte herausfindet, in denen Norm und Gesetz deutlich erlebbar und Sanktionen bei Zuwiderhandeln sofort und deutlich spürbar werden.

Es kann dabei hilfreich sein, Communities of Practice zu initiieren und systematisch entsprechende Norm-und-Gesetz-Netzwerke aufzubauen.

Checkbox Wert Norm und Gesetz **Methoden der gezielten Werteentwicklung im Arbeitsprozess** **(nach Kap. 2.3)**	**Auswahl**
Erlebnislernen	
Subjektivierendes Handeln	
Expertiseaufbau	
Job Rotation	
Agile Arbeitsprinzipien	
Scrum	
Design Thinking	
Kanban	
Pulse	
Peer Working and Learning	
Working Out Loud	
Kollegiale Beratung	
Community of Practice	

Tab. 63 Checkbox Norm und Gesetz – Praxis

Begleitendes Coaching und Mentoring

Für die Entwicklung des Wertes Norm und Gesetz sind Coachinggespräche mit erfahrenen Kollegen wichtig, welche die rechtlichen Rahmenbedingungen gründlich verinnerlicht haben, aber auch über ein Arsenal an Beispielen verfügen, um die großen emotionalen Belastungen eindringlich lebendig werden zu lassen. Zudem spielen Mentoringgespräche mit der Führungskraft eine zentrale Rolle. Deshalb sollten regelmäßige Mentoringgespräche und Co-Coaching-Vereinbarungen mit ausgewählten Kollegen angestrebt werden.

Checkbox Wert Norm und Gesetz **Methoden der gezielten Werteentwicklung durch Coaching und Mentoring (nach Kap. 2.3)**	**Auswahl**
Begleitcoaching	
Neurobiologisch intendiertes Coaching	
Systemisches Coaching	
Involvierendes Coaching	
Persönlichkeitscoaching	
Co-Coaching	
Kollegiales Coaching	
Mentoring	
Koping	

Tab. 64 Checkbox Norm und Gesetz – Coaching

Ergänzende Übung

Die Einhaltung von Norm und Gesetz lässt sich nicht »üben«. Die Wertetrainees können jedoch gemeinsam mit ihrem Wertetrainer Trainingsunternehmen auswählen, in denen deren Einhaltung besonders wichtig ist. Serious Games können nicht nur Szenarien der Einhaltung von Norm und Gesetz aufbauen, sondern vor allem Folgeerscheinungen bei Nichteinhaltung simulieren und eindringlich erlebbar machen.

Checkbox Wert Norm und Gesetz **Methoden der gezielten Werteentwicklung durch Übung und übendes Training (nach Kap. 2.3)**	**Aufbau**
Trainingsunternehmen und Übungsfirmen	
Bewerbungstraining	
Outdoor-Training, Hochseilgarten, Führen mit Pferden...	
Seitenwechsel	
Zürcher Ressourcenmodel	
Serious Games	

Tab. 65 Checkbox Norm und Gesetz – Training

Unterstützende Weiterbildung

Weiterbildung kann das Wissen zu relevanten Rechtsthemen aus der Arbeitswelt der Wertetrainees aufbauen, indem entsprechende Seminare und Workshops, möglichst mit der Möglichkeit, eigene Rechtsfragen einzubringen, durchgeführt werden. Wie bei allen Wertethemen ist aber von Bildung und Weiterbildung keine Verinnerlichung des Wertes »Norm und Gesetz« zu erwarten. Auch die Mehrheit der Compliance-Seminare schaffen da wenig Mehrwert.

Checkbox Wert Norm und Gesetz **Methoden der gezielten Werteentwicklung in Bildung und Weiterbildung (nach Kap. 2.3)**	**Auswahl**
Bildungs- und Weiterbildungsmaßnahmen als Anstoß für Werteentwicklung	
Selbstorganisation	
Social Blended Learning	
Wertelisten	
Wertequadrat	
Handlungs- und verhaltenspsychologische Methoden	
Prospect Theory	
Post-mortem-Diskussion	
Advocatus-Diaboli-Diskussion	
Nudging	
Debiasing	
Anti-Biasing	
Kongresse, Barcamps und Webcamps	
World Café – werteorientierte Vernetzung	
Kunst und Wertekommunikation	

Tab. 66 Checkbox Norm und Gesetz – Bildung

Beispiel 1: Entwicklung des Wertes Norm und Gesetz durch Social Compliance

Ein mittelständisches Unternehmen, das vor allem als Zulieferer für die Automobilindustrie arbeitet, hatte in Zusammenarbeit mit einer Unternehmensberatung neue Compliance-Richtlinien entwickelt. Diese wurden allen Mitarbeitern in der gemeinsamen Jahresversammlung, mit Informationsmärkten, über das Intranet sowie mit einer schicken Hochglanzbroschüre »vermittelt«.

Diese Überarbeitung der Compliance-Richtlinien hatte die Geschäftsleitung initiiert, weil zunehmend Probleme mit der Einhaltung von Norm und Gesetz, bis hin zu extrem hohen Strafzahlungen, auftraten. Trotz Androhung drastischer Konsequenzen zeigte es sich jedoch bereits im ersten Jahr, dass die neuen Richtlinien keine wirkliche Veränderung im

Handeln der Mitarbeiter bewirkt hatten. Im Gegenteil, die Zahl der Missachtungen der Compliance-Regelungen nahm sogar noch zu.

Daraufhin bildete die Geschäftsleitung ein Projektteam Compliance, das den Auftrag erhielt, ein Social Compliance mit Maßnahmen zu entwickeln und umzusetzen, die zu einer gezielten Entwicklung des Wertes »Norm und Gesetz«, am Beispiel Compliance, führen.

Zukunftsorientierte Compliancemanagement-Systeme sind durch einen werteorientierten Ansatz geprägt, weil sie aufgrund der regelmäßigen Reflexion mit allen Mitarbeitern und Teams einen dynamischen Charakter erhalten.

In Studien wurde nachgewiesen, dass die Kontrolle bzw. das Risiko, dass Fehlverhalten entdeckt wird, einen geringeren Einfluss auf das Handeln der Mitarbeiter hat als die Erkenntnis, dass diese Handlungsweisen mit den eigenen sowie den gemeinsamen Werten in Widerspruch stehen. Natürlich ist Wissen über Compliance-Regeln und die Qualifikation, um diese zielgerecht anzuwenden, zwingend notwendige Voraussetzung für die Compliance-Kompetenz. Verinnerlicht werden diese Normen aber erst, wenn sie zu Werten und zu Kompetenzen der gesamten Organisation, der Teams und Mitarbeiter werden.

Das Projektteam erkannte rasch, dass es nicht genügt, die Beteiligten zu informieren, sondern dass ein organisationsweiter Prozess erforderlich ist, um den Wert Norm und Gesetz auf allen Ebenen zu verinnerlichen, sodass er tatsächlich das Handeln aller bestimmt. Deshalb entwickelte es in einem intensiven Kommunikationsprozess mit allen relevanten Stakeholdern in dem Unternehmen folgenden Konzeption:

Der Prozess des Social Compliance begann auf der Organisationsebene, initiiert von einem Wertemanagement-Team, um von Anfang an alle Mitarbeiter mit einzubeziehen und um einen Rahmen für die Werte- und Kompetenzentwicklung im Bereich Norm und Gesetz für die gesamte Organisation zu schaffen. Aus dieser Zielsetzung leiteten sich folgende Maßnahmen ab:

- organisationsweite Erfassung der Werte und Kompetenzen – Ist und Wunsch – durch alle Mitarbeitenden,
- Klärung der notwendigen Wissens- und Qualifikationsinhalte für die Umsetzung der Compliance-Regeln,
- Entwicklung einer bedarfsgerechten Mission des Wertemanagements für Social Compliance,
- Formulierung von Soll-Werten und Soll-Kompetenzen für die die Umsetzung der Compliance-Regeln,
- Formulierung des Korridorthemas Compliance zur Umsetzung der Soll-Werte und -Kompetenzen in der gesamten Organisation.

Das Werte- und Kompetenzmanagement-Team plante auf dieser Grundlage die organisationsweiten Maßnahmen. Dazu gehörte insbesondere, die Rollen der Prozessbegleiter,

Führungskräfte und Wertetrainees zu definieren, den Ermöglichungsraum mit Planungsinstrumenten, Kommunikations- und Kollaborationstools, Content, Lernprogrammen, Erfahrungsberichten, Fallstudien oder Checklisten zu füllen, ein Konzept zur Kommunikation des Korridorthemas Compliance organisationsweit zu entwickeln und die begleitenden Maßnahmen zur Umsetzung der Compliance-Regeln zu vereinbaren.

Dieses Kommunikationskonzept umfasste folgende Elemente:

- Vorab-Blog der Organisationsleitung, Erklär-Video des Personalchefs, Reflexionen zur aktuellen Situation des Compliance, Informationen zum Ablauf;
- Barcamp oder World-Café, in dem die Teilnehmer als »Teilgeber« ihre Erfahrungen, Sichtweisen, Ideen, Bedenken etc. im Kontext der Compliance-Regeln einbringen können;
- auf Basis der Diskussionsbeiträge entwickelt ein Team in einem Hackathon die Mission des Compliance, die wiederum zur Diskussion gestellt wird;
- Beratung der Führungskräfte zur Identifikation geeigneter Projekte des werteorientierten Compliance;
- die Teams melden ihre Compliance-Projekte zur organisationsübergreifenden Abstimmung.

Daraufhin wurden die Compliance-Projekte vereinbart, geplant und professionell begleitet. Die Ergebnisse wurden im Ermöglichungsraum präsentiert und diskutiert.

Im nächsten Schritt wurde der Prozess zur Verinnerlichung der Compliance-Regeln auf die Teamebene transportiert. Dabei übernahmen die Führungskräfte die Rolle des Werte- und Kompetenzmanagers ihres jeweiligen Teams. Sie informierten ihre Mitarbeiter über das geplante Compliance-Projekt und holten Vorschläge ein, moderierten einen Team-Workshop, in dem das Compliance-Projekt verbindlich vereinbart und geplant wurde, und sicherten die notwendigen personellen, organisatorischen, finanziellen und zeitlichen Rahmenbedingungen sowie die Prozessbegleitung.

Der Kick-off mit dem jeweiligen Team hatte folgenden grundlegenden Ablauf:

- Begrüßung und Sensibilisierung durch die Führungskraft,
- Impuls der Prozessbegleiter: werteorientiertes Compliance,
- Diskussion des Compliance-Projektes und der Konsequenzen für die einzelnen Teammitglieder – Formulierung überprüfbarer Ziele für den Prozess der Bearbeitung des Projektthemas,
- Vereinbarung der Arbeitsaufträge:
  - Bearbeitungsprozess des Projektthemas auf Teamebene,
  - Definition von Meilensteinen,
  - Aufgabenverteilung,
- Definition von »Spielregeln« für die Bearbeitung der vereinbarten Arbeitsaufträge und verbindliche Vereinbarungen, z. B. wöchentliche Sprints, Jour-fixe-Termine der Arbeitsgruppen, wöchentliches Projekttagebuch, Bildung einer Community of Practice, Dokumentation der Teilergebnisse im Netz.

In den jeweils etwa vierwöchigen Bearbeitungsphasen wurden die Arbeitsaufträge bearbeitet und die Lösungsvorschläge nach und nach optimiert. Über die Projekttagebücher erfolgte ein wöchentlicher Austausch des Erfahrungswissens aus der Bearbeitung der Arbeitsaufträge. Es bildete sich ein internes Netzwerk, in dem ein regelmäßiger Austausch erfolgte, z. B. durch Berichte über den Projektstand und Diskussion. Der gesamte Prozess wurde durch Tandempartner und den Prozessbegleiter flankiert.

In den Workshops zwischen den Bearbeitungsphasen reflektierten die Teilnehmer über die vergangenen Wochen, klärten offene Fragen aus den Projekttagebüchern, präsentierten und diskutierten ihre Lösungsvorschläge, stellten diese im Netz zur Diskussion und vereinbarten Umsetzungsmaßnahmen. Es entwickelte sich eine Community of Practice »Werteorientiertes Compliance in unserem Team«. Nach etwa einem Jahr wurde das werteorientierte Compliance im Team in einem Workshop reflektiert und neue Maßnahmen vereinbart.

Auf der Ebene der Mitarbeiter initiierte jede Führungskraft als Entwicklungspartner ihres Teams folgenden Prozess:

- individuelle Werte- und Kompetenzerfassung mit Beratung zur Analyse und zur Bewertung in Hinblick auf die Anforderungen des Compliance an den Wertetrainees sowie Formulierung individueller Werte- und Kompetenzziele,
- Entwicklungsgespräch der Führungskraft mit ihren Mitarbeitern: Darin wird vereinbart, welche Werte- und Kompetenzziele der Wertetrainee in seinem Verantwortungsbereich in Hinblick auf die Anforderungen aus den Compliance-Regelungen anstrebt und welche Arbeits- oder Projektaufträge er dazu übernimmt,
- Sicherung der personellen, zeitlichen, organisationalen und finanziellen Rahmenbedingungen,
- gezielte Werte- und Kompetenzentwicklung im Rahmen von Social Blended Learning und Social Workplace Learning Arrangements, die von der Personalentwicklung initiiert und begleitet wurden,
- Vereinbarung regelmäßiger Mentoringgespräche.

Nach Abschluss der ersten Projektphase von sechs Monaten wurde das Wissensmanagement zur Dokumentation und Diskussion aller Erfahrungsberichte zu den Compliance-Team- und Individualprojekten aufgebaut. Weiterhin wurden vielfältige Möglichkeiten zum Erfahrungsaustausch, z. B. mittels Barcamp oder World-Café, geschaffen.

Damit wurde es allen Mitarbeitern ermöglicht, bei der Gestaltung der Werte- und Kompetenzentwicklungsmaßnahmen zum Compliance mitzuwirken.

Mit diesem Prozess konnten die Anforderungen des Legal und des Social Compliance miteinander verknüpft werden. Die Regeln und Normen des Compliance werden in methodisch aufbereiteter Form jedem Wertetrainee zum personalisierten Wissensaufbau zur Verfügung gestellt. Der Schwerpunkt des Entwicklungsprozesses liegt aber auf der gezielten Entwicklung der Werte und Kompetenzen, die ein wirksames Social Compliance erfordern, das von allen Mitarbeitern verinnerlicht wird.

Beispiel 2: Marktchancen versus Norm und Gesetz

Die UN verhängte ein Total-Embargo über den Iraq des Saddam Hussein. Dieses Embargo wurde auch in den Rechtsrahmen der EU übertragen, was bedeutete, dass es keinen Handel mit diesem Land mehr geben durfte. Saddam war aber gerade dabei, sich einen Palast errichten zu lassen. Dabei drang er darauf, dass dafür nur die besten Baumaterialien aus aller Welt zusammengekauft würden. Darauf wollte er auf keinen Fall verzichten.

So bestand er auch auf der Erfüllung des Liefervertrages mit der österreichischen Firma »Stahlportal«, deren Tore sich durch Funktionalität, Sicherheit und Langlebigkeit weltweit auszeichneten. Der Inhaber des Unternehmens, Artur Moll wollte auch nicht auf das gute Geschäft verzichten. Er vereinbarte mit Unterhändlern des Diktators einen drastischen Gefahrenaufschlag und fand einen Weg, die Garagentore zu liefern. Die gesetzliche Lage interessierte den Geschäftsmann wenig, wenn er sicher war, dass sein Deal nicht an die Öffentlichkeit käme. Und das war tatsächlich auch so.

Norm und Gesetz waren für ihn persönlich keine verinnerlichten Werte. Er folgte ihnen, wo es unumgänglich war, er akzeptierte sie, solange sie sein Geschäft nicht massiv behinderten. Er umging die unangenehmeren Normen und Gesetze, wo er gangbare Wege dazu sah. So auch im Fall der Garagentore. Er strich den hohen Preis und den Gefahrenaufschlag ohne Bedenken ein, weil er sicher war, dass Saddam Husseins Geschäfte, zumal die kleineren, nicht kontrolliert wurden und nicht kontrolliert werden konnten.

Doch bald darauf wurde Saddam Hussein gestürzt. Die Bilder seines Sturzes gingen um die Welt. Auch sein Palast wurde oft gezeigt, mit den unverkennbaren Garagentoren von »Stahlportal«. Reporter bekamen die Erlaubnis, sich im Palast umzusehen. Dort sahen sie nicht nur die Garagentore mit dem Logo von »Stahlportal«, sondern fanden in der Dokumentation über den Bau des Palastes auch Belege, die den Embargo-Verstoß genau beschrieben.

Artur Moll arbeitete derweil weiter als erfolgreicher Unternehmer. Er sah nicht, welche finsteren Wolken über ihm aufzogen. Er wies auch einen Embargo-Verstoß strikt von sich. Die Garagentore wären lange vor dem Embargo geliefert worden. Weitere Interviews oder Stellungnahmen lehnte er strikt ab.

Eines Tages kam er von der Arbeit nach Hause, als seine achtjährige Tochter ihm aufgeregt die Tür öffnete: »Papa, unser Unternehmen ist im Fernsehen. Sie berichten von Dir.« Artur

Moll ging ins Wohnzimmer und sah dort eine Reportage über »Stahlportal« und seine erfolgreichen Verbindungen zu Saddam Hussein. Seine Frau stand fassungslos neben dem Fernseher und fragte ihn verzweifelt: »Stimmt das?« Das Gesicht seiner Frau zu sehen, war für ihn, schlimmer als jede rechtliche Strafe, die er zu erwarten hatte.

Er wurde zu einer sehr hohen Geldstrafe verurteilt. Sein Unternehmen musste Insolvenz anmelden. Artur Moll machte sich als Architekt selbstständig, fortan sehr darauf bedacht, Norm und Gesetz wo immer, wie immer einzuhalten. Die quälendste Erinnerung war und blieb für ihn nicht der Prozess und die Verurteilung, sondern das verzweifelte Gesicht seiner Frau und das schreckliche Weinen der Tochter.

Noch jahrelang ging sein »Fall« durch die Presse. Nicht wegen der Unterstützung des Diktators, sondern verbunden mit der fassungslosen Frage: Wie konnte ein so erfahrener und bis dahin integerer Geschäftsmann wie Artur Moll Norm und Gesetz so verleugnen? Hatten sich ihm die Grundsätze des ehrlichen Kaufmanns nicht in die Seele gebrannt? Warum war der Wert »Norm und Gesetz« bei ihm so wenig ausgeprägt? Ganze Seminare und Veranstaltungen lebten vom »Fall Artur Moll und Saddam Hussein« und versuchten, indem sie ihn aufgriffen, bei der nachfolgenden Generation diesen Wert zu verinnerlichen, und hatten damit sogar manchmal Erfolg.[64]

3.16 Netzwerk

»Dein Netzwerk ist dein Erfolg.«
Porter Gale

Beschreibung
Netzwerk ist in Soziologie und Sozialpsychologie ein Begriff zur Erklärung zwischenmenschlicher Beziehungen in einem gesellschaftlichen System. Von rein technischen Netzwerken, bei denen die Systemeinheiten elektronische Geräte, wie beispielsweise Sender, Empfänger oder Computer sind, sehen wir hier ab. Graphisch dargestellt bezeichnen in Netzwerken Punkte Personen, Linien ihre gegenseitigen Beziehungen. Die Gesamtgesellschaft eines definierten Raumes kann in soziale Netzwerke gegliedert und in deren Rahmen analysiert werden, beispielsweise in Nachbarschafts- und Freundschaftsbeziehungen, Statushierarchien oder örtliche Einflussverhältnisse.

Die Sozialpsychologie untersucht in Gestalt von Kommunikationsnetzwerken die Einwirkung von Werten, Verhaltensweisen und Persönlichkeitsstrukturen auf soziale Beziehungen. Ver-

64 https://www.welt.de/print-welt/article650811/Nur-wenige-Firmen-brachen-Irak-Embargo.html

netzt zu sein wird dabei in der Regel als hoher gesellschaftlicher Wert gesehen. Zunehmend müssen sich jedoch die Mitarbeiter nicht nur mit der herkömmlichen mündlichen oder schriftlichen Wertekommunikation auseinandersetzen, sondern auch mit weltanschaulich getriebenen Influencern, Flashmobs, direkten Aktionen und möglicherweise auch Hasskommentaren.

Soziale Netzwerke, auch Soziale Medien oder Social Media genannt, haben die Gestalt von Online-Plattformen im Web, die es Nutzern gestatten, mehr oder weniger selbstorganisiert eine Online-Community aufzubauen und zu pflegen. Während das Web 1.0 die Anfänge des noch jungen Internets bezeichnet und für eine bloße Ansammlung von Webseiten steht, die vollständig durch sogenannte »Hyperlinks« verbunden sind, bildet das Web 2.0 die technische Grundlage von sozialen Netzwerken mit Mitteln wie Wikis, Blogs oder Contentmanagement-Systemen und der Möglichkeit, Inhalte durch Interaktivität im Internet zu verändern. Aber auch Dienste aus der Zeit vor dem Web 2.0, wie E-Mail, Chat oder Foren, wurden und werden von sozialen Netzwerken genutzt.

Das Web 3.0 ist noch stärker vernetzt, offen und intelligent. Mit werteaffinen semantischen Web-Technologien sind völlig neue Ansätze der Informationsübermittlung hinzugekommen. Verteilte, aber hoch vernetzte Datenbanken und natürliche Sprachverarbeitung, sowie maschinelles Lernen, ja sogar Denken, führen zu autonomen Agenten. Web 4.0 bezeichnet das Internet der Zukunft, das von intelligenten Assistenten geprägt ist, die für Nutzer selbstständig Informationen suchen und finden, und das künstliche Intelligenz (KI) nutzt.

Tiefgreifende Wertefragen ergeben sich aus der Forderung, Wege für eine sozial gerechte und humane KI zu ebnen (vgl. DBI Analytics 2021). Hauptziel sozialer Netzwerke ist, dass die Nutzer solcher Online-Gemeinschaften Kontakte knüpfen und sich über gemeinsame Interessen und Werte austauschen können, und zwar weltweit.

Werteatlas-Definition

Einem Menschen, der der Teilnahme an und dem Aufbau von sozialen Netzwerken einen hohen Wert zumisst, ist es wichtig, dass ihm diese Verbindungen Handlungsspielräume schaffen, um eigene Ziele zu erreichen. Dabei ist es für ihn bedeutungsvoll, dass es ihm ermöglicht wird, auch ganz persönliche Ziele zu erreichen. Nicht weniger wichtig ist ihm die Wertschätzung und Anerkennung von anderen, die er dabei erfährt. Er ist davon überzeugt, dass er mithilfe von Netzwerken größere Herausforderungen erfolgreicher bewältigen kann.

Es wäre jedoch eine Übertreibung, wenn diese Person versuchen würde, auch kleinste Herausforderungen immer gemeinsam mit ihren Netzwerkpartnern zu meistern.

Wir empfehlen folgende vertiefende Literatur zum Wert Netzwerk: Aspiazu de la Vega 2020, Fuhse 2018, Weyer 2014 oder Scheddin 2013.

Werteatlas-Zuordnung
Der Wert Netzwerk wird im Werteatlas zentral den **sozial-weltanschaulichen Werten** zugeordnet. Das Netzwerken ist immer **bi- oder multidirektional**. Der Einzelne kann auf seine Netzwerkpartner im Rahmen der inhaltlichen und technischen Gegebenheiten einwirken, diese können auf ihn und auf jeden anderen, auch auf ganze Teile des Netzwerks kurzfristig oder langfristig zurückwirken. Sofern Netzwerke selbstorganisierenden Charakter haben, können die Ordner dieser Selbstorganisation, die Werte, ermittelt und, wo nötig, verändert und entwickelt werden.

Ein Netzwerk wirkt **enthomogenisierend**, sofern jeder Netzwerkteilnehmer andere Funktionen und Aufgaben hat und sich positionsgemäß und zeitlich veränderlich Abhängigkeiten und Hierarchien herausbildet. Die meisten Netzwerke unterliegen einer hohen Dynamik, verändern sich abhängig von den äußeren Gegebenheiten, aber auch von der internen Entwicklung der Selbstorganisation.

Netzwerke sind in hohem Maße zeitlich und sachlich **vergänglich**. Bi- oder Multidirektionalität, Inhomogenitätstendenz und Vergänglichkeitstendenz sind Charakteristika, die sozial-weltanschauliche Werte deutlich von den durch Unidirektionalität, Homogenisierungstendenz und Verewigungstendenz gekennzeichneten ethisch-moralischen Werten abheben.

Wertekategorien-Überlappung
Die Mitgliedschaft in einem Netzwerk, das Gefragt-Sein, das Erfahren neuer und neuester Erkenntnisse, Meinungen und Urteile bringen dem Vernetzten auch Genuss. Das Netzwerk kann auch beim Aufbau der eigenen Karriere, bei der Erlangung von Positionen und Führungsfunktionen von immensem Nutzen sein. Für welche Ziele und unter welchen ethisch-moralischen Prämissen ein Netzwerk aufgebaut wird, ist neben der sozialen Dimension von großer Bedeutung.

Wertequadrat, Synonyme
Im Wertequadrat setzen wir dem positiven Wert **Netzwerk** den positiven Gegenwert **Beziehungsreichtum** entgegen. Mit der ausgehaltenen Spannung zum Beziehungsreichtum, als »Schwesterntugend« kann sich das Netzwerk positiv entfalten, kann es zeigen, dass es nicht nur ein technisch erzeugtes Konstrukt, sondern eine Vernetzung von Menschen für Menschen ist. Wir können wiederum von einem dialektischen Gegensatz sprechen.

Als konträrer Gegensatz muss **Beziehungslosigkeit** gelten. Als entwertende Übertreibung wählen wir **Distanzlosigkeit**, denn Vernetzung heißt noch lange nicht, dass jeder Netzwerkpartner einem anderen so nahe wie möglich rückt. Wird reale Beziehungslosigkeit durch ein den Netzwerkpartnern »auf die Pelle rücken« ersetzt, sind wir mit einer deutlichen Überkompensation konfrontiert. Aus der Distanzlosigkeit wird man kaum zu Beziehungsreichtum gelangen. Aus der Beziehungslosigkeit ist es schwer, ein wirkliches, lebendiges Netzwerk aufzubauen.

Als Synonyme für den Begriff Netzwerk können gelten:

Community, Architektur, Netz, Struktur, Verflechtung, Verbindung, Verbund, Geflecht, Flechtwerk, Rechnervernetzung, Gemeinschaft, Wertegemeinschaft, Interessengemeinschaft, Zusammenschluss, Kartell, Konsortium, Syndikat, Clan, Seilschaft, Klüngel, Vetternwirtschaft, Internet.

Wertekleeblatt

Subjekte des Wertes Netzwerk können, beim Individuum beginnend, alle kollektiven Subjekte sein. Diese Wertungen können nach »unten« und nach »oben« gerichtet sein: Ein Netzwerk kann seine Mitglieder werten, diese aber auch das Netzwerk und seine Ebenen. Und die Netzwerke und Teilnetzwerke können sich untereinander bewerten. Ein Individuum kann eine Organisation ebenso sozial-weltanschaulich werten wie diese das Individuum. Bidirektionale oder multidirektionale Wertungsrichtungen bilden den zentralen Unterschied zu den ethisch-moralischen Werten.

Objekte des Wertes Netzwerk – also wer oder was als Netzwerk oder Teilbereich eines Netzwerks bewertet wird – können alle sozialen Sachverhalte, ohne die technischen, sein. Alles, was sich gemäß der Definition graphisch in Form von Punkten als Personen und Personengruppen und Linien ihrer gegenseitigen Beziehungen darstellen lässt. Die Punkte können demnach neben Individuen auch Gruppen, Organisationen und Unternehmen sein. Objekte des Wertes Netzwerk können auch die Erkenntnis-, Wertungs- und Handlungsprozesse innerhalb dieses Beziehungsgefüges sein. Im Zentrum steht meist die Bewertung kollektiver Subjekte, während für das Wertetraining eher die Bewertung des Einzelnen innerhalb des Netzwerks wichtig ist.

Grundlagen des Wertes Netzwerk erwachsen aus den historisch-gesellschaftlichen sozialen, politischen Beziehungen, um derentwillen die Netzwerksform der Organisation gewählt wurde. Entsprechend werden die darin tätigen kollektiven Subjekte beurteilt. Dies ist allerdings kein objektives Konstatieren der Netzwerksfunktionen und -erfolge, sondern eher ein stark wertedurchwobenes Meinen und Hoffen. Haben Sie sich die Entwicklung des Wertes Netzwerk zum Ziel gesetzt, empfehlen wir Ihnen, die objektiven Erkenntnisse und die Wunschnarrative möglichst sauber zu trennen.

Maßstäbe des Wertes Netzwerk beziehen sich meist auf andere, gut oder katastrophal funktionierende Netzwerke vergleichbarer Organisationen. Da es nicht »das« perfekte Netzwerk gibt und angesichts der vielen Beurteilungsmöglichkeiten auch gar nicht geben kann, sind die Maßstäbe der Wertung meist aus der Entwicklung des eigenen Netzwerks, aus dem Vergleich von Angestrebtem und Erreichtem, bestenfalls aus dem Vergleich mit Netzwerken, gewonnen, die dem eigenen sehr ähnlich sind. Hier können Sie helfen, den Blick zu weiten, aber ohne Maßstabsforderungen zu setzen.

Training

Mit der breiten Nutzung sozialer Netzwerke ist die Vernetzung von Privatpersonen zunehmend Teil unseres Lebens. Aber auch im beruflichen Bereich gewinnt die Vernetzung von Mitarbeitern, Teams und Organisationen immer mehr an Bedeutung.

Trainingsziele

Vorab sind folgende grundlegenden Fragen zu klären:

- **Bei welchen Menschen** soll der Wert Netzwerk konkret entwickelt werden, beispielsweise bei Auszubildenden, Wertetrainees, Führungskräften oder Teams, aber auch über die Organisation hinaus?
- **Wofür** soll der Wert Netzwerk entwickelt werden, z. B. um die Organisation für aktuelle Entwicklungen zu sensibilisieren, um Anregungen aus anderen Bereichen umzusetzen, um die Motivation und Leistungen der Wertetrainees zu steigern oder um die Zusammenarbeit zu fördern?
- **Warum** soll der Wert Netzwerk entwickelt werden? Gründe dafür können Genusswerte wie Beziehungen, Nutzenwerte wie Anerkennung und Gemeinnutz, ethisch-moralische Werte wie Respekt und sozial-weltanschauliche Werte wie Einfluss sein.
- **Wie weit** soll der Wert Beziehungen getrieben werden? Diese Frage sollte in einem gemeinsamen Prozess, vor allem im Team, aber auch in der Organisation und darüber hinaus, beantwortet werden.

Als hilfreich hat es sich erwiesen, konkrete Formulierungen zu entwickeln, wie beispielsweise:

Wie kann erreicht werden, dass

- die Wertetrainees die Bedeutung des Wertes Netzwerk für sich bewerten und im beruflichen sowie privaten Leben gezielt ausbauen können,
- ihr berufliches und privates Netzwerk gezielt entwickeln,
- Möglichkeiten zum Ausbau des Wertes Netzwerk geschaffen werden,
- sie im Arbeitsprozess die Chance erhalten, Netzwerke zu nutzen?

Diese Ziele können dem persönlichen Bedarf entsprechend angepasst und erweitert werden.

Der Wert Netzwerk kann im Arbeitsprozess vor allem durch folgende Ansätze entwickelt werden:

Praxisprojekte und -aufgaben

Wir empfehlen den Wertetrainees, besonders herausfordernde Praxisprojekte und -aufgaben, auch aus anderen Bereichen, zu übernehmen, in denen man sich mit anderen verbündet, um kollaborativ und agil zusammenzuarbeiten. Sie sollten aktiv Kollegen oder andere Teams, mit denen Sie Netzwerke bilden können, suchen. Nach Möglichkeit sollten dabei agile Methoden genutzt werden, weil diese Netzwerke in besonderem Maße fördern können. Die Wertetrainees begegnen sich dabei auf Augenhöhe ohne hierarchische Hürden und tauschen ihre Ideen aus. Weiterhin bringen sie dabei ihre Erfahrungen in das Wissensmanagement mit ein.

Die Überlegungen und Erfahrungen können in einem Blog oder in Fachzeitschriften veröffentlicht werden, um Communities of Practice und weitere Netzwerke aufzubauen.

Es empfiehlt sich, die Chancen der transparenten, offenen Zusammenarbeit im Netzwerk mit der Methode des Working Out Loud zu nutzen, indem die Wertetrainees Ihre Arbeitsergebnisse veröffentlichen, Querverbindungen und Rückmeldungen zur Verbesserung der Ergebnisse kontinuierlich nutzen, aktiv Hilfe anbieten und in Anspruch nehmen, interdisziplinäre Netzwerke pflegen und zielgerichtet zusammenarbeiten.

Checkbox Wert Netzwerk **Methoden der gezielten Werteentwicklung im Arbeitsprozess (nach Kap. 2.3)**	**Auswahl**
Erlebnislernen	
Subjektivierendes Handeln	
Expertiseaufbau	
Job Rotation	
Agile Arbeitsprinzipien	
Scrum	
Design Thinking	
Kanban	
Pulse	
Peer Working and Learning	
Working Out Loud	
Kollegiale Beratung	
Community of Practice	

Tab. 67 Checkbox Netzwerk – Praxis

Begleitendes Coaching und Mentoring

Für die Entwicklung des Wertes Netzwerk spielen die Mentoringgespräche mit der Führungskraft eine zentrale Rolle. Sie besitzt meist selbst ein dichtes und breites Netzwerk und kann damit helfen, Beziehungen aufzubauen. Auch kann sie mit ihrer Erfahrung helfen, Beziehungen, z. B. im Team, zu pflegen.

Die Wertetrainees erfassen vorab ihre Werte und Kompetenzen, möglichst mit Fremdeinschätzungen von ein bis zwei Kollegen und ihrer Führungskraft, und definieren zwei bis drei Werte- und Kompetenzziele sowie ein geeignetes Praxisprojekt, mit dem sie den Wert Netzwerk gezielt fördern können. Weiterhin stimmen sie sich bei Bedarf mit Kollegen ab, um ein kollaboratives Projekt, das dafür geeignet ist, vorzuschlagen.

Sie führen danach mit Ihrer Führungskraft ein grundlegendes Entwicklungsgespräch auf Basis Ihres Projektvorschlages durch. Sie versuchen, Ihre Führungskraft davon zu überzeugen, in ihren Vorschlag zur Übernahme einer herausfordernden Praxisaufgabe bzw. eines -projektes zu investieren. Zudem vereinbaren sie mit ihr eine Entwicklungspartnerschaft, durch die die notwendigen Rahmenbedingungen gesichert werden. Diese Mentoringgespräche finden regelmäßig statt.

Mit ausgewählten Kollegen sollte ein Co-Coaching vereinbart werden, um sich z. B. wöchentlich zu allen offenen Fragen auszutauschen. Bei komplexeren Projekten bietet sich die Vereinbarung von Koping-Gruppen, evtl. in Verbindung mit kollegialer Beratung an.

In der Zusammenarbeit in Koping-Gruppen erfahren die Wertetrainees jeden Tag den Nutzen von Netzwerken. Hierbei kommen dem **Co-Coaching**, aber auch dem **kollegialen Coaching** eine besondere Rolle zu, weil diese Methoden nur mit einem hohen Maß des Austauschs miteinander wirksam sind.

Checkbox Wert Netzwerk **Methoden der gezielten Werteentwicklung durch Coaching und Mentoring (nach Kap. 2.3)**	**Auswahl**
Begleitcoaching	
Neurobiologisch intendiertes Coaching	
Systemisches Coaching	
Involvierendes Coaching	
Persönlichkeitscoaching	
Co-Coaching	
Kollegiales Coaching	
Mentoring	
Koping	

Tab. 68 Checkbox Netzwerk – Coaching

Ergänzende Übung

Für die Entwicklung des Wertes Netzwerk sind Werte und Kompetenzen für agile Projektarbeit sinnvoll. Hierbei bieten sich insbesondere folgende realitätsgleiche Trainingsmaßnahmen an, sofern diese im Rahmen des Projektes bearbeitet und umgesetzt werden können.

- Design Thinking
- Scrum
- Kanban
- Pulse

Weiterhin kann es sinnvoll sein, sich Methoden, möglichst im Rahmen der Projekt- oder Praxisaufgabe, zu erarbeiten, insbesondere zum Ansatz der kollegialen Beratung.

Checkbox Wert Netzwerk **Methoden der gezielten Werteentwicklung durch Übung und übendes Training (nach Kap. 2.3)**	**Auswahl**
Trainingsunternehmen und Übungsfirmen	
Bewerbungstraining	
Outdoor-Training, Hochseilgarten, Führen mit Pferden...	
Seitenwechsel	
Zürcher Ressourcenmodel	
Serious Games	

Tab. 69 Checkbox Netzwerk – Training

Unterstützende Weiterbildung

Häufig wird von Teilnehmern an Seminaren oder Workshops zurückgemeldet, dass die Gespräche in den Pausen und am Abend als besonders wertvoll empfunden wurden. Deshalb können solche Veranstaltungen, unabhängig von den jeweiligen Themen, dazu beitragen, Netzwerke kennenzulernen und sich dort einzubringen.

Nutzen Sie vor allem auch die Teilnahme an Barcamps zu Themen aus Ihrem Aufgabenbereich, um Ihr persönliches Netzwerk zu erweitern und zu pflegen.

Checkbox Wert Netzwerk **Methoden der gezielten Werteentwicklung in Bildung und Weiterbildung (nach Kap. 2.3)**	**Auswahl**
Bildungs- und Weiterbildungsmaßnahmen als Anstoß für Werteentwicklung	
Selbstorganisation	
Social Blended Learning	
Wertelisten	
Wertequadrat	
Handlungs- und verhaltenspsychologische Methoden	
Prospect Theory	
Post-mortem-Diskussion	
Advocatus-Diaboli-Diskussion	
Nudging	

Checkbox Wert Netzwerk **Methoden der gezielten Werteentwicklung in Bildung und Weiterbildung (nach Kap. 2.3)**	**Auswahl**
Debiasing	
Anti-Biasing	
Kongresse, Barcamps und Webcamps	
World Café – werteorientierte Vernetzung	
Kunst und Wertekommunikation	

Tab. 70 Checkbox Netzwerk – Bildung

Beispiel 1: Entwicklung eines internationalen Sozialen Netzwerkes

Ein weltweit agierendes, mittelständisches Unternehmen, das aufgrund seiner Alleinstellung im internationalen Wettbewerb als »Hidden Champion« bewertet wird, hat sich entschlossen, das Netzwerk der Wertetrainees in der gesamten Welt zu intensivieren, indem ein soziales Netzwerk aufgebaut wird. Gleichzeitig soll der Wert Netzwerk gezielt gefördert werden, um das Unternehmen noch wettbewerbsfähiger zu machen.

Das Projektteam aus Führungskräften, Personalmanagern und IT-Experten erhielt den Auftrag, dieses Netzwerk mit Social Software zu initiieren und zu begleiten.

Social Software ist eine technische Basis für gezielte Werteentwicklung, losgelöst von Ort und Zeit. In sozialen Netzwerken sind selbstorganisierte, gleichberechtigt vernetzte Menschen in Communities of Practice, in netzbasierten, selbstorganisierten Praxisgemeinschaften, die sich oft spontan und über längere Zeit entwickeln, zusammengeschlossen. Dort gibt es dagegen keine formalisierten Pfade. Die Mitglieder wählen selbst die Ziele, Inhalte, Strategien, Methoden und Kontrollmechanismen der gezielten Werteentwicklung. Ihr Erfolg hängt dabei davon ab, dass sie herausfordernde Problemstellungen in der Praxis selbstorganisiert lösen und in diesem Prozess Werte interiorisieren.

Das Projektteam entschied sich, für die Infrastruktur der gezielten Werteentwicklung im Netz grundsätzlich die gleichen Netzwerke und sozialen Medien zu nutzen, die auch im Arbeitsprozess eingesetzt wurden, weil die Entwicklungsprozesse genau dort stattfinden werden.

Mit Social Media soll nicht nur Wissen im engeren Sinne entwickelt werden, vielmehr wird durch das Zusammenwirken auch die Interiorisation von Werten initiiert. Werteentwicklung in Netzwerken führt dazu, dass soziale und kulturelle Prozesse an Bedeutung gewinnen. Sie finden nicht ausschließlich im Kopf der Menschen statt, sondern basieren auf gemeinsamen Aktivitäten. Sie beziehen den ganzen Menschen und seine Umwelt mit ein. Werteentwicklung ist damit ein Prozess des kulturellen Austausches, durch den geistige Aktivitäten strukturiert und geformt werden. Dies bedingt aber, dass gemeinsam mit Entwicklungspartnern Entwicklungsziele formuliert und Prozesse der Werteentwicklung gezielt angegangen werden, dass man Erfahrungen austauscht und gemeinsam Entscheidungsprozesse erlebt.

Als **Voraussetzungen** für eine erfolgreiche Werteentwicklung im Netz identifizierte das Projektteam folgende Anforderungen:

- eine »grenzenlose« **Kommunikation**, bei der die bereits vorhandenen Netzwerke in und zwischen den Landesniederlassungen und hierarchische Barrieren überwinden,
- die konsequente Nutzung realer und virtueller **Netzwerktreffen**, bei denen jeder Wertetrainee gezielt Lösungen für die eigenen Herausforderungen sucht,
- und schließlich eine große **Offenheit** für neue Lösungen, Alternativen und »Querdenken« im Rahmen einer dauerhaften Vertrauensbasis.

Das Projektteam erweiterte deshalb das vorhandene Learning-Management-System um weitere Tools zur Werteentwicklung im Netz zu einem Co-Working Space, einem Ermöglichungsraum in Form einer Learning-Experience-Plattform, über den Netzwerker ihre Erfahrungen austauschen, bewerten und gemeinsam weiterentwickeln können. Sie können sich dort gegenseitig unterstützen, aber auch motivieren.

Die eigenen Aktivitäten sowie die der Kollegen und gemeinsame Interaktionen stehen damit im Vordergrund und nicht Dokumente und Lernmaterialien. Die Lernumgebung wurde zu einer sozialen Wertegemeinschaft, in der man gemeinsame Problemstellungen aus Praxisprojekten bearbeitet, Werte aufbaut, verändert und entwickelt, sich aktiv über Themen austauscht, Kommentare hinterlässt und andere Beiträge bewertet.

Das **Internet** stellt bei Bedarf eine Fülle von, meist kostenlosen, Tools zur Verfügung, die auch dafür geeignet sind, Werteentwicklungen im Netz zu ermöglichen. Einige Werkzeuge gehören nicht zu den klassischen Tools mediengestützter Kommunikation, sondern sind eher dem Bereich der digitalen Webdienste zuzurechnen. Trotzdem lassen sie sich für eine medienbasierte Werteentwicklung hervorragend verwenden. Solche Werkzeuge sind beispielsweise:

- **Soziale Netzwerke**: Netzbasierte Plattformen, z. B. Facebook, Twitter, LinkedIn oder XING, in denen Nutzer durch Profile repräsentiert sind, sich miteinander vernetzen (z. B. folgen, Freunde werden) und miteinander kommunizieren können (z. B. Status-Updates, Microblogs, persönliche Nachrichten).
- **Online-Foren**: Themenbezogene, asynchrone Diskussionsbereiche mit nachvollziehbaren Diskussionssträngen, sogenannten »Threads«.
- **Weblogs (Blogs)**: Digitale Prozesstagebücher einer Person oder einer Gruppe, die für definierte Entwicklungsgruppen oder alle Internetnutzer zugänglich sind und deren Einträge kommentiert werden können.

- **Wikis**: einfach benutzbare, webbasierte Autorensysteme (Content Management Systeme), bei welchen alle Besucher alle Seiten verändern dürfen (open editing).
- **Instant Messaging (IM)**: Instant-Messaging-Dienste (IM), die den Versand von Sofortnachrichten unterstützen. Bei den meisten IM ist die Bildung von Gruppen möglich. Darüber hinaus bieten viele Messenger Funktionen wie Emojis, Voice-over-IP (Audio-Telefonie), Video-Telefonie, Versand von Dateien etc. an. Mit Diensten, wie beispielsweise Slack, verschwimmen aktuell die Grenzen zwischen IM und sozialem Netzwerk.
- **Audio- und Video-Plattformen**: Die Nutzer können Audio- und Video-Dateien, z. B. ogg, mp3, webM oder mp4, hochladen. Die Medien-Dateien werden in Kanälen organisiert, die von anderen Nutzern per URL aufgerufen und auch abonniert werden können. Typische Funktionen auf Multimedia-Plattformen sind Kommentare, Favorisieren, Teilen, Einbetten von Medien in andere Inhalte, z. B. YouTube-Video in eigenen Blog einbinden, Herunterladen von Medien sowie Abonnieren von Kanälen.
- **Dokumenten-Plattformen**: Dateisysteme, in denen Ordner sowie Unterordner angelegt und einzelne Dateien darin abgelegt werden, z. B. Office-Dokumente oder ZIP-Dateien. Die Wertetrainees können Ordner oder einzelne Dateien für andere Nutzer sowie die Synchronisation über eine Vielzahl von Plattformen, z. B. Dropbox-Client auf Windows/Mac oder Dropbox-App für iOS/Android, hinweg freigeben.
- **Social Bookmarks**: Abspeichern von Links in der Cloud, über die der Wertetrainee sich die Rechercheleistung anderer Nutzer zu eigen machen kann.
- **Suche**: Übergreifendes Suchen, z. B. mit Google, Spezialsuchen, z. B. auf YouTube sowie allgemeines Suchen und persönliches Suchen, z. B. mit Windows-Suche, Docfetcher oder Google Custom Search Engine (CSE).
- **Ökosystem-Dienste**: Damit zwischen den vielen Plattformen und Diensten sowie einzelnen Anwendungen Verbindungen hergestellt werden, können die Wertetrainees Dienste, wie das User- und Identity-Management, z. B. Login mit Facebook, oder die Aggregation von News- und Blog-Kanälen in Feedreadern, z. B. per RSS oder ATOM nutzen.

Im Rahmen eines Korridorthemas wurden über die jeweiligen Führungskräfte gezielte Prozesse zur Entwicklung des Wertes Netzwerk unter Nutzung der Learning-Experience-Plattform in den einzelnen Teams sowie im zweiten Schritt mit den Wertetrainees vereinbart. Dabei bearbeiteten die Teams und Wertetrainees in ihrem jeweiligen Verantwortungsbereich Praxisprojekte gemeinsam mit Netzwerkpartnern aus der ganzen Welt.

Beispiel 2: Dual Use Netzwerk international

In früheren Jahren war die Sachbearbeiterin Irina Seitz im Außenwirtschaftsbereich eines exportorientierten Unternehmens tätig. Sie war immer der Ansicht, dass die vom EU-Parlament jährlich verabschiedete Dual-Use-Verordnung, einfach nur von praxisfernen EU-Beamten erarbeitet wurde und man keinerlei Einfluss darauf nehmen konnte. In der Dual-Use-Verordnung ist geregelt, welche Waren und Technologien über einen doppelten

Verwendungszweck sowohl ziviler als auch militärischer Anwendung verfügen und daher einer Ausfuhrgenehmigung bedürfen. Wie viele ihrer Kollegen hatte auch sie verächtliche Sprüche von der Brüsseler Bürokratie auf den Lippen und negative Erfahrungen im Gefühl. Die vielen Formalien, die sie oft zu beachten, die zahlreichen Dokumente die sie »für Brüssel« auszufüllen hatte, verstärkten ihr Missbehagen.

Nun trat sie eine neue Stelle in einem ähnlichen Unternehmen an und äußerte ihre Bewertung frei und offen ihrem neuen Chef gegenüber. Dass sie den Wert von Norm und Gesetz nicht allzu hoch veranschlagte, schien ihn offensichtlich kaum zu stören. Er delegierte sie zu mehreren Weiterbildungskursen, die ein näheres Kennenlernen der konkreten Zusammenarbeit im Rahmen der EU zum Ziele hatten. Und da sie immer, schon im Gymnasium, eine gute Schülerin war, lernte sie vieles auswendig, ohne groß Gedanken hineinzuinvestieren. Auch einen Kursus zur neueren Geschichte des afrikanischen Raumes verfolgte sie interessiert, aber innerlich doch unbeteiligt.

Eines Tages teilte ihr ihr Chef mit, dass er sie gern zu einem Treffen über den Einsatz und die Anpassung der Dual-Use-Verordnung nach Brüssel mitnehmen würde. Sie habe eine rasche Auffassungsgabe, die Fähigkeit schnell gute Protokolle anzufertigen und außerdem eine beeindruckend nette, freundliche Art, um mit den unterschiedlichsten Leuten ins Gespräch und in einen Gedankenaustausch zu kommen. Das sei für das nötige Netzwerken dort eine denkbar günstige Voraussetzung. Gleichzeitig bot er, der fast dreißig Jahre Ältere, ihr an, eine offizielle Mentoring-Verbindung aufzubauen. Sie könnten dann alle Fragen, die anfielen, unverzüglich miteinander bereden und einen eigenen Standpunkt erarbeiten.

Der Jobwechsel zum neuen Unternehmen hatte sie lernoffener gemacht, denn dort wurden in der Tat Produkte exportiert, die sich sowohl militärisch wie auch zivil verwenden ließen. Dass sie ihren Chef und nun ihren Mentor, der sich fast unbemerkt auch als Wertetrainer entpuppte, begleiten durfte, empfand sie als glückliche Fügung. Sie durfte gemeinsam mit ihm an dem Treffen einer Lobby-Gruppe teilnehmen, die sich mit Fragen der Dual-Use-Verordnung aktiv und konstruktiv auseinandersetzte. Nicht nur dass sie vollkommen ernst genommen und einbezogen wurde, erstaunte und beglückte sie; ihre Gefühle rasten Achterbahn.

In der Gruppe stellte sie zudem überrascht fest, dass in dieser Vereinigung ansonsten konkurrierende Unternehmen sich zusammentaten, um notwendige Änderungen an der Dual-Use-Verordnung aktiv mitzugestalten und soweit möglich an die Gegebenheiten in der Praxis anzupassen. Dies geschah durch aktives Netzwerken der im Außenwirtschaftsbereich verantwortlichen Mitarbeiter untereinander, aber auch mit den EU-Abgeordneten und -Referenten. Sie erlebte und begriff plötzlich den Wert Netzwerk mit ihrem Verstand, Ihren Erfahrungen und Gefühlen gleichermaßen intensiv.

Sie sah, wie der neue Verordnungstext durch das Gremium mitbeeinflusst wurde und wie auch die einzelnen Wirtschaftsinteressen eingewoben wurden. Was sie bisher für Praxisferne gehalten hatte, entsprang vielmehr den unterschiedlichen Interessen, die unter einen Hut gebracht werden mussten. Staunend erkannte sie, dass im Rahmen der Vernetzung unter den Unternehmen und den Politikern die Verordnung so praxisnah wie möglich umgesetzt wurde und auch, dass die Unternehmen untereinander bestimmte Lösungen für Praxisprobleme, die sich aus der Verordnung ergeben werden, bereits im Vorfeld gemeinsam zu lösen versuchen. Dieses Erlebnis öffnete ihr die Augen für die Wichtigkeit von Netzwerken.

Und dann kam der Moment, den sie in ihrem Leben nie wieder vergessen würde. Einer der Abgeordneten zeigte einen Film von der Entführung von fast 200 Kindern im Norden Nigerias. Das brutale Vorgehen der Entführer trieb nicht nur einige Frauen zu Tränen. Bewaffnete auf Motorrädern schossen wahllos um sich. Man sah die weinenden, schreienden Kinder. Man sah, wie sie auf Lastwagen geworfen wurden. Und Irina Seitz sah, dass es genau solche Lastwagen waren, wie sie ihre eigene Firma in mehrere afrikanische Staaten exportierte. Ein Dual-Use der fürchterlichsten Sorte.

Zurück in Deutschland führte sie, im Auftrag ihres ebenso erschütterten Mentors, diesen Film allen Netzwerkpartnern vor, entwickelte eigene Anti-Biasing-Ansätze und vermochte es, aufgrund der guten Vernetzung ihres Unternehmens die Dual-Use-Verordnung mit Leben, mit dem Leben der armen, leidenden nigerianischen Kinder zu erfüllen.

Synonyme und ihre Schlüsselwerte

Die folgende Tabelle zeigt alle in den Texten zu den Schlüsselwerten aufgeführten Synonyme in alfabetisch geordneter Reihenfolge, so dass man für jeden der 370 genannten Wertebegriffe sofort sieht, in welchem Schlüsselwertbereich Informationen zu finden sind:

Synonyme der Schlüsselwerte		Zugeordnete Schlüsselwerte	Synonyme der Schlüsselwerte		Zugeordnete Schlüsselwerte
Abhängigkeit	→	Beziehungen	Ausbildung	→	Bildung
Abrechnung	→	Verantwortung	Ausstrahlung	→	Einfluss
Abschirmung	→	Sicherheit	Auszeichnung	→	Belohnung
Absicherung	→	Sicherheit	Autorität	→	Einfluss
Abstammung	→	Familie	Autorität	→	Respekt
Achtung	→	Respekt	Beachtung	→	Einfluss
allgemeines Interesse	→	Gemeinnutz	Bedeutsamkeit	→	Einfluss
Allgemeingut	→	Gemeinnutz	Befehl	→	Norm und Gesetz
Allgemeinwohl	→	Gemeinnutz	Begleitung	→	Sicherheit
Anerkennung	→	Respekt	Beifall	→	Belohnung
Angehörige	→	Familie	Beistand	→	Sicherheit
Angehöriger	→	Familie	Belobigung	→	Belohnung
Anordnung	→	Norm und Gesetz	Belohnung	→	Belohnung
Ansehen	→	Einfluss	Berührung	→	Beziehungen
Ansehen	→	Respekt	Bestätigung	→	Respekt
Anweisung	→	Norm und Gesetz	Bestimmung	→	Norm und Gesetz
Anziehungskraft	→	Einfluss	Bewachung	→	Sicherheit
Arbeitsethos	→	Verantwortung	Bewunderung	→	Belohnung
Arbeitsnorm	→	Norm und Gesetz	Bewunderung	→	Respekt
Arbeitssoll	→	Norm und Gesetz	Beziehung	→	Familie
Architektur	→	Netzwerk	Bonus	→	Belohnung
Art	→	Familie	Bürde	→	Verantwortung
Aufstellung	→	Bildung	Bürgschaft	→	Sicherheit
Auftreten	→	Bildung	Bürgschaft	→	Verantwortung

Synonyme der Schlüsselwerte		Zugeordnete Schlüsselwerte		Synonyme der Schlüsselwerte		Zugeordnete Schlüsselwerte
Clan	→	Netzwerk		Ehrfurcht	→	Respekt
Community	→	Netzwerk		Einbildungskraft	→	Kreativität
Dank	→	Belohnung		Einfallsreichtum	→	Kreativität
Danksagung	→	Belohnung		Einwirkung	→	Einfluss
das Hervorragende	→	Ideale		Einwirkung	→	Einfluss
das Abstrakte	→	Ideale		Entgelt	→	Belohnung
das Ausgezeichnete	→	Ideale		Entschädigung	→	Belohnung
das Beispielhafte	→	Ideale		Erfindungsgabe	→	Kreativität
das Erreichbare	→	Ideale		Erfindungskraft	→	Kreativität
das Exzellente	→	Ideale		Erfindungsreichtum	→	Kreativität
das Fähige	→	Ideale		Ergebenheit	→	Respekt
das Fehlerfreie	→	Ideale		Erkenntnis	→	Bildung
das Glänzende	→	Ideale		Ersatzpflicht	→	Verantwortung
das Grenzenlose	→	Ideale		Erziehung	→	Bildung
das Höchste	→	Ideale		Etikette	→	Norm und Gesetz
das Optimale	→	Ideale		Familienverband	→	Familie
das Passende	→	Ideale		Flechtwerk	→	Netzwerk
das Perfekte	→	Ideale		Freundeskreis	→	Familie
das Richtige	→	Ideale		Frömmigkeit	→	Respekt
das Übliche	→	Norm und Gesetz		Führung	→	Einfluss
das Vollendete	→	Ideale		Führung	→	Verantwortung
das Vollkommene	→	Ideale		Furcht	→	Respekt
Deckung	→	Sicherheit		Fürsorge	→	Verantwortung
Dekret	→	Norm und Gesetz		Garantie	→	Sicherheit
Devise	→	Norm und Gesetz		Garantie	→	Verantwortung
Disziplin	→	Norm und Gesetz		Geborgenheit	→	Sicherheit
Durchschnitt	→	Norm und Gesetz		Gebot	→	Norm und Gesetz
Effekt	→	Einfluss		Gedankenvielfalt	→	Kreativität
Ehrerbietung	→	Respekt		Gefahrlosigkeit	→	Sicherheit
Ehre	→	Respekt		Geflecht	→	Netzwerk

Synonyme der Schlüsselwerte		**Zugeordnete Schlüsselwerte**		**Synonyme der Schlüsselwerte**		**Zugeordnete Schlüsselwerte**
geistiger Überblick	→	Bildung		Hauptsache	→	Ideale
Geldprämie	→	Belohnung		Heil	→	Gesundheit
Gelehrigkeit	→	Bildung		Herkunft	→	Familie
Gelehrsamkeit	→	Bildung		Herrschaft	→	Einfluss
Geltung	→	Einfluss		Hochachtung	→	Einfluss
Gemeinnützigkeit	→	Gemeinnutz		Hochachtung	→	Respekt
Gemeinsamkeit	→	Beziehungen		Hochschätzung	→	Respekt
Gemeinschaft	→	Beziehungen		hohes Ansehen	→	Respekt
Gemeinschaft	→	Netzwerk		Honorierung	→	Belohnung
Gemeinwohl	→	Gemeinnutz		Huldigung	→	Belohnung
Gesellschaft	→	Beziehungen		Ideenreichtum	→	Kreativität
Gesetzmäßigkeit	→	Norm und Gesetz		Idol	→	Ideale
Gestaltungskraft	→	Kreativität		Illusion	→	Ideale
Gesundheit	→	Lebensstandard		Image	→	Einfluss
Gewährleistung	→	Sicherheit		Imagination	→	Kreativität
Gewähr	→	Verantwortung		individuelle Autonomie	→	Individuelle Freiheit
Gewalt	→	Einfluss		individuelle Befreiung	→	Individuelle Freiheit
Gewicht	→	Einfluss		individuelle Bewegungsfreiheit	→	Individuelle Freiheit
Gewinn	→	Belohnung		individuelle Eigenständigkeit	→	Individuelle Freiheit
Gewissheit	→	Sicherheit		individuelle Privilegien	→	Individuelle Freiheit
Glück	→	Gesundheit		Individueller Anspruch	→	Individuelle Freiheit
Grundsatz	→	Norm und Gesetz		individueller Spielraum	→	Individuelle Freiheit
Gültigkeit	→	Einfluss		individuelle Selbständigkeit	→	Individuelle Freiheit
Haftpflicht	→	Verantwortung		individuelle Selbstbestimmung	→	Individuelle Freiheit
Haftung	→	Verantwortung		individuelle Selbstverwaltung	→	Individuelle Freiheit

Synonyme der Schlüsselwerte		**Zugeordnete Schlüsselwerte**		**Synonyme der Schlüsselwerte**		**Zugeordnete Schlüsselwerte**
individuelles Gutdünken	→	Individuelle Freiheit		Konstitution	→	Norm und Gesetz
individuelle Sonderrechte	→	Individuelle Freiheit		Kontakt	→	Beziehungen
individuelles Vorrecht Individuelle Freiheit	→			Kontrolle	→	Einfluss
individuelles Wirkungsfeld	→	Individuelle Freiheit		Kraft	→	Einfluss
individuelle Ungebundenheit	→	Individuelle Freiheit		Krönung	→	Ideale
individuelle Zwanglosigkeit	→	Individuelle Freiheit		Kultur	→	Bildung
Innovationskraft	→	Kreativität		Lebensbedingungen	→	Lebensstandard
Interessengemeinschaft	→	Netzwerk		Lebensgeister	→	Gesundheit
Internet	→	Netzwerk		Lebenshaltung	→	Lebensstandard
Intimbereich	→	Familie		Lebenskraft	→	Gesundheit
Intimsphäre	→	Familie		Lebensniveau	→	Lebensstandard
Jugendwort	→	Norm und Gesetz		Lebensqualität	→	Gesundheit
Jurisprudenz	→	Norm und Gesetz		Lebensqualität	→	Lebensstandard
Juristerei	→	Norm und Gesetz		Lebensumfeld	→	Familie
Kameradschaft	→	Beziehungen		Lebensverhältnisse	→	Lebensstandard
Kartell	→	Netzwerk		Leistungsfähigkeit	→	Gesundheit
Kenntnis	→	Bildung		Leistungsprämie	→	Belohnung
Klarheit	→	Sicherheit		Leitbild	→	Ideale
Klugheit	→	Bildung		Leitbild	→	Norm und Gesetz
Klüngel	→	Netzwerk		Leitlinie	→	Norm und Gesetz
Kompetenz	→	Verantwortung		Leitung	→	Verantwortung
Können	→	Einfluss		Lex	→	Norm und Gesetz
Konsequenz	→	Einfluss		Liebe	→	Beziehungen
Konsortium	→	Netzwerk		Lob	→	Belohnung

Synonyme der Schlüsselwerte		Zugeordnete Schlüsselwerte		Synonyme der Schlüsselwerte		Zugeordnete Schlüsselwerte
Lohn	→	Belohnung		Prinzip	→	Norm und Gesetz
Macht	→	Einfluss		Privatbereich	→	Familie
Machtposition	→	Einfluss		Privates Umfeld	→	Familie
Machtstellung	→	Einfluss		Privatheit	→	Familie
Manipulation	→	Einfluss		Privatleben	→	Familie
Maßstab	→	Norm und Gesetz		Privatsphäre	→	Familie
Meisterschaft	→	Ideale		Profil	→	Norm und Gesetz
Messlatte	→	Norm und Gesetz		Protektion	→	Beziehungen
Milieu	→	Familie		Rechenschaft	→	Verantwortung
Mittelwert	→	Norm und Gesetz		Rechnervernetzung	→	Netzwerk
Modell	→	Ideale		Recht	→	Norm und Gesetz
Muster	→	Ideale		Rechtskunde	→	Norm und Gesetz
Muster	→	Norm und Gesetz		Rechtslehre	→	Norm und Gesetz
Netz	→	Netzwerk		Rechtsordnung	→	Norm und Gesetz
Normalität	→	Norm und Gesetz		Rechtsprechung	→	Norm und Gesetz
Obhut	→	Verantwortung		Rechtswesen	→	Norm und Gesetz
Obliegenschaft	→	Verantwortung		Regel	→	Norm und Gesetz
Order	→	Norm und Gesetz		Regelung	→	Norm und Gesetz
Ordnung	→	Norm und Gesetz		Reglement	→	Norm und Gesetz
Ordnung	→	Norm und Gesetz		Reichtum	→	Lebensstandard
Originalität	→	Kreativität		Reiz	→	Einfluss
Paragraf	→	Norm und Gesetz		Relation	→	Beziehungen
Partnerschaft	→	Familie		Renommee	→	Einfluss
Persönlicher Lebensbereich	→	Familie		Reputation	→	Respekt
Pflichtbewusstsein	→	Verantwortung		Respekt	→	Belohnung
Pflichtgefühl	→	Verantwortung		Reverenz	→	Respekt
Pflicht	→	Verantwortung		Richtlinie	→	Norm und Gesetz
Phantasie	→	Kreativität		Richtschnur	→	Norm und Gesetz
Prestige	→	Einfluss		Risikolosigkeit	→	Sicherheit

Synonyme der Schlüsselwerte		Zugeordnete Schlüsselwerte	Synonyme der Schlüsselwerte		Zugeordnete Schlüsselwerte
Rücksichtnahme	→	Respekt	Urbild	→	Ideale
Rüstigkeit	→	Gesundheit	Verantwortungsbewusstsein	→	Verantwortung
Satzung	→	Norm und Gesetz	Verbindung	→	Beziehungen
Schadenersatzpflicht	→	Verantwortung	Verbindung	→	Netzwerk
Schema	→	Norm und Gesetz	Verbund	→	Netzwerk
Scheu	→	Respekt	Verehrung	→	Belohnung
Schöpferkraft	→	Kreativität	Verehrung	→	Respekt
Schulung	→	Bildung	Verfassung	→	Norm und Gesetz
Schutz	→	Sicherheit	Verflechtung	→	Beziehungen
Schwarm	→	Ideale	Verflechtung	→	Netzwerk
Segen	→	Gesundheit	Verfügung	→	Norm und Gesetz
Seilschaft	→	Netzwerk	Vergütung	→	Belohnung
Selbstbewusstsein	→	Sicherheit	Verhältnis	→	Beziehungen
Seligkeit	→	Gesundheit	Verknüpfung	→	Beziehungen
Siegespreis	→	Belohnung	Verkörperung	→	Ideale
Sippe	→	Familie	Vermögen	→	Einfluss
Sondervergütung	→	Belohnung	Verordnung	→	Norm und Gesetz
Sonderzulage	→	Belohnung	Vertrauen	→	Sicherheit
Standard	→	Norm und Gesetz	Verwandte	→	Familie
Standard	→	Norm und Gesetz	Vetternwirtschaft	→	Netzwerk
Stärke	→	Einfluss	Vorbild	→	Ideale
Statut	→	Norm und Gesetz	Vorschrift	→	Norm und Gesetz
Struktur	→	Netzwerk	Vorstellungskraft	→	Kreativität
Suggestion	→	Einfluss	Wechselbeziehung	→	Beziehungen
Syndikat	→	Netzwerk	Weisheit	→	Bildung
Treueprämie	→	Belohnung	Weisung	→	Norm und Gesetz
Trophäe	→	Belohnung	Weltgewandtheit	→	Bildung
Turnus	→	Norm und Gesetz	Wertegemeinschaft	→	Netzwerk
Turnus	→	Norm und Gesetz	Wertschätzung	→	Belohnung

Synonyme der Schlüsselwerte		**Zugeordnete Schlüsselwerte**		**Synonyme der Schlüsselwerte**		**Zugeordnete Schlüsselwerte**
Wertschätzung	→	Respekt		Zivilisation	→	Bildung
Wesen	→	Ideale		Zuflucht	→	Sicherheit
Wichtigkeit	→	Einfluss		Zugehörigkeit	→	Beziehungen
Widerstandfähigkeit	→	Gesundheit		Zuneigung	→	Beziehungen
Wirkung	→	Einfluss		Zusammenhang	→	Beziehungen
Wissen	→	Bildung		Zusammenschluss	→	Netzwerk
Wohlbefinden	→	Gesundheit		Zustand	→	Gesundheit
Wohlergehen	→	Gesundheit		Zuständigkeit	→	Verantwortung
Wohlsein	→	Gesundheit		Zutrauen	→	Sicherheit
Wohlstand	→	Lebensstandard		Zuverlässigkeit	→	Sicherheit
würdevolle Anerkennung	→	Respekt		Zuverlässigkeit	→	Verantwortung
Würdigung	→	Belohnung		Zuwendung	→	Belohnung
Würdigung	→	Respekt				

Glossar

70/20/10-Modell
70 % des betrieblichen Lernens sind Erfahrungslernen in der Praxis, 20 % werden durch Lernpartner, Führungskräfte, Coaches und Mentoren initiiert und nur 10 % finden als → formelles Lernen statt.

Activity based Working
Arbeiten, indem jeweils der für die aktuelle Aufgabe geeignetste Arbeitsort genutzt wird.

Advocatus-Diaboli-Diskussion
Einzelne Wertetrainees oder Teilgruppen nehmen in der Rolle des Advocatus Diaboli eine bewusste Gegenposition zu einer Werteorientierung, einer Idee oder Meinung ein. Sie sehen sich dadurch mehrheitlich emotional stark labilisierenden Angriffen und Kritiken ausgesetzt. Sie versuchen durch Argumente, aber auch durch emotional vorgetragene Positionen, die anderen Teilnehmer zu überzeugen. Dadurch können die Werteorientierungen und Ideen intensiv und kontrovers diskutiert werden.

Agile Methoden
Projektmethoden, die auf den → agilen Werten, → agilen Prinzipien und → agilen Praktiken aufbauen. Beispiele dafür sind –→ Scrum, → Pulse, → Kanban, → DevOps und → Design Thinking.

Agile Praktiken
Visualisierung, Timeboxing, Sprint, Iteration, Priorisierung, Vision, Backlog, User Stories, Planning, Daily Stand-up, Retrospektive, Review, Scrum-Master, Product Owner, Umsetzungsteam, Change-Verantwortlicher, Akzeptanzkriterien, Definition of Done

Agile Prinzipien
Kontinuierliche Reflexion, laufende Anpassung, frühe Lieferung des Geschäftswerts, Qualität im Kern, Wertetrainee stehen im Mittelpunkt, Selbstorganisation, direkte und offene Kommunikation auf Augenhöhe, Übernahme von Verantwortung, konstanter Wissensaufbau, interdisziplinäre Teams, Einfachheit, konstante Geschwindigkeit, Flexibilität.

Agile Werte
Mut, Fokus, Commitment, Respekt, Offenheit, Wertschätzung, Vertrauen.

Aktives Lernen
Die Lerner bearbeiten aktiv Lernaufgaben, die Handeln erfordern.

Aktive Wertemessung

Menschen werden beobachtet, während sie in Lern- oder Arbeitsprozessen handeln, und anhand dieser Beobachtungen hinsichtlich ihrer Werte eingeschätzt. Damit kann das gesamte Spektrum an Werten erfasst werden. Dagegen ist die Detailschärfe nicht so hoch ist wie beispielsweise bei den Tests. Ein weiterer Nachteil ist der relativ hohe Aufwand.

Anti-Biasing

Methode, die negative, wertebeladene Situationen nutzt, um diese Erfahrungen in Gruppenprozessen mit dem Ziel der Werteentwicklung zu verarbeiten.

Arbeit 4.0

Vernetzte, digitale flexiblere Arbeit der Zukunft. Aufgrund der → digitalen Transformation entstehen grundlegend neue Arbeitsformen und Arbeitsverhältnisse.

Autopoiese

Prozess der Selbsterschaffung und Selbsterhaltung von Lebewesen oder lebenden Systemen.

Bar Camp (Unkonferenz, Nicht-Konferenz)

Offene Tagung mit frei zugänglichen Workshops, deren Inhalte und Ablauf von den Teilnehmern zu Beginn selbst entwickelt und im weiteren Verlauf gestaltet werden → Educamp

Blended Learning

Bezeichnet die didaktisch sinnvolle Verknüpfung von Präsenzveranstaltungen und → E-Learning zu einem Lernarrangement.

Brainstorming

Instrument schöpferischen Handelns, eine Methode zur Ideenfindung um die die Erzeugung von neuen, ungewöhnlichen Ideen in einer Gruppe von Menschen fördern.

Coaching

Professionelle Beratung und Begleitung einer Person (Coachee, Gecoachter) oder mehrerer Personen durch eine oder mehrere andere, den Coach, die Coaches. Der Coach soll den Gecoachten bei der Ausübung von komplexen Handlungen befähigen, optimale Ergebnisse selbstorganisiert hervorzubringen. Coaching ist eine Entwicklungspartnerschaft, die eine besondere Art intendierter Kompetenzentwicklung mit einer methodisch fundierten Vorgehensweise, zuweilen auch zur teambezogenen oder organisationalen Kompetenzentwicklung, bildet.

Co-Coaching

Zukünftig werden Computer Tandempartner in kompetenzorientierten Lernprozessen. Mithilfe → semantischer Systeme erweitern sie die menschliche Lernpartnerschaft um den → Lernpartner Computer.

Community of Practice

In Communities of Practice gibt, es im Gegensatz zu → Learning Communities, keine formalisierten Lernpfade. Sie werden durch die Lerner selbstorganisiert. Sie wählen selbst die Ziele, Inhalte, Strategien, Methoden und Kontrollmechanismen ihrer Lernprozesse. Communities of Practice entwickeln sich häufig aus → Learning Communities. Diese Praxisgemeinschaften bilden sich oft spontan und entwickeln sich über längere Zeit. Es gibt kein klares Startdatum und auch kein absehbares Enddatum.

Corporate Culture (→ Unternehmenskultur)

System von Normen, → Werten und Regeln, die das Wahrnehmen, Denken und Handeln aller Wertetrainee und Führungskräfte bestimmen

Corporate Learning

Alle Methoden der Aus- und Weiterbildung im betrieblichen Umfeld, z. B. Trainings, Kurse und Seminare, aber auch → E-Learning, → Blended Learning, → Social Learning oder → Workplace Learning

Corporate Social Responsibility – CSR

Übernahme der gesellschaftlichen Verantwortung für Umwelt und Gesellschaft durch eine Organisation → Nachhaltigkeit

Debiasing

Methode, um aufzuklären, inwieweit beispielsweise Entscheidungen und Handlungsweisen durch bewusste und unbewusste Werte beeinflusst sind, welche Rolle kognitive Beschränkungen und selektive Wahrnehmungen dabei spielen, wie eingefahrene Muster oder Bestätigungsfehler mitwirken, welche Auswirkungen übertriebener Optimismus oder Selbstüberschätzung sowie fragwürdiger Gruppendruck und Gruppendenken haben und wie man Wege finden kann, all das zu vermeiden. Biases kann man als vorurteilshafte Abkürzungen im Entscheiden und Handeln, als »blinde Flecken«, oft durch problematische Wertehaltungen verursacht, identifizieren.

Design Thinking

→ Agile Methode für die Orientierung und grobe Strukturierung von kreativen Prozessen. Innovationsmethode, die auf Basis eines iterativen Prozesses nutzer- und kundenorientierte Ergebnisse zur Lösung von komplexen Problemen liefert.

DevOps

→ Agile Methode, bei der Entwicklung (**Dev**elopment) und Betrieb (**Op**eration**s**) zusammengeführt werden, um Menschen, Prozesse und Technologien zu integrieren, damit hochwertige Lösungen entstehen. Prozesse werden mithilfe von Technologien in mehreren Zyklen automatisiert und optimiert. Voraussetzung ist eine Kultur, die leistungsfähige Entwicklungsteams ermöglicht. Teams können dadurch besser auf die Anforderungen ihrer Kunden reagieren, das Vertrauen in ihre eigenen Anwendungen steigern und Geschäftsziele schneller erreichen.

Digitale Transformation (→ Digitalisierung)
Digitaler Wandel der Arbeitswelt durch den vermehrten Einsatz neuer Informations- und Kommunikationstechnologien, der zu einer grundlegenden Umwälzung der Strategie, Struktur, Prozesse und Kultur in den Unternehmen führt. Die Akteure müssen nach fundamental veränderten Regeln handeln, sodass sie neue → Kompetenzen aufbauen müssen.

Digitalisierung
Verarbeitung, Speicherung und Weitergabe von Informationen in Computern und im Netz. Daraus ergibt sich ein Wandel zu elektronisch gestützten Prozessen in allen Bereichen mittels Informations- und Kommunikationstechnik.

Diskussionsforen
Foren im Internet oder Intranet, in die Nutzer Nachrichten und Meinungen einstellen können, die andere Personen dort lesen und wiederum kommentieren können.

Dissonanzen
Im kognitiven Sinne ein innerer Widerspruch. Erfahrungen und Informationen stehen zur persönlichen Einstellung bzw. zu getroffenen Entscheidungen im Widerspruch.

Diversity
Vielfalt der Menschen, z. B. in Hinblick auf Alter, Geschlecht, Hautfarbe, Herkunft, Religion, Kultur, Qualifikationen oder Kompetenzen. Wird als wichtige Voraussetzung für Innovationsfähigkeit und → Resilienz einer Organisation angesehen.

Eigenschaftsparadigma
Werte sind keine Eigenschaften von Persönlichkeiten.

E-Learning
Alle Formen von Lernen, bei denen digitale Medien für die interaktive Bereitstellung und Bearbeitung von Lernmaterialien zur Verfügung stehen.

Emotionen
Einfach strukturierte Gefühle, die Umweltereignisse und Objekte, also Erfahrungen und Wahrnehmungen des Menschen erst einmal in einer ganz bestimmten Art bewerten; sie geben den Dingen um uns herum sozusagen ihre Bedeutung für uns und unsere innere Bedürfnislage. Emotionen und einfach strukturierte Gefühle können gleichgesetzt werden.

Emotionales Lernen
Die Lerner identifizieren sich persönlich mit den Lerninhalten und werden im Laufe des Lernprozesses emotional gefordert. Dabei entwickeln sich ihre → Werte.

Entlernen
Gewohnte Strukturen, etablierte Herrschaftsverhältnisse, überlieferte Erfahrungswerte und »bewährte« Gewohnheiten, die sich nicht laufend den veränderten Rahmenbedingungen anpassen, bewirken tendenziell eine Trägheit der Organisation und verhindern damit die Möglichkeiten zur Veränderung. Solche eingefahrenen Routinen blockieren neues Lernen und müssen deshalb abgebaut werden. Dies setzt voraus, dass die bestehenden Handlungsmuster der Wertetrainee laufend kritisch in Hinblick auf die Zielrelevanz überprüft und bei Bedarf verändert werden. Die wesentliche Grundlage dafür ist ein regelmäßiges Feedback durch Kollegen, Führungskräfte, Kollegen oder Lernpartner.

Erfahrung
Erfahrung bezeichnet Wissen, das durch Menschen in ihrem eigenen materiellen oder ideellen Handeln selbst gewonnen wurde und unmittelbar auf einzelne emotional-motivational bewertete Erlebnisse dieser Menschen zurückgeht. Damit erfasst Erfahrung auch das Vertrautsein mit Handlungs- und Denkzusammenhängen ohne Rückgriff auf ein davon unabhängiges theoretisches Wissen.

Erfahrungslernen
Erfolgt, indem Menschen selbst handelnd mit echten Entscheidungssituationen konfrontiert werden, und dabei unmittelbar eigene Werthaltungen entwickeln → Konstruktivismus.

Erlebnislernen
Erlebnisse sind für das Erfahrungslernen unverzichtbar; weil sie die Momente der kognitiven → Dissonanzen und der →Labilisierungen initiieren, in denen Emotionen angeregt, Motivationen ausgeprägt und Werthaltungen entwickelt werden.

Ermöglichungsdidaktik
Ausprägung der → Didaktik, die von Rolf Arnold geprägt wurde und auf den Prinzipien der Selbstbestimmung und Selbststeuerung der Lerner (Lernorientierung) basiert. Sie ist eine Theorie des → selbstorganisierten Lernens und der → Kompetenzentwicklung. Der Lernbegleiter schafft die notwendigen Rahmenbedingungen für die Lernprozesse und übernimmt die grundlegende Steuerung und Flankierung dieser.

Ermöglichungsraum
Der Ermöglichungsraum ist ein planvoll hergestellter Lernrahmen, der didaktische, methodische, materielle und mediale Aspekte so anordnet, dass die Wahrscheinlichkeit für die angestrebten Lernprozesse möglichst hoch wird → Learning-Experience-Plattform

Ethische Werte
Handlungsleitende Ordner, die dem einzelnen Wertetrainee Handlungen nahelegen, die das Wohl vieler oder aller Menschen ohne Ansehen der Person zum Handlungsanliegen machen. Dazu gehören Familie, Ideale, Verantwortung und Respekt.

Evaluation
Systematische Methode, um Informationen über die Wirkung und Effektivität von Lernsystemen zu erfassen. Ergebnisse der Messungen können verwendet werden, um z. B. die Lernsysteme zu verbessern, um zu bestimmen, ob die Lernziele erreicht worden und um den Wert der Lehrveranstaltung für eine Organisation zu beurteilen.

Exemplarisches Lernen
Wesentliches Prinzip zur Gestaltung von → E-Learning-Systemen, in denen die Lerner repräsentative Problemstellungen mit dem Ziel bearbeiten, ihre Problemlösungskompetenz zu entwickeln.

Expertiselernen
Lernen, bei dem »Könner« zu »Könnern« werden, die außergewöhnliche Fähigkeiten besitzen. Es beruht auf spezifischen kognitiven und wertend-motivationalen Grundlagen außerhalb des Durchschnitts.

Fallbasiertes Lernen
Die Lerner erarbeiten sich das Wissen über eine reale oder erfundene Fallstudie.

Feedback
Rückmeldung auf Antworten der Lerner. Bei standardisierten Aufgaben erfolgt das Feedback durch den Computer, bei offenen Aufgaben durch Lernpartner, Tutoren oder Experten. Ein laufendes Feedback ist die notwendige Voraussetzung für erfolgreiches, selbstorganisiertes Lernen.

Flankierung
Erfolgreiches Lernen basiert u. a. auf einem regelmäßigen → Feedback von Lernpartnern sowie→ Lernbegleitern, aber auch auf der Motivation und Unterstützung, die der Lerner von anderen erfährt.

Formelles Lernen
Erfolgt auf der Basis von vorgegebenen Lernzielen und Lernzeiten und im Rahmen strukturierter Lernprozesssteuerung einer Bildungsinstitution, z. B. durch den Lehrer. Am Schluss steht eine Zertifizierung.

Forum
Asynchrone Kommunikationselemente in E-Learning- und → Blended-Learning-Systemen. Sie bieten eine Möglichkeit, gewinnbringende Auseinandersetzungen mit einzelnen Themen

zu initiieren. In jedem Themenblock können die Beteiligten die Beiträge lesen, Fragen stellen, eigene ergänzende Beiträge und evtl. Anhänge einfügen, Kommentare abgeben und Diskussion führen. Foren werden meist in → formellen Lernprozessen benutzt und oftmals von einem → Tutor flankiert.

Fremdbestimmtes Lernen
Erfolgt im Rahmen vorgegebener Lernziele in → formellen Lernprozessen oder → non-formellen Lernprozessen und wird durch Trainer oder Dozenten, aber auch durch → E-Learning Programme bestimmt.

Führen mit Pferden
Methode zur → Kompetenzentwicklung von Führungskräften. Da Pferde als domestizierte Tiere eine hohe Sensitivität für die menschliche Körpersprache besitzen und unverfälscht Feedback geben können, soll diese ermöglicht werden. Die Herausforderung für den Manager unterscheidet sich deutlich vom Führungsalltag, sodass ein Aufbau der Führungskompetenzen wenig wahrscheinlich ist.

Future Learning
Selbstorganisierte, gezielte Werte- und Kompetenzentwicklung auf Ebene der Organisation, der Teams und der Individuen mit agilen Lernmethoden innerhalb eines digitalen Ermöglichungsraumes

Genusswerte
Handlungsleitende Ordner, die den Wertetrainee dazu bringen, Handlungen zu bevorzugen, die ihm – physischen oder geistigen – Genuss verschaffen. Dazu gehören Kreativität, Gesundheit, Bildung und Beziehungen.

Grundwerte
Wertearten, z. B. → Genusswerte, → Nutzenwerte, → ethische Werte und → soziale Werte

Grundlagen der Wertung
Wovon wird beim Werten ausgegangen?

Handeln
Zielgerichtetes und bewusstes Agieren. Handeln wird nicht nur durch → Kognitionen, sondern auch durch → Emotionen bestimmt. Diese sind wiederum eine wesentliche Voraussetzung der → Labilisierungsprozesse. Damit diese Prozesse zustande kommen, sind vielfältige Wechselprozesse zwischen Kognitionen und Emotionen erforderlich.

Handlungsanker
Beschreibung typischer → Handlungen, mit denen Kompetenzen konkretisiert und damit auch messbar gemacht werden können.

Indikatorenverschmelzung
Fähigkeit des Gehirns zur automatischen Integration einer Vielzahl von Einzelindikatoren.

Individuelles Lernen
Ein Prozess, der aufbauend auf vorhandenen Erfahrungen neues → Wissen generiert. Im Endeffekt schlägt sich Lernen dabei in einer nachhaltigen Veränderung des → Handelns nieder. Der Lerner wird als aktives und selbstreflexives Subjekt behandelt. Selbstständigkeit und Selbstorganisation schaffen die Basis für die individuelle Erschließung der Wirklichkeit über Lern- und Erfahrungsprozesse.

Industrie 4.0
Verzahnung der hoch automatisierten Produktion mit moderner Informations- und Kommunikationstechnik im Zuge der rasant zunehmenden Digitalisierung von Wirtschaft und Gesellschaft (Digitale Transformation). Es verschmelzen virtuelle und reale Prozesse auf der Basis sog. cyber-physischer Systeme, sodass eine hocheffiziente und hochflexible Produktion möglich wird, die Kundenwünsche in Echtzeit integriert und eine Vielzahl von Produktvarianten schaffen kann. Industrie 4.0 verändert nachhaltig die Art und Weise, wie zukünftig in Deutschland produziert und gearbeitet wird.

Informelles Lernen
Lernen im Alltag, am Arbeitsplatz, im Familienkreis oder in der Freizeit. Es ist in Bezug auf Lernziele, Lernzeit oder Lernförderung nicht strukturiert und sieht meist keine Zertifizierung vor. Informelles Lernen kann zielgerichtet (intentional) sein, ist jedoch in den meisten Fällen nicht zielgerichtet und eher beiläufig (inzidentell). In der betrieblichen Bildung findet nach den vorliegenden Untersuchungen bis zu 80 % des Lernens informell statt.

Intentionales Lernen
Absichtliches Lernen im Rahmen einer Instruktion

Interiorisation
Emotional-motivationaler Prozess der Aneignung bzw. Verinnerlichung von → Werten, oft auch als → Internalisation bezeichnet

Internalisation
Prozess der Aneignung von → Werten, oft auch als → Interiorisation bezeichnet

Job Rotation
Geplanter Arbeitsplatzwechsel zum eigenverantwortlichen Aufbau von Werten und neuen Kompetenzen in grundlegend veränderten Herausforderungen, die subjektivierendes Handeln der Wertetrainee ermöglichen.

Kanban
Laufende Kompetenzentwicklung im Arbeitsprozess und im Netz, reduzierter Aufwand durch Nutzung des Ermöglichungsraums für die Bewältigung akuter Herausforderungen mit Lernpartnern und regelmäßigem Feedback.

Knowledge Management
→ Wissensmanagement

Kollaboration
Meist digital basierte Zusammenarbeit in Teams, um Herausforderungen in der Praxis zu bewältigen oder Lösungen zu entwickeln.

Kollaboratives Lernen
→ Informelles Lernen am Arbeitsplatz (→ Workplace Learning), indem mit Lernpartnern gemeinsam Problemstellungen aus der Praxis oder in Praxisprojekten bearbeitet werden und Austausch von Erfahrungswissen in → Communities of Practice (→ Soziales Lernen -→ Social Collaboration). Organisationsbezogenes Lernen, das auf langfristige, gemeinsame Lernprozesse sowie zusammen vereinbarte Ziele zielt. Die Lernergebnisse haben einen Bezug zur persönlichen Arbeitswelt der Mitglieder.

Kollegiale Beratung
Strukturiertes Beratungsgespräch in einer Gruppe, indem ein Teilnehmer von den übrigen Gruppenmitgliedern nach einem feststehenden Ablauf mit verteilten Rollen beraten wird. Jeder Teilnehmer wird damit zum Prozessberater seiner Kollegen. Das Ziel ist, Lösungen für konkrete berufliche Schlüsselfragen zu finden.

Kollektives Lernen
→ Formelles Lernen zwischen Lernern, die in Qualifikationsmaßnahmen Lernergebnisse gemeinsam entwickeln. Diese → »Learning Communities«, die meist von Tutoren gesteuert und flankiert werden, haben zum Ziel, Qualifikationen gemeinsam in Tandem- oder Gruppenarbeit weiterzuentwickeln. Es gibt nur einen indirekten Zusammenhang zwischen den gemeinsamen Lernergebnissen und den konkreten Umsetzungen in der jeweiligen Praxis der Mitglieder. In individuellen Lernprozessen werden die kollektiven Ergebnisse jeweils auf den eigenen Arbeitsbereich der Lerner übertragen.

Kompetenz
Die Fähigkeit, sich in offenen und unüberschaubaren komplexen und dynamischen Situationen selbstorganisiert zurechtzufinden (Dispositionen zur Selbstorganisation, Selbstorganisationsdispositionen). Nach Erpenbeck & Heyse sind die Kompetenzbereiche: **personale Kompetenzen** – reflexiv selbstorganisiert handeln; **Aktivitätskompetenzen** – aktiv und gesamtheitlich selbstorganisiert handeln; **methodische Kompetenzen** – Probleme geistig und physisch selbstorganisiert lösen sowie **soziale Kompetenzen** – kommunikativ und kooperativ selbstorganisiert handeln.

Kompetenzentwicklung
Kompetenzentwicklung erfordert das Zusammenführen individueller Lernprozesse, z.B. in Workshops und über → E-Learning, mit → organisationalem Lernen in Wissensmanagementsystemen. Lernen und Arbeiten werden tendenziell wieder zusammengeführt. Es werden dabei Instrumente benötigt, die den Lernern helfen, im Rahmen ihrer selbstorganisierten Lernprozesse ihre persönliche Kompetenz individuell zu entwickeln.

Kompetenztraining
Entwicklungsmaßnahme, die im Regelfall individuenzentriert ist, d.h. die Erfassung und die Entwicklung der Kompetenzen beginnt meist bei den Individuen. Die Organisation sowie ihre Netzwerke, und Teams profitieren (in erhoffter Weise) davon.

Konfliktinduziertes Lernen
Kognitiver Konflikt und Neugier sind die Hauptmechanismen, die Lerner zum Lernen motivieren. Damit bildet dieser Lernbereich die Grundlage für die → Kompetenzentwicklung.

Konstruktives Lernen
Im Lernprozess werden Handlungsalternativen nach dem Versuch-und-Irrtum-Prinzip und durch die Auswertung eigener Erfahrungen entwickelt.

Kooperatives Lernen (Cooperative Learning, Gruppenlernen)
→ Formelles Lernen im Rahmen vorgegebener Lernziele und Inhalte mit verschiedenen Trainingsmethoden und einer → Learning Community (»**Soziales Training**«). Lerner in heterogenen Gruppen arbeiten an gemeinsamen Problemlösungen. Die Schwächeren profitieren hierbei von der Kompetenz der stärkeren Gruppenmitglieder; diese wiederum lernen, ihr Wissen zu strukturieren und gezielt zu vermitteln.

Koping-Verfahren
KOmmunikative Praxisbewältigung IN Gruppen. KOPING ist ein Kunstwort, das an das englische Wort »coping« (= »bewältigen«, »mit etwas fertig werden«) angelehnt ist. In der Stressforschung hat der Begriff »coping« eine zentrale Bedeutung bekommen. Mit ihm werden jene Anstrengungen oder Bemühungen einer Person bezeichnet, die diese zur Bewältigung von Anforderungen, Belastungen oder Konflikten unternimmt. Die Lerner sollen befähigt werden, ihre Praxis als Wertetrainee oder Führungskraft zu bewältigen. In kleinen Gruppen sollen sie im gegenseitigem Austausch, also kommunikativ und in der Form »kleiner Netze«, sich gegenseitig in ihrer Entwicklung unterstützen. Koping ist eine wesentliche Voraussetzung für effiziente → Blended Learning Arrangements und → Kompetenzentwicklungsprozesse → Co-Coaching.

Labilisierung
Im emotionalen Sinne Erleben und Bewältigen von → Dissonanzen. Zweifel, Widersprüchlichkeit oder Verwirrung werden aufgelöst; es entstehen neue Lösungsmuster. Emotionale

Labilisierung basiert immer auf kognitiven Konflikten, die durch die Wahrnehmung von Veränderungen oder zunächst unlösbaren, widersprüchlichen Problemlagen hervorgerufen werden.

Learning Community
Virtuelle Lerngemeinschaften, die zu einem bestimmten Zeitpunkt starten und mit dem Abschluss eines Kurses auch ein absehbares und bekanntes Enddatum aufweisen. Solche Communities müssen von Lernbegleitern unterstützt werden, die über die Kompetenz verfügen, aus unterschiedlichen Personen, innerhalb von kurzer Zeit eine Gemeinschaft zu bilden, die dann gemeinsam durch die verschiedenen Aufgaben eines kollektiven Lernprozesses geführt wird. Meist geschieht dies über elektronische → Foren oder → Chats zu bestimmten Themen bzw. Problemen. Eine Community Plattform kann neben Foren und Chats redaktionelle Angebote, Linklisten oder Ressourcen aller Art enthalten.

Learning-Experience-Platfform (LXP)
Persönliches Lerncockpit, das formelles und informelles Lernen verknüpft. Damit bildet die LXP die Grundlage für gezielte →Werte- und →Kompetenzentwicklung. Die Lerner können ihre Lernumgebung mitgestalten und vielfältige Elemente zur Planung ihrer Lernprozesse, zur Kommunikation und Kollaboration, Wissensquellen und Feedback-Tools nutzen. LXP eignen sich vor allem auch für → Microlearning. Die Lerner können Content ergänzen und ihre Lernprozesse selbst steuern und kontrollieren. Dabei gibt ihnen die LXP-Struktur für ihre Entwicklungsprozesse durch persönliches Profil, geplante Karrierewege sowie individuelle Herausforderungen und Aufgaben.

Learning Journey
Sammeln von Erfahrungen in einem prozessorientierten Outdoor-Arrangement und einem begleitenden Coachingprozess. In einer Wechselwirkung zwischen intuitivem Verstehen (Kopf/Bauch), gemeinsamer Begeisterung (Herz) und natürlichem Handeln (Hand) können gelungene Wahrnehmungs-, Erkenntnis- und Lernprozesse entstehen.

Lebenslanges Lernen
Lifelong Learning. Die Veränderungen in Gesellschaft und Arbeitswelt erfordern eine lebenslange Qualifizierung. → Kompetenzlernen basiert auf dieser Vision.

Lernbegleiter
Selbstorganisierte Lernprozesse werden durch die Lerner selbst gestaltet. Dabei benötigen Sie im Bedarfsfall die Unterstützung eines → Coaches oder → Mentors, der ihre Lernprozesse begleitet. Der **Lernbegleiter** schafft die Bedingungen für → selbstorganisiertes Lernen und ermöglicht damit Prozesse der selbsttätigen und selbstständigen Wissenserschließung und Wissensaneignung.

Lernende Organisation
Vision, die allen Wertetrainees einer Unternehmung das gemeinsame Lernen ermöglicht und diese Prozesse aktiv fördert. Daraus entwickelt sich die Organisation kontinuierlich selbst wei-

ter. Lernen wird damit zum integralen Bestandteil der Unternehmen und liegt primär in der Eigenverantwortung der Wertetrainee. Die Führungskräfte unterstützen diesen natürlichen Lernprozess als → Mentor, d. h. als Entwicklungspartner, ihrer Wertetrainees.

Lernen im Netz
Netzbasiertes Lernen im Sinne des → Konnektivismus, aber auch das Lernen im Web mit → Social Software. Beide Ausprägungen des Lernens basieren auf dem → sozialen Lernen.

Lernkultur
System sozialer Prozesse und Handlungen, deren Kern Normen und → Werte sind, die das Lernen der Wertetrainees und Führungskräfte auf allen Stufen des Unternehmens bestimmen. Sie konkretisiert sich im Lernhandeln und in den Kompetenzen der Lerner und setzt ein ständiges Lernen aller Beteiligten voraus.

Lernwegflankierung
Diese soziale Flankierung ist eine wesentliche Voraussetzung für erfolgreiche Lernprozesse. Eine besonders bewährte Form ist der Zusammenschluss zweier Lerner zu einem → Lerntandem → Koping. Hierbei unterstützen sich die Lerner in der Tandemarbeit emotional, motivational und lernstrategisch.

Lernziel (Learning objective)
Überprüfbare Definition der angestrebten Handlungsweisen nach einem Lernprozess.

Maßstäbe der Wertung
Was wird für besonders wichtig gehalten?

Medienkompetenz
Fähigkeit, Medien selbstorganisiert und kreativ zu nutzen, um Aufgaben und Problemstellungen zu lösen (Selbstorganisationsdispositionsfähigkeit). Diese Kompetenz wird in → formellen und → informellen Lernprozessen und umfasst auch die reflexive und kommunikative Nutzung von Medien.

Mentoring
Eine erfahrene Person (Mentorin bzw. Mentor) gibt ihr Wissen an eine noch unerfahrene Person (Mentee) mit dem Ziel weiter, den Mentee in seiner persönlichen oder beruflichen Entwicklung innerhalb oder außerhalb des Unternehmens zu fördern. Im Gegensatz zum → Coaching nimmt der Mentor keine neutrale Position gegenüber der zu beratenden Person ein.

Mindmapping
Visualisierungstechnik, bei der Ideen oder Elemente als Baumstruktur gestaltet werden. Dadurch werden hierarchische Beziehung sichtbar gemacht.

Mobile Learning (M-Learning)
Jede Art des Lernens, das stattfindet, wenn der Lernende nicht an einem festen, vorgegebenen Ort ist, oder das Lernen, wenn der Lernende Lernmöglichkeiten nutzt, die mobile Technologien bieten. Es handelt sich um Lernprozesse, die in maßgeblichem Umfang mobile Computertechnologie in mobilen Kontexten einsetzen, um einen deutlichen Mehrwert im Bereich der → Qualifizierung und → Kompetenzentwicklung zu bewirken.

Motivationen
Kompliziert strukturierte Gefühle, die Umweltereignisse und Objekte, also Erfahrungen und Wahrnehmungen des Menschen in einer ganz bestimmten Art bewerten. Sie antizipieren künftige Handlungen und Handlungsergebnisse in konkretisierter Form.

Nachhaltigkeit
Organisationen orientieren sich insbesondere an folgenden Werten: übergeordneter höherer Sinn (Purpose), Vision und Mission des nachhaltigen Handelns, langfristiges Denken und Handeln, emotionales Engagement, gesellschaftliches Engagement und Sinn sowie Vertrauen in Menschen und Beziehungen.

Netzwerk
Mitglieder eines Netzwerks kommen freiwillig zusammen und sind durch gemeinsame Interessen verbunden. Sie sind gleichberechtigt, tauschen Ideen aus und unterstützen sich gegenseitig. Netzwerke fördern die Kommunikation zwischen Wissensträgern. Daraus kann neues, gemeinsames Wissen für die Problembewältigung im Unternehmen generiert werden, sofern der passende Rahmen geschaffen wird und die Kommunikation zielgerichtet gestaltet wird. Wissen umfasst in diesem allgemeinen Sinne auch Regeln, → Werte und Normen, individuelle und organisationale Kompetenzen. Lernen in Netzen bzw. Netzwerken führt dazu, dass soziale und kulturelle Aspekte des Lernens an Bedeutung gewinnen.

New Work
Ursprünglich von Frithjof Bergmann (1984) im Sinne einer sozialen Innovation mit den Werten individueller Freiheit und Verantwortung definiert. Heute beschreibt der Begriff die aktuelle Arbeitswelt mit den Merkmalen räumliche und zeitliche Flexibilisierung der Arbeit, agile und projektbezogene Arbeitsformen, Wertebasierung und Sinnstiftung durch Arbeit, Enthierarchisierung, partizipative Entscheidungsmechanismen und Selbstorganisation.

Nicht formelles Lernen
Lernen, das durch vorgegebene Lernziele und Lernzeiten geprägt wird, aber nicht in Bildungseinrichtungen stattfindet und im Regelfall nicht zur Zertifizierung führt.

Normen
Schreiben den Wertetrainees, den Teams und der Organisation vor, wie sie in möglichst klar umrissene Situationen handeln sollen. Häufig sind sie rechtlich durchsetzbar.

Nudging
Ansatz, Menschen durch kleine Anstöße, zu einem vermutlich rationaleren Handeln zu bewegen.

Nutzenwerte
Handlungsleitende Ordner, die die Wertetrainee Handlungen bevorzugen lassen, die ihnen Nutzen im weitesten Sinne versprechen. Dazu gehören Lebensstandard, Sicherheit, Belohnung und Gemeinnutz.

Objekte der Wertung
Elemente, z. B. Menschen oder Objekte, die bewertet werden.

Objektivität
Ermittelten Aussagen dürfen nicht von der Erfassungsumgebung oder der Interpretation von Personen abhängen, die eine Auswertung vornehmen. Objektivität wird meist dadurch sichergestellt, dass die Erhebungen, z. B. durch geschlossene Antworten, standardisiert sind und die einzelnen Schritte der Erhebung, der Auswertung und Interpretation dokumentiert werden.

Online Community
Treffpunkt für Personen im Internet. Aufgebaut, um Interaktion und Zusammenarbeit von Personen, die gemeinsame Interessen und Bedürfnisse teilen, zu erleichtern. Onlinegemeinschaften können allen oder nur angemeldeten Mitgliedern zugänglich sein. Ebenso ist es möglich, dass → Learning Communities oder → Online Communities von einer Person moderiert sind.

Online-Foren
Im Gegensatz zu → Sozialen Netzwerken steht weniger die einzelne Person und mehr das jeweilige Thema im Mittelpunkt. Diskussionen werden als Frage-Antworten-Kombination in Diskussionssträngen (sog. → Threads) angezeigt. Bei großen Online-Foren gibt es zusätzlich die Strukturierung nach Themengebieten.

Online-Lerngemeinschaft
Online Community. Gruppe von Personen, die sich formal als → Learning Community oder informell als → Community of Practice organisiert und sich zu einem Lerngegenstand unter Nutzung der Online-Kommunikationsmöglichkeiten austauscht.

Organisationales Lernen
Basiert auf der Vision der → Lernenden Organisation. Organisationales Lernen ist die Fähigkeit einer Organisation, die organisationale Werte- und Wissensbasis in einem permanenten Lernprozess zu verändern. Dadurch entstehen neue Problemlösungs- und Handlungskompetenzen.

Organisationskultur
→ Unternehmenskultur

Outdoor-Training
Entwicklungsmaßnahmen, die in der Natur physische, psychische und gruppendynamische Herausforderungen an die Teilnehmer stellen, damit sie ihre Verhaltensweisen reflektieren und neue Handlungsweisen initiieren.

Persönlichkeitsmerkmale
Relativ überdauernde Eigenschaften, die sich auf unser Verhalten in konkreten Situationen auswirken und die langfristig verändert werden können.

Persönlichkeitsmessverfahren
Die Persönlichkeitstests oder Persönlichkeitsfragebogen bilden typische, relativ stabile Verhaltensweisen einer Person ab. Der »big five« (Fünf-Faktoren-Modell) ist das bekannteste Persönlichkeitsmodell, auf dessen Basis viele andere Persönlichkeitsverfahren weiterentwickelt wurden. Er basiert auf den fünf Hauptdimensionen der Persönlichkeit: Neurotizismus (von selbstsicher bis verletzlich), Extraversion (von zurückhaltend bis gesellig), Offenheit für Erfahrungen (von vorsichtig bis neugierig), Gewissenhaftigkeit (von nachlässig bis organisiert) und Verträglichkeit (von wettbewerbsorientiert bis mitfühlend). Bestimmte Persönlichkeitsmerkmale lassen mit einer gewissen Wahrscheinlichkeit Prognosen über Handlungsweisen in herausfordernden Situationen zu, sofern spezifische und differenzierte Hypothesen über die Zusammenhänge bestimmter Persönlichkeitseigenschaften bzw. -strukturen und den entsprechenden Kompetenzmustern bestehen. Sie können jedoch nicht eine → Kompetenzerfassung ersetzen.

Personalentwicklung
Ziel der Personalentwicklung ist im Allgemeinen den Arbeitnehmer planmäßig und systematisch zu qualifizieren. Durch Aufbau von neuen oder zusätzlichen→ Kompetenzen können Arbeitnehmer am neuen Arbeitsplatz eingesetzt werden oder Aufgaben am aktuellen Arbeitsplatz in der Zukunft besser gelöst und bewältigt werden. Personalentwicklung ist somit eine personalwirtschaftliche Funktion, die zum Ziel hat, Wertetrainees aller hierarchischen Stufen Kompetenzen zur Bewältigung der gegenwärtigen und insbesondere der zukünftigen Anforderungen zu vermitteln. Dieser Ansatz geht von der überholten Fiktion aus, alle Lernprozesse im Unternehmen zentral steuern zu können.

Personalisiertes Lernen
Der Lernprozess orientiert sich von den Zielen, den Inhalten, den Lernformen und der Lerngeschwindigkeit her konsequent an den Bedürfnissen des Lerners.

Post-mortem-Diskussionen
Eine Problemsituation, eine Entscheidung, eine Projektentwicklung oder dergleichen werden fiktiv als gründlich gescheitert angesehen, um im hypothetischen Nachhinein die Gründe für dieses Scheitern zu ermitteln. Hierbei werden vor allem Gründe deutlich, die mit fragwürdigen Werteorientierungen, problematischen Überzeugungen, bremsenden Motivationen und zweifelhaften Haltungen zusammenhängen.

Präsenzveranstaltungen
Lehrformen, wie Frontalunterricht, und Lernformen, wie Tandemlernen, Gruppenlernen oder Workshops, bei denen sich die Lehrkraft und die Lerner im selben Raum befinden. → Blended Learning

Predictive Learning
Das Lernsystem sagt aufgrund des bisherigen Handlungsmusters des Lerners voraus, wie er handeln wird, und passt den Lernprozess entsprechend an.

Prospect Theory
Instrument, um den Wertegehalt von Entscheidungen zu verstehen, die unwägbare Risiken oder unbekannte Eintrittswahrscheinlichkeiten künftiger Umweltzustände und sozialer Situationen enthalten. Dieser emotional labilisierende Wertegehalt wird bewusst gemacht und, wo möglich, verändert.

Pulse
Verinnerlichung von Einstellungen und Regeln für eine agile Entwicklungskultur

Rankingverfahren
Antworten werden in eine Reihenfolge gebracht.

Ratingverfahren
Einschätzung der Ausprägungen von Merkmalen auf einer Skala

Regeln
Offen oder stillschweigend vereinbarte Vorschriften, wie die Menschen zu handeln haben

Reliabilität
Maßstab für die Genauigkeit einer Messung, d. h. es wird erfasst, welches Ausmaß »zufällige« Messfehler ausmachen. Die Ergebnisse müssen auch bei Wiederholungen oder Parallelen Erhebungen gleich sein.

Resilienz
Beschreibt die erfolgreiche Bewältigung arbeitsbezogener Herausforderungen, insbesondere im Kontext der → Disruption. →Kompetenz, auf Herausforderungen und Veränderungen zu reagieren, indem das →Handeln bedarfsgerecht angepasst wird.

Qualifikationen
Klar zu umreißende Komplexe von Kenntnissen, Fertigkeiten und Fähigkeiten, über die Personen bei der Ausübung beruflicher Tätigkeiten verfügen müssen, um anforderungsorientiert handeln zu können. Sie sind handlungszentriert und in der Regel so eindeutig zu fassen, dass sie in Zertifizierungsprozeduren außerhalb der Arbeitsprozesse überprüft werden können.

Scrum
Agile Ermöglichungsprozesse, die durch flache Hierarchie, Selbstorganisation, Sprints, Pragmatismus, Prototyping, rasches Feedback und Iteration geprägt sind.

SDG
→ Sustainable Development Goals

Seitenwechsel®
Entwicklungsprogramm im Spannungsfeld zwischen Persönlichkeitsentwicklung und sozialer Arbeit. Wertetrainees arbeiten für einige Wochen oder Monate in Flüchtlings- und Obdachlosenunterkünften, in Gefängnissen, in Einrichtungen der Drogenhilfe und in besonderen Wohnbereichen für Kinder und Jugendliche oder Behinderte, in Hospizen und Palliativstationen.

Selbstbestimmtes Lernen
Wird in der pädagogischen Psychologie uneinheitlich definiert und umfasst verschiedene Lehr- und Lernmethoden, insbesondere auch in der Erwachsenenbildung und in der Berufspädagogik. → Selbstorganisiertes Lernen, → Selbstgesteuertes Lernen

Selbstgesteuertes Lernen
Eigenverantwortliches Lernen im Rahmen von vorgegebenen Zielen und Inhalten → E-Learning → Blended Learning. In fremdgesteuerten Lernphasen, z. B. in Workshops, organisieren die Lerner ihre individuellen Lernprozesse in diesem Rahmen, z. B. einer Gruppenarbeit, selbst.

Selbstlernkompetenz
Fähigkeit, sich selber Ziele zu setzen und diese mit einem Lernbegleiter oder mit der Führungskraft zu besprechen und in einem persönlichen Entwicklungsplan festzuhalten, sich Lernangebote zusammenzustellen und Lernzeiten einzuplanen.

Selbstorganisationsdisposition
→ Kompetenzen charakterisieren die Fähigkeiten von Menschen, sich in offenen und unüberschaubaren, komplexen und dynamischen Situationen selbstorganisiert zurechtzufinden. Kompetenzen lassen sich damit als Selbstorganisationsdispositionen beschreiben.

Selbstorganisiertes Lernen
Lerner planen und gestalten ihre Lernprozesse selbst. Meist in Abstimmung mit der Führungskraft oder einem → Lernbegleiter legen sie Ziele und Inhalte, aber auch Lern- und Sozialformen, Medien und Zeiten sowie Lernorte selbst fest → Kompetenzentwicklung.

Social Blended Learning
Kompetenzorientiertes → Blended Learning durch Verbindung mit einem herausfordernden Praxisprojekt unter Einbindung von → Social Software, welche → informelles, → selbstorganisiertes und vernetztes Lernen ermöglicht.

Social Learning

Soziales Lernen: Kompetenzorientiertes → E-Learning mit → Social Software. Dieses Lernen zielt auf die Entwicklung der sozialen Kompetenz zum sozialen Handeln mit Empathie, Respekt und Verantwortung. Es ist durch kooperative und kollaborative Lernformen, die das gemeinschaftliche Lernen in Gruppen fördern, geprägt und nutzt Medien und Werkzeuge, die kooperative und kollaborative Lernprozesse ermöglichen.

Social Media

(Soziale Medien) Digitale Medien und Technologien (→ Social Software), die es Nutzern ermöglichen, sich miteinander zu kommunizieren und Inhalte gemeinsam weiter zu entwickeln.

Social Networks

→ Soziales Netzwerk

Social Software

Internetbasierte Kommunikationsinstrumente, die das gemeinsame Erarbeiten von Inhalten unterstützen und damit auch Interaktionen unter den Benutzern auslösen können. Sie ist eine in der Regel kognitive → Dissonanzen erzeugende, → labilisierende, konfliktinduzierende Software. Es geht bei der labilisierenden Dissonanzerzeugung um die Erzeugung von Zweifeln, Perplexität, Widersprüchlichkeit, gedankliche Inkongruenz, Verwirrung, Irrelevanz usw. mithilfe eines kompetenzzentrierten → E-Learning.

Social Workplace Learning

→ Kompetenzentwicklung, die selbstorganisiert und kollaborativ im Prozess der Arbeit und im Netz stattfindet, wenn herausfordernde Problemstellungen zu bearbeiten sind → Social Learning → Workplace Learning.

Soziales Lernen

→ Social Learning

Soziales Netzwerk

Virtuelle Gemeinschaft, die soziale Beziehungen im Internet ermöglicht. Sie können themenorientiert (z. B. Lern-Netzwerke) sein oder zu sozialer Kommunikation und zum Austausch von Erfahrungswissen dienen.

Soziale Validität

Die Anforderung der testtheoretischen Validität wird bei Werteerfassungen durch Faktoren ersetzt, die zu einer hohen Akzeptanz bei den Entscheidungsträgern und den Wertetrainees führen. Dies setzt eine umfassende Information, die Beteiligung der Betroffenen, eine hohe Transparenz und eine offene Kommunikation voraus. Gelingt es, diese soziale Validität zu erzeugen, eignen sich Kompetenzmessmethoden sehr gut als Basis für eine Ermöglichung selbstorganisierter Kompetenzentwicklungsprozesse.

Soziale Werte
Handlungsleitende Ordner, die Einzelne oder Gruppen (Unternehmen, Abteilungen, Teams ...) zu einem sozial akzeptierten, optimalen oder auch zu einem innovativen, sogar revolutionären Handeln bewegen.

Subjekte der Wertung
Menschen oder Gruppen, die werten

Sustainable Development Goals – SDG
17 Nachhaltigkeitsziele der Vereinten Nationen, die im Jahr 2015 als Agenda 2030 verabschiedet wurden.

System
Organisationen weisen Merkmale auf, wie sie auch in naturwissenschaftlichen Systemen vorkommen. Systeme bestehen aus Subsystemen und beziehen aus der Umwelt Inputs, die in Outputs transferiert werden. Diese wirken wiederum auf andere Subsysteme oder das Umweltsystem und tragen damit zur Zielsetzung des Gesamtsystems, d. h. der Unternehmung, bei. Sie sind nicht genau berechenbar und reagieren überraschend. Die Informationsdichte macht es notwendig, qualitativ zu selektieren. Die Fähigkeit zur Reproduktion hängt davon ab, inwieweit ein System sich selbst beobachten, beschreiben, reflektieren und verstehen kann.

Teal Organization
Organisation, die durch Selbstführung, evolutionärem Sinn und Ganzheitlichkeit geprägt ist

Training
Allgemein steht der Begriff für alle Prozesse, die eine verändernde Entwicklung eines Individuums oder einer Gruppe hervorrufen. Das Ziel ist die professionelle Entwicklung der → Fertigkeiten, des → Wissens sowie der → Qualifikationen. Unter bestimmten Umständen können auch Werte und → Kompetenzen trainiert werden.

Ubiquitous Learning
Ubiquitäres Lernen. Lernen unter Nutzung mobiler und allgegenwärtiger Computertechnologie → Mobile Learning

Umlernen
Die Zielsetzung individueller Lernprozesse besteht darin, die handlungsorientierten Prozesse und Strukturen des einzelnen Wertetrainees laufend im Sinne der Unternehmensstrategie zu optimieren. Damit wird die Grundlage dafür geschaffen, dass die Wertetrainees in der Lage sind, neu auftretende Problemstellungen zu lösen.

Unternehmenskultur (→ Corporate Culture)
System von Normen, → Werten und Regeln, die das Wahrnehmen, Denken und Handeln aller Wertetrainee und Führungskräfte bestimmen

Validität
Gültigkeit: Bezeichnet den Umfang, in dem eine Messung tatsächlich die Merkmale erfasst, die er erfassen soll. Dieses Kriterium bildet die Voraussetzung dafür, dass aus den Messergebnissen Konsequenzen, z. B. für das Handeln, gezogen werden. Bei quantitativen Erhebungen kann die Validität der Erhebungsinstrumente sichergestellt werden. Bei qualitativen Messungen ist dies jedoch kaum möglich. Deshalb greift man in der Praxis auf das Konzept der → sozialen Validität zurück. Die Bewertung der Validität erfolgt nach unterschiedlichen Kriterien. Die **Kriteriumsvalidität** bezieht sich auf die Frage, ob mit einer Messung Vorhersagen für zukünftiges Handeln getroffen werden können. Damit ist sie für Kompetenzerfassungen von zentraler Bedeutung. Die **Inhaltsvalidität** bewertet die Qualität der Inhalte des Messverfahrens mithilfe von Expertenurteilen.

Veränderungsprozess
Die Einführung innovativer Lernsysteme erfordert eine Veränderung der Denk- und Handlungsweisen aller Beteiligten, was nur in einem langfristigen, stufenweisen Prozess erfolgen kann.

Verhalten
Erfolgt ohne eine bewusste oder unbewusste Intention und ohne kritische Reflexion. Dieser Ansatz entspricht den Vorgaben des → Behaviorismus.

Webinar
Seminar oder Training, das im Web als virtuelles Klassenzimmer durchgeführt wird. Lernformat, das Wissen in kurzen, interaktiven Web-Conferencing-Sequenzen anbietet. Die teilnehmenden Personen können via Chat oder integrierter Audio-Funktion mit den Moderatoren und Referenten interagieren.

Weblogs
→ Blogs

Werte
Ordner des selbstorganisierten Handelns und Kerne von Kompetenzen. Es gibt kein kompetentes Handeln ohne Werte – Werte konstituieren kompetentes Handeln. Werte können nur selbst handelnd, selbstorganisiert angeeignet werden. → Wertinteriorisation. Sie sind handlungsführend aber nicht zielführend und haltungsorientiert.

Wertegesellschaft
Sozialer Megatrend, nach dem für unser Handeln letztlich immer verinnerlichte Werte der persönlichen, menschlichen, sozialen, kulturellen, religiösen, politischen Situation entscheidend

sind, in der wir handeln. → Genusswerte, → Nutzenwerte, → ethisch-moralische und → sozial-weltanschauliche Werte sind die wichtigsten Orientierungen und Treiber menschlichen Handelns.

Werteinklusion
→ Werte sind als Ordner der Selbstorganisation Kernbestandteile der → Kompetenzen

Werteinteriorisation
→ Kompetenzentwicklung setzt Wertaneignung, d. h. Wertinteriorisation, voraus. Wertinteriorisation ist das »Nadelöhr«, durch das alles Wissen, alles Erfahren hindurch muss, um handlungswirksam zu werden. Interiorisierte → Werte sind der zweite Engpass – Gegenstand künftigen Lernens.

Werteerfassung
Meist softwaregestützte Erfassung der Werte mittels Wertedefinitionen und -beispielen auf Basis eines → Wertemodells.

Wertekleeblatt
Umfasst die → Objekte, die → Subjekte, die → Grundlagen sowie die → Maßstäbe der Wertung.

Wertemanagement
Managementdisziplin, mit der Werte in einer Organisation aktiv und strategieorientiert gesteuert werden können. Es hat die Aufgabe, → Werte zu beschreiben (→Wertemodell), diese transparent zu machen (→Werterfassung) und allen Wertetrainees und Führungskräften zu ermöglichen, Werte zu erfassen und zu entwickeln.

Wertemediation
Nur solche Medien gestatten die Aneignung von → Werten, die echte Entscheidungssituationen setzen und damit → Dissonanz und → Labilisierung erzeugen. → Social Software ermöglicht die Bearbeitung offener Entscheidungsprobleme in sozial kontroversen, Dissonanzen und Labilisierungen setzenden Kommunikationsformen.

Wertemodell
Katalog der Parameter, in welchem die Ordner und Motive zur selbstorganisierten Leistungserbringung und Problemlösung erfassbar und für jeden verständlich beschrieben sind.

Wertequadrat
Modell von Schulz von Thun, in dem ein positiver Wert einem Gegenwert, einer entwertenden Übertreibung und einem konträren Gegensatz gegenübergestellt wird.

Wertetraining
Entwicklungsmaßnahme, die grundsätzlich gemeinschaftszentriert ist, d.h. die Werteerfassung und -entwicklung geht im Regelfall von den Werten der Organisation aus. Die definierten Soll-Werte bilden den Rahmen des Wertemanagements für die gesamte Organisation, in dem die teambezogenen und individuellen Prozesse der Werteentwicklung abgeleitet werden.

Wissen
Im weiteren Sinne: Bezeichnung für allgemein verfügbare Orientierungen im Rahmen alltäglicher Handlungs- und Sachzusammenhänge (Alltagswissen).
Im engeren Sinne: Die auf Begründungen bezogene und strengen Überprüfungspostulaten unterliegende Kenntnis, institutionalisiert im Rahmen der Wissenschaft.

Wissensgesellschaft
Eine Wirtschafts- und Gesellschaftsform, in der nicht mehr die Produktionsfaktoren Arbeit, Boden und Kapital die entscheidende Rolle spielen, sondern Wissen die einzige wichtige Ressource ist.

Wissensmanagement
Das Erwerben, Organisieren und Speichern von Wissen, d.h. Informationen, Eindrücken und Erfahrungen einzelner Lerner und Gruppen innerhalb einer Organisation und die gemeinsame Weiterverarbeitung durch alle Mitglieder dieser Organisation. Das Wissen wird in einer Datenbank gespeichert und kann nach Trägern (→ Wissenslandkarte) und Inhalten durchsucht werden. Während im Wissensmanagement der ersten Generation → Wissen im engeren Sinne ausgetaucht wird, umfasst das kompetenzorientierte Wissensmanagement der zweiten Generation auch → Werte, Normen, Regeln und → Emotionen.

Wissensmarkt
Ein meist digitaler Treffpunkt, an dem Wissensnachfrager und -anbieter zusammengebracht werden.

Working Out Loud (WOL)
Transparente, offene Zusammenarbeit im Netzwerk, indem Arbeitsergebnisse veröffentlicht werden, Querverbindungen und Rückmeldungen zur Verbesserung der Ergebnisse kontinuierlich genutzt werden, aktiv Hilfe angeboten wird, interdisziplinäre Netzwerke gepflegt und zielgerichtet zusammengearbeitet wird.

Work-Life-Blending
Integration der körperlichen, geistigen, finanziellen und sozialen Gesundheit der Wertetrainee in die Gestaltung der Arbeit selbst, anstatt das Wohlbefinden mit angrenzenden Programmen (→ Work-Life-Balance) zu behandeln.

Work-Life-Balance
Arbeits- und Privatleben stehen im Einklang miteinander. Wichtige Voraussetzungen dafür sind persönliche Entscheidungsspielräume und finanzielle Unabhängigkeit.

Workplace Learning
→ Kompetenzentwicklung am Arbeitsplatz und in Arbeitsprozessen. Basiert meist auf Ansätzen des → Blended Learning, → Social Learning und → Collaborative Learning.

Workspace
Ausgefeilte virtuelle Arbeitsumgebungen für Team- und Projektarbeiten in → Soziale Lernplattformen.

Zürcher Ressourcenmodell®
Methode, um neuronale Netze zu aktivieren beispielsweise gesundheitsfördernde Ziele zu erreichen

Literatur

Ackermann, U. (2009): Freiheit in der Krise?: Der Wert der wirtschaftlichen, politischen und individuellen Freiheit. Frankfurt am Main

Albert, M., Hurrelmann, K., Quenzel, G., Gensicke, T. u. a. (2015): Jugend 2015: 17. Shell Jugendstudie. Frankfurt am Main

Allport, G.W., Vernon, P.E. (1931): A study of values. Boston

Arnold, R. (2021): Agile Führung aus Geschichten lernen. Heidelberg

Arnold, R. (2012): Ich lerne, also bin ich: Eine systemisch-konstruktivistische Didaktik. Heidelberg

Arnold, R., Erpenbeck, J. (2014): Wissen ist keine Kompetenz: Dialoge zur Kompetenzreifung (Grundlagen der Berufs- und Erwachsenenbildung). Hohengehren

Arnold, R., Lipsmeier, A., u. a. (2019): Handbuch Berufsbildung. Berlin

Arnold, R., Siebert, H. (2003): Konstruktivistische Erwachsenenbildung. Von der Deutung zur Konstruktion von Wirklichkeit, 4. Aufl. Schneider. Hohengehren

Aspiazu de la Vega, J. (2020): Netzwerken mit Gefühl und Verstand: Die Kunst einer erfolgreichen und professionellen Netzwerkbildung. Hamburg

Atkins, S., Katcher, A. (1989): LIFO Handbuch. Stärkenmanagement und Stärkenentwicklung – Ein Programm zur besseren Nutzung der persönlichen Ziele und Stärken. München

Autorenteam (2000): Lexikon der Psychologie. Heidelberg

Bänziger-Plocher, M. (2018): Heartwork works! Führen mit Werten. 20 Menschen berichten. Hamburg

Barnow, S. (2020): Handbuch Emotionsregulation: Zwischen psychischer Gesundheit und Psychopathologie. Berlin

Barthel, E., Erpenbeck, J., Hasebrook, J., Zawacki-Richter, O. (Hrsg.) (2007): Kompetenzkapital heute. Wege zu Integrierten Kompetenzmanagement. Frankfurt am Main

Bauer, H.G., Brater, M., Büchele, U., et al. (3. Aufl. 2010): Lern(prozess)begleitung in der Ausbildung. Wie man Lernende begleiten und Lernprozesse gestalten kann. Bielefeld

Bauer, H.G., Böhle, F., Munz, C., Pfeiffer, S., Woicke, P. (2005): Hightech-Gespür – Erfahrungsgeleitetes Arbeiten und Lernen in hochtechnisierten Arbeitsbereichen: Ergebnisse einer Versuchsberuflicher Bildung in der chemischen Industrie, vom Bundesinstitut für Berufsbildung (BIBB). Bielefeld

Beck, U. (2008): Weltrisikogesellschaft: Auf der Suche nach der verlorenen Sicherheit. Frankfurt am Main

Becker, F.G., Kramarsch, M.H. (2006): Leistungs- und erfolgsorientierte Vergütung für Führungskräfte. Göttingen

Berger, P.L., Luckmann, T., Plessner, H. (19. Aufl. 2003): Die gesellschaftliche Konstruktion der Wirklichkeit: Eine Theorie der Wissenssoziologie (Gesellschaften). Frankfurt am Main

Berkel, K. (2008): Konflikte verstehen, analysieren, bewältigen. Frankfurt am Main

Besser-Siegmund, C., Siegmund, H. (2018): Systemdynamisches Coaching mit der wingwave-Methode. Die faszinierende Welt der Emotions-Netzwerke. Paderborn

Besser-Siegmund, C., Siegmund, H. (Hrsg.) (2008): Erfolge bewegen. Coach Limbic. Emotions- und Leistungscoaching mit der wingwave-Methode. Paderborn

Bingel, C., Berndt, C. (2018): Präsentationstrainings erfolgreich leiten. Der Seminarfahrplan (Edition Training aktuell). Bonn

Blindert, U. (2018): Topfit durchs Assessment-Center. Das neue Standardwerk für Fach- und Führungsassessments. Göttingen

Böhle, F. (2017): Arbeit als Subjektivierendes Handeln. Handlungsfähigkeit bei Unwägbarkeiten und Ungewissheit. Berlin

Bortz, J., Döring, N. (4. Aufl. 2006): Forschungsmethoden und Evaluation für Human- und Sozialwissenschaftler. Heidelberg.

Brater, M., Wagner, J. (2011): Künstlerische Aufgabenstellungen in der Erwachsenenbildung: Ergebnisse des Projektes ‹Identity and Difference: Creative Artistic Exercises as Didactic Support'. München

Braun, R., Gawlas, H., Schmalz, A. (2004): Die Coaching-Fibel. Vom Ratgeber zum High-performance-Coach. Steyr

Brockhaus (2021): Stichworte, jeweils abgerufen unter https://brockhaus.de/info/wp-content/uploads/2017/09/Erste-Schritte_IP-Freischaltung.pdf am 28. 08. 2021

Buchholz, M. (2015): Die Macht der Metapher in Psyche und Kultur. Interdisziplinäre Perspektiven. Gießen

Burens, P.-C. (2021): Gutmenschen sind auch nur Menschen: Von Spendern, Stiftern, Sponsoren und für den Gemeinnutzen Engagierte. Hamburg

Bundesministerium für Familie, Senioren, Frauen und Jugend (2005): Familie zwischen Flexibilität und Verlässlichkeit. Perspektiven für eine lebenslaufbezogene Familienpolitik. Siebter Familienbericht. Abgerufen unter https://www.bmfsfj.de/resource/blob/76276/40b5b103e693dacd4c0146 48d906aa99/7-familienbericht-data.pdf am 27.07.2021

Burmeister, M. (2018): Navigationssystem Werteorientierung in der Wertetraineeführung. Subjektivierung der Werte (essentials). Wiesbaden

Buschmann, H. (2014): Kreativität: Wie sie funktioniert und was dahinter steckt, Hamburg

Chen, A. (2018): Wie genau sind Persönlichkeitstests? Nur wenige Persönlichkeitsbewertungen sind als zuverlässig bekannt, und Forscher sagen, dass ihre Verwendung außerhalb der Akademischen Welt umstritten ist. (we can't tell the difference between that and pseudoscience like astrology) In: Scientific American 10. Oktober. Verhalten und Gesellschaft. Abgerufen unter https://www.scientificamerican.com/article/how-accurate-are-personality-tests/ am 18. 06. 2021

Cialdini, R.B. (2006): influence: The Psychology of Persuasion. New York

Claushues, J. (2002): Coaching, Psychonummer oder Kompetenzentwicklung. PTA – PraxisNews6, S. 1 – 2

Clesle, M., Emrich, M. (2014): Souverän im Vorstellungsgespräch. So schaffen Sie den Jobwechsel. Göttingen

Corsten, H., Gössinger, R. (2016): Grundlagen des Technologie- und Innovationsmanagements, Vahlens Handbücher der Wirtschafts- und Sozialwissenschaften. München

Crisand, N., Raab, G. (2017): Konflikttraining. Konflikte verstehen, analysieren, bewältigen (Arbeitshefte Führungspsychologie). Hamburg

Damasio, A. R. (2002): Ich fühle, also bin ich: Die Entschlüsselung des Bewusstseins. Berlin

Damasio, A., Vogel, S. (2017): Im Anfang war das Gefühl: Der biologische Ursprung menschlicher Kultur. München

Danz, G. (2014): Neu präsentieren. Begeistern und überzeugen mit den Erfolgsmethoden der Werbung. Frankfurt a. M.

DBI Analytics GmbH (2021): Das Internet kompakt erklärt. Digitale Transformation. Künstliche Intelligenz, abgerufen unter https://abis-cloud.de/blog/das-internet-kompakt-erklaert/ am 03. 08. 2021

Decision Lab (2018): The Bias Tournament. (Kartenspiel) Vereinigtes Königreich, Wokingham, Berkshire

de Laat, M., & Simons, R.-J. (2007): Kollektives Lernen – Theoretische Perspektiven und Wege zur Unterstützung vernetzten Lernens. Berufsbildung, Nr. 27

Denner, C. (2018): Die Decision Toolbox erstellt von DecisionLABs. In: Decision Lab (2018): The Bias Tournament (Kartenspiel). Vereinigtes Königreich, Wokingham, Berkshire

Derman-Sparks, L. (2008): Anti-Bias-Pädagogik. Aktuelle Entwicklungen und Erkenntnisse aus den USA. In: Wagner, P. (Hrsg.): Handbuch Kinderwelten. Vielfalt als Chance. Grundlagen einer vorurteilsbewussten Bildung und Erziehung. Freiburg im Breisgau

Detjen, J. (2007) : Werte. In: Weißeno, G., et al. (Hrsg.) Wörterbuch Politische Bildung. Schwalbach/Ts.

Dieterich, T., Le Friant, M., Nogler, L. (2010): Individuelle und kollektive Freiheit im Arbeitsrecht: Gedächtnisschrift für Ulrich Zachert. Baden-Baden

Dietzfelbinger, D. (2015): Praxisleitfaden Unternehmensethik. Kennzahlen, Instrumente, Handlungsempfehlungen. Wiesbaden

Dransfeld, I. (2013): Die Prospect Theory: Ein Modell der Behavioral Economics zur Erklärung des Underpricing. München, Ravensburg

Dyckhoff, K., Kensok, P. (2004): Der Werte-Manager. Effektives Wertemanagement in Coaching und Beratung. Paderborn

Dziri, A., Dziri, B. (2018): Aufbruch statt Abbruch. Religion und Werte in einer pluralen Gesellschaft. Freiburg

Ebeling, W., Feistel, R. (1982): Physik der Selbstorganisation und Evolution. Berlin

Ebert, H., Pastoors, S. (2017): Respekt: Wie wir durch Empathie und wertschätzende Kommunikation im Leben gewinnen. Wiesbaden

Ecarius, J., Schierbaum, A. (Hrg.) (2021): Handbuch Familie: Gesellschaft, Familienbeziehungen und differentielle Felder. Wiesbaden

Eichhorn, D., Ott, I. (2016): Nudging in Unternehmen. Den Weg für gesunde Entscheidungen bereiten, IGA Report 38, abgerufen unter vgl. https://www.iga-info.de/fileadmin/redakteur/Veroeffentlichungen/iga_Reporte/Dokumente/iga-Report_38_Nudging_im_Unternehmen.pdf am 15. 04. 2021

Eller-Rüter, U., Geisler, F., Brater, M. & Hemmer-Schanze, C. (2012): Was kann Kunst? Der erweiterte Kunstbegriff im pädagogischen und soziokulturellen Kontext. Künstlerische Projekte mit benachteiligten Kindern und Jugendlichen. Frankfurt am Main

Engbruch, K. (2008): Das Menschenrecht auf einen angemessenen Lebensstandard: Ernährung, Wasser, Bekleidung, Unterbringung und Energie als Elemente des Art. 11 (1) IPWSKR. Bern

Epstein, S. (2016): Cognitive-Experiential Theory: An Integrative Theory of Personality. Oxford

Erpenbeck, J. (3. Aufl. 2015): Was kann Kunst. Gedanken zu einem Sündenfall. Leipzig

Erpenbeck, J., unter Mitarbeit Sauter, W. (2018): Wertungen, Werte – Das Buch der Grundlagen für Bildung und Organisationsentwicklung, Berlin

Erpenbeck, J., Brenninkmeijer, B. (2007): Werte als Kompetenzkerne des Menschen. Das WERDE© System: Erfassung der Kompetenz-Wert-Kombinationen von Personen. In: Heyse, V., Erpenbeck, J.: KompetenzManagement. Methoden, Vorgehen, KODE® und KODE®X im Praxistest. Münster, New York, München, Berlin

Erpenbeck, J., Heyse, V. (3. Aufl. 2021): Die Kompetenzbiografie. Wege der Kompetenzentwicklung. Münster, New York

Erpenbeck, J., Sauter, W. (2020): Die Wertegesellschaft. Formen. Folgerungen. Fragen, Berlin

Erpenbeck, J., Sauter, W. (2019): Wertungen, Werte – Das Buch der gezielten Werteentwicklung von Persönlichkeiten, Berlin

Erpenbeck, J., Sauter, W. (2018): Wertungen, Werte – Das Fieldbook für ein erfolgreiches Wertemanagement. Berlin

Erpenbeck, J., Sauter, S., Sauter, W. (2016): Social Workplace Learning. Kompetenzentwicklung im Arbeitsprozess und im Netz in der Enterprise 2.0. Wiesbaden

Erpenbeck, J., von Rosenstiel, L. (2013): Kompetenzmodelle von Unternehmen. Mit praktischen Hinweisen für ein erfolgreiches Management von Kompetenzen. Stuttgart

Ertelt, B.-J., Schuz, W.E. (2019): Handbuch Beratungskompetenz: Mit Übungen zur Entwicklung von Beratungsfertigkeiten in Bildung und Beruf. Heidelberg

Estes, R.J., Sirgy, M.J. (Hrsg.) (2017): The Pursuit of Human Well-Being: The Untold Global History, Wiesbaden

Etter, S., Loss, J. (2006): Drum prüfe, wer ans Seil sich bindet: Einführung in die Arbeit mit stationären Ropes-Courses. Augsburg

Ettlin, T., Meier-Dallach, H.-P. (2003): SeitenWechsel. Lernen in anderen Arbeitswelten. Zürich

Felber, C. (2018): Gemeinwohl-Ökonomie. München

Fischer, C. (2019): Werte als Kerne von Kompetenzen. Eine theoretische Studie mit einer empirischen Analyse in Montessori-Schulen. Münster, New York

Frankl, V.E. (2015): Grundkonzepte der Logotherapie. Wien

Franz, M. (2015): Spruchkärtchen Werte. 3 × 30 Impulse zum Nachdenken und inspirierende Zitate von Pädagogen oder bekannten Persönlichkeiten. München

Frei D. (2015): Psychologie der Werte. Von Achtsamkeit bis Zivilcourage – Basiswissen aus Psychologie und Philosophie. Heidelberg

Frey, D. (2015): Psychologie der Werte. Von Achtsamkeit bis Zivilcourage – Basiswissen aus Psychologie und Philosophie. Heidelberg

Friedrichs, J. (2011): Ideale: Auf der Suche nach dem, was zählt (Psychologie). Hamburg

Fuhse, J.A. (2018): Soziale Netzwerke: Konzepte und Forschungsmethoden. Stuttgart

Gabal manager (2012): Seminare-Umfrage Trainingsmethoden 2012. Coaching beliebtestes Beratungs- bzw. Trainingsformat im deutschsprachigen Raum. https://www. gabal.de/author/gabal_ev/, Zugegriffen: 23. 09. 2012

Gagen, R. (2012): Risiko ist die neue Sicherheit: Die Regeln haben sich geändert. Vachendorf

Gally, J. (2004): Politisches Interesse und Politische Involvierung. München

Gensicke, T. (2015): Die Wertorientierungen der Jugend (2002 – 2015). In: Albert, M., Hurrelmann, K., Quenzel, G. 17. Shell Jugendstudie Jugend 2015. Frankfurt am Main S. 237 – 272

Gerhold, D. (2003): Präsentationstraining: ein Übungs- und Spielehandbuch: Praxis-Leitfaden für Trainer, Gruppenleiter und Lehrer. Paderborn

Glatzer, W., Zapf, W. (Hrsg.) (1984): Lebensqualität in der Bundesrepublik. Frankfurt, New York

Göbel, E. (2017): Unternehmensethik: Grundlagen und praktische Umsetzung. Konstanz

Gössl, S. (2016): Fallbeispiel Einzelcoaching mit dem St. Gallener Coaching Modell (SCM®). Über Wertorientierung zur nachhaltigen Veränderung. Saarbrücken

Graf, N., Edelkraut, F. (2. Aufl. 2017): Mentoring. Das Praxisbuch für Personalverantwortliche und Unternehmer, Berlin

Groeben, N. (2013): Kreativität: Originalität diesseits des Genialen. Darmstadt

Grote, S., Goyk, R. (2017): Führungsinstrumente aus dem Silicon Valley: Konzepte und Kompetenzen. Berlin

Grün, A. (2011): Führen mit Werten. Ethisch handeln – Herausforderungen bewältigen. Coaching Kompakt Kurs. München

Guth, K., Mery, M. (2018): Testtrainer für alle Arten von Einstellungstests, Eignungstests und Berufseignungstests: Geeignet für Ausbildung, Beruf und Studium. Offenbach am Main

Hänggi, G. (1998): Macht der Kompetenz. Ausschöpfung der Leistungspotentiale durch zukunftsgerichtete Kompetenzentwicklung. Frechen-Königsdorf

Haken, H. (1996): Synergetik und Sozialwissenschaften, in: Ethik und Sozialwissenschaften Streitforum für Erwägungskultur 7 (4). 4, Stuttgart S. 587 – 594

Haken, H., Plath, P. (2016): Beiträge zur Geschichte der Synergetik. Allgemeine Prinzipien der Selbstorganisation in Natur und Gesellschaft. Wiesbaden

Haken, H., Wunderlin, A.: Synergetik (2014): Eine Einführung. Nichtgleichgewichts-Phasenübergänge und Selbstorganisation in Physik, Chemie und Biologie. Heidelberg (German Edition)

Hanko, M. (2017): Psychologie Aufnahmetestsimulation. Vollständiger Probetest für das Aufnahmeverfahren Psychologie an den Universitäten Wien, Salzburg, Innsbruck. South Carolina

Häusel, H.-G. (4. Aufl. 2009): Think Limbic! Die Macht des Unbewussten verstehen und nutzen für Motivation, Marketing, Management. Freiburg

Hardtke, A. (2010) Gesellschaftliche Verantwortung von Unternehmen: Von der Idee der Corporate Social Responsibility zur Erfolgreichen Umsetzung. Wiesbaden

Hardy, B.P. (2016): How to Consciously Design Your Ideal Future. Aarhus

Hartman, R.S. (1967): The Structure of Value. Foundations of Scientific Axiology. Carbondale, Edwardsville, London, Amsterdam

Hattie, J., Zierer, K. (2019): Kenne deinen Einfluss! «Visible Learning« für die Unterrichtspraxis. Hohengehren

Heckmair, B. (1995): Die Wiederentdeckung der Wirklichkeit: Erlebnis im gesellschaftlichen Diskurs und in der pädagogischen Praxis. Trebbin

Heid, H. (1995): Werte und Normen in der Berufsbildung. In: Arnold, R., Lipsmeier, A. (Hrsg.), Handbuch der Berufsbildung. Opladen

Heidbrink, L., Langbehn, C., Loh, J. (2017): Handbuch Verantwortung (Springer Reference Sozialwissenschaften). Wiesbaden

Heim, A. (2017): Report: Gemeinnutzunternehmen Forum der Eberhard von Kuenheim Stiftung, abgerufen unter https://docplayer.org/27717264-Gemeinnutz-unternehmen-forum-der-eberhard-von-kuenheim-stiftung.html am 16. 08. 2021

Herrmann, U. (2019): Pädagogische Beziehungen: Grundlagen – Praxisformen – Wirkungen. Weinheim

Hesse, J., Schrader, H.-C. (2014): Training Vorstellungsgespräch. Hallbergmoos bei München

Heyse, V. (2007): Strategien-Kompetenzanforderungen-Potenzialanalysen. In: Heyse, V., Erpenbeck, J. (Hrsg.): KompetenzManagement. Methoden, Vorgehen, KODE® und KODE®X im Praxistest. Münster, New York, München, Berlin

Heyse, V., Erpenbeck, J. (2009): Qualitätsanforderungen an KODE®. Regensburg

Holm-Hadulla, R.-M. (2011): Kreativität zwischen Schöpfung und Zerstörung: Konzepte aus Kulturwissenschaften, Psychologie, Neurobiologie und ihre praktischen Anwendungen. Göttingen

Hossiep, R., Mühlhaus, O. (2. Aufl. 2015): Personalauswahl und -entwicklung mit Persönlichkeitstests. Göttingen

Hüttemann, R. (2021): Gemeinnützigkeits- und Spendenrecht. Köln

Hurrelmann, K., Albert, M., TNS Infratest Sozialforschung (2006): 15. Shell Jugendstudie. Jugend 2006. Frankfurt am Main

Iorio, M., Reisenzein, R. (2010): Regel, Norm, Gesetz: Eine interdisziplinäre Bestandsaufnahme. Bern

Ipsen, C. (2008): Trainingstransfer in der Weiterbildungsreihe »Der Anti-Bias-Ansatz in Theorie und Praxis. Eine qualitative Erhebung zur Identifizierung relevanter Faktoren«. Regensburg

Isaac, M., Carson, K. (2016): A Guide to Belbin Team Roles: How to increase personal and team performance. Commerce, California

Janßen, A. (2013): Handbuch Management Coaching. Konsequent systemisch-konstruktivistisch, in Theorie und Praxis. Mittenaar

Janßen, A., Schödlbauer, C. (2017): Systemisches Management-Coaching. ManagerSeminare, Bonn

Jaspers, K. (1994): Die Schuldfrage. Zur politischen Haftung Deutschlands. München

Jantzen, W. (1987): Allgemeine Behindertenpädagogik. Weinheim

Jantzen, W. (1994): Am Anfang war der Sinn. Zur Naturgeschichte, Psychologie und Philosophie von Tätigkeit, Sinn und Dialog (Forum Wissenschaft/Studien; 23). Marburg

Javetsky, B., Koller, T. (2018): Debiasing the corporation: An interview with Nobel laureate Richard Thaler. Interview – McKinsey Quarterly – May 2018

Jonas, H. (2020): Das Prinzip Verantwortung: Versuch einer Ethik für die technologische Zivilisation. Berlin

Jung, C.G. (2018): Psychologische Typen: Gesammelte Werke Bd. 6 (Deutsch). Düsseldorf

Kahneman, D., Tversky, A. (2000): Choices, Values and Frames. Cambridge

Kahnemann, D. (2016): Schnelles Denken, langsames Denken. München

Kahneman, D., Tversky, A. (1979): Prospect theory: An analysis of decision under risk. In: Econometrica 47, New York S. 263 – 292

Kallscheuer, O., Sen, A. u. a. (2000): Der Lebensstandard. Hamburg

Kanning, P. (2013): Wenn Manager auf Bäume klettern ...: Mythen der Personalentwicklung und Weiterbildung. Lengerich

Kantar (2020): ‹Werte-Index 2020': Gesundheit ist der wichtigste Wert für Verbraucher, abgerufen unter https://www.kantar.com/de/inspiration/society/werte-index-2020 am 18. 08. 2021

Kaufmann, F.-X. (2012): Sicherheit als soziologisches und sozialpolitisches Problem. Münster

Kellerhoff, S.E. (24.02.2020): Die Lüge vom Gemeinnutz. In: e-Paper Welt, abgerufen unter https://www.welt.de/206084435 am 16. 08. 2021

Kelly, G. A. (1986): Die Psychologie der persönlichen Konstrukte. Paderborn

Keltner, D., Frank, R. (2016): Das Macht-Paradox. Wie wir Einfluss gewinnen – oder verlieren. Berlin

Kensok, P. (2012): Der Werte-Manager. Das Arbeitsbuch. Wertemanagement im Coaching, Selbstcoaching und für Teams. Waiblingen

Kerres, M., Bormann, M., Vervenne, M., et al. (2009): Didaktische Konzeption von Serious Games: Zur Verknüpfung von Spiel- und Lernangeboten. Abgerufen unter www.medienpaed.com. Zugegriffen: 16. Juli 2012

Kirkpatrick, D.L., Kirkpatrick, J.D. (4. Aufl. 2012): Evaluation Trainings Programs. The FourLevels, Sydney

Klimmer, M. (2004, 2010): Einsatz von Persönlichkeitstypologien in der deutschen Wirtschaft: Ergebnisse einer empirischen Studie des Instituts für Unternehmensführung der Fachhochschule Mannheim, in Zusammenarbeit mit Rother & Partner, Karlsruhe 2010; aufgenommen 29.4.2021: Einsatz von Persönlichkeitstypologien in der deutschen Wirtschaft – PDF Free Download (docplayer.org)

Klages, H., Gensicke, T. (2006): Wertesynthese. funktional oder dysfunktional? In: Kölner Zeitschrift für Soziologie und Sozialpsychologie, Jg. 58, Heft 2, S. 332.

Klages, H., Gensicke, T. (2015): Fragebogen F 37, In: Albert, M., Hurrelmann, K., Quenzel, G., TNS Infratest Sozialforschung: 17. Shell Jugendstudie Jugend 2015. Eine pragmatische Generation im Aufbruch. Frankfurt am Main

König, E., Volmer, G. (2009): Handbuch systemisches Coaching. Für Führungskräfte, Berater und Trainer. Weinheim

König, E., Volmer, G. (2018): Handbuch Systemische Organisationsberatung. Weinheim

König, E., Volmer, G. (2019): Handbuch Systemisches Coaching. Für Coaches und Führungskräfte, Berater und Trainer. Weinheim

König, E., Volmer-König, G. (2016): Einführung in das systemische Denken und Handeln, Weinheim

Kosellek, R.: Vergangene Zukunft. Zur Semantik geschichtlicher Zeiten. Berlin

Kraak, B., Nord-Rüdiger, D. (1989): Fragebogen zu Lebenszielen und zur Lebenszufriedenheit. Handanweisung. Göttingen, Toronto, Zürich.

Kramer, T. (2017): Abenteuer planen? Didaktisches Handeln in Erlebnispädagogik und Outdoor-Training. München

Krause, F., Storch, M. (2006): Ressourcenorientiert coachen mit dem Zürcher Ressourcenmodell-ZRM. Psychologie in Österreich 26 (1), S. 32–43

Krautz, J., Schieren, J. (2013): Persönlichkeit und Beziehung als Grundlage der Pädagogik: Beiträge zur Pädagogik der Person. Weinheim

Krone-Schmalz,G. (2020): Respekt geht anders: Betrachtungen über unser zerstrittenes Land. München

Krumm, S., Mertin, I., Dries, C. (2012): Kompetenzmodelle. Praxis der Personalpsychologie. Göttingen, Bern, Wien

Kübler, D. (2017): Beeinflussen, aber nicht einschränken. Wenn Verhaltensökonomie politisch wird. In: Allmendinger, J. (Hrsg.): WZB Mitteilungen. Kunstvoll stupsen. Wie Nudging Entscheidungen beeinflusst, Berlin

Kuhl, J. (1983): Motivation, Konflikt und Handlungskontrolle. Berlin, Heidelberg, New York

Lakemann, U. (2005): Wirkungsimpulse von Erlebnispädagogik und Outdoor-Training. Empirische Ergebnisse aus Fallstudien. Augsburg

Langer, I., Schulz von Thun, F. (2007): Messung komplexer Merkmale in Psychologie und Pädagogik. Ratingverfahren. Münster, New York, München, Berlin

Lay, A. (2009): Von der Bestrafung bis zur Belohnung: Geschichte-Methoden-Auswirkungen. Saarbrücken

Lazarsfeld-Jahoda, M., Zeisl, H. (1933): Die Arbeitslosen von Marienthal. Ein soziographischer Versuch über die Wirkungen langdauernder Arbeitslosigkeit. Mit einem Anhang zur Geschichte der Soziographie. Bearbeitet und herausgegeben von der Österreichischen Wirtschaftspsychologischen Forschungsstelle. Leipzig

Lienhardt, A. (2020): Respekt! Wie Wertschätzung im Job gelingt. Freiburg

Long, A., Schweppe, R. (2020): NLP-Praxis: Neurolinguistisches Programmieren: Alte Denkmuster ablegen, Blockaden auflösen, optimal kommunizieren und das Gehirn auf Erfolg programmieren. Die besten Techniken und Übungen. München

Lorenz, K. (1993): Die Rückseite des Spiegels. Versuch einer Naturgeschichte menschlichen Erkennens. Berlin

Lorenz, M., Rohrschneider, U. (2015): Bewerbungstraining. Taschenbuch. Gummersbach

Luhmann, N. (4. Aufl. 2012): Macht. Stuttgart

Luhmann, N. (1984): Soziale Systeme. Frankfurt a. M.

Luther, M. (2020): Kreativitätstraining. Das große Handbuch der Kreativitätsmethoden: Wie Sie in vier Schritten mit Pfiff und Methode Ihre Problemlösungskompetenz entwickeln und zum Ideen-Profi werden. Bonn

Macke, G., Hanke, U., Viehmann, P. (2016): Hochschuldidaktik Lehren, vortragen, prüfen. Weinheim und Basel

Mackinder, H. (2018): Democratic Ideals and Reality/The Geographical Pivot of History. Singapur

Maturana, H., Varela, F. (1987): Der Baum der Erkenntnis. Bern

Mayer, Th. (2018): Die Ordnung der Freiheit und ihre Feinde: Vom Aufstand der Verlassenen gegen die Herrschaft der Eliten. München

McKinsey (2019): Behavioral sciences in business. Nudging, debiasing and managing the irrational mind. Abgerufen unter https://www.mckinsey.com/business-functions/organization/our-insights/behavioral-science-in-business-nudging-debiasing-and-managing-the-irrational-mind am 27. 07. 2021

Metz, M. (2015): Mit Debiasing-Techniken zu rationalen Unternehmensentscheidungen, abgerufen unter https://www.haufe.de/controlling/controllerpraxis/unternehmensentscheidungen-mit-debiasing-techniken_112_320768.html am 03. 08. 2021

Miyashiro, M.R. (2013): Der Faktor Empathie – Ein Wettbewerbsvorteil für Teams und Organisationen. Paderborn

Migge, B. (2005): Handbuch Coaching und Beratung. Weinheim

McClelland, D.C. (1978): Macht als Motiv. Stuttgart

Meier, C., Seufert, S. (2012): Social Business Learning. Antriebskräfte. Potenziale. Umsetzung; Whitepaper SCIL St. Gallen. http://www.artset-lqw.de/cms/fileadmin/user_upload/Dateien_zum_Herunterladen/Whitepaper_SocialBusinessLearning. Zugegriffen: 18.10.2013

Meynhardt, T. (2018): Gemeinwohl in Bewegung: Die Pandemie als Katalysator; abgerufen unter www.gemeinwohlatlas.de am 17. 07. 2021

Meynhardt, T. (2004): Wertwissens-Grid. Die kulturellen Besonderheiten in ihrem beruflichen Umfeld. Fragebogen. Münster

Meynhard, T. (2004): Wertwissen. Was Organisationen wirklich bewegt. Münster

Migge, B. (2016): Sinnorientiertes Coaching. Weinheim

Migge, B. (2007, 2018): Handbuch Coaching und Beratung. Wirkungsvolle Modelle, kommentierte Falldarstellungen, zahlreiche Übungen. Weinheim

Migge, B., Fränkle, R. (2016) 75 Bildkarten Sinnorientiertes Coaching. Weinheim

Mitchell, A. (1984): The nine American lifestyles. Who we are and where we're going. New York

Montessori, M. (1987): Montessori und die Revolution der Werte. In: Montessori, M. (Hrsg.) Erziehung zum Menschen. Montessori-Pädagogik heute. Frankfurt am Main

Müller, G., Hoffmann, K. (2008): Systemisches Coaching. Handbuch für die Beraterpraxis. Augsburg

Nave-Herz, R. (2015): Familie heute: Wandel der Familienstrukturen u. Folgen für die Erziehung; Brockhaus, Familie. Abgerufen unter http://brockhaus.de/ecs/enzy/article/familie am 27. 07. 2021

Nemko, M. (2012): Co-coaching: «I'll coach you and you'll coach me«. http://www.martynemko.com/articles/co-coaching-quotill-coach-you-if-youll-coach-mequot_id1510. Zugegriffen: 23. 11. 2012

Nida-Rümelin, J. (2014): Der Akademisierungswahn: Zur Krise beruflicher u. akademischer Bildung, Hamburg

Niedecken, W. (2019): Mit dem Herrgott einen trinken gehen. Wolfgang Niedecken über Familie, Schaganfall und das katholische Internat, abgerufen unter https://docplayer.org/search/?q=Niedecken%2C+W.+%28+2019 %29 %3A++Mit+dem+herrgott+einen+trinken+gehen.+Wolfgang+Niedecken+%C3 %BCber+Familie%2C+Schaganfall+und+das+katholische+Internat am 21. 08. 2021

Nissen, R. (2021): Stichwort Job Rotation. Gabler Wirtschaftslexikon. Abgerufen unter https://wirtschaftslexikon.gabler.de/definition/jobrotation-41479 am 18. 06. 2021

Oelrich, A. (2005): Robuste Ratingverfahren: Zur Steigerung der Prognosequalität quantitativer Ratingverfahren. Wiesbaden

Ohnesorge, D., Engelbert Fitz, R. (2014): Wertorientierung und Sinnentfaltung im Coaching. Vorgehen und Praxisbeispiele nach dem St. Gallener Coaching Modell (essentials). Wiesbaden

Orlik, P. (2006): Sprachspiele und Lebensformen. Kritische Untersuchungen zu Philosophie und Psychologie der Menschenkenntnis. Lengerich, Berlin, Bremen, Miami u. a.

Paffrath, F. (2017): Einführung in die Erlebnispädagogik. Augsburg

Papier, H.-J., Meynhardt, T. (2016): Freiheit und Gemeinwohl: Ewige Gegensätze oder zwei Seiten einer Medaille (Duisburger Dialoge). München

Pawlowsky, P., Mistele, P. (Hrsg.) (2008): Hochleistungsmanagement: Leistungspotenziale in Organisationen gezielt fördern. Wiesbaden

Perret, D. (o.J.): Motivationskiller Belohnung, abgerufen unter http://www.deniseperret.ch/www_denise/Personlich_files/RT190712 %20Motivationskiller%20Belohnung.pdf am 20. 08. 2021

Perry, Ph., Schuler, K. (2020): Das Buch, von dem du dir wünschst, deine Eltern hätten es gelesen: (und deine Kinder werden froh sein, wenn du es gelesen hast). Berlin

Piaget, J. (2019): Das moralische Urteil des Kindes: Schlüsseltexte Band 3. Stuttgart Klett Cotta; Kohlberg, L. (1996): Die Psychologie der Moralentwicklung. Frankfurt am Main

Praetorius, A.-K. (2014): Messung von Unterrichtsqualität durch Ratings. Münster, New York

Precht, R.D. (2012): Wer bin ich – und wenn ja wie viele? Eine philosophische Reise. München

Püttjer, C. (2018): Das Vorstellungsgespräch. Lerne alles Wichtige rund ums perfekte Vorstellungsgespräch und überzeuge deinen neuen Arbeitgeber. Independent Kindle

Püttjer, C., Schnierda, U. (2014): Einstellungstest – Das große Trainingsbuch: Alle Testverfahren mit ausführlichen Lösungen. Frankfurt am Main

Raddatz, G. (3. Aufl. 2003): Pädagogik im freien Fall. Münster, New York

Rama, M. (2018): Prospect Theory. Unkorrekte Einschätzung von Wahrscheinlichkeiten. München

Ratelband, E. (1998): Tsjakkaa!, Düsseldorf

Rauen, C. (2021): Handbuch Coaching. Innovatives Management. Göttingen

Rauen, C. (2005): Handbuch Coaching. Innovatives Management, Band 10. Göttingen

Reinhardt, S. (2010): Werte in der Politischen Bildung. In: Lange, D. (Hrsg.) Konzeptionen Politischer Bildung. Baltmannsweiler

Reiss, S., Reiss, M. (4. Aufl. 2009): Das Reiss Profile: Die 16 Lebensmotive. Welche Werte und Bedürfnisse unserem Verhalten zugrunde liegen (Dein Erfolg). Offenbach.

Robertz, D., Robertz, F. (2001): Konflikt-Training mit Kindern und Jugendlichen. Ein Werkbuch für die Ausarbeitung und Anwendung von Trainingsformen zum Umgang mit Gewalt und Aggressivität in Schule und Jugendarbeit. Hamburg

Robes, H. (2021a): Open Badges – zwischen Kompetenznachweisen und Motivationshilfen, abgerufen unter https://weiterbildungsblog.de/blog/2021/09/29/open-badges-zwischen-kompetenznachweisen-und-motivationshilfen-2/ am 20.10.2021

Robes, J. (2021 b): Der passende Ort für selbstorganisiertes Lernen, in changement! 4/2021, abgerufen unter https://weiterbildungsblog.de/wp-content/uploads/2021/05/gemeinsam_schlauer_2011_05.pdf am 07. 05. 2021

Rösler, H. (2015): Ganzheitliches Bewerbercoaching: Ein Leitfaden für integrationsorientierte Beratungsfachkräfte. Wiesbaden

Rokeach, M. (1973): The Nature of Human Values. New York

Roth, G. (2015): Bildung braucht Persönlichkeit. Wie Lernen gelingt. Stuttgart

Roth, G., Ryba, A. (2016): Coaching, Beratung und Gehirn. Neurobiologische Grundlagen wirksamer Veränderungskonzepte. Stuttgart

Rückerl, T. (2018): Das große Praxis-Handbuch Business Coaching. Die wirkungsvollsten Werkzeuge für Profis. Hoboken

Rugova, N. (2021): Einfluss von sozialen Netzwerken auf Jugendliche: Soziale Netzwerke als wichtiger Bestandteil der Kommunikation und im psychosozialen Verhalten. Tallin

Rulf, A.K. (1975): Grundkurs Moraltheologie (I: Gesetz und Norm). Freiburg im Breisgau

Russel, B. (2020): Political Ideals. Oxford

Sandkühler, H. J. (Hrsg.) (2010): Enzyklopädie Philosophie, Bd. 2. Hamburg

Sandkühler, H.-J. (Hrsg.) (1990): Europäische Enzyklopädie zu Philosophie und Wissenschaften. Hamburg

Sauer, F., H. (2019): Das große Buch der Werte. Enzyklopädie der Wertvorstellungen. Köln

Sauter, W. (1994): Vom Vorgesetzten zum Coach der Wertetrainee. Handlungsorientierte Entwicklung von Führungskräften. Weinheim

Sauter, R., Sauter, W., Wolfig, R. (2018): Agile Werte- und Kompetenzentwicklung. Wege in eine neue Bildungswelt. Berlin

Schad, N., Michl, W., Knoblauch, R. (Hrsg.) (2004): Outdoor-Training. Personal- und Organisationsentwicklung zwischen Flipchart und Bergseil. München

Schäffler, A. (2014): Gesundheit heute: Krankheit – Diagnose – Therapie: das Handbuch. Stuttgart

Schechner, J., Zürner, J. (2013): Krisen bewältigen: Viktor E. Frankls 10 Thesen in der Praxis. Wien

Scheddin, M. (2013): Erfolgsstrategie Networking: Business-Kontakte knüpfen, organisieren, ein eigenes Netzwerk aufbauen. München

Scheelen® Institut (2002): Persönliche Interessen und Wertvorstellungen. In: Insights. Akkreditierungshandbuch. Waldshut-Tingen

Scherer, J. (2007): Kreativitätstechniken: In 10 Schritten Ideen finden, bewerten, umsetzen. Offenbach am Main

Schevard, J. (2006): Vom Wert des Notwendigen: Preispolitik und Lebensstandard in der DDR der fünfziger Jahre, in: Vierteljahrschrift für Sozial- und Wirtschaftsgeschichte. Beihefte, Band 185. Stuttgart

Schlegel, H. (2017): Spiritual Coaching. Führen und Begleiten auf der Basis geistlicher Grundwerte. Ostfildern

Schlieper-Damrich, R. (2010): Wertecoaching in Krisen. Aus erschütternden Situationen sinnvoll aufbrechen. Bonn

Schlieper-Damrich, R., Kipfelsberger, P. (2008): Wertecoaching. Beruflich brisante Situationen sinnvoll meistern. Bonn

Schmidt, B. (2004): Systemisches Coaching. Konzepte und Vorgehensweisen in der Persönlichkeitsberatung (EHP-Handbuch Systemische Professionalität und Beratung). Bergisch Gladbach

Schmidt, B., Dietrich, K., Herdel, S. (2009): Die Anti– Bias-Arbeit in Theorie und Praxis-kritische Betrachtung eines Anti-Diskriminierungsansatzes. Berlin

Schmidt, N. (1995): Philosophie und Psychologie. Trennungsgeschichte, Dogmen und Perspektiven. Hamburg

Schmidt-Atzert, L. (2005): Ratingverfahren. In: Westhoff, K., Hellfritsch, L.J., Reimann, G. u. a. (Hrg.): Grundwissen für die berufsbezogene Eignungsbeurteilung nach DIN 33430. Lengerich, Berlin, Bremen

Schmitt, R., Schröder, J., Pfaller, L. (2018): Systematische Metaphernanalyse: Eine Einführung. Berlin

Schober, R. (2. Aufl. 1988): Abbild, Sinnbild, Wertung. Aufsätze zur Theorie und Praxis literarischer Kommunikation. Berlin

Schubert, M. (2020) Handbuch persönliche Sicherheit: Mit optimiertem Verhalten Gefahrenlagen erkennen, sicher reagieren. Wetzlar

Schubert-Golinski, B., Wandhoff, H. (2018): Alles außer Q. Das ABC der systemischen Beratung. Hamburg

Schuler, H. (4. Aufl. 2014): Psychologische Personalauswahl. Eignungsdiagnostik für Personalentscheidungen und Berufsberatung. Göttingen, Bern, Wien

Schulte, B. (2020): The Organizational Embeddedness of Communities of Practice: Exploring the Cultural and Leadership Dynamics of Self-organized Practice. Berlin

Schulz von Thun, F. (2008): Das Werte- und Entwicklungsquadrat. In: Schulz von Thun, F., Sundmacher, M. u. a. (Hrsg.) Miteinander reden: Band 2. Stile, Werte und Persönlichkeitsentwicklung. Reinbek bei Hamburg

Schulz vonThun, Sundmacher, M. u. a. (2008): Miteinander reden, Bd. 2 Stile, Werte und Persönlichkeitsentwicklung. Hamburg

Schwartz, S.H., Bilsky, W. (1987): Stoward a universal psychological structure of human values. Journal of Personality and Social Psychology, 53, S. 550 – 562

Sichler, R. (2010): Anerkennung im Kontext von Arbeit und Beruf, in Journal für Psychologie, Jg. 18 (2010), Ausgabe 2, S. 1 – 38

Simon, F.B. (2015): Einführung in Systemtheorie und Konstruktivismus. Heidelberg

Simon, W. (2007): GABALs großer Methodenkoffer Persönlichkeitsentwicklung. Offenbach

Son L, Weber W (2011): Game-based Learning – Spielend Lernen? in: Schön S, Ebner M (Hrsg): Lehrbuch für Lernen und Lehren mit Technologien. Abgerufen unter http://l3t.eu/homepage/. Zugegriffen:20.02.2015

Spranger, E. (1921): Lebensformen. Geisteswissenschaftliche Psychologie und Ethik der Persönlichkeit. Halle (Saale)

Spranger, E. (1923): Lebensformen, geisteswissenschaftliche Psychologie und Ethik der Persönlichkeit. In: Annalen der Philosophie 3 (4):621 – 622, Halle (Saale)

Spieß, B., Fabisch, N. (Hrsg.) (2017): CSR und neue Arbeitswelten. Berlin

Stangl, W. (2021): Stichwort: ‹Machtmotiv – Online Lexikon für Psychologie und Pädagogik'. Online Lexikon für Psychologie und Pädagogik. Abgerufen unter https://lexikon.stangl.eu/5991/machtmotiv am 28.07.2021

Stangl, W. (2018): Stichwort: ‹prospect theory'. Online Lexikon für Psychologie und Pädagogik. Abgerufen unter http://lexikon.stangl.eu/6512/prospect-theory/. Zugegriffen: 16.11.2018

Stein, M. (2008): Wie können wir Kindern Werte vermitteln. Werteerziehung in Familie und Schule. München Basel

Steinvorth, U. (1994): Freiheitstheorien in der Philosophie der Neuzeit. Frankfurt

Stemmler, G., Hagemann, D., Amelang, M., Spinath, F. (2016): Differentielle Psychologie und Persönlichkeitsforschung. Stuttgart, S. 51f

Sternberg, S. (2015): Das Märchen von der Kreativität, abgerufen unter https://sakino.de/blog/2015/11/06/das-marchen-von-der-kreativitat/ am 20.08.2021

Steyer, M., Eid, M. (2. Aufl. 2001): Messen und Testen. Berlin, Heidelberg, New York

Stockmayer, J. (2002): Nur keinen Streit vermeiden: Ein Konflikttraining für Christen. Emmelsbüll-Horsbüll

Storch, M. (4. Aufl. 2012): Machen Sie doch, was Sie wollen! Wie ein Strudelwurm den Weg zu Zufriedenheit und Freiheit zeigt. Bern

Storch, M., Riedener, A. (2. Aufl. 2011): Ich pack's! Selbstmanagement für Jugendliche. Ein Trainingsmanual für die Arbeit mit dem Zürcher Ressourcenmodell®. Darin Kopiervorlagen, 2. Bern

Strauß, B., Schumacher, J., (Hrsg.) (2005): Klinische Interviews und Ratingskalen. Göttingen, Bern, Toronto

Taylor, C. (1992): Negative Freiheit? Zur Kritik des neuzeitlichen Individualismus. Frankfurt am Main

Thaler, R.H., Sunstein, C.R. (7. Aufl. 2017): Nudge. Wie man kluge Entscheidungen anstößt. Berlin

Timtschenko, F. (2021): Professionelles Sicherheitsmanagement für Unternehmen: Leitfaden für erfolgreiche Corporate Security. Berlin

Tippelt, R., von Hippel, Aiga (2018): Handbuch Erwachsenenbildung/Weiterbildung. Berlin

Trisch, O. (2013): Der Anti-Bias-Ansatz. Beiträge zur theoretischen Fundierung und Professionalisierung der Praxis. Stuttgart

Vaterlaus, T. (2016): Systemisches Coaching. Dokumentierter Erfahrungsbericht mit Reflexionen der Beteiligten. Saarbrücken

Vollmer, G. (1995): Biophilosophie. Stuttgart

Vogel, M. (2018): Bewerbungsratgeber. Mit der richtigen Bewerbung zum Vorstellungsgespräch! Tipps rund um das Bewerbungsschreiben, das Vorstellungsgespräch und die richtige Körpersprache. Wir führen Sie zum Erfolg! Göttingen

von Hentig, H. (2007): Kreativität: hohe Erwartungen an einen schwachen Begriff. Weinheim

von Schlippe, A., Schweitzer, J. (2016): Lehrbuch der systemischen Therapie und Beratung I und II. Hamburg

Wagner, J., Brater, M. (2011): Die Kunst des Lebenslangen Lernens. Wie künstlerische Aktivitäten Lernprozesse in der Erwachsenenbildung unterstützen können. Die Drei. Z. Anthroposophie Wiss. Kunst Sozialem Leben. München 5, S. 45–56

Wahl, D. (3. Aufl. 2013): Lernumgebungen erfolgreich gestalten – Vom trägen Wissen zum kompetenten Handeln. Bad Heilbrunn

Wakker, P. (2010): Prospect Theory. For Risk and Ambiguity. Cambridge

Wartenweiler, F. (2003): Provozieren erwünscht… aber bitte mit Feingefühl. Instrumente der »Provocative Therapy« in der Arbeit mit Eltern und Kindern. Paderborn

Waschulewski, U. (2002): Die Wertpsychologie Eduard Sprangers. Eine Untersuchung zur Aktualität der ›Lebensformen‹. Fragebogen zur Erhebung der Wertorientierungen. Münster

Weber, M. (1904). Die »Objektivität« sozialwissenschaftlicher und sozialpolitischer Erkenntnis. Archiv für Sozialwissenschaft und Sozialpolitik, 19(1), 22–87. Abgerufen unter https://nbn-resolving.org/urn:nbn:de:0168-ssoar-50770-8 am 12. 07. 2021

Weidemann, B. (2010): Handbuch Kreativität. Weinheim

Wegmann, N. (2008): Ist ein Leben ohne Werte, Normen und Gesetze möglich? Norderstedt

Weidlich, W. (2006): Sociodynamics. A Systematic Approach to Mathematical Modelling in Social Sciences. Dover

Weyer, J. (2014): Soziale Netzwerke: Konzepte und Methoden der sozialwissenschaftlichen Netzwerkforschung (Lehr- und Handbücher der Sozialwissenschaften). Berlin

Wiedmann, K.-P., Fritz, W., Abel, B. (Hrsg.) (2004): Management mit Vision und Verantwortung. Wiesbaden

Witte, E. H. (Hrsg.) (2008): Sozialpsychologie und Werte. Lengerich, Berlin, Bremen, Miami u. a.

Zuffelato, A., Kreszmeier, A. (2012): Lexikon Erlebnispädagogik: Theorie und Praxis der Erlebnispädagogik aus systemischer Perspektive. Augsburg

Stichwortverzeichnis

K

L

M

N

O

P

R

S

Autoren

Prof. Dr. John Erpenbeck
Wissenschaftlicher Berater des ValCom® Institutes Berlin. Lehrt Wissens- und Kompetenzmanagement an der Steinbeis Universität Berlin.

Er studierte Physik mit der Spezialisierung Biophysik und arbeitete zunächst als Experimentalphysiker am Institut für Biophysik der Akademie für Wissenschaften zu Berlin. Danach war er wissenschaftlicher Mitarbeiter im Ministerium für Wissenschaft und Technik im Bereich Kernforschung/Kosmosforschung. Fast zwei Jahrzehnte war er anschließend wissenschaftlicher Mitarbeiter am Zentralinstitut für Philosophie der Akademie der Wissenschaften zu Berlin mit den Schwerpunkten philosophische, historische und wissenschaftstheoretische Probleme der Psychologie kognitiver, emotional-motivationaler und volitiver Prozesse.

Im Jahr 1978 erfolgte seine Habilitation zum Dr. sc. phil. 1984 wurde er zum Professor ernannt. Ab 1991 war er an der Förderungsgesellschaft wissenschaftlicher Neuvorhaben mbH der Max-Planck-Gesellschaft mit dem Forschungsschwerpunkt Wissenschaftsgeschichte und Wissenschaftstheorie tätig. In der Zeitspanne 1993 bis 1994 ging er als Research Professor an das Center for Philosophy of Science in Pittsburgh, danach war er Professor an der Universität Potsdam.

Von 1998 bis 2007 war er im Projekt Lernkultur Kompetenzentwicklung (ABWF/QUEM) wissenschaftlich und leitend aktiv. Seit 2007 hat er den Lehrstuhl Wissens- und Kompetenzmanagement an der SIBE im Verbund der Steinbeis-Hochschule Berlin inne.

Gemeinsam mit Prof. Dr. Volker Heyse hat er die Kompetenzerfassungssysteme KODE® und KODE®X entwickelt, zusammen mit Roman Sauter sowie Prof. Dr. Werner Sauter die Werteerfassungssysteme KODE®W sowie ValCom®.

Prof. Dr. Werner Sauter
Wissenschaftlicher Leiter und Senior Consultant des ValCom® Institutes Berlin. Lehrt Learning & Development an der Erasmus Hochschule Basel.

Er ist Bankkaufmann sowie Dipl.-Volkswirt und wurde in Pädagogischer Psychologie promoviert. Umfangreiche Erfahrungen im Bildungsbereich sammelte er als Berufsschullehrer, Personalentwicklungsleiter der heutigen LBBW, Fachleiter an der Dualen Hochschule Baden-Württemberg sowie als Gründungsberater der heutigen Frankfurt School of Finance and Management.

Im Jahr 2000 war er Gründer und Vorstand eines E-Learning-Unternehmens im Klett-Verbund. An der Steinbeis Universität Berlin gründete und leitete er zeitgleich das Institut eBusiness und Management.

Im Jahr 2008 gründete er die Blended Solutions GmbH in Berlin, die strategische Lernkonzeptionen, innovative Lernarrangements und -systeme sowie zukunftsorientierte Geschäftsmodelle für inner- und überbetriebliche Bildungsanbieter zusammen mit ihren Kunden entwickelte. Von 2018 bis 2021 war er zudem wissenschaftlicher Berater sowie Senior Consultant der KODE GmbH München.

Im Jahr 2021 gründete er mit Roman Sauter das ValCom® Institut für Werte- und Kompetenzmanagement GmbH (i.G.). Als wissenschaftlicher Leiter ist er für die Entwicklung von Konzeptionen des Werte- und Kompetenzmanagements sowie für die Beratung der Kunden verantwortlich.

Er konzipiert gemeinsam mit seinen Kunden agile Werte- und Kompetenzentwicklungsarrangements mit Social Blended Learning bis zum Workplace Learning und begleitet betriebliche und überbetriebliche Bildungsanbieter bei der Konzipierung, Umsetzung und Implementierung von innovativen Konzeptionen des Werte- und Kompetenzmanagements sowie bei der Werte- und Kompetenzentwicklung der Learning Professionals und Führungskräfte.

Gemeinsam mit John Erpenbeck und Roman Sauter hat er die Werteerfassungssysteme KODE®W und ValCom® sowie das Kompetenzerfassungssystem ValCom® entwickelt. Er ist Autor einer Vielzahl von Fachbüchern und -artikeln zu innovativen Lernformen, insbesondere im Bereich agiler Werte- und Kompetenzentwicklung sowie Drehbuchautor für E-Learning-Programme. Regelmäßig schreibt er Beiträge zum Corporate Learning in seinem Blog www.wernersauter.com.

Werden Sie uns weiterempfehlen?
O Ja
O Nein
O Vielleicht
SCHÄFFER POESCHEL